高等院校电子信息类专业系列教材

数字信号处理

（第三版）

主　编　张　莉

副主编　王　鼎　尹洁昕

西安电子科技大学出版社

内容简介

　　本书系统地讲述了数字信号处理的基本理论、算法及相应的实现方法。全书共 11 章，内容包括绪论、离散时间信号和系统的时域分析、离散时间信号和系统的频域分析、离散傅里叶变换、快速傅里叶变换(FFT)、数字滤波器概论、FIR 数字滤波器、IIR 数字滤波器、数字滤波网络、多速率数字信号处理、数字信号处理应用举例。

　　本书配有大量的例题、习题、MATLAB 仿真题，以及数字信号处理的典型应用案例，涵盖较广的数字资源等，便于读者进行个性化的自主学习，从而加深对本书理论知识的理解，提高解决数字信号处理典型问题的能力。

　　本书可作为高等学校电子信息及其相近专业的本科生教材，也可作为相关专业科技人员的参考书。

图书在版编目(CIP)数据

数字信号处理/张莉主编． －3 版． －西安：西安电子科技大学出版社，2023.3
ISBN 978 - 7 - 5606 - 6727 - 0

Ⅰ．①数… Ⅱ．①张… Ⅲ．①数字信号处理 Ⅳ．① TN911.72

中国国家版本馆 CIP 数据核字(2023)第 013198 号

策　　划　高 樱
责任编辑　高　樱
出版发行　西安电子科技大学出版社(西安市太白南路 2 号)
电　　话　(029)88202421　88201467　　　邮　编　710071
网　　址　www. xduph. com　　　　　电子邮箱　xdupfxb001@163. com
经　　销　新华书店
印刷单位　陕西天意印务有限责任公司
版　　次　2023 年 3 月第 3 版　2023 年 3 月第 1 次印刷
开　　本　787 毫米×1092 毫米　1/16　印　张　20.5
字　　数　473 千字
印　　数　1～3000 册
定　　价　52.00 元
ISBN 978 - 7 - 5606 - 6727 - 0/TN

XDUP 7029003 - 1

前　言

　　《数字信号处理》于 2009 年 8 月由西安电子科技大学出版社首次出版，于 2017 年 10 月再版，自出版以来始终作为作者所在学校(信息工程大学)的本科生教材使用。在多年的教学实践中，作者所在教学团队坚持以学生为中心的理念，持续推进课程建设和教学改革工作，对于教材、数字化教学资源以及线上线下混合式教学模式在教学中如何有效发挥作用积累了一定的经验。本次修订纳入了混合式教学改革的主要成果，并进一步完善了本书内容，调整了章节结构，主要的修订工作体现在以下方面：

　　(1) 增加了数字资源，使本书不仅适用于课堂学习，也适合读者自主学习。本书的数字资源根据教学经验，从课程导学、重难点辅导、应用实例以及扩展阅读等方面构建，其主要形式有自建文档、习题辅导视频、网络资源等，以便于读者准确掌握内容，夯实学习效果。

　　课程导学出现在绪论部分，开篇就让读者了解本书的知识体系、预期目标和学习方法，并通过详细阐述各章之间的承接关系、各章内容适合开展的实践活动以及学习效果检验办法，帮助读者制订适合自己的学习计划。

　　自建的 Word 文档补充了求离散时间线性时不变系统输出的内容，将 Z 变换的内容从正文中抽出，提升了完整性和聚焦度；自建的 PPT 以知识点为单位组织内容，给出了与该知识点对应的主要结论和应用场合，使得逻辑关系更清晰、示范作用更明确。

　　视频资源从谱分析和滤波两方面选取案例进行讲解，引导读者掌握分析问题的方法，探索解决问题的思路。

　　扩展阅读以快速傅里叶变换出现的时代背景、人物事件和经典论文为抓手，引导读者关注科技发展。

　　总体而言，数字资源的使用能够有效发挥本书的作用。

　　(2) 重视知识点的相互支撑关系，合理安排章节内容。

　　将第二版 5.4 节特殊滤波器的相关内容移至 2.4 节，有效利用了两部分内容的紧耦合关系，便于读者边学边用。

　　将第二版 3.6 节频域采样的相关内容移至 3.3 节，增强了该部分内容与 2.5 节内容的对比，便于读者进行迁移学习，深刻体会时域和频域的对偶性，加深对离散傅里叶变换的理解。

　　(3) 强化理论联系实际，增加实际应用案例，更新贴近实际应用的例题和习题。第 3 章谱分析实例中增加了对瀑布图和语谱图的介绍，给出了时间分辨率和频率分辨率两个关键参数，拓宽了谱分析的应用场景，并为短时傅里叶变换埋下了伏笔；第 4 章增加了基 4 抽取的快速算法，便于读者对比学习、验证快速傅里叶变换的算法思想。

　　(4) 适当修改各章的例题和习题(如第 1 章例 1.4.3、第 3 章习题 3.30、第 4 章例 4.4.3、第 9 章例 9.2.1 等)，以揭示知识点蕴含的数学原理，引导读者深入思考，理解其代表的物理意义，进而能够运用它们去解决实际问题。

张莉编写绪论和第 1、2、3、5、6、9 章，并对第 7、8、10 章在第二版的基础上稍作修订，王鼎编写第 4 章，尹洁昕录制了视频资源，王鼎提供了试卷及解答，吴瑛提供了第二版的书稿，张莉编制了课程导学、课件、DTMF 检测方法等资源并负责全书的统稿工作。

本书在编写过程中参考了国内外的相关书籍，在此向所有参考文献的作者表示衷心的感谢。

由于作者水平有限，书中难免有一些欠妥之处，望读者不吝赐教。

作者联系电话：0371 - 81624195。

E-mail：neyou1@163.com。

作　者

2022 年 12 月

第 2 版前言

　　《数字信号处理》自 2009 年 8 月由西安电子科技大学出版社出版以来,作为信息工程大学本科生教材已使用 8 年。通过长期的教学实践,作者深感有必要进一步修订完善其内容。本次修订完善了第一版教材的内容,并对章节结构进行了调整,主要修订工作体现在以下三个方面:

　　(1) 梳理各章之间的逻辑关系,合理安排章节内容。将线性卷积的频域计算方法从第 3 章调整到第 4 章,使第 3 章与第 4 章各自的侧重点更为突出,即第 3 章旨在阐述用离散傅里叶变换分析信号频谱的原理和参数选择的依据,第 4 章更为关注信号分析和处理方法的具体实现。将整数倍抽取和内插的相关内容从第 3 章中移出,作为新增的 9.2 节的主要内容,在滤波器相关内容之后进行阐述,使得教材的整体结构更为合理。将最小相位滤波器的相关内容从第 5 章中删除,并在第 2 章介绍系统函数的零极点分布对系统频率响应特性的影响时给出最小相位滤波器的定义及突出特性,避免对知识点的阐述不完整和重复。

　　(2) 紧跟数字信号处理技术的发展,适当增加或删减内容。删除第 7 章归一化模拟低通滤波器的 MATLAB 设计的相关内容,在第 9 章中增加采样率分数倍转换和采样率转换的多相滤波器实现的相关内容,使其更加贴近数字信号处理技术的应用现状。

　　(3) 重视学生动手能力的培养,精心设计各类实践练习题。在原有例题和习题的基础上删除雷同的题目,减少针对单一知识点的题目的数量,增加涉及多个知识点且解题思路巧妙的题目的数量,便于读者掌握数字信号处理的理论和方法。

　　本书第 3、9、10 章由张莉编写,第 5、6 章由张冬玲编写,其余各章由吴瑛编写。吴瑛负责全书的统稿工作。

　　本书在编写过程中参考了国内外的相关书籍,在此向所有参考文献的作者表示衷心的感谢。

　　由于作者水平有限,书中难免有一些欠妥之处,望读者不吝赐教。

　　作者联系电话: 0371 - 81624195。

　　E-mail: hnwuying22@163.com。

作　者

2017 年 4 月

第 1 版前言

随着各种电子技术及计算机技术的飞速发展和各种超大规模集成电路的广泛使用，数字信号处理学科得到了飞跃式的发展，成为通信、雷达、声呐、电声、电视、测控、生物医学工程等众多学科和领域的重要理论基础。目前数字信号处理已成为高等院校电子信息类专业学生必修的一门专业基础课。为了适应数字信号处理在设计思想、算法、仿真与设计工具以及硬件结构等方面的新理论与新技术的发展，满足教学要求，在参考国内外同类相关教材的基础上，我们结合长期从事数字信号处理方面教学和科研的工作经验，编写了本书。本书主要有以下特点：

（1）章节安排合理，逻辑性强，语言深入浅出。

本书紧扣数字信号处理的主要内容，着眼关键问题，深入浅出地介绍了数字信号处理的相关内容。首先，在内容的选择上既保持了课程的完整性，又兼顾了前后课程的衔接关系。例如，只给出了 Z 变换性质及其反变换的结论，略去了前修课程已讲解过的详细推导证明过程；只详细介绍了信号的抽取、内插和数字上下变频的理论，略去了软件无线电课程要讲解的采样率转换滤波器的高效实现方法。其次，在章节安排上强调前后的连续性、关联性。例如，为了加深读者对离散傅里叶变换的物理意义的理解，在详细介绍了离散时间信号与系统的时域、频域分析方法，以及离散时间信号与模拟信号之间的时域、频域关系之后，通过多种傅里叶变换的比较引出离散傅里叶变换的定义和物理意义。另外，为了方便读者查阅，各种变换的性质和基本序列的变换结果均以表格的形式给出。

（2）突出基本概念、基本原理，重视基本分析方法。

本书着眼于数字信号处理的基本概念、基本原理和基本计算方法，力求系统地、深入浅出地对数字信号处理的这"三基"问题进行阐述。例如，在讨论离散时间信号和系统的时域、频域特性，序列的离散傅里叶变换，信号的抽取和内插等问题时，以它们的基本原理和思想为重点，强调物理意义，突出主要性质，明确应用场合；在讨论傅里叶变换的快速算法时，以算法理论为基础，重点强调了编程思想；在讨论数字滤波器设计和实现时，重点介绍了基本设计原理、基本设计方法，给出各种 MATLAB 设计和分析实例，结合量化效应分析了滤波器各种网络实现结构的优缺点。

（3）将经典内容和最新发展相结合，强调理论联系实际，关注工程实现。

早期的数字信号处理教材大多只讨论算法理论及其推导，较少涉及实现方法及相关的软/硬件技术，与实际应用有较大脱节。本书在介绍相关内容时，既强调其基础理论知识，又讨论应用背景。例如，在讲解离散 LTI 系统的频率响应时，不仅给出了单载波通过该系统的输出形式，还在第 9 章中详细介绍了利用该特性如何解决阵列信号处理中多通道幅相不一致的校正问题；在讲解离散傅里叶变换的频谱分辨率问题时，通过实际频率估计实例来验证采样频率、DFT 点数与频率估计精度之间的关系；在介绍信号的抽取和内插时，不仅介绍了原理，给出了详细的推导，还根据实际芯片原理框图，给出了 MATLAB 的仿真过程和每一步的频谱图,并在第 9 章中详细介绍了数字上、下变频中常用的 CIC 滤波器和半带滤波器的原理和实现方法。

(4) 与 MATLAB 语言相结合,提高了形象教学的效果,便于工程技术人员分析和设计。

数字信号处理是一门理论与实践密切相结合的课程,为了加深学生对理论内容的理解,本书利用 MATLAB 包含的各种库函数,对各章的大部分基本原理和内容给予释疑与实现,并给出了 MATLAB 编程实例,使得一些很难理解的抽象理论得以直观演示和解释。例如,在讲解最小相位系统的特性时,通过 MATLAB 实例直观地演示了最小相位与最大相位系统的不同,加深了读者的感性认识;在讲解滤波器系数的量化效应时,用 MATLAB 将 IIR 滤波器直接型和级联型的系数分别用不同的位数量化后,显示并比较其幅频响应,可以使学生直观地观察到直接型和级联型对字长效应的敏感性。

(5) 例题和习题的针对性强,数量多,以强化实践环节。

每一章的重点和难点均配有相应的例题,大部分例题提供 MATLAB 程序,以供学生参考。各章末有大量的理论练习题和 MATLAB 上机实验题,有些例题和习题是以应用中的实际问题为基础编写的。

本书共分为 10 章。绪论主要介绍了数字信号处理系统的基本组成、研究内容和实现方法,讨论了数字信号处理的优缺点。第 1 章是全书的理论基础,主要讨论了离散时间信号和系统的时域分析方法,重点介绍了离散时间信号的基本概念、表示方法、典型序列和周期序列,离散时间系统的线性时不变性质,线性时不变系统的单位脉冲响应,输入、输出之间的线性卷积关系,线性常系数差分方程及其求解方法,还讨论了确定性离散时间信号的相关性。第 2 章讨论了离散时间信号和系统的频域分析方法,重点介绍了序列傅里叶变换的定义、物理意义和性质,序列傅里叶变换与序列 Z 变换的关系,离散时间线性时不变系统的系统函数、频率响应、零极点分布对系统特性的影响,还介绍了离散时间信号与模拟信号时域和频域的关系。第 3 章讨论了离散傅里叶变换(DFT),从傅里叶变换的几种形式引入 DFT 的定义,论证了几种傅里叶变换之间的关系,介绍了 DFT 的性质,在讲解 DFT 的应用中重点介绍了线性卷积和循环卷积的关系,有限长序列与无限长序列的快速卷积方法——重叠相加和重叠保留方法,详细地给出了用 DFT 对信号作频谱分析时可能遇到的问题及解决方法,还介绍了信号的整数倍抽取与内插的基本原理和频谱关系。第 4 章主要讨论离散傅里叶变换的快速算法,重点讨论了基 2 时分和基 2 频分快速傅里叶变换算法,画出了其蝶形运算流图,分析了算法的特点和运算量,并给出了编程思想和程序框图,还讨论了实序列的快速傅里叶变换算法和线性调频 Z 变换算法。第 5 章为数字滤波器概论,介绍了数字滤波器的定义、分类方法和设计指标,给出了几种特殊滤波器的定义和特性分析。第 6 章讨论了有限长脉冲响应(FIR)滤波器的设计方法,在给出了 FIR 滤波器线性相位的条件和特点的基础上,重点讨论了窗函数设计方法,介绍了频率采样设计方法和等波纹最佳逼近设计方法,给出了 MATLAB 设计实例。第 7 章讨论了无限长脉冲响应(IIR)滤波器的设计方法,在给出各种归一化模拟低通滤波器模型的基础上,介绍了模拟滤波器的设计方法,重点讨论了数字 IIR 滤波器的设计方法——脉冲响应不变法和双线性变换法的基本原理、变换、映射关系和各自的特点,并给出了 MATLAB 实例,比较了 IIR 数字滤波器与 FIR 数字滤波器的性能和特点,并讨论了采样频率与数字滤波器的阶数关系。

第 8 章讨论了数字滤波器的实现结构与误差分析。首先讨论了 IIR 数字滤波器的直接型、级联型和并联型以及 FIR 数字滤波器的直接型、级联型和线性相位型的算法实现结构；然后讨论了信号量化、滤波器系数量化以及运算过程量化的有限字长效应问题。第 9 章讨论了数字信号处理的应用实例，给出了正交移相器的原理及实现方法，讨论了利用单载波测量 LTI 系统频率响应的原理及应用实例——阵列信号处理中的多通道幅相一致性校正，介绍了数字上、下变频芯片中常用的 CIC 滤波器和半带滤波器的原理及实现方法，给出了数字上、下变频的 MATLAB 仿真实例，并简要介绍了常用数字上、下变频芯片的功能和参数设置。

本课程的先修课程是信号与系统、MATLAB 语言等。本书的教学参考时数为 60 学时。

本书第 2 章由李萍编写，第 3、9 章由张莉编写，第 5、6 章由张冬玲编写，其余各章由吴瑛编写，统稿工作由吴瑛负责。

在本书的编写过程中，我们参考了国内外相关的参考文献资料，在此向这些参考文献的作者表示衷心的感谢。

由于作者水平有限，书中难免有一些缺点，望读者不吝赐教。

作者的联系方式：0371 - 81631296。

E-mail：hnwuying22@163.com。

作　者
2009 年 4 月

目   录

绪　　论

课程导学

　　随着电子技术及计算机技术的飞速发展和各种超大规模集成电路的广泛使用，数字信号处理（Digital Signal Processing，DSP）得到了飞跃式的发展，成为通信、计算机、雷达、声呐、电声、电视、测控、生物医学工程等众多学科和领域的重要理论基础。目前该课程已成为高等院校电子信息类专业的一门必修专业基础课。

　　信号作为信息的载体，几乎涉及所有的工程技术领域。信号处理就是研究如何对这些信号进行分析、变换、综合、估计和识别处理，以达到提取信号的有用分量、抑制或消除不需要的干扰分量、估计信号的特征参数、识别信号的种类等目的。

0.1　数字信号处理概述

1. 数字信号处理的定义

　　数字信号处理是研究如何用数字或符号序列表示信号以及对这些序列作处理的一门学科，即对含有信息的信号进行处理，提取人们所希望得到的信息。

2. 数字信号处理系统的组成

　　数字信号处理系统是多种多样的。但对于一般系统，其基本结构如图 0.1.1 所示。模拟信号通过前置预滤波器滤除高频成分，输出 $x_a(t)$。随后在模/数（A/D）变换器的取样器中每隔时间 T（取样周期）取出当前输入信号的幅度，按照量化电平，将其转换成二进制数，得到数字信号 $x(n)$。数字信号处理器对 $x(n)$ 作处理，得到输出信号 $y(n)$。$y(n)$ 通过数/模（D/A）变换器变成模拟信号 $y(t)$。最后通过一个模拟低通滤波器，滤除不需要的高频成分，得到所需的模拟信号 $y_a(t)$。各模块的信号波形如图 0.1.2 所示。

图 0.1.1　数字信号处理系统组成框图

　　实际数字信号处理系统并不一定包括图 0.1.1 中所示的所有部分。如果系统只需要数字输出，则可以直接以数字形式显示或打印，就不需要 D/A 变换器和模拟低通滤波器；如果系统输入为数字信号，就不需要 A/D 变换器；如果系统的输入/输出均是数字信号，则只需要数字信号处理器这一核心部分即可。

3. 数字信号处理的基本内容

　　数字信号处理主要涵盖以下几个方面的内容：

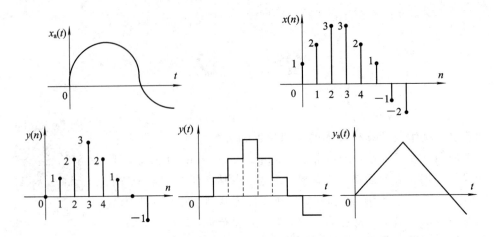

图 0.1.2　数字信号处理系统各部分的输出波形

（1）信号的采集：A/D 转换技术、采样定理、多速率信号处理、量化误差分析、非等间隔采样等。

（2）离散时间信号分析：时域及频域的分析、各种变换技术、信号特征的描述等。

（3）离散时间线性时不变(Linear Time-Invariant，LTI)系统描述：因果稳定、系统单位脉冲响应 $h(n)$、系统函数 $H(z)$、系统频率响应 $H(e^{j\omega})$ 等。

（4）信号处理中的快速算法及其实现：FFT、卷积与相关等。

（5）滤波技术：IIR(无限脉冲响应)、FIR(有限脉冲响应)数字滤波器的设计及实现。

（6）信号处理中的特殊算法：信号的抽取、插值，反卷积，基于幅度谱和相位谱的信号重构技术等。

（7）信号的估值：各种估值理论、相关函数与功率谱估计等。

（8）信号的建模：最常用的有 AR(自回归)、MA(移动平均)、ARMA(自回归-移动平均)等模型。

（9）通信信号处理：信号的设计、信道检测与估计、信道均衡、OFDM(正交平分复用)、MIMO(多输入多输出)、数字复用与分集技术、智能天线等。

（10）非线性信号处理：盲信号处理、神经网络、RLS、LMS 算法等。

（11）信号处理技术的实现及应用。

数字信号处理的理论、算法和实现方法这三者是密不可分的。将一个好的信号处理理论应用于工程实现，需要相应的算法以便使信号处理高速高效，并使实现系统简单易行。

作为专业基础课程的教材，本书主要涉及(1)、(2)、(3)、(4)、(5)，以及(6)中的抽取和插值，其余部分属于现代信号处理的内容。

4. 数字信号处理的实现方法

数字信号处理的最终目的是能够将研究成熟的算法应用于实际当中。算法的实现通常有两种，即软件实现和硬件实现，它们各自有着不同的应用环境。

软件实现主要是在通用计算机上调用一些通用的软件包或者自己编程来实现某些数字信号处理算法。软件实现的速度慢，一般不能做到实时处理，因此这种方式主要应用于教学、科学研究和一些非实时处理场合。目前，有关信号处理的典型软件工具是 MATLAB 相关软

件包,其中与数字信号处理有关的工具箱有:

(1) Signal Processing Toolbox(信号处理工具箱)。

(2) Filter Design Toolbox(滤波器设计工具箱)。

(3) Wavelet Toolbox(小波工具箱)。

(4) Image Processing Toolbox(图像处理工具箱)。

(5) High-Order Spectral Analysis Toolbox(高阶谱分析工具箱)。

(6) Communication Toolbox(通信工具箱)。

MATLAB 给使用者提供了一个强大的数值计算环境和数据可视化软件平台,绝大多数数字信号处理算法都可以很方便地在该环境下得到理论验证和仿真。

数字信号处理的另一种实现方法则是使用特定的硬件,如 DSP 芯片、可现场编程门阵列 FPGA 等。硬件实现的特点是速度快,专用性强,一般能够实时处理。目前市场上的 DSP 芯片以 TI 和 ADI 两大公司的产品为主。ADI 公司 2004 年推出的 Tiger SHARC 系列的 TS201,主频达到 600 MHz,处理能力为 3.6 GFLOPS(每秒 10^9 次浮点运算)。TI 公司则推出了 C64 系列,2004 年初公布的 1 GHz 的 TMS320C6416 其定点处理能力达到 8000 MIPS。

表 0.1.1 中通过典型的技术指标,比较了目前 ADI 和 TI 公司浮点 DSP 的技术性能和发展趋势。从表 0.1.1 中可以得出以下结论:

(1) ADI 公司的 DSP 具有出色的浮点处理能力,由于内部存储空间大并且有内部总线仲裁,因此具有独特的多 DSP 互联能力(总线直接互联和 Link 口互联),被称为"多 DSP 系统的实现标准"。该公司的浮点芯片多用于雷达、声呐和阵列等信号处理系统。

(2) TI 公司的 DSP 则更注重单片的处理能力,在民用高端 DSP 市场占有很大份额。

(3) DSP 的发展趋势是向速度更快、集成度更高的方向发展。

表 0.1.1　ADI 和 TI 公司浮点 DSP 的技术指标比较

对比项目	TMS320C4X	ADSP2106X	ADSP21160	TMS320C6701	Tiger SHARC 201
生产日期	1991	1995	1999	1998	2004 上市
运算速度	80 MFLOPS	120 MFLOPS	600 MFLOPS	1 GFLOPS	3.6 GFLOPS
内存	2K×32 bit	4 Mbit	4 Mbit	1 Mbit	24 Mbit
主频	80 MHz(25 ns)	40 MHz(25 ns)	100 MHz	167 MHz	600 MHz(1.67ns)
1024 点复数 FFT	1.3 ms	0.46 ms	96 μs	120 μs	15.7 μs

注:MFLOPS 表示每秒可进行 10^6 次浮点运算。

0.2　数字信号处理的优点

数字信号处理是采用数字系统完成信号处理任务,它具有数字系统的一些优点,如抗干扰,可靠性强,便于大规模集成等。除此之外,与传统的模拟信号处理方法相比,它还具有以下明显的优点。

(1) 精度高。在模拟系统中，系统的精度是由元器件决定的，模拟元器件的精度很难达到10^{-3}。而数字系统中，计算精度可以随运算位数的增加而得到显著改善，如 17 位字长就可实现10^{-5}的精度，所以在高精度系统中，有时只能采用数字系统。

(2) 可靠性高。模拟系统中各元器件都有一定的温度系数，易受环境条件(如温度、振动、电磁感应等)的影响，产生杂散效应甚至振荡等。而数字系统只有 0、1 两个信号电平，受噪声及环境条件等的影响小，且数字系统采用大规模集成电路，其故障率远远小于采用众多分立元器件构成的模拟系统。

(3) 灵活性大。数字系统的性能主要取决于各乘法器的系数，而这些系数存放于系数存储器内，只需对这些存储器输入不同的数据，就可以改变系统参数，从而得到不同性能的系统。另外，数字系统可以时分复用，即用一套数字系统可以分时处理多路信号。如图 0.2.1 所示，由于信号的相邻两采样点之间存在着时间空隙，因而在同步器的控制下，系统对各路信号分别进行处理，最后通过分路器将输出序列分离输出，因此系统的运算速度越高，能处理的信道数目也就越多。

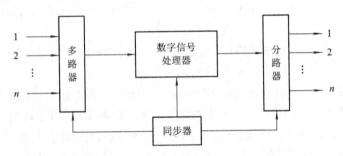

图 0.2.1　时分复用的数字信号处理系统

(4) 可以实现模拟系统无法实现的复杂处理功能。模拟系统只能对信号进行一些简单的处理，如放大、滤波、经典的调制与解调等。而数字系统则可以实现解卷积、严格的线性相位、复杂的数学运算、信号的任意存取等各种复杂的处理与变换(如电视系统中的多画面、特技效果、特殊的音响和配音效果等)。

(5) 易于大规模集成。由于数字系统对电路参数的要求不高，因此产品成品率高。另外，组成系统的基本单元和基本模块具有高度的一致性和规范性，便于大规模集成、大规模生产，从而使数字系统体积小，重量轻，性价比高。

(6) 便于加解密。目前信息安全要求越来越高，加解密算法越来越复杂，只有数字处理才可以实现复杂的加解密算法。

数字信号处理系统虽然有很多优点，但它也有局限性，如受采样频率必须满足奈奎斯特准则的限制，数字系统还不能实时处理频率很高的信号。但是随着大规模集成电路、高速微处理器的发展，数字系统的速度越来越高，数字信号处理也会越来越显示出其优越性。

数字信号处理的基本理论和方法涉及微积分、随机过程、高等代数、复变函数和各种变换等数学工具以及信号与系统等专业基础知识，本书作为数字信号处理的基础教材，不可能对上述各方面的内容予以全面论述，只能讨论数字信号处理的基本原理和基本分析方法，作为今后学习专业知识和技术的基础。

第 1 章 离散时间信号和系统的时域分析

1.1 引   言

信号是信息的物理表现形式，而信息则是信号的具体内容。一个信号可以定义为一个或多个独立变量的函数。信号的独立变量可以是连续的，也可以是离散的，信号的幅度同样可以是连续的或离散的。因此，在信号处理中涉及模拟信号、离散时间信号和数字信号，与之对应的有模拟系统、离散时间系统和数字系统。

本章介绍离散时间信号的基本概念、表示方法以及离散时间线性时不变系统的基本特性，重点讨论基本序列、序列的周期性和基本运算，线性时不变系统的时域分析，线性常系数差分方程的求解方法，最后探讨确定性离散时间信号的相关性分析方法。

1.2 离散时间信号

1.2.1 序列及其表示方法

1. 信号的定义

信号是信息的载体，它承载和传递着各种纷繁复杂的信息，常用一个或多个独立变量来描述。在数学上，信号可以看作随这些变量变化的函数，如语音信号在数学上表示成时间 t 的函数，图像信号表示成一个二元或多元空间变量的亮度函数。

2. 信号的分类

信号的分类方法非常多，下面介绍几种常见的信号分类方法。

1) 确定性信号和随机信号

任何可以被一个确定的数学表达式、一个数据表或一个规定好的规则唯一描述的信号，称为确定性信号，如 $\sin(\Omega_0 t)$，Ω_0 为定值。此类信号的过去、现在和将来的所有取值都可以准确知道，不存在任何不确定性。

在实际应用中，有些信号并不能被数学公式显式表达，在给定的时间、空间或某个参量上的取值是随机未知的，此类信号称为随机信号，如高斯白噪声。

2) 一维信号和多维信号

只随某一个参量的变化而变化的信号为一维信号，如仅随时间变化的电压、电流及语音信号等。随两个或两个以上参量的变化而变化的信号为多维信号，如灰度值随坐标 x 和 y 变化而变化的各种静止图像为二维信号。

3) 连续时间信号、离散时间信号和数字信号

时间为连续变量，幅值为连续或离散数值的信号称为连续时间信号。其中，时间和幅

值均连续的信号称为模拟信号,如 $x_a(t)=\sin(\Omega_0 t)$。

时间为离散变量,幅值在一个有限或无限范围内取所有可能值的信号称为离散时间信号,如 $x(n)=\sin(0.0104\pi n)$,如图 1.2.1(a)所示。

时间为离散变量,幅值只在可能取值的有限集上取值的信号称为数字信号,如图 1.2.1(b)所示。数字信号是对离散时间信号的幅度进行有限位数二进制编码、量化形成的。例如,A/D 采样之后的信号为数字信号。二进制编码位数越多,数字信号越接近离散时间信号。由于现在计算机的精度很高,位数一般为 32 位或 64 位,因此用软件处理数字信号时,可以不考虑这种误差的影响。但当用硬件(尤其是定点 DSP)实现时,位数不可能很高,必须考虑误差的影响(详见第 8 章)。为讨论方便,以下涉及的信号均为离散时间信号。

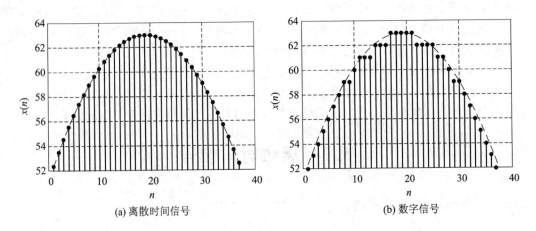

图 1.2.1 离散时间信号与数字信号

4) 能量信号和功率信号

连续时间信号 $x_a(t)$ 的能量和功率分别定义为

$$E = \int_{-\infty}^{+\infty} |x_a(t)|^2 dt$$

$$P = \lim_{T \to \infty} \frac{1}{T} \int_{-T/2}^{+T/2} |x_a(t)|^2 dt$$

相应地,离散时间信号 $x(n)$ 的能量和功率分别定义为

$$E = \sum_{n=-\infty}^{+\infty} |x(n)|^2$$

$$P = \lim_{N \to \infty} \frac{1}{2N+1} \sum_{n=-N}^{N} |x(n)|^2$$

无论时间连续还是离散,能量为有限值的信号称为能量信号,功率为有限值的信号称为功率信号。一般地,在 n 的有限长区间内有非零值的序列 $x(n)$,其能量有限,功率为零,是能量信号;而周期序列或随机序列 $x(n)$,其功率有限,能量无限,是功率信号。

3. 离散时间信号的表示方法

离散时间信号的来源一般有两类,在通信中最常见的一类是由模拟信号通过采样得到的。例如,以采样频率 F_s(采样间隔 $T=1/F_s$)对模拟信号 $x_a(t)$ 采样,则离散时间信号表

示为

$$x(n) = x_a(t)\big|_{t=nT} = x(nT) \quad (-\infty < n < \infty) \tag{1.2.1}$$

式中，n 取整数，n 为非整数时无定义。

另外一类离散时间信号通过测试记录得到。例如，一天中每隔 1 小时记录一次温度，则早 5 点到早 10 点的温度可用 $x(n)$ 表示为

$$x(n) = \{12,\, 13.2,\, 17.4,\, 20,\, 21.2,\, 23.3\}_{[5,\,10]} \quad (n = \{5,\, 6,\, 7,\, 8,\, 9,\, 10\})$$

不管离散时间信号的来源如何，该信号均是由一组有序的数据序列组成的，因此离散时间信号又称作序列。序列常用以下三种方法表示。

1）集合表示法

离散时间信号是一组有序的数的集合，可表示成集合。例如，

$$x(n) = \{1,\, 2,\, 4,\, 8,\, 12,\, 3.4,\, 5.6,\, -9\}_{[-2,\,5]}$$

2）函数表示法

函数表示法是用离散时间信号随时间变化的函数关系表示该信号的方法。例如，

$$x(n) = \sin(0.25\pi n) \quad (-\infty < n < \infty)$$

3）图示法

图示法是用离散时间信号随时间变化的图形表示该信号的方法。例如，$x(n) = \sin(0.125\pi n)(-\infty < n < \infty)$，一般用线图表示序列，如图 1.2.2(a)所示。为了醒目，会在每一条竖线的顶端加一个黑点。有时也用包络图表示序列，如图 1.2.2(b)所示。

【例 1.2.1】　用 MATLAB 画出序列 $x(n) = \sin(0.125\pi n)(-8 \leqslant n \leqslant 8)$ 的线图和包络图。

解　n＝−8：8；　　　　　　　　　　% 位置向量 n∈[−8, 8]

x＝sin(2 * pi * n * 0.0625)；　　　　% 计算序列向量 x(n) 的 17 个样值

figure；

subplot(1, 2, 1), stem(n, x, '.')；xlabel('n')；ylabel('x(n)')；

subplot(1, 2, 2), plot(n, x)；xlabel('n')；ylabel('x(n)')；

结果如图 1.2.2 所示。

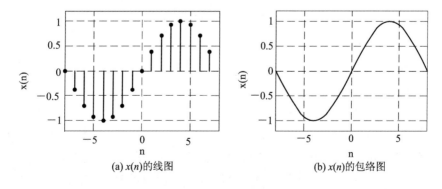

(a) x(n)的线图　　　　　　　　　　(b) x(n)的包络图

图 1.2.2　用图示法表示离散时间信号

1.2.2　基本序列

离散时间信号非常多，本小节介绍的常用基本序列是后续内容的基础。

1. 单位脉冲序列

单位脉冲序列用 $\delta(n)$ 表示，定义为

$$\delta(n) = \begin{cases} 1 & (n = 0) \\ 0 & (n \neq 0) \end{cases} \tag{1.2.2}$$

在离散时间系统中，$\delta(n)$ 的地位和作用类似于连续时间系统的单位冲激函数 $\delta(t)$，也被称为离散冲激序列(或简称冲激)，如图 1.2.3(a) 所示。但是，二者之间存在根本性的不同。

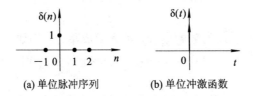

(a) 单位脉冲序列　　　(b) 单位冲激函数

图 1.2.3　单位脉冲序列和单位冲激信号

(1) 当 $n=0$ 时，$\delta(n)=1$；当 $t=0$ 时，$\delta(t)$ 为无穷大。

(2) 在 $n \neq 0$ 的整数上 $\delta(n)$ 定义为 0，在非整数 n 上 $\delta(n)$ 无定义；$\delta(t)$ 在 $t \neq 0$ 的整个时间轴上定义为 0。

(3) $\delta(t)$ 是一种数学上的极限，不是物理可实现的信号；$\delta(n)$ 是物理可实现的信号。

2. 单位阶跃序列

单位阶跃序列用 $u(n)$ 表示，定义为

$$u(n) = \begin{cases} 1 & (n \geqslant 0) \\ 0 & (n < 0) \end{cases} \tag{1.2.3}$$

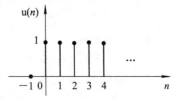

$u(n)$ 在大于等于 0 的所有离散时间点上均取值为 1，类似于连续时间信号中的单位阶跃信号，如图 1.2.4 所示。$u(n)$ 与 $\delta(n)$ 可以互相表示，即

图 1.2.4　单位阶跃序列

$$u(n) = \sum_{i=0}^{+\infty} \delta(n-i) \tag{1.2.4}$$

$$\delta(n) = u(n) - u(n-1) \tag{1.2.5}$$

3. 矩形序列

矩形序列用 $R_N(n)$ 表示，定义为

$$R_N(n) = \begin{cases} 1 & (0 \leqslant n \leqslant N-1) \\ 0 & (n < 0, \, n \geqslant N) \end{cases} \tag{1.2.6}$$

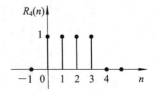

$R_N(n)$ 仅在 $[0, N-1]$ 的 N 个离散时间点上取值为 1。$N=4$ 时 $R_4(n)$ 如图 1.2.5 所示。$R_N(n)$ 可以用 $u(n)$ 或 $\delta(n)$ 表示为

图 1.2.5　矩形序列

$$R_N(n) = u(n) - u(n-N) = \sum_{m=0}^{N-1} \delta(n-m)$$

4. 实指数序列

实指数序列是包络为指数函数的序列，其函数表示为 $a^n u(n)$。如图 1.2.6(b)、(d)所示，当 $|a|>1$ 时，序列发散；如图 1.2.6(a)、(c)所示，当 $|a|<1$ 时，序列收敛；如图 1.2.6(c)、(d)所示，当 $a<0$ 时，序列的取值正负交替。

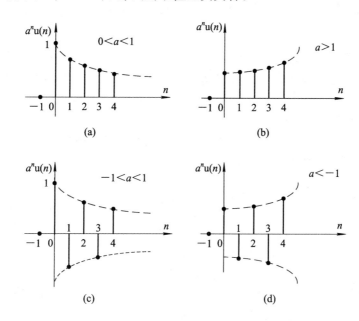

图 1.2.6　实指数序列的 4 种变化趋势

5. 正弦序列

正弦序列是包络为正、余弦函数的序列，一般可由模拟正弦信号采样得到。设模拟信号 $x_a(t)=A\sin(\Omega_0 t+\theta)$，对其进行间隔为 T 的采样，则离散时间信号 $x(n)$ 为

$$x(n) = x_a(nT) = A\sin(\Omega_0 Tn + \theta) = A\sin(\omega_0 n + \theta)$$

式中，$\omega_0=\Omega_0 T=\Omega_0/F_s$ 为数字角频率，单位为弧度。ω_0 反映了正弦序列变化的快慢，如 $\omega_0=0.1\pi$，则表示序列值每 20 个点重复一次正弦循环；若 $\omega_0=0.2\pi$，则表示序列值每 10 个点重复一次正弦循环，如图 1.2.7 所示。

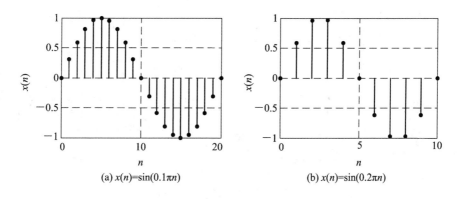

(a) $x(n)=\sin(0.1\pi n)$　　　(b) $x(n)=\sin(0.2\pi n)$

图 1.2.7　正弦序列

数字角频率是模拟角频率对采样频率归一化之后得到的，如果数字系统的采样频率保持不变，那么系统中的数字角频率能够反映模拟频率或角频率的大小。一旦数字系统中存在不同的采样频率，或者在采样频率互不相同的数字系统中，数字角频率就仅是一个相对值，并不能反映模拟频率或角频率的大小。

6. 复指数序列

复指数序列表示为

$$x(n) = \mathrm{e}^{\mathrm{j}\omega n}\,\mathrm{e}^{\sigma n} \tag{1.2.7}$$

如果 $\sigma = 0$，则称 $x(n) = \mathrm{e}^{\mathrm{j}\omega n}$ 为单位复指数序列，用欧拉公式将其展开，得

$$x(n) = \cos(\omega n) + \mathrm{j}\sin(\omega n)$$

由于 n 只能取整数，因此

$$\mathrm{e}^{\mathrm{j}(\omega n + 2k\pi n)} = \mathrm{e}^{\mathrm{j}\omega n} \quad (k = 0, \pm 1, \pm 2, \cdots)$$

表明以数字角频率 ω 为变量时，周期为 2π。

1.2.3 周期序列

1. 定义

对于序列 $x(n)$，若存在正整数 N 使

$$x(n) = x(n + N) \quad (-\infty < n < \infty) \tag{1.2.8}$$

且 N 是满足式(1.2.8)的最小整数，则称 $x(n)$ 为周期序列，N 为最小正周期。通常在序列上方加一个"～"来表示它是周期序列，如 $\tilde{x}(n)$ 即表示一个周期序列。

对于正弦序列，当 n 一定、ω 作为变量时，它是以 2π 为周期的连续函数；但当 ω 一定、n 作为变量时，正弦序列是否周期序列，需要进一步讨论。

【例 1.2.2】 分析 $x(n) = \sin(\pi n/4)$ 的周期性。

解 设周期序列 $x(n+N) = x(n)$，因为正弦序列满足 $\sin(\phi) = \sin(\phi + 2k\pi)$，所以

$$\frac{\pi(n+N)}{4} = \frac{\pi n}{4} + 2k\pi$$

可得 $N = 8k$，因此最小周期 $N = 8$，$k = 1$。因为 $\omega_0 = \pi/4 = \Omega_0 T = 2\pi T/T_0$，所以 $8T = T_0$，说明在原模拟信号的一个周期内采样了 8 个点，如图 1.2.8(a)所示。

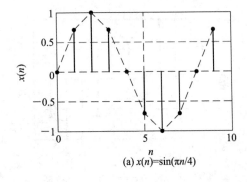
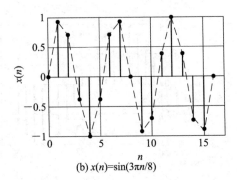

(a) $x(n) = \sin(\pi n/4)$　　　　(b) $x(n) = \sin(3\pi n/8)$

图 1.2.8 正弦序列

【例 1.2.3】 分析 $x(n) = \sin(3\pi n/8)$ 的周期性。

解　与例 1.2.2 相同，由 $3\pi(n+N)/8=3\pi n/8+2k\pi$ 得 $N=16k/3$，最小周期 $N=16$，$k=3$。因为 $\omega_0=3\pi/8=\Omega_0 T=2\pi T/T_0$，所以 $16T=3T_0$，即在原模拟信号的 3 个周期内采样了 16 个点，如图 1.2.8(b)所示。

【例 1.2.4】　分析 $x(n)=\sin(n)$ 的周期性。

解　如果 $x(n)$ 为周期信号，则必有

$$n+N = n+2k\pi$$

得 $N=2k\pi$，此时 k 取任何整数，N 都不是整数，因此 $x(n)$ 不是周期序列。

不失一般性，判断正弦序列 $x(n)=\sin(\omega n)$ 是否周期序列的条件为

(1) $2\pi/\omega=m$（m 为整数），周期 $N=m$，$k=1$。

(2) $2\pi/\omega=P/Q$ 是有理数，若 P、Q 是互为素数的整数，则周期 $N=P$，$k=Q$。

(3) $2\pi/\omega$ 是无理数，任何 k 都不能使 N 为正整数，此时正弦序列为非周期序列。

通过以上分析可知，与模拟正弦信号周期的求法不同，周期正弦序列的周期为

$$N = \frac{2\pi k}{\omega} \tag{1.2.9}$$

式中，k 表示序列值变化一个周期时原模拟信号的周期数。

2. 周期序列的表示方法

1）主值区间表示法

一般定义周期序列 $\tilde{x}(n)$ 中从 $n=0$ 到 $N-1$ 的这一个周期为 $\tilde{x}(n)$ 的主值区间，而主值区间上的序列称为 $\tilde{x}(n)$ 的主值序列。例如，$\tilde{x}(n)=\{1,3,-1,3,5\}$ 表示一个周期为 5 的周期序列。

2）模 N 表示法

周期序列除了用主值区间来表示，还可以用模 N 法表示为

$$\tilde{x}(n) = x((n))_N \tag{1.2.10}$$

式中，$x((n))_N$ 表示一个以 N 为周期的周期序列。其中，$((n))_N$ 是以 N 为模的 n 的余数。

不失一般性，如果 $n \geqslant 0$，且 $n=mN+p$，$0 \leqslant p \leqslant N-1$，则 $((n))_N=p$；如果 $n<0$，则 $((n))_N=N-((|n|))_N$。

例如，$N=5$，$\tilde{x}(n)=x((n))_5$，则有

$$\tilde{x}(8) = x((8))_5 = \tilde{x}(3), \quad \tilde{x}(-2) = x((-2))_5 = \tilde{x}(3)$$

3. 周期延拓

由以上讨论可知，周期序列可以用其主值序列来表示，并通过研究周期序列的主值序列来研究周期序列的特性。主值序列是位于 $[0,N-1]$ 的有限长序列，将其周期延拓（周期为 N）就是原周期序列。然而，在某些场合，如频域采样导致时域非周期序列周期延拓（详细论述见第 3.2 节），序列周期延拓还可能出现混叠。

设 $x(n)$ 为非周期序列，对 $x(n)$ 作无限次长度为 iL（i 和 L 都是整数）的移位后相加，可以得到周期序列 $\tilde{x}(n)$，即

$$\tilde{x}(n) = \sum_{i=-\infty}^{\infty} x(n-iL) \tag{1.2.11}$$

式中，$\tilde{x}(n)$ 是以正整数 L 为周期的周期序列。

如果 $x(n)$ 是位于 $[0，N-1]$ 的 N 点有限长序列，则其包络图如图 1.2.9(a)所示。当 $L \geqslant N$ 时，不同 i 对应的 $x(n-iL)$ 相互不交叠，$x(n)$ 和 $\tilde{x}(n)$ 在任一个周期内的序列值完全相同，如图 1.2.9(b)所示。此时，可以由 $\tilde{x}(n)$ 恢复出 $x(n)$，即

$$\begin{cases} \tilde{x}(n) = \sum_{i=-\infty}^{+\infty} x(n-iL) \\ x(n) = \tilde{x}(n)R_N(n) \end{cases} \tag{1.2.12}$$

式中，$R_N(n)$ 为矩形序列，见式(1.2.6)。当 $L < N$ 时，不同 i 对应的 $x(n-iL)$ 相互交叠，如图 1.2.9(c)所示。由于出现混叠，因此不可以由 $\tilde{x}(n)$ 恢复出 $x(n)$，即

$$\begin{cases} \tilde{x}(n) = \sum_{i=-\infty}^{+\infty} x(n-iL) \\ x(n) \neq \tilde{x}(n)R_N(n) \end{cases} \tag{1.2.13}$$

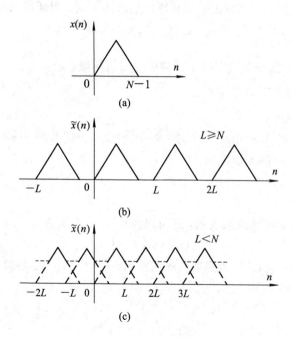

图 1.2.9　序列的周期延拓

【例 1.2.5】　设有限长序列 $x(n)=\{3，4，5，6，7\}_{[-1,3]}$，试以 $L=3$ 将该序列周期延拓。

解　由式(1.2.11)得

$$\tilde{x}(n) = \cdots + x(n-3) + x(n) + x(n+3) + \cdots$$

即 $L=3$，$\tilde{x}(n) = \{11，5，9\}$。

1.2.4　序列的运算

在数字信号处理中，序列常见的运算为乘法、加法、移位、翻转及尺度变换。

1. 序列相乘和相加

序列相乘：

$$y(n) = x_1(n)x_2(n) \tag{1.2.14}$$

式中，$y(n)$ 是两个序列 $x_1(n)$ 和 $x_2(n)$ 的对应项相乘得到的序列。

序列与标量相乘：

$$y(n) = ax(n) \qquad (1.2.15)$$

式中，$y(n)$ 是序列 $x(n)$ 每项乘以常数 a 得到的序列。

序列相加：

$$y(n) = x_1(n) + x_2(n) \qquad (1.2.16)$$

式中，$y(n)$ 是两个序列 $x_1(n)$ 和 $x_2(n)$ 的对应项相加得到的序列。

2. 序列移位

序列右移：

$$y(n) = x(n-m) \qquad (1.2.17)$$

式中，m 为大于零的整数，$y(n)$ 是原序列 $x(n)$ 每项右移 m 位得到的序列。

序列左移：

$$y(n) = x(n+m) \qquad (1.2.18)$$

式中，$y(n)$ 是原序列 $x(n)$ 每项左移 m 位得到的序列。序列的移位如图 1.2.10 所示。

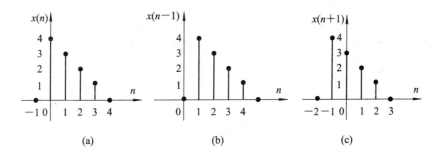

图 1.2.10 序列移位

3. 序列翻转

序列翻转：

$$y(n) = x(-n) \qquad (1.2.19)$$

式中，$y(n)$ 是将 $x(n)$ 以纵轴为对称轴翻转 180° 得到的序列。序列的翻转如图 1.2.11 所示。

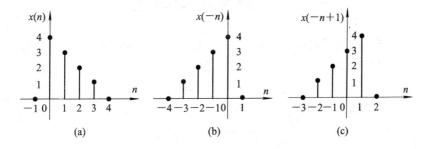

图 1.2.11 序列翻转

4. 序列尺度变换

序列尺度变换：

$$y(n) = x(mn) \tag{1.2.20}$$

式中，m 为大于 1 的正整数，$y(n)$ 是序列 $x(n)$ 每隔 $m-1$ 点取一点得到的序列。$m=2$ 时序列的尺度变换如图 1.2.12 所示。可见，尺度变换摒弃了序列的某些值。

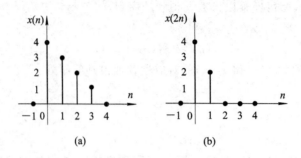

图 1.2.12　序列的尺度变换

5. 用单位脉冲序列移位加权的线性组合表示任意序列

任何序列都可以分解成单位脉冲序列移位、加权、相加的形式，即

$$x(n) = \sum_{i=-\infty}^{\infty} x(i)\delta(n-i) \tag{1.2.21}$$

在信号分析中常用该方式表示信号。图 1.2.13 所示的 $x(n)$ 可以按式(1.2.21)表示成

$$x(n) = -2\delta(n+1) + 4\delta(n) + 3\delta(n-1) + 2\delta(n-2) + \delta(n-3)$$

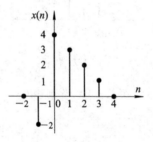

图 1.2.13　用单位脉冲序列移位加权和表示序列

1.3　离散时间系统

离散时间系统的作用是将输入序列 $x(n)$ 通过一定的运算处理转变为输出序列 $y(n)$，这种运算关系用 $T[\cdot]$ 表示，即

$$y(n) = T[x(n)] \tag{1.3.1}$$

离散时间系统的方框图如图 1.3.1 所示。

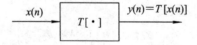

图 1.3.1　离散时间系统的方框图

离散时间系统与连续时间系统有相同的分类，如线性、非线性、时变、时不变等。运算

关系 $T[\cdot]$ 在满足不同条件时具有不同的性质,对应着不同的系统。下面具体讨论几种常用的离散时间系统。

1.3.1　离散时间线性时不变系统

离散时间线性时不变(Linear Time-Invariant,LTI)系统的特点是系统具有线性性质和时不变特性。

1. 线性性质

线性性质表明系统满足线性叠加原理。设 $x_1(n)$ 和 $x_2(n)$ 分别为系统的输入,与它们对应的系统输出分别用 $y_1(n)$ 和 $y_2(n)$ 表示,即

$$y_1(n) = T[x_1(n)], \; y_2(n) = T[x_2(n)]$$

若对于任意给定的常数 a、b,均满足:

$$y(n) = T[ax_1(n) + bx_2(n)] = ay_1(n) + by_2(n) \tag{1.3.2}$$

则该系统服从线性叠加原理,为线性系统,否则为非线性系统。

【例 1.3.1】　某系统的输入/输出关系为 $y(n) = [x(n)]^2$,试判断其是否线性系统。

解　设系统输入为

$$x(n) = ax_1(n) + bx_2(n)$$

则

$$y(n) = [ax_1(n) + bx_2(n)]^2 \neq aT[x_1(n)] + bT[x_2(n)]$$

因此,该系统为非线性系统。

2. 时不变特性

如果系统对输入信号的运算关系 $T[\cdot]$ 在整个运算过程中不随时间变化,则称该系统是时不变系统,即对任意给定的非零整数 n_0,均满足

$$y(n - n_0) = T[x(n - n_0)] \tag{1.3.3}$$

则称该系统为时不变系统,否则为时变系统。

【例 1.3.2】　试判断以下系统是否时不变的。

(1) $y(n) = ax(n) + b$(a, b 为常数);

(2) $y(n) = x(-n)$;

(3) $y(n) = x(2n)$。

解　(1) 由

$$y(n - n_0) = ax(n - n_0) + b$$

$$T[x(n - n_0)] = ax(n - n_0) + b = y(n - n_0)$$

可知,系统为时不变系统。

(2) 因为

$$y(n - n_0) = x[-(n - n_0)] = x(-n + n_0)$$

所以此式相当于输入信号通过系统后,对输出做移位。又因为

$$T[x(n - n_0)] = x(-n - n_0)$$

所以此式相当于输入信号先移位后再通过系统。由于

$$y(n - n_0) \neq T[x(n - n_0)]$$

所以系统为时变系统。

(3) $y(n) = x(2n)$ 是尺度变换运算,从直觉上看,输入序列移位的长度 n_0 是奇数会影响序列值与 n 的奇偶性对应关系,系统是时变的。

因为

$$y(n-n_0) = x[2(n-n_0)]$$
$$T[x(n-n_0)] = x(2n-n_0)$$

且

$$y(n-n_0) \neq T[x(n-n_0)]$$

所以系统为时变系统。

　　为更进一步说明系统的时变性，设 $x(n) = \{4, 3, 2, 1\}_{[0,3]}$，则

$$y(n) = x(2n) = \{4, 2\}_{[0,1]}$$

设 $n_0 = 1$，则

$$y(n-1) = \{0, 4, 2\}_{[0,2]}$$
$$T[x(n-1)] = \{0, 3, 1\}_{[0,2]} \neq y(n-1)$$

各序列图如图 1.3.2 所示。n_0 是偶数的情况请读者自行推导。

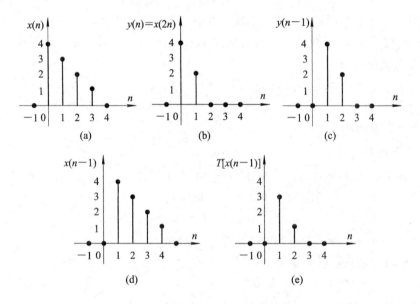

图 1.3.2　$y(n) = x(2n)$ 的时变特性示意

1.3.2　线性时不变系统的单位脉冲响应与线性卷积

1. 系统的单位脉冲响应

　　设线性时不变系统的输入序列为 $x(n) = \delta(n)$，系统的初始状态为零，若系统的输出序列用 $h(n)$ 表示，即

$$h(n) = T[\delta(n)] \tag{1.3.4}$$

则称 $h(n)$ 为系统的单位脉冲响应。$h(n)$ 是线性时不变系统对 $\delta(n)$ 的零状态($y(-1)=0$)响应，它表征了系统的时域特性。

2. 线性卷积

　　设 $x(n)$ 是线性时不变系统的输入序列，$y(n)$ 是输出序列，由式(1.2.21)可知，对任一序列 $x(n)$ 可表示为

$$x(n) = \sum_{m=-\infty}^{+\infty} x(m)\delta(n-m)$$

则系统的输出为

$$y(n) = T[x(n)] = T\Big[\sum_{m=-\infty}^{+\infty} x(m)\delta(n-m)\Big]$$

由系统为线性系统，得

$$y(n) = \sum_{m=-\infty}^{+\infty} T[x(m)\delta(n-m)] = \sum_{m=-\infty}^{+\infty} x(m)T[\delta(n-m)]$$

系统是时不变的，则

$$y(n) = \sum_{m=-\infty}^{+\infty} x(m)h(n-m) = x(n) * h(n) \tag{1.3.5}$$

式(1.3.5)的运算关系称为线性卷积运算，式中的 * 代表两个序列做卷积运算。线性时不变系统的输出序列 $y(n)$ 等于输入序列 $x(n)$ 与系统单位脉冲响应 $h(n)$ 的线性卷积。

3. 线性卷积的计算

根据式(1.3.5)计算线性卷积的过程是：首先将序列 $h(n)$ 以 y 轴为中心做翻转，然后做 m 点移位，最后与 $x(n)$ 对应点相乘求和。下面介绍四种计算方法。

1）图解法

【例 1.3.3】　设 $x(n)=\{1, -1, 2\}_{[0,2]}$，$h(n)=\{3, 0, -1\}_{[0,2]}$，求 $y(n)=x(n)*h(n)$。

解　　　　　$$y(n) = \sum_{m=-\infty}^{+\infty} x(m)h(n-m) = \sum_{m=0}^{2} x(m)h(n-m)$$

图解过程如图 1.3.3 所示。

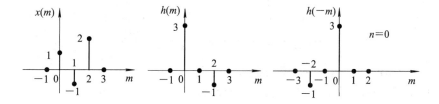

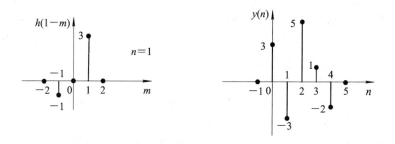

图 1.3.3　线性卷积图解过程

首先将 $h(m)$ 翻转，再将 $x(m)$ 与 $h(-m)$ 对应点相乘，最后相加得到 $y(0)=3$；将 $h(-m)$ 右移一位得到 $h(1-m)$，将其与 $x(m)$ 对应点相乘，再相加得到 $y(1)=-3$。依此类推，得到 $y(n)=\{3, -3, 5, 1, -2\}_{[0,4]}$。

2) 解析法

如果已知两个序列的函数表达式，可以按照式(1.3.5)直接计算其卷积。

按定义式计算线性卷积

3) 不进位乘法

当需要计算卷积的两个信号为有限长序列时，可以用图解法或按照式(1.3.5)直接计算，但计算过程比较烦琐，此时可用一种类似乘法运算的计算方法，称之为不进位乘法。

【例 1.3.4】 设 $x(n)=\{1, -1, 4\}_{[0,2]}$，$h(n)=\{3, 0, -1, 1\}_{[0,3]}$，求 $y(n)=x(n)*h(n)$。

解 $y(n)=\sum_{m=0}^{2}x(m)h(n-m)=x(0)h(n)+x(1)h(n-1)+x(2)h(n-2)$

由于

$$x(0)h(n)=\{3, 0, -1, 1\}$$
$$x(1)h(n-1)=\{0, -3, 0, 1, -1\}$$
$$x(2)h(n-2)=\{0, 0, 12, 0, -4, 4\}$$

将以上序列相加，得 $y(n)=\{3, -3, 11, 2, -5, 4\}_{[0,5]}$。

以上计算过程可写成数学的竖式乘法形式，因各项相加时不需要进位称之为不进位乘法。

$$
\begin{array}{rrrrrrl}
3 & 0 & -1 & 1 & & & \\
1 & -1 & 4 & & & & \\
\hline
3 & 0 & -1 & 1 & & & x(0)h(n) \\
 & -3 & 0 & 1 & -1 & & x(1)h(n-1) \\
 & & 12 & 0 & -4 & 4 & x(2)h(n-2) \\
\hline
3 & -3 & 11 & 2 & -5 & 4 & \\
\end{array}
$$

整理得 $y(n)=\{3, -3, 11, 2, -5, 4\}_{[0,5]}$。

4) 用 MATLAB 计算两个有限长序列的卷积

MATLAB 的信号处理工具箱提供了计算两个有限长序列卷积的库函数 $y=\text{conv}(x, h)$，若 x 和 h 分别是长度为 N、M 的向量，则线性卷积序列 y 是长度为 $N+M-1$ 的向量。

【例 1.3.5】 设某系统输入信号为 $x(n)=\sin(0.165\pi n)(0\leqslant n\leqslant 199)$，系统单位脉冲响应为 $h(n)=\{1, 2, 3, 4, 5, 6, 7, 8, 9, 8, 7, 6, 5, 4, 3, 2, 1\}_{[1,17]}$，求 $y(n)=x(n)*h(n)$。

解 MATLAB 程序为

```
clear;                          % 清除变量和函数的内存
x=sin(0.165 * pi * (0: 199));   % 产生输入信号
h=[1 2 3 4 5 6 7 8 9 8 7 6 5 4 3 2 1];  % 产生系统单位脉冲响应
y=conv(x, h);                   % 求系统输出(即卷积)
```

结果如图 1.3.4 所示。

图 1.3.4(c)中，输出序列的起始和结束位置均出现了较长时间的暂态过程，暂态过程的持续时间随 $h(n)$ 的长度增加而增加。

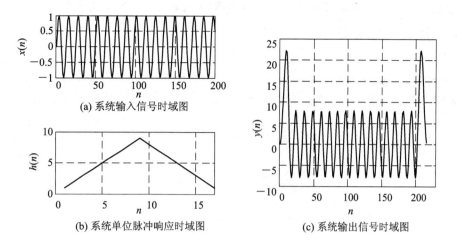

(a) 系统输入信号时域图

(b) 系统单位脉冲响应时域图

(c) 系统输出信号时域图

图 1.3.4 用 MATLAB 计算卷积图

4. 卷积运算的基本规律

（1）交换律：

$$x(n) * h(n) = h(n) * x(n) \tag{1.3.6}$$

（2）结合律：

$$x(n) * \left[h_1(n) * h_2(n) \right] = \left[x(n) * h_1(n) \right] * h_2(n) \tag{1.3.7}$$

卷积结合律相当于信号通过两个级联系统，如图 1.3.5 所示。

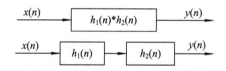

图 1.3.5 卷积结合律示意图

（3）分配律：

$$x(n) * \left[h_1(n) + h_2(n) \right] = x(n) * h_1(n) + x(n) * h_2(n) \tag{1.3.8}$$

卷积分配律相当于信号通过两个并联系统，如图 1.3.6 所示。

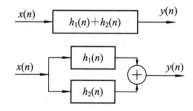

图 1.3.6 卷积分配律示意图

（4）冲激不变性：

$$x(n) * \delta(n) = x(n), \ x(n) * \delta(n-m) = x(n-m) \tag{1.3.9}$$

冲激不变性，即任意序列与单位脉冲序列的卷积等于该序列本身，与一个移位 m 点的单位脉冲序列的卷积等于将该序列移位 m 点。利用冲激不变性，式(1.2.11)所示的周期延

拓可以将 $x(n)$ 与单位周期脉冲序列线性卷积得到,即 $x(n) * \delta((n))_L$。

5. 线性卷积起点定理

定理 设 $x(n)$ 和 $y(n)$ 分别是起点为 N_1 和 N_2 的右(或左)边序列,$g(n)=x(n) * y(n)$,则线性卷积序列 $g(n)$ 也是右(或左)边序列,并且它的起点 $N_0=N_1+N_2$。

证明 设 $x(n)$ 和 $y(n)$ 都是一般的右边序列,起点分别为 N_1 和 N_2,则有

$$g(n) = x(n) * y(n) = \sum_{i=-\infty}^{+\infty} x(i)y(n-i)$$

$$= \sum_{i=N_1}^{+\infty} x(i)y(n-i) \quad (i < N_1,\ x(i)=0)$$

$$= \sum_{i=N_1}^{n-N_2} x(i)y(n-i) \quad (n-i < N_2,\ y(n-i)=0)$$

如果 $n-N_2 < N_1$,即 $n < N_1+N_2$,则有 $i < N_1$,此时,上式为 0。只有 $n \geqslant N_1+N_2$ 时,$g(n)$ 才有值,即 $g(n)$ 为右边序列,且起点为 N_1+N_2。

推理 设有限长序列 $x(n)$ 和 $y(n)$ 分别位于 $[0, N-1]$、$[0, M-1]$,其长度分别为 N 和 M,则它们的线性卷积序列 $g(n)=x(n) * y(n)$ 长度为 $N+M-1$,位于 $[0, N+M-2]$。

1.3.3 系统的因果性和稳定性

由系统的单位脉冲响应 $h(n)$,可以从时域上判断离散时间 LTI 系统的因果性和稳定性。

1. 系统的因果性

如果系统 n 时刻的输出序列只取决于 n 时刻及 n 时刻以前的输入序列,而与 n 时刻以后的输入序列无关,则称该系统具有因果性质,即系统是因果系统。如果系统 n 时刻的输出序列还取决于 n 时刻以后的输入序列,则称该系统为非因果系统。

离散时间 LTI 系统具有因果性的充要条件是:系统的单位脉冲响应 $h(n)$ 满足

$$h(n) = 0 \quad (n < 0) \tag{1.3.10}$$

证明 (1) 充分性:若式(1.3.10)成立,则系统是因果的。对于 LTI 系统有

$$y(n) = \sum_{m=-\infty}^{+\infty} x(m)h(n-m)$$

因为 $n < 0$,$h(n)=0$,所以当 $m > n$ 时,$h(n-m)=0$,因此

$$y(n) = \sum_{m=-\infty}^{n} x(m)h(n-m)$$

系统的输出 $y(n)$ 只与 $x(m)$,$m \leqslant n$ 有关,所以该系统为因果系统。

(2) 必要性:若系统是因果的,则式(1.3.10)成立。用反证法,假设 $h(n) \neq 0$,$n < 0$,系统是因果的。当 $m > n$ 时,$h(n-m) \neq 0$,则

$$y(n) = \sum_{m=-\infty}^{n} x(m)h(n-m) + \sum_{m=n+1}^{+\infty} x(m)h(n-m)$$

由于上式中后一项不为 0,系统的输出 $y(n)$ 与 $m > n$ 时的 $x(m)$ 有关,系统是非因果的,与假设矛盾,因此 $h(n)=0$,$n < 0$。

　　满足式(1.3.10)的序列称为因果序列，因果系统的单位脉冲响应 $h(n)$ 是因果序列。需要说明的是，非因果模拟系统是物理不可实现的，但非因果的离散时间系统却可以通过对 $h(n)$ 移位后实现，如图 1.3.7 所示。

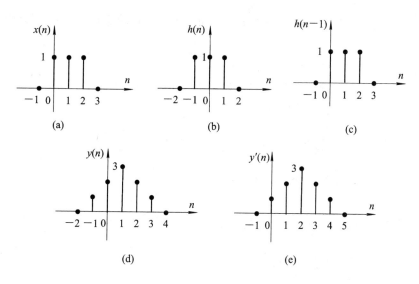

图 1.3.7　非因果的离散时间系统的延时实现

　　图 1.3.7(a)中的 $x(n)$ 是 LTI 系统的输入序列，系统的 $h(n)$ 如图 1.3.7(b)所示。$h(n)$ 是一个非因果系统，$x(n)$ 与 $h(n)$ 的线性卷积序列 $y(n)$ 如图 1.3.7(d)所示。实际应用中，如果先存储 $h(n)$，然后在 $x(n)$ 加入时与已存储的 $h(n)$ 作线性卷积，就可以得到如图 1.3.7(e)所示的结果 $y'(n)$。由于进行卷积的两个序列取值没有改变，因此 $y'(n)$ 的取值并不会改变，但其真实的起点并不是 $n=0$，而应该与 $y(n)$ 一致。可见，事先存储非因果系统的 $h(n)$，相当于对 $h(n)$ 移位成为因果序列，如图 1.3.7(c)所示。

　　当 $h(n)$ 不是有限长序列时，对 $h(n)$ 截断后再存储，就可以近似实现非因果的离散时间系统，详细讨论见第 6.3 节。

2. 系统的稳定性

　　系统的稳定性是对任意有界的输入，系统的输出都有界。如果系统不稳定，即使输入很小，输出也有可能无限增长，使得系统发生饱和、溢出。设计系统时，一定要保证系统是稳定的。

　　离散时间 LTI 系统是稳定系统的充要条件是：系统的单位脉冲响应绝对可和，即

$$\sum_{i=-\infty}^{+\infty} |h(i)| < +\infty \tag{1.3.11}$$

　　证明　(1) 充分性：若式(1.3.11)成立，则系统是稳定的。设 $x(n)$ 有界，即

$$|x(n)| \leqslant M \quad (-\infty < n < +\infty)$$

式中，M 是正整数。此时，有

$$|y(n)| = \left| \sum_{i=-\infty}^{+\infty} h(i)x(n-i) \right|$$

$$\leqslant \sum_{i=-\infty}^{+\infty} |h(i)||x(n-i)| \leqslant M \sum_{i=-\infty}^{+\infty} |h(i)| \quad (-\infty < n < +\infty)$$

因为 $\sum\limits_{i=-\infty}^{+\infty}|h(i)|<+\infty$，所以输出 $y(n)$ 有界，系统稳定。

(2) 必要性：若系统稳定，则系统的单位脉冲响应绝对可和。用反证法。

设 $\sum\limits_{i=-\infty}^{+\infty}|h(i)|=+\infty$，即 $h(n)$ 不是绝对可求和的，系统稳定。设输入信号为

$$x(n)=\begin{cases} \dfrac{h^*(-n)}{|h(-n)|} & (h(-n)\neq 0,\ -\infty<n<+\infty)\\ 0 & (h(-n)=0,\ -\infty<n<+\infty)\end{cases}$$

由于 $|x(n)|\leqslant 1$，即输入信号有界，而

$$|y(0)|=\left|\sum_{i=-\infty}^{+\infty}h(i)x(0-i)\right|=\left|\sum_{i=-\infty}^{+\infty}h(i)\frac{h^*(i)}{|h(i)|}\right|\quad(h(i)\neq 0)$$

$$=\left|\sum_{i=-\infty}^{+\infty}|h(i)|\right|=+\infty$$

系统的输出无界，即系统不稳定，假设不成立，于是有 $\sum\limits_{i=-\infty}^{+\infty}|h(i)|<+\infty$。

1.3.4　线性常系数差分方程

描述一个系统，可以不考虑系统内部结构，只考虑系统的输入与输出及系统参数之间的关系。在模拟系统中，通常用微分方程描述模拟系统的输入与输出的关系，而对于离散时间 LTI 系统，常用线性常系数差分方程来描述系统的输入输出之间的关系。

1. 线性常系数差分方程

一个 N 阶线性常系数差分方程为

$$y(n)=\sum_{i=0}^{M}b_ix(n-i)-\sum_{i=1}^{N}a_iy(n-i) \tag{1.3.12}$$

或将输出序列和输入序列分置等式的两边，即

$$\sum_{i=0}^{N}a_iy(n-i)=\sum_{i=0}^{M}b_ix(n-i)\quad(a_0=1) \tag{1.3.13}$$

式中，$x(n)$ 和 $y(n)$ 分别是系统的输入和输出，a_i 和 b_i 是系统参数，为常数。由于 $x(n-i)$ 和 $y(n-i)$ 只有一次幂项，没有交叉的相乘项，因此称其为线性常系数差分方程。差分方程的阶数由方程中 $y(n-i)$ 项的 i 的最大取值与最小取值之差来确定。在式(1.3.12)或式(1.3.13)中，由于 i 取值在 0 和 N 之间，因此该式为 N 阶差分方程。

差分方程给出了离散时间系统的一种实现结构(详见第 8 章)，利用差分方程，可以在已知输入序列和初始条件的情况下求得系统的输出。

2. 线性常系数差分方程的求解

已知 LTI 系统的输入序列和描述系统的线性常系数差分方程，求解系统的输出，即为差分方程的解。经典解法、基于零输入响应和零状态响应的解法以及递推解法等是时域求解差分方程的基本方法，此外在变换域还可以通过 Z 变换求解差分方程。

(1) 经典解法：与连续时间系统中微分方程的解法类似，先确定齐次解和特解的形式，再利用初始条件求待定系数。由于特解的形式受输入信号影响，当输入信号较复杂或者解

析形式未知时较难求解，因此实际中应用较少。

（2）基于零输入响应和零状态响应的解法：与连续时间系统
时域分析的相应解法类似，先分别求出差分方程在输入为零的
零输入响应和初始状态为零的零状态响应，再将二者相加得全
响应，物理意义明确。

基于零输入响应和零状态
响应的差分方程解法

（3）递推解法：方法简单，适合用计算机求解，但一般只能
得到数值解，对于阶次较高的线性常系数差分方程，不容易求得
输出序列的解析表达式。

观察式(1.3.12)可知，求 n 时刻的输出，不仅需要知道 n 时刻以及 n 时刻以前的 $M+1$
个输入序列值，还需要知道 n 时刻以前的 N 个输出序列值。可见，求解差分方程的条件是
差分方程及其系数、输入序列和系统的初始状态。

【例 1.3.6】　已知描述某 LTI 系统的差分方程为 $y(n)=1.5x(n)+0.7y(n-1)$，输入
序列为 $x(n)=\delta(n)$，求系统在下述三种初始条件下的输出 $y(n)$。

（1）$y(n)=0(n<0)$；

（2）$y(-1)=1$；

（3）$y(n)=0(n>0)$。

解　（1）初始条件 $y(n)=0(n<0)$（零状态）。

$$y(0)=1.5x(0)+0.7y(-1)=1.5$$
$$y(1)=1.5x(1)+0.7y(0)=0.7y(0)=1.5\times0.7$$
$$y(2)=1.5x(2)+0.7y(1)=0.7y(1)=1.5\times0.7^2$$
$$\vdots$$
$$y(n)=0.7y(n-1)=1.5\times0.7^n \quad (n\geqslant0)$$

通式为 $y(n)=1.5\times0.7^n u(n)$，即为系统的单位脉冲响应为 $h(n)=y(n)$。

（2）初始条件 $y(-1)=1$。

$$y(0)=1.5x(0)+0.7y(-1)=1.5+0.7$$
$$y(1)=1.5x(1)+0.7y(0)=0.7y(0)=(1.5+0.7)\times0.7$$
$$y(2)=1.5x(2)+0.7y(1)=0.7y(1)=(1.5+0.7)\times0.7^2$$
$$\vdots$$
$$y(n)=0.7y(n-1)=(1.5+0.7)\times0.7^n \quad (n\geqslant0)$$

通式为 $y(n)=(1.5+0.7)\times0.7^n u(n)$。

（3）初始条件 $y(n)=0(n>0)$。

递推方向由 $n>0$ 改为 $n<0$，将方程改为

$$y(n-1)=0.7^{-1}y(n)-1.5\times0.7^{-1}x(n)$$
$$y(0)=0.7^{-1}y(1)-1.5\times0.7^{-1}x(1)=0$$
$$y(-1)=0.7^{-1}y(0)-1.5\times0.7^{-1}x(0)=-1.5\times0.7^{-1}x(0)=-1.5\times0.7^{-1}$$
$$y(-2)=0.7^{-1}y(-1)-1.5\times0.7^{-1}x(-1)=0.7^{-1}y(-1)=-1.5\times0.7^{-2}$$
$$\vdots$$
$$y(n)=0.7^{-1}y(n+1)=-1.5\times0.7^n \quad (n<0)$$

通式为 $y(n)=-1.5\times0.7^n u(-n-1)$。

例 1.3.6 表明，对于同一个差分方程和同一个输入序列，初始条件不同则解也不同，如果初始条件不定，则差分方程的解也不定。已知 LTI 系统的差分方程，用递推法求解其单位脉冲响应 $h(n)$，应该设初始条件为零、输入信号 $x(n)=\delta(n)$。

对于实际系统，用递推法求解差分方程时，总是由初始条件向 $n>0$ 的方向递推，结果是一个因果解。但对于差分方程，其本身也可以向 $n<0$ 的方向递推，得到的是非因果解。因此，差分方程本身并不能确定系统的输出是否因果解，还需要由初始条件进行限制。

1.3.5　用 MATLAB 求解线性常系数差分方程

MATLAB 信号处理工具箱的 filter 函数为线性常系数差分方程的递推求解。调用格式为

$$yn=filter(B，A，xn，xi)$$

$$xi=filtic(B，A，ys，xs)$$

其中，xn 是输入信号向量，B 和 A 是差分方程(1.3.12)中的系数向量，即

$$B=[b_0，b_1，\cdots，b_M]，A=[a_0，a_1，\cdots，a_N]$$

其中，$a_0=1$。如果 $a_0 \neq 1$，则 filter 用 a_0 对系数向量 B 和 A 归一化。

filtic(B，A，ys，xs)求得与初始条件有关的向量 xi，其中 ys 和 xs 是初始条件向量，即

$$ys=[y(-1)，y(-2)，\cdots，y(-N)]$$

$$xs=[x(-1)，x(-2)，\cdots，x(-M)]$$

如果系统输入是因果序列，则 xs=0，在调用 filtic 时如果不带 xs 参数则默认输入是因果序列。用 yn=filter(B，A，xn，xi)计算出的系统输出与输入和系统的初始状态均有关，是全响应；如果系统初始条件为零，即默认 xi=0，用 yn=filter(B，A，xn)计算的是零状态响应。

【例 1.3.7】　用 MATLAB 求解例 1.3.6(1)和(2)。

解　MATLAB 程序为

```
a0=1；a1=0.7；b0=1.5；          % 确认差分方程系数
ys=1；                          % 系统初始条件 y(-1)=1
xn=[1，zeros(1，30)]；          % 系统输入为单位脉冲序列
B=b0；A=[a0，-a1]；             % 确认差分方程系数
xi=filtic(B，A，ys)；           % xi 是等效初始条件的输入参数
yn=filter(B，A，xn，xi)；       % 求解系统输出 y(n)
```

程序中，取初始条件为 $y(-1)=1$ 时，系统输出如图 1.3.8(a)所示，与例题中结果吻合。当初始条件为零时，系统输出如图 1.3.8(b)所示，此时 $h(n)=y(n)$。

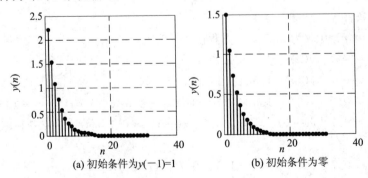

(a) 初始条件为 $y(-1)=1$ 　　　　(b) 初始条件为零

图 1.3.8　用 MATLAB 求解例 1.3.6 的输出波形

【**例 1.3.8**】　已知序列 $x(n)=\cos(0.018\pi n)+\cos(0.73\pi n)(0\leqslant n\leqslant 499)$，用 MATLAB 求以下两个系统在 $x(n)$ 为输入时的零状态响应。

(1) $y_1(n)=\dfrac{1}{50}\displaystyle\sum_{i=0}^{49}x(n-i)$；

(2) $y_2(n)=0.02x(n)+0.01x(n-1)+0.02x(n-2)+1.7y(n-1)-0.76y(n-2)$。

解　(1) 这是一个因果的滑动平均系统，其单位脉冲响应是 $h(n)=R_{50}(n)/50$。由于线性卷积满足交换率，因此题中所示的差分方程是该系统的一种非递归实现方法，也就是线性卷积的实现方法。相应的 MATLAB 程序为

```
clear;                                        % 清除变量和函数的内存
x=cos(0.018 * pi * (0：499))+ cos(0.73 * pi * (0：499));  % 产生输入信号
h=1/50 * ones(1, 50);                         % 产生系统单位脉冲响应
y1=conv(x, h);                                % 求系统输出 y1(n)
```

结果如图 1.3.9(b)所示。

(2) 利用 filter 函数求输出，MATLAB 程序为

```
clear;                                        % 清除变量和函数的内存
x=cos(0.018 * pi * (0：499))+ cos(0.73 * pi * (0：499));  % 产生输入信号
B=[0.02, 0.01, 0.02]; A=[1, -1.7, 0.76];     % 差分方程系数
y2=filter(B, A, x);                           % 求系统输出 y2(n)
```

结果如图 1.3.9(c)所示。

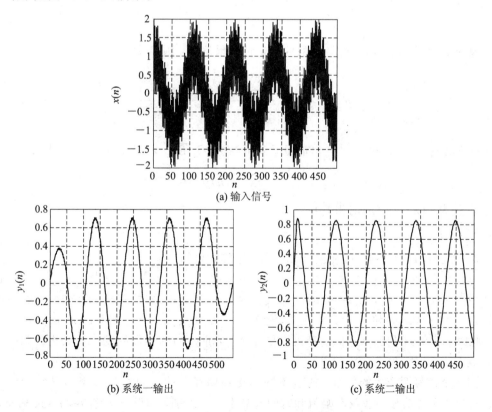

(a) 输入信号

(b) 系统一输出　　　　　　　　　(c) 系统二输出

图 1.3.9　用 MATLAB 求例 1.3.8 的输出

在例 1.3.8 中，输入信号包含两个频率成分，其时域波形如图 1.3.9(a)所示。该信号经过两个系统之后，从两个系统输出的包络图可以看出，较高的频率分量均被抑制，保留了低频分量。但对比图 1.3.9(b)和图 1.3.9(c)可知，系统一对高频分量的抑制效果差于系统二。

如果将系数矩阵 A 设置为 1，再调用 filter 函数，也可以求出系统一的输出。此外，滑动平均系统还可以用递归的形式实现。如例 1.3.8(1)中所示的因果滑动平均系统，由于其输出还可以表示成 $y(n)-y(n-1)=[x(n)-x(n-N)]/N$，因此可以按递归形式实现系统一，相应的系数为 $a_0=1$，$a_1=-1$，$b_0=-b_N=1/N$。

1.4 信号的相关性分析及计算

信号的时域分析除利用 1.2.4 小节介绍的运算外，还有一类重要的运算用于分析信号间的相似性，即计算信号的相关函数和相关系数。相关函数描述信号在不同时刻的取值之间的相关程度，其相关性的大小由相关系数度量。确定性信号的相关函数和相关系数是确定的，随机信号的相关函数和相关系数是其基本的数字特征，前者的计算基于信号在各时刻的取值，后者还需要知悉信号的概率密度分布。本节主要阐述确定性信号相关系数和相关函数的定义、性质与计算方法，并介绍相关函数在时延估计中的应用。

1.4.1 相关系数

1. 定义

设 $x(n)$ 和 $y(n)$ 是两个能量有限的确定性因果信号，则相关系数定义为

$$\rho_{xy} = \frac{\sum_{n=0}^{+\infty} x^*(n)y(n)}{\left[\sum_{n=0}^{+\infty} |x(n)|^2 \sum_{n=0}^{+\infty} |y(n)|^2\right]^{1/2}} \tag{1.4.1}$$

式中的分母等于 $x(n)$ 和 $y(n)$ 各自能量乘积的开方 $\sqrt{E_x E_y}$，将式中的分子记为 r_{xy}，即

$$r_{xy} = \sum_{n=0}^{+\infty} x^*(n)y(n) \tag{1.4.2}$$

r_{xy} 也可称为 $x(n)$ 和 $y(n)$ 的相关系数。

2. 性质

对于式(1.4.1)，利用施瓦兹(Schwartz)不等式可知

$$|\rho_{xy}| \leqslant 1 \tag{1.4.3}$$

由于 $x(n)=y(n)$，$\rho_{xy}=1$，因此称其为两信号完全相关(或相干)，此时 r_{xy} 取得最大值；$\rho_{xy}=0$ 则称 $x(n)$ 和 $y(n)$ 完全无关，此时 $r_{xy}=0$；$0<|\rho_{xy}|<1$ 则称 $x(n)$ 和 $y(n)$ 部分相关，此时 $r_{xy}\neq0$。可见，ρ_{xy} 和 r_{xy} 都可以描述 $x(n)$ 和 $y(n)$ 的相似程度，ρ_{xy} 又称为归一化相关系数。

同一个信号源产生的信号，通过不同的传输路径到达接收端的多个信号称为多径信号。同源的多径信号一般仅在幅值和时间起点上存在差别，如设 $x(n)$ 存在幅度衰减和时延不同的两条路径 $x_1(n)=0.4x(n-2)$，$x_2(n)=0.1x(n-10)$，显然三者之间的相似性非常

大。然而，按式(1.4.1)计算所得结果并不能正确反映它们的相似性。

此时，需要先将多径信号的时延进行"补偿"，获得与 $x(n)$ 时间起点相匹配的信号，再计算 ρ_{xy} 或 r_{xy}。由于实际中不易得到各时延的真实值，因此有必要计算相关函数。

1.4.2　相关函数

能量信号和功率信号的相关函数分别有不同的定义，本小节首先给出它们的一般性定义，然后介绍周期信号相关函数的计算方法，最后列举了相关函数的主要性质。

1. 定义

设 $x(n)$ 和 $y(n)$ 是确定性能量信号，定义

$$r_{xy}(m) = \sum_{n=-\infty}^{+\infty} x^*(n)y(n+m) \tag{1.4.4}$$

式(1.4.4)为 $x(n)$ 和 $y(n)$ 的互相关函数，式中 $x^*(n)$ 是对 $x(n)$ 取共轭。式(1.4.4)说明相关函数是 m 的函数，根据 1.4.1 节中多径信号与源信号的相似性问题，可以通过遍历所有可能的 m 值来实现。

按式(1.4.4)，$r_{yx}(m) = \sum\limits_{n=-\infty}^{+\infty} y^*(n)x(n+m) = \sum\limits_{n=-\infty}^{+\infty} x(n)y^*(n-m) = r_{xy}^*(-m)$，则

$$r_{xy}(m) \neq r_{yx}(m) \tag{1.4.5}$$

式(1.4.5)说明 m 是相对时间，即时延。$x(n)$ 和 $y(n)$ 的时延与 $y(n)$ 和 $x(n)$ 的时延互为相反数。

若将 $x(n)=y(n)$ 代入式(1.4.4)，则自相关函数定义为

$$r_{xx}(m) = \sum_{n=-\infty}^{+\infty} x^*(n)x(n+m) \tag{1.4.6}$$

自相关函数 $r_{xx}(m)$ 描述了信号 $x(n)$ 在 n 时刻和 $n+m$ 时刻的相似程度，在以下的讨论中，将 $r_{xx}(m)$ 简记为 $r_x(m)$。由式(1.4.6)可知

$$r_x(0) = \sum_{n=-\infty}^{+\infty} |x(n)|^2 = E$$

即 $r_x(0)$ 等于信号自身的能量。

当 $x(n)$ 和 $y(n)$ 是确定性复功率信号时，其能量是无限的，则相关函数定义为

$$r_{xy}(m) = \lim_{N\to\infty} \frac{1}{2N+1} \sum_{n=-N}^{N} x^*(n)y(n+m) \tag{1.4.7}$$

$$r_x(m) = \lim_{N\to\infty} \frac{1}{2N+1} \sum_{n=-N}^{N} x^*(n)x(n+m) \tag{1.4.8}$$

若 $x(n)$ 是周期为 N 的周期信号，根据式(1.4.8)将 n 的范围取为 $[0, N-1]$，则

$$r_x(m) = \lim_{N\to\infty} \frac{1}{N} \sum_{n=0}^{N-1} x^*(n)x(n+m)$$

$$= \lim_{N\to\infty} \frac{1}{N} \sum_{n=0}^{N-1} x^*(n)x(n+m+N) = r_x(m+N)$$

可见，周期序列的自相关函数与原信号同周期，即

$$r_x((m))_N = \frac{1}{N} \sum_{n=0}^{N-1} x^*(n)x((n+m))_N \tag{1.4.9}$$

同理，若 $x(n)$ 和 $y(n)$ 的周期同为 N，则它们的互相关函数为

$$r_{xy}((m))_N = \frac{1}{N}\sum_{n=0}^{N-1} x^*(n)y((n+m))_N \qquad (1.4.10)$$

【例 1.4.1】 设 $x(n)=A\sin\omega n$，$\omega=2\pi/N$，求其自相关函数 $r_x(m)$。

解 由题设可知 $x(n)$ 是周期为 N 的周期序列，按式(1.4.9)计算得

$$
\begin{aligned}
r_x(m) &= \frac{1}{N}\sum_{n=0}^{N-1} A^2\sin\omega n\sin(\omega n+\omega m)\\
&= \frac{A^2}{N}\cos\omega m\sum_{n=0}^{N-1}\sin^2\omega n + \frac{A^2}{N}\sin\omega m\sum_{n=0}^{N-1}\sin\omega n\cos\omega n\\
&= \frac{A^2}{N}\cos\omega m\sum_{n=0}^{N-1}\frac{1}{2}(1-\cos 2\omega n)\\
&= \frac{A^2}{2}\cos\omega m
\end{aligned}
$$

周期的正弦序列其自相关函数是同周期的余弦序列。

2. 性质

在此仅列出相关函数的主要性质，请读者参考有关书籍自行证明。

1) 自相关函数的性质

性质 1 $r_x(m)=r_x^*(-m)$，当 $x(n)$ 是实信号时，$r_x(m)$ 是实偶的，即 $r_x(m)=r_x(-m)$。

性质 2 $r_x(m)$ 在 $m=0$ 处取得最大值，即 $r_x(0)\geqslant r_x(m)$。

性质 3 若 $x(n)$ 是能量信号，则当 m 趋于无穷时，有 $\lim\limits_{m\to\infty}r_x(m)=0$。

2) 互相关函数的性质

性质 1 $r_{xy}(m)=r_{yx}^*(-m)$，当 $x(n)$ 和 $y(n)$ 都是实信号时，$r_{xy}(m)=r_{yx}(-m)$。

性质 2 $r_{xy}(m)$ 满足 $|r_{xy}(m)|\leqslant\sqrt{r_x(0)r_y(0)}=\sqrt{E_xE_y}$。

性质 3 若 $x(n)$、$y(n)$ 均是能量信号，则有 $\lim\limits_{m\to\infty}r_{xy}(m)=0$。

1.4.3 利用线性卷积计算相关函数

对比互相关函数的定义式(1.4.4)和线性卷积的定义式(1.3.5)，可以看出它们具有相似之处。设 $g(n)$ 是 $x(n)$ 和 $y(n)$ 的线性卷积，则

$$g(n) = \sum_{m=-\infty}^{+\infty} x(m)y(n-m) = \sum_{m=-\infty}^{+\infty} x(n-m)y(m)$$

将式中的 m 和 n 互换，不影响计算结果，即

$$g(m) = \sum_{n=-\infty}^{+\infty} x(n)y(m-n) = \sum_{n=-\infty}^{+\infty} x(m-n)y(n)$$

因为 $x(n)$ 和 $y(n)$ 的互相关函数为

$$
\begin{aligned}
r_{xy}(m) &= \sum_{n=-\infty}^{+\infty} x^*(n)y(n+m) = \sum_{n=-\infty}^{+\infty} x^*(n-m)y(n)\\
&= \sum_{n=-\infty}^{+\infty} x^*[-(m-n)]y(n)
\end{aligned}
$$

所以，互相关函数和线性卷积的时域关系为

$$r_{xy}(m) = x^*(-m) * y(m) \tag{1.4.11}$$

同理，对自相关函数有

$$r_x(m) = x^*(-m) * x(m) \tag{1.4.12}$$

当 $x(n)$ 和 $y(n)$ 都是实信号时，$r_{xy}(m)=x(-m)*y(m)$，$r_x(m)=x(-m)*x(m)$。

尽管相关函数可以利用线性卷积计算得到，但二者所表示的物理意义截然不同。线性卷积表示了离散时间 LTI 系统输入、输出和单位脉冲响应 $h(n)$ 之间的一个基本关系，而相关只是反映两个信号之间的相关性，与系统无关。

【例 1.4.2】　设 $x(n)=R_5(n)$，求 $r_x(m)$。

解　$r_x(m)=x(-m)*x(m)=\{1,1,1,1,1\}_{[-4,0]} * \{1,1,1,1,1\}_{[0,4]}$

$$= \{1,2,3,4,5,4,3,2,1\}_{[-4,4]}$$

可见，长度为 N 的有限长序列，其自相关序列是长度为 $2N-1$ 的实偶序列，且随着 $|m|$ 增大相关性减小。

式(1.4.11)和式(1.4.12)是基于能量信号推导得出的结论，确定性周期信号的相关函数还是要按式(1.4.9)和(1.4.10)计算。在后续第 3 章将介绍有限区间内的循环卷积运算，可以证明，循环卷积能用于计算周期信号的相关函数。

1.4.4　相关函数应用实例

相关函数的应用非常广泛，如信号中隐含周期性的检测，噪声中信号的检测、提取，信号相关性的检验，信号的时延估计等。本小节以高斯信号为例，说明相关函数在时延估计中的应用。

【例 1.4.3】　设 $x(n)=\mathrm{e}^{-\frac{n^2}{10}}$，$y(n)=0.2\mathrm{e}^{-\frac{(n-16)^2}{10}}$，编程求 $r_{xy}(m)$。

解　高斯信号是能量信号，按式(1.4.4)计算 $r_{xy}(m)$ 时需要无穷项求和，计算机无法实现。由于高斯信号 $x(n)$ 和 $y(n)$ 的值随 $|n|$ 增大逐渐减小，经计算，当 $|n|>10$ 时 $x(n)<10^{-5}$，同时考虑到 $y(n)$ 相对于 $x(n)$ 滞后 16，因此选择 $-27 \leqslant n \leqslant 27$，两个信号的时域包络图如图 1.4.1 所示。

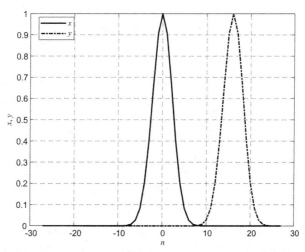

图 1.4.1　高斯信号 $x(n)$ 和 $y(n)$ 的时域包络图

分别调用 conv 和 xcorr 求 $x(n)$ 和 $y(n)$ 的互相关函数，结果如图 1.4.2 所示。

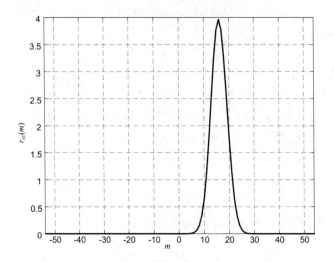

图 1.4.2　高斯信号 $x(n)$ 和 $y(n)$ 的互相关函数

MATLAB 程序为

```
clear;                        % 清除变量和函数的内存
n=-27:27;
x=exp(-n.^2/10);              % 产生高斯序列
y=exp(-(n-16).^2/10);         % 产生延时后的序列
r1=conv(x(55:-1:1), y);       % 利用线性卷积求 x 和 y 的互相关
r2=xcorr(y, x);               % 调用库函数求 x 和 y 的互相关
```

经验算，两种方法计算结果是一致的，且在 $m=16$ 时取得最大值。其中，r2=xcorr(y, x) 用于求 $r_{xy}(m)$，根据 MATLAB 规定的计算方法，交换两个序列的顺序。

互相关函数在时延所在位置出现最大值，如例 1.4.3 中 $m=16$ 处。通过寻找互相关函数最大值对应的时刻即可估计时延。实际应用中，由于接收的带有幅值衰减和时延的信号往往被噪声污染，如 $y(n)=0.2x(n-16)+v(n)$，其中 $v(n)$ 是加性随机噪声，因此属于随机信号分析与处理。

随机信号 $x(n)$ 与 $y(n)$ 的互相关函数和自相关函数分别为

$$r_{xy}(n_1, n_2) = E[x^*(n_1)y(n_2)]$$

$$r_x(n_1, n_2) = E[x^*(n_1)x(n_2)], \quad r_y(n_1, n_2) = E[y^*(n_1)y(n_2)]$$

式中，n_1 和 n_2 表示不同时刻，$E[\cdot]$ 表示集合平均。要得到相关函数的准确值，需要观测到所有样本或知悉随机信号的概率密度分布，因为这在实际中难以实现，所以常基于有限的观测样本估计相关函数。

假设观测到随机信号 $x(n)$ 的 N 个值，当 $0 \leqslant n \leqslant N-1$，$0 \leqslant m \leqslant N-1$ 时，有

$$\hat{r}_x(m) = \frac{1}{N} \sum_{n=0}^{N-1-m} x^*(n)x(n+m) \qquad (1.4.13)$$

式中，$\hat{r}_x(m)$ 是对自相关函数的估计，$m=n_2-n_1$，$-N+1 \leqslant m \leqslant -1$ 的 $\hat{r}_x(m)$ 可以通过共轭对称性质求得。因为该样本只得 N 个值，m 越大，式(1.4.13)的项数越少，$r_x(m)$ 性能

越差，所以一般取 $m \ll N$。

在估计两个随机信号的互相关函数 $\hat{r}_{xy}(m)$ 时，有

$$\hat{r}_{xy}(m) = \frac{1}{N} \sum_{n=0}^{N-1-m} x^*(n) y(n+m) \quad (0 \leqslant m \leqslant N-1) \tag{1.4.14}$$

$$\hat{r}_{xy}(m) = \frac{1}{N} \sum_{n=-m}^{N-1} x^*(n) y(n+m) \quad (-N+1 \leqslant m \leqslant -1) \tag{1.4.15}$$

可见，数值计算是相关性分析的基础，数字信号处理为此提供了有效的实现方法。

习题与上机题

1.1 用单位脉冲序列 $\delta(n)$ 的移位加权和表示如题 1.1 图所示的序列。

1.2 已知 $x(n)$ 如题 1.1 图所示，试画出下列信号的波形。

(1) $y_1(n) = x(3-n)$；

(2) $y_2(n) = 3x(n-1)$；

(3) $y_3(n) = x(2n)$。

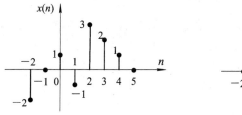

题 1.1 图   题 1.2 图

1.3 对题 1.1 图给出的 $x(n)$，要求

(1) 画出 $x(-n)$ 的波形；

(2) 计算 $x_e(n) = \frac{1}{2}[x(n) + x(-n)]$，并画出 $x_e(n)$ 的波形；

(3) 计算 $x_o(n) = \frac{1}{2}[x(n) - x(-n)]$，并画出 $x_o(n)$ 的波形；

(4) 令 $x_1(n) = x_e(n) + x_o(n)$，将 $x_1(n)$ 与 $x(n)$ 进行比较，你能得到什么结论？

1.4 判断下列序列的周期性，若是周期序列，确定最小周期 N。

(1) $x(n) = 10\cos\left(\frac{13}{17}\pi n + \frac{5}{8}\pi\right)$；

(2) $x(n) = \sin(9.7\pi n)$；

(3) $x(n) = \sin(\pi n/4) - \cos(\pi n/7)$；

(4) $x(n) = A\cos(\pi n/8)\cos(2\pi n/15)$；

(5) $x(n) = 22e^{j\left(\frac{1}{8}n - \pi\right)}$；

(6) $x(n) = \tan(\pi n/121) \cdot R_{80}(n+30)$。

1.5 设有限长序列 $x(n) = \{4, -12, 18, 31, 44, 52\}_{[-2,3]}$，试分别以周期 $N=5$ 和 $N=8$，将其延拓成相应的周期序列。

1.6　假设系统的输入和输出之间的关系分别如下式所示，试分析系统是否为线性时不变系统。

(1) $y(n) = x(n^2)$；

(2) $y(n) = x(n) + 0.5x(n-1)$；

(3) $y(n) = x(n) + 5$；

(4) $y(n) = \sum\limits_{m=0}^{n} x(m)$；

(5) $y(n) = x(n)\sin(\omega_0 n)$；

(6) $y(n) = \sum\limits_{m=-\infty}^{\infty} x(m)\delta(n-mM)$（$M$ 为正整数）。

1.7　设线性时不变系统的单位脉冲响应 $h(n)$ 分别如下式所示，试分析系统是否为因果的和稳定的。

(1) $h(n) = \delta(n+4)$；

(2) $h(n) = \delta(n-2)$；

(3) $h(n) = 3^n u(n)$；

(4) $h(n) = 0.3^n u(-n)$；

(5) $h(n) = \dfrac{1}{n^2} u(n)$；

(6) $h(n) = \dfrac{1}{n!} u(n)$。

1.8　对于下列每一个给定的系统，试判定系统是否因果、稳定系统，并说明理由。

(1) $y(n) = x(n+5)$；

(2) $y(n) = x(n) - 0.5x(n-1)$；

(3) $y(n) = e^{x(n-4)}$；

(4) $y(n) = \sum\limits_{k=n-3}^{n+5} x(k)$。

1.9　已知 LTI 系统的输入 $x(n)$ 和单位脉冲响应 $h(n)$，利用线性卷积求输出 $y(n)$。

(1) $x(n) = R_4(n-1)$，$h(n) = \{1, 3, 2\}_{[0,2]}$；

(2) $x(n) = \delta(n) - \delta(n-2)$，$h(n) = R_4(n)$；

(3) $x(n) = \dfrac{n}{2} R_7(n)$，$h(n) = R_4(n)$；

(4) $x(n) = a^n R_5(n+2)$，$h(n) = R_4(n+1)$。

1.10　已知一个线性时不变系统的单位脉冲响应 $h(n)$ 是位于 $N_0 \leqslant n \leqslant N_1$ 内的有限长序列，$x(n)$ 是位于 $N_2 \leqslant n \leqslant N_3$ 内的有限长序列，若 $x(n)$ 输入该系统得到的输出序列是 $y(n)$，证明 $y(n)$ 也是一个有限长序列且位于 $N_4 \leqslant n \leqslant N_5$ 内，求 $y(n)$ 的长度 L 以及 N_4 和 N_5 的值。

1.11　证明线性卷积服从交换律、结合率和分配率，即证明以下三个等式成立。

(1) $x(n) * h(n) = h(n) * x(n)$；

(2) $x(n) * [h_1(n) * h_2(n)] = [x(n) * h_1(n)] * h_2(n)$；

(3) $x(n) * [h_1(n) + h_2(n)] = x(n) * h_1(n) + x(n) * h_2(n)$。

1.12　试求如题 1.12 图所示线性时不变系统的单位脉冲响应 $h(n)$，图中

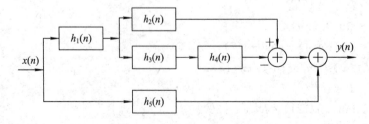

题 1.12 图

$h_1(n) = 4 \times 0.5^n[u(n) - u(n-3)]$;

$h_2(n) = h_3(n) = (n+1)\delta(n)$;

$h_4(n) = \delta(n-1)$;

$h_5(n) = \delta(n) - 4\delta(n-3)$。

1.13 已知差分方程 $y(n) = ay(n-1) + x(n)$，其中，a 为常数，$x(n)$ 为输入序列，$y(n)$ 为输出序列。当初始条件分别为 $y(0) = 0$ 和 $y(-1) = 0$ 时，判断系统是否满足线性和时不变性。

1.14 试求下列差分方程描述的因果线性时不变系统的单位脉冲响应 $h(n)$。

(1) $y(n) = y(n-1) + x(n)$;

(2) $y(n) = 0.5y(n-1) + x(n) + 0.5x(n-1)$。

1.15 计算如下序列的相关函数 $r_x(m)$ 和 $r_{xy}(m)$。

$$x(n) = \begin{cases} 1 & (n_0 - N \leqslant n \leqslant n_0 + N) \\ 0 & (\text{其他}) \end{cases}, \quad y(n) = \begin{cases} 1 & (-N \leqslant n \leqslant N) \\ 0 & (\text{其他}) \end{cases}$$

1.16 计算下列信号的自相关函数。

(1) $x(n) = \{1, 2, -1, 3\}_{[0,3]}$;

(2) $x(n) = \{1, 5, 1\}_{[0,2]}$。

1.17 证明：若 $x(n)$ 是实序列，则 $r_x(m)$ 为实偶函数，即 $r_x(m) = r_x(-m)$。

1.18 设某滑动平均系统的差分方程为

$$y(n) = \frac{1}{N}\sum_{i=0}^{N-1} x(n-i)$$

求系统的单位脉冲响应 $h(n)$，若序列 $x(n) = \cos(0.04\pi n) + \cos(0.75\pi n)(0 \leqslant n \leqslant 499)$ 输入该系统且 $N = 20$，用 MATLAB 编程计算系统的输出。

1.19 已知线性时不变系统的差分方程为

$$y(n) = x(n) + 2x(n-1) - 0.5y(n-1)$$

若系统的输入序列为 $x(n) = \{1, 2, 3, 4, 5, 4, 3, 2, 1\}_{[0,8]}$，用 MATLAB 编程利用递推法计算系统零状态响应。

1.20 已知线性时不变系统的差分方程为

(1) $y(n) = 0.6y(n-1) - 0.08y(n-2) + x(n)$;

(2) $y(n) = 0.7y(n-1) - 0.1y(n-2) + 2x(n) - x(n-2)$。

用 MATLAB 编程利用递推法计算系统单位脉冲响应（只求前 30 个序列的值）。

1.21 题 1.21 图所示系统是由四个子系统 T_1、T_2、T_3 和 T_4 组成的，分别用单位脉冲响应或差分方程描述为

$$T_1: \quad h_1(n) = \begin{cases} 1, \frac{1}{2}, \frac{1}{4}, \frac{1}{8}, \frac{1}{16}, \frac{1}{32} & (0 \leqslant n \leqslant 5) \\ 0 & (\text{其他}) \end{cases};$$

$$T_2: \quad h_2(n) = \begin{cases} 1, 1, 1, 1, 1, 1 & (0 \leqslant n \leqslant 5) \\ 0 & (\text{其他}) \end{cases};$$

$$T_3: \quad y_3(n) = \frac{1}{4}x(n) + \frac{1}{2}x(n-1) + \frac{1}{4}x(n-2);$$

T_4: $y(n)=0.9y(n-1)-0.81y(n-2)+v(n)+v(n-1)$。

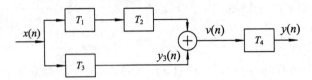

题 1.21 图

编写计算整个系统的单位脉冲响应 $h(n)(0 \leqslant n \leqslant 99)$ 的 MATLAB 程序,并计算结果。

1.22 已知某两个离散时间 LTI 系统的单位脉冲响应分别为

$$h_1(n) = \begin{cases} \dfrac{n}{25} & (0 \leqslant n \leqslant 25) \\ 2-\dfrac{n}{25} & (26 \leqslant n \leqslant 50) \end{cases}$$

$$h_2(n) = \left\{ \frac{1}{9}, \frac{2}{9}, \frac{3}{9}, \frac{4}{9}, \frac{5}{9}, \frac{6}{9}, \frac{7}{9}, \frac{8}{9}, 1, \frac{8}{9}, \frac{7}{9}, \frac{6}{9}, \frac{5}{9}, \frac{4}{9}, \frac{3}{9}, \frac{2}{9}, \frac{1}{9} \right\}_{[0,16]}$$

若 $x(n)=\cos(0.025\pi n)(0 \leqslant n \leqslant 499)$ 分别输入两个系统,用 MATLAB 编程求输出 $y_1(n)$ 和 $y_2(n)$。

用 MATLAB 实现线性卷积求
LTI 系统的零状态响应

第 2 章　离散时间信号和系统的频域分析

2.1　引　　言

时域分析方法和频域分析方法是分析信号与系统的常用方法,第 1 章介绍的离散时间信号与系统时域分析方法比较直观,容易理解。但仅在时域分析和研究有时会很困难,因此需要将信号从时域转换到频率域来分析和研究。对离散时间信号和系统进行频域分析主要依靠傅里叶变换和 Z 变换(ZT),其中傅里叶变换指的是序列傅里叶变换(Sequence Fourier Transform,SFT),它将序列从时域转换到实频域,而 Z 变换作为傅里叶变换的推广,将序列从时域转换到复频域。SFT 和 Z 变换在离散时间信号和系统中的地位和作用类似于连续时间信号和系统中的傅里叶变换和拉氏变换。

本章首先介绍序列的傅里叶变换和 Z 变换,之后阐述利用 SFT 和 ZT 变换分析离散时间信号和系统频域特性的方法。

2.2　离散时间信号的傅里叶变换

2.2.1　离散时间信号傅里叶变换的定义

时域采样使得频谱周期延拓,而离散时间信号可以由连续时间信号采样得到,不妨推断离散时间信号的频谱是周期的。另外,连续周期信号 $\tilde{x}_a(t)$ 的傅里叶级数是离散非周期的,即时域周期性对应于频谱离散性。根据时域和频域的对偶关系,时域离散性使得频谱具有周期性,同样推断出离散时间信号的频谱是周期的。

1. 序列傅里叶变换的引出

设离散时间信号 $x(n)$ 的傅里叶变换为 $X(e^{j\omega})$,如果 $X(e^{j\omega})$ 满足狄里赫利(Dirichlet)条件,就可以展成正交函数线性组合的无穷级数。设

$$X(e^{j\omega}) = \sum_{n=-\infty}^{+\infty} a_n e^{-j\omega n} \tag{2.2.1}$$

式中,$e^{-j\omega n}$ 为单位复指数序列,$\{e^{j\omega n}\}(n=0, \pm1, \pm2, \cdots)$ 是正交完备集,满足

$$\int_{-\pi}^{\pi} e^{j\omega m} (e^{j\omega n})^* \, d\omega = \begin{cases} 2\pi & (m=n) \\ 0 & (m \neq n) \end{cases} \tag{2.2.2}$$

对式(2.2.1)两边乘以 $e^{j\omega m}$ 并积分,得

$$\int_{-\pi}^{\pi} X(e^{j\omega}) e^{j\omega m} \, d\omega = \int_{-\pi}^{\pi} \sum_{n=-\infty}^{+\infty} a_n e^{-j\omega n} e^{j\omega m} \, d\omega = \sum_{n=-\infty}^{+\infty} a_n \int_{-\pi}^{\pi} e^{j\omega m} e^{-j\omega n} \, d\omega = 2\pi a_m$$

令 $a_n = x(n)(-\infty < n < +\infty)$,有

$$x(n) = \frac{1}{2\pi} \int_{-\pi}^{\pi} X(\mathrm{e}^{\mathrm{j}\omega}) \mathrm{e}^{\mathrm{j}\omega n} \mathrm{d}\omega \quad (-\infty < n < +\infty) \tag{2.2.3}$$

2. 序列傅里叶变换与反变换

对序列 $x(n)(-\infty < n < +\infty)$，称和式

$$X(\mathrm{e}^{\mathrm{j}\omega}) = \mathrm{SFT}[x(n)] = \sum_{n=-\infty}^{+\infty} x(n) \mathrm{e}^{-\mathrm{j}\omega n} \quad (-\infty < \omega < +\infty) \tag{2.2.4}$$

为 $x(n)$ 的序列傅里叶变换，记为 SFT，称积分

$$x(n) = \mathrm{ISFT}[X(\mathrm{e}^{\mathrm{j}\omega})] = \frac{1}{2\pi} \int_{-\pi}^{\pi} X(\mathrm{e}^{\mathrm{j}\omega}) \mathrm{e}^{\mathrm{j}\omega n} \mathrm{d}\omega \quad (-\infty < n < +\infty) \tag{2.2.5}$$

为 $X(\mathrm{e}^{\mathrm{j}\omega})$ 的序列傅里叶反变换，记为 ISFT。

式(2.2.4)表明，SFT 由一无穷级数给出，级数收敛与否影响 SFT 是否存在。设级数绝对收敛，即

$$\sum_{n=-\infty}^{+\infty} |x(n)\mathrm{e}^{-\mathrm{j}\omega n}| < \infty \tag{2.2.6}$$

此时，$x(n)$ 的傅里叶变换存在，并且

$$\sum_{n=-\infty}^{+\infty} |x(n)| < \infty \tag{2.2.7}$$

式(2.2.7)表明 $x(n)$ 是绝对可求和的。反之，若式(2.2.7)成立，则式(2.2.6)成立，即序列的傅里叶变换存在。绝对可求和的序列为稳定序列，因此稳定序列的傅里叶变换必然存在。对非稳定序列的情形，如 $\mathrm{u}(n)$、$\mathrm{e}^{\mathrm{j}\omega n}$、$\cos\omega n$ 等序列，可以和连续时间信号一样引入冲激函数 $\tilde{\delta}(\omega)$（以 2π 为周期的连续函数），就能得到这些序列的傅里叶变换。

3. 序列傅里叶变换的特点

由式(2.2.4)可以看到，序列 $x(n)$ 的 SFT 是以数字角频率 ω 为变量的连续函数，并且

$$X(\mathrm{e}^{\mathrm{j}(\omega + 2\pi)}) = \sum_{n=-\infty}^{+\infty} x(n) \mathrm{e}^{-\mathrm{j}(\omega + 2\pi)n} = X(\mathrm{e}^{\mathrm{j}\omega}) \tag{2.2.8}$$

式(2.2.8)表明，$X(\mathrm{e}^{\mathrm{j}\omega})$ 是以 2π 为周期的周期函数，其原因正是 $\mathrm{e}^{\mathrm{j}\omega n}$ 对 ω 而言以 2π 为周期。也就是说，数字角频率相差 2π 的所有单位复指数序列等价。因此，对 $-\infty < \omega < +\infty$ 的所有单位复指数序列，只有一个周期，如 $(-\pi, \pi]$ 中的序列才具有独立的意义。对于离散时间信号，$\omega = 0$ 处表示信号的直流分量，由于 ω 具有周期性，因此 2π 的整数倍都表示信号的直流分量，而 π 的奇数倍(如 π、$-\pi$ 等)表示信号的最高频率分量。

4. 序列傅里叶变换的物理意义

式(2.2.5)说明，序列 $x(n)$ 由许多复指数序列叠加(或积分)得到，这些复指数序列的数字角频率为 $(-\pi, \pi]$。这意味着，ISFT 本质上是序列的一种分解，它将一般序列分解为无穷多个数字角频率为 $(-\pi, \pi]$ 的复指数序列。这些复指数序列的幅度和相位由序列的傅里叶变换 $X(\mathrm{e}^{\mathrm{j}\omega})$ 唯一确定。由谱分析的理论可知，这些复指数序列代表序列的不同频率分量。因此，$X(\mathrm{e}^{\mathrm{j}\omega})$ 称为序列 $x(n)$ 的频谱，其模 $|X(\mathrm{e}^{\mathrm{j}\omega})|$ 称为幅频特性，其辐角 $\arg[X(\mathrm{e}^{\mathrm{j}\omega})] = \theta(\omega)$ 称为相频特性。

【例 2.2.1】 求单位脉冲序列 $\delta(n)$ 的 SFT。

解
$$\text{SFT}[\delta(n)] = \sum_{n=-\infty}^{+\infty} \delta(n) e^{-j\omega n} = 1$$

【例 2.2.2】 求单位矩形序列 $R_N(n)$ 的 SFT。

解
$$R(e^{j\omega}) = \text{SFT}[R_N(n)] = \sum_{n=0}^{N-1} e^{-j\omega n}$$
$$= \frac{1-e^{-j\omega N}}{1-e^{-j\omega}} = e^{-j\omega\frac{N-1}{2}} \frac{\sin(\omega N/2)}{\sin(\omega/2)}$$

将单位矩形序列 $R_N(n)$ 的 SFT 记为 $R(e^{j\omega}) = |R(e^{j\omega})| e^{j\theta(\omega)}$，设 $N=6$，则其模和相位如图 2.2.1 所示。从图 2.2.1 中可以看出，序列的傅里叶变换是以 2π 为周期的。

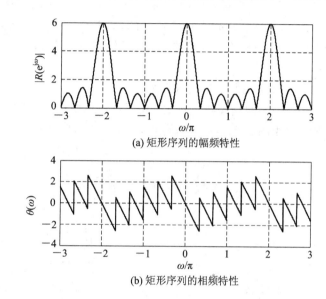

(a) 矩形序列的幅频特性

(b) 矩形序列的相频特性

图 2.2.1　矩形序列的傅里叶变换的模和相位

【例 2.2.3】 求 $X(e^{j\omega}) = \cos\omega$ 的序列傅里叶反变换 $x(n)$。

解
$$x(n) = \frac{1}{2\pi} \int_{-\pi}^{\pi} X(e^{j\omega}) e^{j\omega n} d\omega$$
$$= \frac{1}{2\pi} \int_{-\pi}^{\pi} \cos\omega e^{j\omega n} d\omega$$
$$= \frac{1}{2\pi} \int_{-\pi}^{\pi} \frac{1}{2}(e^{j\omega} + e^{-j\omega}) e^{j\omega n} d\omega$$
$$= \frac{1}{2\pi} \int_{-\pi}^{\pi} \frac{1}{2}[e^{j\omega(n+1)} + e^{j\omega(n-1)}] d\omega$$
$$= \frac{1}{2}[\delta(n+1) + \delta(n-1)] \quad (\infty < n < +\infty)$$

2.2.2　离散时间信号傅里叶变换的性质

SFT 在数字信号处理领域有着广泛的应用，它是离散信号谱分析、离散时间系统分析以及数字滤波器设计的重要理论基础，本节讨论 SFT 的重要性质。

1. 线性性质

设 a、b 为任意给定的常数，则

$$SFT[ax_1(n)+bx_2(n)] = a \cdot SFT[x_1(n)] + b \cdot SFT[x_2(n)] \qquad (2.2.9)$$

2. 时移性质

设 $X(e^{j\omega}) = SFT[x(n)]$，对任意给定的整数 m，有

$$SFT[x(n-m)] = e^{-j\omega m} \cdot X(e^{j\omega}) \qquad (2.2.10)$$

证明 $\quad SFT[x(n-m)] = \sum\limits_{n=-\infty}^{+\infty} x(n-m)e^{-j\omega n} \xrightarrow{n'=n-m} \sum\limits_{n'=-\infty}^{+\infty} x(n')e^{-j\omega(n'+m)}$

$$= e^{-j\omega m} \sum\limits_{n'=-\infty}^{+\infty} x(n')e^{-j\omega n'} = e^{-j\omega m} \cdot X(e^{j\omega})$$

这一性质表明，序列线性移位后，其 SFT 是原序列的 SFT 乘以相移因子 $e^{-j\omega m}$。相移因子 $e^{-j\omega m}$ 意味着序列的所有频率分量都增加了一个线性相位。

【例 2.2.4】 观察序列 $x_1(n)$ 和 $x_2(n)$ 的频谱关系，其中，$x_1(n) = \{1, 2, 3, 4, 5, 0, 5, 4, 3, 2, 1\}$，$x_2(n) = x_1(n-5)$。

解 $\quad x_1(n)$ 和 $x_2(n)$ 的幅频特性、相频特性如图 2.2.2(a)、(b)所示。其中，实线表示 $x_1(n)$，虚线表示 $x_2(n)$，二者的幅频特性一致，相频特性不同。$x_2(n)$ 与 $x_1(n)$ 的相频特性之差如图 2.2.2(c)所示。由图 2.2.2(c)可以看出，$x_2(n)$ 的相位滞后 $x_1(n)$，且二者的差是线性函数。

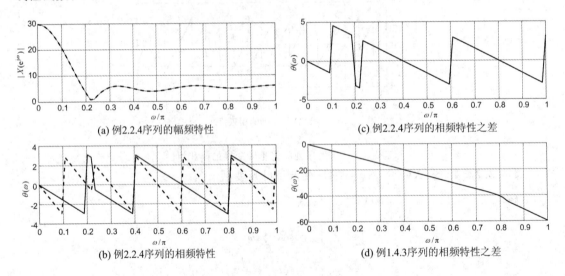

(a) 例2.2.4序列的幅频特性　　　　　(c) 例2.2.4序列的相频特性之差

(b) 例2.2.4序列的相频特性　　　　　(d) 例1.4.3序列的相频特性之差

图 2.2.2　SFT 的时移性质示例

利用时移性质可以得到频域估计时延的一种方法。如例 1.4.3 中，两个高斯序列分别为 $x(n) = e^{-\frac{n^2}{10}}$ 和 $y(n) = 0.2e^{-\frac{(n-16)^2}{10}}$，图 1.4.2 所示的互相关序列 $r_{xy}(m)$ 在 $m=16$ 处取得最大值。时域常用的时延估计方法是求互相关序列最大值出现的位置，而频域时延估计方法则可以求两序列相频特性之差。

由时移性质可知，序列 $y(n)$ 的相位滞后于 $x(n)$ 的相位 16ω，如图 2.2.2(c)所示，时延就是图中直线斜率的相反数。

【例 2.2.5】 求 $x(n) = \delta(n-l)$ 的 SFT，l 为任意给定的整数。

解 因为 $SFT[\delta(n)] = 1$，所以，由时移性质，得

$$X(e^{j\omega}) = \text{SFT}[\delta(n-l)] = e^{-j\omega l}$$

3. 频移性质

设 $X(e^{j\omega})=\text{SFT}[x(n)]$，对任意给定的常数 ω_0，有

$$\text{SFT}[e^{j\omega_0 n} \cdot x(n)] = X(e^{j(\omega-\omega_0)}) \tag{2.2.11}$$

证明　$\text{SFT}[e^{j\omega_0 n} \cdot x(n)] = \sum_{n=-\infty}^{+\infty} e^{j\omega_0 n} x(n) e^{-j\omega n} = \sum_{n=-\infty}^{+\infty} x(n) e^{-j(\omega-\omega_0)n} = X(e^{j(\omega-\omega_0)})$

序列 $x(n)$ 和单位复指数序列相乘，其 SFT 等于原序列的 SFT 在频域中的移位，且 ω_0 为正值时，频谱向右移动，反之则向左移动。这种乘复指数序列的操作称为数字混频。

【**例 2.2.6**】　设 $X(e^{j\omega})=2\pi\tilde{\delta}(\omega-\omega_0)$，$2\pi/\omega_0$ 为有理数，$\tilde{\delta}(\omega)$ 是以 2π 为周期的周期单位冲激函数，试求其傅里叶反变换 $x(n)$。

解　$\text{ISFT}[2\pi\tilde{\delta}(\omega)] = \dfrac{1}{2\pi}\int_{-\pi}^{\pi} 2\pi\tilde{\delta}(\omega)e^{j\omega n}\,d\omega = 1$

$x(n)=1(-\infty<n<+\infty)$ 是非稳定序列，但是，在频域引入周期连续的冲激函数 $\tilde{\delta}(\omega)$，如图 2.2.3 所示，就可以表示其 SFT。

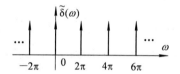

图 2.2.3　$\tilde{\delta}(\omega)$图示

按照频移性质，得

$$x(n) = \text{ISFT}[X(e^{j\omega})] = \text{ISFT}[2\pi\tilde{\delta}(\omega-\omega_0)] = e^{j\omega_0 n} \cdot \text{ISFT}[2\pi\tilde{\delta}(\omega)] = e^{j\omega_0 n}$$

由此可知

$$\text{SFT}[1] = 2\pi\tilde{\delta}(\omega) \tag{2.2.12}$$

$$\text{SFT}[e^{j\omega_0 n}] = 2\pi\tilde{\delta}(\omega-\omega_0) \tag{2.2.13}$$

【**例 2.2.7**】　求 $\cos\omega_0 n$ 和 $\sin\omega_0 n(2\pi/\omega_0$ 为有理数$)$ 的序列傅里叶变换。

解　$\text{SFT}[\cos\omega_0 n]=\text{SFT}\left[\dfrac{1}{2}(e^{j\omega_0 n}+e^{-j\omega_0 n})\right]=\pi[\tilde{\delta}(\omega-\omega_0)+\tilde{\delta}(\omega+\omega_0)]$

$\text{SFT}[\sin\omega_0 n]=\text{SFT}\left[\dfrac{1}{2j}(e^{j\omega_0 n}-e^{-j\omega_0 n})\right]=\dfrac{\pi}{j}[\tilde{\delta}(\omega-\omega_0)-\tilde{\delta}(\omega+\omega_0)]$

图 2.2.4 是 $\cos\omega_0 n$ 的 SFT，原序列与正、余弦序列相乘，频谱向两侧移动，得到两个分量。

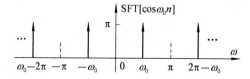

图 2.2.4　$\cos\omega_0 n$ 的 SFT

4. 共轭对称性质

由于本书讨论的复序列包含实部和虚部两个实序列，因此针对实序列的奇偶对称不能

同时涵盖两个序列的对称关系，有必要介绍序列的共轭对称与反对称。当奇偶对称性不同的两个实序列分别作为复序列的实部和虚部时，能使复序列呈现共轭对称性或反对称特性。

1) 共轭对称与共轭反对称

(1) 共轭对称。对序列 $x(n)$，若存在整数 M，有

$$x(n) = x^*(M-n) \quad (-\infty < n < +\infty) \tag{2.2.14}$$

则称 $x(n)$ 关于 $c=\dfrac{M}{2}$ 共轭对称，记为 $x_e(n)$。

(2) 共轭反对称。对序列 $x(n)$，若存在整数 M，有

$$x(n) = -x^*(M-n) \quad (-\infty < n < +\infty) \tag{2.2.15}$$

则称 $x(n)$ 关于 $c=\dfrac{M}{2}$ 共轭反对称，记为 $x_o(n)$。

当 $M=0$ 时，$x(n)$ 关于原点共轭对称或共轭反对称，或直接称 $x(n)$ 共轭对称或共轭反对称。根据以上定义可以得出，共轭对称序列 $x_e(n)$ 的实部偶对称，虚部奇对称，共轭反对称序列 $x_o(n)$ 的实部奇对称，虚部偶对称。由此可知，实的共轭对称序列满足偶对称，实的共轭反对称序列满足奇对称。

(3) 序列共轭对称分解。对任意给定的整数 M，任何序列 $x(n)$ 都可以分解成关于 $c=\dfrac{M}{2}$ 共轭对称的序列 $x_e(n)$ 和共轭反对称的序列 $x_o(n)$ 之和，即

$$x(n) = x_e(n) + x_o(n) \quad (-\infty < n < +\infty) \tag{2.2.16a}$$

并且

$$x_e(n) = \frac{1}{2}[x(n) + x^*(M-n)] \tag{2.2.16b}$$

$$x_o(n) = \frac{1}{2}[x(n) - x^*(M-n)] \tag{2.2.16c}$$

【例 2.2.8】 求序列 $x(n)=a^n u(n)(0<a<1)$ 关于原点的共轭对称分量和共轭反对称分量。

解 由于 $x(n)$ 是实序列且 $M=0$，因此由式(2.2.16b)和式(2.2.16c)可得

$$x_e(n) = \frac{1}{2}[x(n) + x(-n)] = \frac{1}{2}a^n u(n-1) + \delta(n) + \frac{1}{2}a^{-n}u(-n-1)$$

$$x_o(n) = \frac{1}{2}[x(n) - x(-n)] = \frac{1}{2}a^n u(n-1) - \frac{1}{2}a^{-n}u(-n-1)$$

由求出的结果可以看出，实因果序列的共轭对称分量 $x_e(n)$ 是偶对称的，并且已知 $x_e(n)$ 就可以确定序列 $x(n)$；实因果序列的奇对称分量 $x_o(n)$ 因为缺少了 $x(0)$ 的值，所以要在 $x(0)$ 已知时才可以确定序列 $x(n)$。

类似地，对于序列 $x(n)$ 的频谱密度函数 $X(e^{j\omega})$，也可以进行共轭对称分解，即

$$X(e^{j\omega}) = X_e(e^{j\omega}) + X_o(e^{j\omega})$$

并且

$$X_e(e^{j\omega}) = \frac{1}{2}[X(e^{j\omega}) + X^*(e^{-j\omega})]$$

$$X_o(e^{j\omega}) = \frac{1}{2}[X(e^{j\omega}) - X^*(e^{-j\omega})]$$

其中，$X_e(e^{j\omega})$ 和 $X_o(e^{j\omega})$ 分别是 $X(e^{j\omega})$ 关于原点的共轭对称分量和共轭反对称分量，也称为 $X(e^{j\omega})$ 的共轭对称分量和共轭反对称分量。此外，由于 $X(e^{j\omega})$ 是以 2π 为周期的周期函数，因此 $X_e(e^{j\omega})$ 和 $X_o(e^{j\omega})$ 分别是关于 π 的共轭对称函数和共轭反对称函数。

2）共轭对称性质

设 $x_R(n)$ 和 $x_I(n)$ 分别是 $x(n)$ 的实部和虚部，且 $X(e^{j\omega})=\mathrm{SFT}[x(n)]$，则

$$\begin{cases} \mathrm{SFT}[x_R(n)] = X_e(e^{j\omega}) \\ \mathrm{SFT}[jx_I(n)] = X_o(e^{j\omega}) \end{cases} \tag{2.2.17}$$

另外，设 $X_R(e^{j\omega})$ 和 $X_I(e^{j\omega})$ 分别是 $X(e^{j\omega})$ 的实部和虚部，则

$$\begin{cases} \mathrm{SFT}[x_e(n)] = X_R(e^{j\omega}) \\ \mathrm{SFT}[x_o(n)] = jX_I(e^{j\omega}) \end{cases} \tag{2.2.18}$$

式（2.2.17）和式（2.2.18）共同表述了 SFT 的对称性质：序列 $x(n)$ 作实虚分解，如式（2.2.17）左边，其频谱密度函数 $X(e^{j\omega})$ 作共轭对称分解；$X(e^{j\omega})$ 作实虚分解，如式（2.2.18）右边，则 $x(n)$ 作共轭对称分解。以下仅证明实序列的 SFT 是共轭对称的。

证明　由

$$x_R(n) = \frac{1}{2}[x(n) + x^*(n)]$$

可得

$$\mathrm{SFT}[x_R(n)] = \frac{1}{2}\mathrm{SFT}[x(n)] + \frac{1}{2}\mathrm{SFT}[x^*(n)]$$

由于　　$\mathrm{SFT}[x^*(n)] = \sum_{n=-\infty}^{+\infty} x^*(n)e^{-j\omega n} = \left[\sum_{n=-\infty}^{+\infty} x(n)e^{j\omega n}\right]^* = X^*(e^{-j\omega})$

因此　　$\mathrm{SFT}[x_R(n)] = \frac{1}{2}[X(e^{j\omega}) + X^*(e^{-j\omega})] = X_e(e^{j\omega})$

同理，可以证明纯虚序列的 SFT 是共轭反对称的。

由于实序列的 SFT 是共轭对称的，因此根据共轭对称的特点，可知

$$X(e^{j\omega}) = |X^*(e^{-j\omega})|$$
$$\arg[X(e^{j\omega})] = -\arg[X(e^{-j\omega})]$$

即实序列的幅频特性是偶对称的，相频特性是奇对称的。

由于实的共轭对称序列满足偶对称，如例 2.2.8，因此实因果序列 $x(n)$ 的共轭对称分量 $x_e(n)$ 是实偶序列。根据 SFT 的对称性质可知，$x_e(n)$ 的频谱密度函数是实偶函数；类似地，其共轭反对称分量 $x_o(n)$ 是实奇序列，频谱密度函数是纯虚的奇函数。对于实因果序列 $x(n)$，如果求得 $x_e(n)$ 或 $x_o(n)$（$x(0)$ 已知）的 SFT，则可以求出 $x(n)$ 的 SFT，感兴趣的读者可以利用这一特性求 $\mathrm{SFT}[u(n)]$。

【例 2.2.9】 分别求 $e^{j\omega_0 n}$、$\cos\omega_0 n$、$\sin\omega_0 n$（$2\pi/\omega_0$ 为有理数）的 SFT。

解　根据例 2.2.6 和例 2.2.7，有

$$\mathrm{SFT}[e^{j\omega_0 n}] = 2\pi\tilde{\delta}(\omega - \omega_0)$$
$$\mathrm{SFT}[\cos\omega_0 n] = \pi[\tilde{\delta}(\omega - \omega_0) + \tilde{\delta}(\omega + \omega_0)]$$
$$\mathrm{SFT}[\sin\omega_0 n] = \frac{\pi}{j}[\tilde{\delta}(\omega - \omega_0) - \tilde{\delta}(\omega + \omega_0)]$$

其中，$e^{j\omega_0 n}$ 是共轭对称序列，其 SFT 是实函数；$\cos\omega_0 n$ 是实的偶对称序列，其 SFT 是实的

偶对称函数；$\sin\omega_0 n$ 是实的奇对称序列，其 SFT 是纯虚的奇对称函数。同时，由于 $\cos\omega_0 n$ 和 $\sin\omega_0 n$ 分别是 $e^{j\omega_0 n}$ 的实部和虚部，因此 $\cos\omega_0 n$ 和 $j\sin\omega_0 n$ 的 SFT 分别是 $e^{j\omega_0 n}$ SFT 的共轭对称分量和共轭反对称分量。

5. 线性卷积性质

设 $g(n)=x(n)*y(n)$，且式中各序列的 SFT 依次是 $G(e^{j\omega})$、$X(e^{j\omega})$ 和 $Y(e^{j\omega})$，则

$$SFT[g(n)] = X(e^{j\omega}) \cdot Y(e^{j\omega}) \tag{2.2.19}$$

证明
$$SFT[g(n)] = \sum_{n=-\infty}^{+\infty} g(n)e^{-j\omega n} = \sum_{n=-\infty}^{+\infty}\sum_{i=-\infty}^{+\infty} x(i)y(n-i)e^{-j\omega n}$$
$$= \sum_{i=-\infty}^{+\infty} x(i)e^{-j\omega i}\sum_{n=-\infty}^{+\infty} y(n-i)e^{-j\omega(n-i)}$$
$$\xupreqqn'=n-i \sum_{i=-\infty}^{+\infty} x(i)e^{-j\omega i}\sum_{n'=-\infty}^{+\infty} y(n')e^{-j\omega n'} = X(e^{j\omega})\cdot Y(e^{j\omega})$$

上述性质表明，序列线性卷积的 SFT 等于两个序列的 SFT 相乘。因此，可以应用序列的傅里叶变换求序列的线性卷积，方法是：首先计算 $x(n)$ 和 $y(n)$ 的 $X(e^{j\omega})$ 和 $Y(e^{j\omega})$，将它们相乘，再计算乘积序列的傅里叶反变换就得到线性卷积序列 $g(n)$。

在 1.4 节中推导出线性卷积可用于计算能量序列的相关序列，如式(1.4.11)和式(1.4.12)所示。根据线性卷积性质可知，序列 $x(n)$、$y(n)$ 的互相关序列 $r_{xy}(m)$ 和自相关序列 $r_x(m)$ 的 SFT 分别为 $SFT[r_{xy}(m)]=X^*(e^{j\omega})\cdot Y(e^{j\omega})$，$SFT[r_x(m)]=X^*(e^{j\omega})\cdot X(e^{j\omega})=|X(e^{j\omega})|^2$。同理，自相关序列 $r_y(m)$ 的 SFT 为 $SFT[r_y(m)]=|Y(e^{j\omega})|^2$，自相关序列的 SFT 是周期的非负实函数。

6. 帕斯瓦尔(Parseval)定理

根据式(1.4.12)及线性卷积性质，$x(n)$ 的自相关序列与其频谱的模的平方是 SFT 变换对，则

$$\sum_{n=-\infty}^{+\infty} |x(n)|^2 = \frac{1}{2\pi}\int_{-\pi}^{\pi} |X(e^{j\omega})|^2 d\omega \tag{2.2.20}$$

式(2.2.20)的左边为 $r_x(0)$，右边即是 ISFT 在 $m=0$ 时的值，二者相等。可见，序列在时域和频域的能量相等，即傅里叶变换没有带来能量损失，称为帕斯瓦尔定理。

7. 相乘性质

设 $g(n)=x(n)\cdot y(n)$，并且式中各序列的 SFT 依次是 $G(e^{j\omega})$、$X(e^{j\omega})$ 和 $Y(e^{j\omega})$，则

$$G(e^{j\omega}) = \frac{1}{2\pi}\int_{-\pi}^{\pi} X(e^{j\theta})Y(e^{j(\omega-\theta)})d\theta \tag{2.2.21}$$

证明
$$G(e^{j\omega}) = \sum_{n=-\infty}^{+\infty} g(n)e^{-j\omega n} = \sum_{n=-\infty}^{+\infty} x(n)\cdot y(n)e^{-j\omega n}$$
$$= \sum_{n=-\infty}^{+\infty} \frac{1}{2\pi}\int_{-\pi}^{\pi} X(e^{j\theta})e^{j\theta n}d\theta \cdot y(n)e^{-j\omega n}$$
$$= \frac{1}{2\pi}\int_{-\pi}^{\pi} X(e^{j\theta})\left[\sum_{n=-\infty}^{+\infty} y(n)e^{-j(\omega-\theta)n}\right]d\theta$$
$$= \frac{1}{2\pi}\int_{-\pi}^{\pi} X(e^{j\theta})Y(e^{j(\omega-\theta)})d\theta$$

为方便使用，表 2.2.1 列出了序列傅里叶变换的主要性质。

表 2.2.1　SFT 的主要性质

名　　称	性 质 描 述
线性性质	$\text{SFT}[ax_1(n)+bx_2(n)]=a\cdot\text{SFT}[x_1(n)]+b\cdot\text{SFT}[x_2(n)]$
时移性质	$\text{SFT}[x(n-m)]=e^{-j\omega m}\cdot\text{SFT}[x(n)]$
频移性质	$\text{SFT}[e^{j\omega_0 n}\cdot x(n)]=X(e^{j(\omega-\omega_0)})$
共轭对称	$\text{SFT}[x_R(n)]=X_e(e^{j\omega}),\quad \text{SFT}[jx_I(n)]=X_o(e^{j\omega})$ $\text{SFT}[x_e(n)]=\text{Re}[X(e^{j\omega})],\ \text{SFT}[x_o(n)]=j\text{Im}[X(e^{j\omega})]$
线性卷积性质	$\text{SFT}[x(n)*y(n)]=\text{SFT}[x(n)]\cdot\text{SFT}[y(n)]$
帕斯瓦尔定理	$\displaystyle\sum_{n=-\infty}^{+\infty}\mid x(n)\mid^2=\frac{1}{2\pi}\int_{-\pi}^{\pi}\mid X(e^{j\omega})\mid^2 d\omega$
相乘性质	$\displaystyle\text{SFT}[x(n)y(n)]=\frac{1}{2\pi}\int_{-\pi}^{\pi}X(e^{j\theta})Y(e^{j(\omega-\theta)})d\theta$
序列乘以 n	$\text{SFT}[n\cdot x(n)]=j\left[\dfrac{dX(e^{j\omega})}{d\omega}\right]$

　　表 2.2.2 给出了基本序列的 SFT，熟悉这些傅里叶变换非常有用。例如在求傅里叶变换或反变换时，往往可以利用基本序列的傅里叶变换对来简化某些比较困难或烦琐的问题。

表 2.2.2　基本序列的 SFT

序　　列	傅里叶变换
$\delta(n)$	1
1	$2\pi\tilde{\delta}(\omega)$
$R_N(n)$	$e^{-j(N-1)\omega/2}\dfrac{\sin(\omega N/2)}{\sin(\omega/2)}$
$a^n u(n)\quad(\mid a\mid<1)$	$(1-ae^{-j\omega})^{-1}$
$e^{j\omega_0 n}\left(\dfrac{2\pi}{\omega_0}为有理数\right)$	$2\pi\tilde{\delta}(\omega-\omega_0)$
$\cos(\omega_0 n)\left(\dfrac{2\pi}{\omega_0}为有理数\right)$	$\pi[\tilde{\delta}(\omega-\omega_0)+\tilde{\delta}(\omega+\omega_0)]$
$\sin(\omega_0 n)\left(\dfrac{2\pi}{\omega_0}为有理数\right)$	$-j\pi[\tilde{\delta}(\omega-\omega_0)-\tilde{\delta}(\omega+\omega_0)]$
$u(n)$	$(1-e^{-j\omega})^{-1}+\pi\tilde{\delta}(\omega)$

2.3 离散时间 LTI 系统的频域分析

离散时间 LTI 系统的时域分析主要以单位脉冲响应 $h(n)$ 和差分方程为基础，而其频域分析与连续时间 LTI 系统相似，也分为实频域分析和复频域分析，前者需要用到 SFT，后者则利用了 Z 变换。

离散时间信号的 Z 变换

2.3.1 频率响应与系统函数

复指数序列和正弦序列在离散时间信号和系统中有着重要的作用。本节首先研究复指数序列和正弦序列作为 LTI 系统输入时系统的输出问题，并给出 LTI 系统频率响应的定义。

1. 离散时间 LTI 系统的频率响应

1) 单位复指数序列作为 LTI 系统的输入

设 LTI 系统的单位脉冲响应为 $h(n)$，若输入序列为

$$x(n) = \mathrm{e}^{\mathrm{j}\omega n} \quad (-\infty < n < +\infty, -\infty < \omega < +\infty)$$

则系统的输出序列是

$$y(n) = x(n) * h(n) = \sum_{i=-\infty}^{+\infty} h(i)x(n-i) = \sum_{i=-\infty}^{+\infty} h(i)\mathrm{e}^{\mathrm{j}\omega(n-i)}$$

$$= \mathrm{e}^{\mathrm{j}\omega n} \sum_{i=-\infty}^{+\infty} h(i)\mathrm{e}^{-\mathrm{j}\omega i} \quad (-\infty < n < +\infty, -\infty < \omega < +\infty) \quad (2.3.1)$$

由于

$$H(\mathrm{e}^{\mathrm{j}\omega}) = \sum_{i=-\infty}^{+\infty} h(i)\mathrm{e}^{-\mathrm{j}\omega i} \quad (-\infty < \omega < +\infty) \quad (2.3.2)$$

因此

$$y(n) = \mathrm{e}^{\mathrm{j}\omega n} H(\mathrm{e}^{\mathrm{j}\omega}) = H(\mathrm{e}^{\mathrm{j}\omega}) x(n) \big|_{x(n)=\mathrm{e}^{\mathrm{j}\omega n}} \quad (2.3.3)$$

式(2.3.3)表明，对于 LTI 系统，若输入为单位复指数序列，则输出是同频但幅度和相位不同的复指数序列。其幅度和相位的改变量由 $h(n)$ 的 SFT 决定，称为复增益。

2) LTI 系统的频率响应、幅频响应与相频响应

为了表征 LTI 系统的上述性质，提出了频率响应的概念。设 LTI 系统的输入为单位复指数序列，则称系统对于复指数输入的复增益为系统的频率响应，记为 $H(\mathrm{e}^{\mathrm{j}\omega})$，即

$$H(\mathrm{e}^{\mathrm{j}\omega}) = \sum_{n=-\infty}^{+\infty} h(n)\mathrm{e}^{-\mathrm{j}\omega n} \quad (2.3.4)$$

LTI 系统的频率响应是其单位脉冲响应 $h(n)$ 的 SFT。

设 $H(\mathrm{e}^{\mathrm{j}\omega}) = |H(\mathrm{e}^{\mathrm{j}\omega})| \mathrm{e}^{\mathrm{j}\theta(\omega)}$，则称 $|H(\mathrm{e}^{\mathrm{j}\omega})|$ 为系统的幅频响应，表示系统对不同频率信号的增益，称 $\theta(\omega)$ 为系统的相频响应，表示系统对不同频率信号的相位。因为稳定 LTI 系统的 $h(n)$ 是稳定序列，所以稳定 LTI 系统的频率响应存在。一般仅讨论稳定系统的频率响应。

【例 2.3.1】 设某 LTI 系统的单位脉冲响应 $h(n) = 0.6^n u(n)$，试求系统的频率响应、幅频响应和相频响应。

解　由 $h(n)$ 的 SFT 可得系统的频率响应为

$$H(e^{j\omega}) = \sum_{n=-\infty}^{+\infty} h(n)e^{-j\omega n} = \sum_{n=0}^{+\infty} 0.6^n e^{-j\omega n}$$

$$= \frac{1}{1-0.6e^{-j\omega}} = \frac{1}{1-0.6\cos\omega + j0.6\sin\omega}$$

因此，幅频响应为

$$|H(e^{j\omega})| = \left|\frac{1}{1-0.6\cos\omega + j0.6\sin\omega}\right| = \frac{1}{\sqrt{1.36-1.2\cos\omega}}$$

相频响应为

$$\theta(\omega) = \arg[H(e^{j\omega})] = -\arctan\frac{0.6\sin\omega}{1-0.6\cos\omega}$$

离散 LTI 系统具有周期性的频率响应，这是它与连续时间系统的重大区别。

3) 余弦序列作为实 LTI 系统的输入

若 LTI 系统的输入序列为余弦序列

$$x(n) = A_0\cos(\omega n + \theta_0) \quad (-\infty < n < \infty) \tag{2.3.5}$$

式中，A_0、ω 和 θ_0 分别是余弦序列的幅度、数字角频率和初始相位，则由欧拉公式得

$$x(n) = \frac{A_0}{2}[e^{j(\omega n+\theta_0)} + e^{-j(\omega n+\theta_0)}] \tag{2.3.6}$$

即输入余弦序列等价于输入两个复指数序列。设频率响应为 $H(e^{j\omega})$，由式(2.3.6)得到系统的输出序列为

$$y(n) = \frac{A_0}{2}[|H(e^{j\omega})|e^{j(\omega n+\theta_0+\theta(\omega))} + |H(e^{-j\omega})|e^{j(-(\omega n+\theta_0)+\theta(-\omega))}] \tag{2.3.7}$$

当 $h(n)$ 是实序列时，由 SFT 的对称性质可知，频率响应 $H(e^{j\omega})$ 关于原点共轭对称，即

$$H(e^{j\omega}) = H^*(e^{-j\omega}) \tag{2.3.8}$$

因此

$$|H(e^{j\omega})| = |H(e^{-j\omega})| \tag{2.3.9}$$

$$\theta(\omega) = -\theta(-\omega) \tag{2.3.10}$$

代入式(2.3.7)得

$$y(n) = \frac{A_0}{2}[|H(e^{j\omega})|e^{j(\omega n+\theta_0+\theta(\omega))} + |H(e^{j\omega})|e^{-j(\omega n+\theta_0+\theta(\omega))}]$$

$$= A_0|H(e^{j\omega})|\cos(\omega n + \theta_0 + \theta(\omega)) \tag{2.3.11}$$

式(2.3.11)表明，对于实 LTI 系统($h(n)$是实序列)，如果输入为余弦序列，则输出是与数字角频率相同的余弦序列。并且，输出序列的幅度等于输入序列的幅度和 $|H(e^{j\omega})|$ 在该数字角频率处的幅度的乘积，输出序列的初相位等于输入序列的初相位和 $\theta(\omega)$ 在该数字角频率处的相位的和。因此，余弦序列通过实 LTI 系统仍然是余弦序列，只是幅度和初相位发生了变化。

【**例 2.3.2**】　设某 LTI 系统的频率响应为

$$H(e^{j\omega}) = \left[1-\left(\frac{\omega}{\pi}\right)^2\right]e^{-j\pi\tan\frac{\omega}{4}} \quad (|\omega| \leqslant \pi)$$

若输入为

$$x(n) = \cos\left(\frac{15\pi}{4}n - \frac{\pi}{3}\right) \quad (-\infty < n < \infty)$$

求对全部 n 的输出 $y(n)$。

解 由于 $H(e^{j\omega}) = H^*(e^{-j\omega})$，所以根据 SFT 的共轭对称性可知 $h(n)$ 为实数。

$\omega_0 = \frac{15\pi}{4}$ 模 2π 后得 $\omega_0 = -\frac{\pi}{4}$，由于

$$|H(e^{j\omega_0})| = \frac{15}{16}, \quad \theta(\omega_0) = \pi\tan\left(\frac{\pi}{16}\right)$$

因此 $y(n) = |H(e^{j\omega_0})|\cos(\omega_0 n - \pi/3 + \theta(\omega_0))](-\infty < n < +\infty)$，即

$$y(n) = \frac{15}{16}\cos\left(\frac{-\pi}{4}n - \frac{\pi}{3} + \pi\tan\frac{\pi}{16}\right)$$

$$= \frac{15}{16}\cos\left(\frac{\pi}{4}n + \frac{\pi}{3} - \pi\tan\frac{\pi}{16}\right)$$

4) 一般稳定序列作为 LTI 系统的输入

对一般稳定序列 $x(n)$ 作为 LTI 系统输入的情形，由 SFT 的线性卷积性质，输出序列 $y(n)$ 可由下式求得

$$y(n) = \frac{1}{2\pi}\int_{-\pi}^{\pi}[X(e^{j\omega}) \cdot H(e^{j\omega})]e^{j\omega n}\,d\omega \tag{2.3.12}$$

2. 离散时间 LTI 系统的系统函数

Z 变换是 SFT 的推广，当序列 Z 变换的收敛域包含单位圆 $(z = e^{j\omega})$ 时，有

$$X(z)\big|_{z=e^{j\omega}} = \sum_{n=-\infty}^{+\infty} x(n)e^{-j\omega n} = X(e^{j\omega})$$

即序列的 SFT 是其 Z 变换在 $z = e^{j\omega}$(也就是单位圆)上的值。对于稳定的离散时间 LTI 系统，其频率响应 $H(e^{j\omega})$ 是系统函数 $H(z)$ 在单位圆上的取值，即

$$H(e^{j\omega}) = H(z)\big|_{z=e^{j\omega}}$$

设 $X(z)$、$Y(z)$、$H(z)$ 分别是 $x(n)$、$y(n)$ 和 $h(n)$ 的 Z 变换，由 Z 变换的线性卷积性质得

$$Y(z) = X(z)H(z) \tag{2.3.13}$$

式(2.3.13)表明，LTI 系统输出序列的 Z 变换是输入序列和单位脉冲响应序列 Z 变换的乘积。

由此可以看出，若已知 $H(z)$，则系统的输入、输出关系就完全确定了。因此，$H(z)$ 是确定系统性能的又一重要物理量，称之为系统的系统函数或 Z 传递函数。

由于 $H(z)$ 是 $h(n)$ 的 Z 变换，其变换式为

$$H(z) = \sum_{n=-\infty}^{+\infty} h(n)z^{-n}$$

由式(2.3.13)有

$$H(z) = \frac{Y(z)}{X(z)} \tag{2.3.14}$$

由于 $h(n)$ 仅与系统本身的结构和参量有关，与输入和输出序列无关，因此，LTI 系统的系统函数 $H(z)$ 也仅与系统本身的结构和参量有关，与系统的输入输出无关。$H(z)$ 从复频域描述了 LTI 系统的性能。

2.3.2　系统因果性和稳定性的 z 域判定

收敛域是 Z 变换不可或缺的部分，当序列特性不同时，收敛域也不同。

1. Z 变换的收敛域与序列特性之间的关系

已知有限长序列 $x(n)([N_1, N_2])$，其 Z 变换为

$$X(z) = \sum_{n=N_1}^{N_2} x(n)z^{-n}$$

$$= x(N_1)z^{-N_1} + x(N_1+1)z^{-(N_1+1)} + \cdots + x(N_2)z^{-N_2}$$

若 $N_2 \leqslant 0$，式中全部是 z 的正幂次项，$z=\infty$ 处不收敛；若 $N_1 \geqslant 0$，式中全部是 z 的负幂次项，$z=0$ 处不收敛；若 $N_1 < 0$，$N_2 > 0$，式中既有 z 的正幂次项，又有 z 的负幂次项，则 $z=0$、$z=\infty$ 处不收敛。而除了 0 和 ∞ 以外的 z 值，级数处处收敛。

对右边序列 $x(n)$，其 ZT 为

$$X(z) = \sum_{n=N_1}^{+\infty} x(n)z^{-n} = \sum_{n=N_1}^{-1} x(n)z^{-n} + \sum_{n=0}^{+\infty} x(n)z^{-n}$$

式中，第一部分与有限长序列的情况类似，当 $N_1 < 0$ 时仅 $z=\infty$ 处不收敛，当 $N_1 \geqslant 0$ 时该部分不存在。式中第二部分都是 z 的负幂级数，收敛域为 $|z^{-1}| < R$，即 $|z| > 1/R = R_{x^-}$，此时存在一个最小的收敛半径，级数在此半径外的任何点都是绝对收敛的。因此，右边序列的收敛域是 z 平面上半径为 R_{x^-} 的某圆以外区域（当 $N_1 < 0$ 时收敛域不包含 ∞）。

对左边序列 $x(n)$，其 ZT 为

$$X(z) = \sum_{n=-\infty}^{N_2} x(n)z^{-n} = \sum_{n=1}^{N_2} x(n)z^{-n} + \sum_{n=-\infty}^{0} x(n)z^{-n}$$

式中，第一部分与有限长序列的情况类似，当 $N_2 > 0$ 时仅 $z=0$ 处不收敛，当 $N_2 \leqslant 0$ 时该部分不存在。式中第二部分都是 z 的正幂级数，收敛域为 $|z| < R_{x^+}$，即存在一个最大的收敛半径，级数在此半径内的任何点都是绝对收敛的。因此，左边序列的收敛域是 z 平面上半径为 R_{x^+} 的某圆以内区域（当 $N_2 > 0$ 时收敛域不包含原点）。

结合以上分析可知，双边序列 $x(n)$ 的收敛域包含两种情况：环状区域或不存在。由于

$$X(z) = \sum_{n=-\infty}^{+\infty} x(n)z^{-n} = \sum_{n=-\infty}^{-1} x(n)z^{-n} + \sum_{n=0}^{+\infty} x(n)z^{-n}$$

因此，双边序列的 Z 变换可分解为左边序列和右边序列的 Z 变换之和，相应地，收敛域分别为 $|z| < R_{x^+}$ 和 $|z| > R_{x^-}$，而 $X(z)$ 的收敛域是二者收敛域的公共部分。若 $R_{x^-} < R_{x^+}$，则 $X(z)$ 的收敛域为环状区域 $R_{x^-} < |z| < R_{x^+}$；若 $R_{x^-} \geqslant R_{x^+}$，则 $X(z)$ 不收敛。

【例 2.3.3】　求序列 $x(n) = u(n)$ 和 $x(n) = -u(-n-1)$ 的 ZT $X(z)$，并确定 $X(z)$ 的收敛域。

解　　$$X(z) = \sum_{n=-\infty}^{+\infty} u(n)z^{-n} = \sum_{n=0}^{+\infty} z^{-n} = \frac{1}{1-z^{-1}} \quad (|z| > 1)$$

$$X(z) = \sum_{n=-\infty}^{+\infty} -u(-n-1)z^{-n} = -\sum_{n=-\infty}^{-1} z^{-n} = -\sum_{n=1}^{+\infty} z^n$$

$$= -\frac{z}{1-z} = \frac{1}{1-z^{-1}} \quad (|z| < 1)$$

例 2.3.3 说明,不同序列的 ZT 表达式或许可以相同,但它们的收敛域一定不同。由此可以看出,收敛域和表达式 $X(z)$ 作为 Z 变换的两个组成部分,缺少任何一部分都是不完整的。表 2.3.1 给出了序列特性与 Z 变换收敛域的关系。

表 2.3.1 序列特性及其 Z 变换收敛域的关系

序　　列		收敛域
有限长序列 $[N_1, N_2]$	$N_2 \leqslant 0$	整个 z 平面 $(z \neq \infty)$
	$N_1 < 0, N_2 > 0$	整个 z 平面 $(z \neq 0, z \neq \infty)$
	$N_1 \geqslant 0$	整个 z 平面 $(z \neq 0)$
右边序列 $[N_1, \infty]$	$N_1 < 0$	$|z| > R_{x^-} \ (z \neq \infty)$
	$N_1 \geqslant 0$ (因果)	$|z| > R_{x^-}$
左边序列 $[-\infty, N_2]$	$N_2 \leqslant 0$	$|z| < R_{x^+}$
	$N_2 > 0$	$|z| < R_{x^+} \ (z \neq 0)$
双边序列		$R_{x^-} < |z| < R_{x^+} \ (R_{x^-} < R_{x^+})$

2. 系统函数的收敛域与系统因果性和稳定性的关系

利用系统函数的收敛域判断 LTI 系统的因果性和稳定性,是一种重要而简便的方法,与之对应的是第 1 章中由单位脉冲响应 $h(n)$ 判定系统因果、稳定性的方法。

LTI 因果系统的 $h(n)$ 是因果序列,其 ZT 的收敛域为以原点为中心的某圆外$(|z|>R_{x^-})$,即系统函数 $H(z)$ 的收敛域为 $|z|>R_{x^-}$。通过 $H(z)$ 的收敛域判断 LTI 系统的因果性,准则即是:LTI 系统是因果的,当且仅当 $H(z)$ 的收敛域为 $|z|>R_{x^-}$。

LTI 稳定系统的 $h(n)$ 是稳定序列,即

$$\sum_{n=-\infty}^{+\infty} |h(n)| < \infty$$

将系统函数 $H(z)$ 的定义代入,得

$$\sum_{n=-\infty}^{+\infty} |h(n)z^{-n}| \Big|_{|z|=1} = \sum_{n=-\infty}^{+\infty} |h(n)| < \infty \tag{2.3.15}$$

式(2.3.15)说明 $H(z)$ 在单位圆 $|z|=1$ 上绝对收敛。显然,若 $H(z)$ 在单位圆上绝对收敛,则 $h(n)$ 必定是绝对可求和的,也就是说系统必然稳定。由此可见,LTI 系统稳定的充要条件是系统函数的收敛域包括单位圆,即

$$R_{x^-} < |z| < R_{x^+} \quad (0 \leqslant R_{x^-} < 1, R_{x^+} > 1) \tag{2.3.16}$$

综上所述,若 LTI 系统既是因果的,又是稳定的,则其系统函数的收敛域必定同时满足以上所给出的两个条件,即

$$|z| > R_{x^-} \quad (0 \leqslant R_{x^-} < 1) \tag{2.3.17}$$

换言之,当且仅当 $H(z)$ 的收敛域为小于单位圆的某圆以外区域时,LTI 系统是因果稳定的。

3. 系统函数的极点分布与系统因果性和稳定性的关系

收敛域不包含极点,极点分布和序列特性决定了收敛域,可以利用系统函数 $H(z)$ 的

极点位置判断系统的因果性和稳定性。根据前面的讨论，因果系统的极点必须在以原点为圆心的某个圆内，而稳定系统的极点必定不在单位圆上。若系统为因果稳定的，则 $H(z)$ 的极点必定在单位圆内。

【例 2.3.4】 设因果 LTI 系统的系统函数如下，试判断系统的稳定性。

$$H(z) = \frac{1 + 0.5z^{-1}}{1 - z^{-1} + 0.25z^{-2}} \quad (0.5 < |z|)$$

解　由于系统是因果的，容易看出，只要 $H(z)$ 的极点在单位圆内，系统就是稳定的。由于系统的二阶极点为 $z = 0.5$，在单位圆内，因此系统是稳定的。

2.4　基于零极点的离散时间 LTI 系统分析与设计

线性常系数差分方程用于描述离散时间 LTI 系统的输入输出关系，是系统的时域描述方法。差分方程及其系数影响系统的特性，自然也决定了系统函数的零、极点分布，本节阐述利用零、极点分布分析、设计离散时间 LTI 系统的方法。

2.4.1　系统频率响应的向量表示

将系统函数 $H(z)$ 因式分解可得

$$H(z) = A\frac{\prod_{r=1}^{M}(1 - c_r z^{-1})}{\prod_{r=1}^{N}(1 - d_r z^{-1})} \tag{2.4.1}$$

式中，$A = b_0/a_0$ 影响系统函数的幅度大小，c_r 为系统的零点，d_r 为系统的极点，影响系统特性的正是 c_r、d_r。将式(2.4.1)的分子分母同乘以 z^N，得

$$H(z) = Az^{(N-M)}\frac{\prod_{r=1}^{M}(z - c_r)}{\prod_{r=1}^{N}(z - d_r)} \tag{2.4.2}$$

设系统稳定，则 $H(e^{j\omega}) = H(z)|_{z = e^{j\omega}}$，并且有

$$H(e^{j\omega}) = Ae^{j\omega(N-M)}\frac{\prod_{r=1}^{M}(e^{j\omega} - c_r)}{\prod_{r=1}^{N}(e^{j\omega} - d_r)} \tag{2.4.3}$$

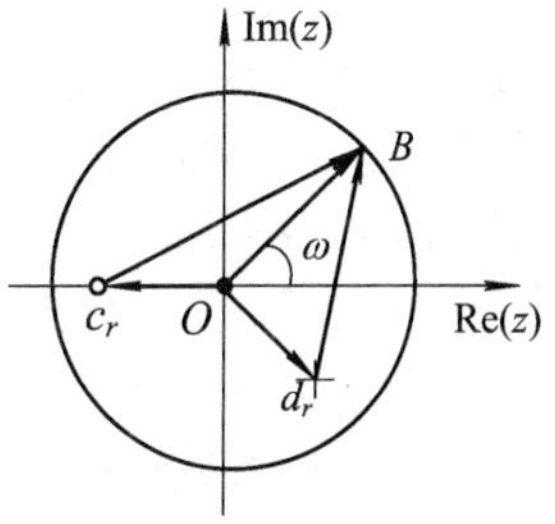

如图 2.4.1 所示，在 z 平面上，$e^{j\omega}$ 可用单位圆上的点 B 表示，相应的矢量形式为 $\overrightarrow{OB}$。

同理，$e^{j\omega} - c_r$ 是由零点 c_r 指向 B 的向量 $\overrightarrow{c_rB}$，称为零点矢量；$e^{j\omega} - d_r$ 是由极点 d_r 指向 B 的向量 $\overrightarrow{d_rB}$，称为极点矢量。令 $\overrightarrow{c_rB} = \overline{c_rB}e^{j\alpha_r}$，$\overrightarrow{d_rB} = \overline{d_rB}e^{j\beta_r}$，代入式(2.4.3)得

图 2.4.1　频率响应的几何表示

$$H(e^{j\omega}) = Ae^{j\omega(N-M)}\frac{\prod_{r=1}^{M}\overrightarrow{c_rB}}{\prod_{r=1}^{N}\overrightarrow{d_rB}} = |H(e^{j\omega})|e^{j\theta(\omega)} \tag{2.4.4}$$

$$|H(\mathrm{e}^{j\omega})| = |A| \frac{\prod\limits_{r=1}^{M} \overrightarrow{c_r B}}{\prod\limits_{r=1}^{N} \overrightarrow{d_r B}} \tag{2.4.5}$$

$$\theta(\omega) = \omega(N-M) + \sum_{r=1}^{M} \alpha_r - \sum_{r=1}^{N} \beta_r \tag{2.4.6}$$

式中，$\overrightarrow{c_r B}$、$\overrightarrow{d_r B}$ 分别为零点矢量和极点矢量的模。式(2.4.5)和式(2.4.6)表明，系统的幅频响应由各零点矢量和极点矢量的模确定，而相频响应则由这些向量的相角确定。当数字角频率 ω 从 0 到 2π 变化时，这些向量的终端点沿单位圆逆时针旋转一周，由此算出幅频响应和相频响应，从而估算出整个系统的频率响应。

2.4.2 零极点分布与幅频响应分析设计

利用零、极点分布分析系统的幅频响应，对低阶系统直观有效，而高阶系统的零、极点个数多，相互之间影响关系不直接，不易得出系统的幅频响应。由式(2.4.5)可知，零点矢量和极点矢量分别位于分式的分子和分母，幅频响应具有以下三个显著的规律。

对极点而言，当单位圆上的 B 点转到极点相角所在角度时，极点矢量 $\overrightarrow{d_r B}$ 最短，$\overrightarrow{d_r B}$ 为极小值，$|H(\mathrm{e}^{j\omega})|$ 在该角度附近出现峰值。极点 d_r 越靠近单位圆，$\overrightarrow{d_r B}$ 值越小，$|H(\mathrm{e}^{j\omega})|$ 的峰值越大，当 d_r 出现在单位圆上时，$\overrightarrow{d_r B}=0$，系统不稳定。

对零点而言，当单位圆上的 B 点转到零点相角所在角度时，零点矢量 $\overrightarrow{c_r B}$ 最短，$|H(\mathrm{e}^{j\omega})|$ 在该角度附近出现谷值。当零点在单位圆上时，$\overrightarrow{c_r B}=0$，$|H(\mathrm{e}^{j\omega})|$ 等于零。零点可以位于单位圆以外，不影响稳定性。

位于坐标原点的零、极点不影响系统的幅频响应。

【例 2.4.1】 已知某 LTI 系统的 $H(z) = \dfrac{(z-a_1)(z-a_2)}{(z-b_1)(z-b_2)}$，根据系统零、极点位置的变化，用 MATLAB 分析系统的幅频响应。

解 已知系统的零点为 a_1、a_2，极点为 b_1、b_2。

(1) 设零点 $a_1 = 0.5\mathrm{e}^{j0.6\pi}$、$a_2 = 0.5\mathrm{e}^{-j0.6\pi}$，极点 $b_1 = 0.5\mathrm{e}^{j0.1\pi}$、$b_2 = 0.5\mathrm{e}^{-j0.1\pi}$，用 MATLAB 画出系统的零、极点分布图和幅频响应曲线。MATLAB 程序为

```
a1=0.5*exp(j*0.6*pi);a2=0.5*exp(-j*0.6*pi);        %计算零点
b1=0.5*exp(j*0.1*pi);b2=0.5*exp(-j*0.1*pi);        %计算极点
z=[a1,a2]';p=[b1,b2]';w=0:0.005*pi:pi;
figure;zplane(z,p);                                 %零、极点分布图
[b,a]=zp2tf(z,p,1);                                 %求系统函数
h=freqz(b,a,w);                                     %求频率响应
hmax=max(abs(h));w=w/pi;
```

结果如图 2.4.2 所示，系统的幅频响应随角频率增大幅值减小，可作为低通滤波器。由于零、极点均离单位圆较远，因此幅频响应在零、极点相角处的谷值和峰值均不明显。

(2) 设零点 $a_1 = \mathrm{e}^{j0.6\pi}$、$a_2 = \mathrm{e}^{-j0.6\pi}$，极点 $b_1 = 0.9\mathrm{e}^{j0.1\pi}$、$b_2 = 0.9\mathrm{e}^{-j0.1\pi}$，结果如图 2.4.3 所示。由于零点在单位圆上、极点靠近单位圆，因此幅频响应在 $\omega=0.6\pi$ 处取值为零、$\omega=0.1\pi$ 处的峰值十分明显。

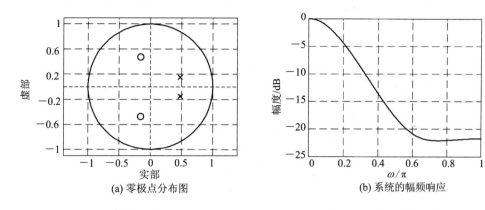

图 2.4.2　例 2.4.1 图示一

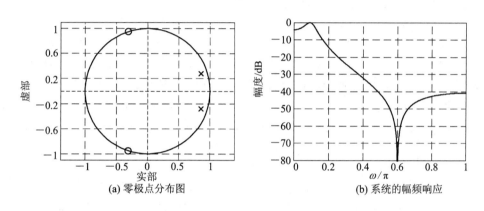

图 2.4.3　例 2.4.1 图示二

（3）设零点 $a_1 = e^{j0.2\pi}$、$a_2 = e^{-j0.2\pi}$，极点 $b_1 = 0.9e^{j0.1\pi}$、$b_2 = 0.9e^{-j0.1\pi}$，结果如图 2.4.4 所示。由于零点位置靠近极点位置，因此幅频响应的峰值向谷值过渡更快。

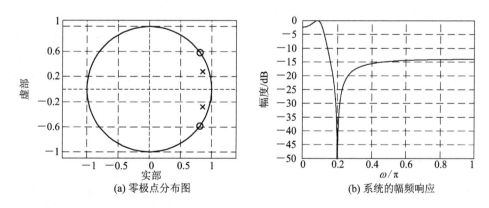

图 2.4.4　例 2.4.1 图示三

这种通过调整零点和极点的位置以改变系统幅频响应的方法，对系统分析和设计都十分重要，适用于低阶系统或特殊滤波器的设计。

1. 数字陷波器

数字陷波器是频率响应中包含一个或多个深槽（理想情况下深槽处取值为零）的滤波

器。参照例 2.4.1,若实系数的数字陷波器的零陷位于 ω_0,则系统具有共轭零点 $e^{\pm j\omega_0}$,且系统函数为

$$H(z) = b_0(1 - e^{j\omega_0}z^{-1})(1 - e^{-j\omega_0}z^{-1}) = b_0(1 - 2\cos\omega_0 z^{-1} + z^{-2})$$

其中,b_0 是实系数,用以调整该陷波器的幅度增益。

然而,纯零点形式的数字陷波器,在陷波频率附近的幅度增益较小,如图 2.4.3(b)中 0.6π 附近的频率分量也会被抑制。对比图 2.4.3(b)和图 2.4.4(b)中谷值处的幅频响应曲线,只要在系统函数中增加一对共轭极点 $re^{\pm j\omega_0}$,则

$$H(z) = b_0 \frac{1 - 2\cos\omega_0 z^{-1} + z^{-2}}{1 - 2r\cos\omega_0 z^{-1} + r^2 z^{-2}} \tag{2.4.7}$$

极点与零点的相角相等,能够改善零陷附近频率处的幅频响应。

实际应用中,隔直滤波器是应用非常广的一种数字陷波器,它滤除信号所含的直流分量。由式(2.4.7)可知其系统函数为

$$H(z) = \frac{1 - z^{-1}}{1 - az^{-1}} \quad (0 < a < 1)$$

【例 2.4.2】 设信号 $x(t) = \sin(2\pi \times 60t) + x_s(t)$,式中 $x_s(t)$ 是低于 60 Hz 的低频信号,试设计一个数字陷波器将 60 Hz 干扰滤除,采样频率 $F_s = 200$ Hz。

解 由题意知,$\omega_0 = 2\pi \times 60/200 = 0.6\pi$ rad,即陷波器的幅频响应在 0.6π 处取值为零。为减小陷波器对其他频率信号的衰减,系统函数中增加极点 $p_{1,2} = re^{\pm j\omega_0}$。设 $r = 0.75$,则

$$H(z) = \frac{1 - 2\cos\omega_0 z^{-1} + z^{-2}}{1 - 2r\cos\omega_0 z^{-1} + r^2 z^{-2}} = \frac{1 + 0.618z^{-1} + z^{-2}}{1 + 0.4635z^{-1} + 0.5625z^{-2}}$$

陷波器的零极点分布和幅频响应如图 2.4.5 所示,为测试其性能,用 MATLAB 编程实现对输入信号 $x(n) = \sin(2\pi \times 60n/F_s) + 2\sin(2\pi \times 25n/F_s)$ 的滤波。代码为

```
B=[1, 0.618, 1];A=[1, 0.4635, 0.5625];        % H(z)的分子系数 B 和分母系数 A
f1=60;f2=25;Fs=200;                            % 给出频率参数
n=0:1023;x=sin(2*pi*f1/Fs*n)+sin(2*pi*f2/Fs*n);   % 输入信号
X=abs(fft(x))/max(abs(fft(x)));
y=filter(B, A, x);                             % 求输出信号
Y=abs(fft(y, 1024))/max(abs(fft(y, 1024)));
```

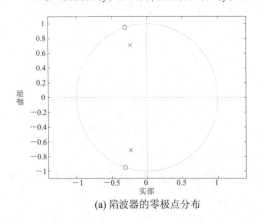

(a) 陷波器的零极点分布

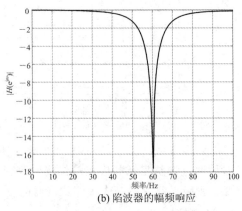

(b) 陷波器的幅频响应

图 2.4.5 例 2.4.2 陷波器的零极点图和幅频响应

由图 2.4.6(b)中可以看出输入信号中 60 Hz 的干扰被抑制了。

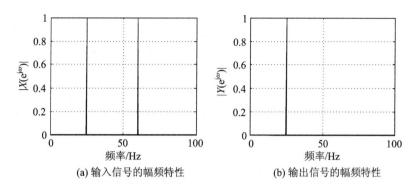

(a) 输入信号的幅频特性　　　　　　　(b) 输出信号的幅频特性

图 2.4.6　例 2.4.2 陷波器输入、输出信号的幅频特性

2. 梳状滤波器

陷波器滤除的信号频率一般需要独立设置，而梳状滤波器常用于滤除频率分布均匀的谐波信号，如消除电网的谐波、分离电视接收机中的亮度和色度信号等。为了产生各次谐波频率，用 z^N 替换隔直滤波器系统函数中的 z，得

$$H(z^N) = \frac{1 - z^{-N}}{1 - az^{-N}} \quad (0 < a < 1)$$

此时，系统的 N 个极点均匀分布在半径为 a 的圆上，N 个零点均匀分布在单位圆上，可以滤除 $\omega = \frac{2k\pi}{N}$ $(k=0, 1, 2, \cdots, N-1)$ 的谐波。

【例 2.4.3】　设计一个梳状滤波器，用于滤除心电图信号中 50 Hz 及其二次谐波 100 Hz 的干扰，设采样频率为 400 Hz。

解　由题意知，$\omega_1 = \frac{2\pi \times 50}{400} = \frac{\pi}{4}$，$\omega_2 = \frac{2\pi \times 100}{400} = \frac{\pi}{2}$，由于 $\frac{2\pi}{N} = \frac{\pi}{4}$，因此 $N=8$。设 $a = 0.9$，梳状滤波器的零、极点分布和幅频响应如图 2.4.7 所示。

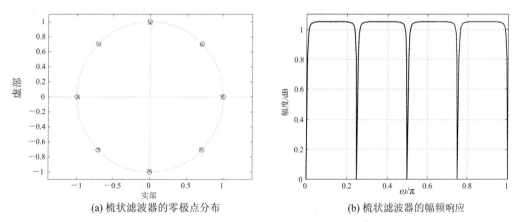

(a) 梳状滤波器的零极点分布　　　　　　(b) 梳状滤波器的幅频响应

图 2.4.7　例 2.4.3 梳状滤波器的零极点图和幅频响应

对比图 2.4.7(b) 和图 2.4.5(b) 可以看出，a 的值越接近 1 (极点接近单位圆)，幅频响应曲线在零陷附近更为陡峭，梳状滤波器对谐波附近信号的影响越小。

2.4.3　零极点分布与相频响应分析设计

结合图 2.4.1 和式(2.4.3)可知,B 点在单位圆上逆时针旋转一周,数字角频率 ω 的变化量为 2π。当零点和极点在单位圆内时,零点矢量和极点矢量的相位变化量均为 2π;当零点和极点在单位圆外时,零点矢量和极点矢量的相位变化量为零。

一般情况下,$M\neq N$,不妨假设 $M=M_i+M_o$,$N=N_i+N_o$,M_i、N_i 为单位圆内的零、极点个数,M_o、N_o 为单位圆外的零、极点个数。当 B 点在单位圆上逆时针旋转一周时,系统相频响应的变化量为

$$\Delta\arg[H(e^{j\omega})] = 2\pi M_i - 2\pi N_i + 2\pi(N-M)$$

对于因果稳定的系统,因为其极点不能在单位圆外,即 $N_o=0$,所以

$$\Delta\arg[H(e^{j\omega})] = -2\pi M_o$$

当 $M_i=M$,$M_o=0$ 时,$\Delta\arg[H(e^{j\omega})]=0$,即当系统的所有零点和极点都在单位圆内,当 B 点在单位圆上逆时针旋转一周时,系统的相位变化量最小,称该系统为最小相位系统。

反之,当 $M_i=0$,$M=M_o$ 时,$\Delta\arg[H(e^{j\omega})]=-2\pi M_o$,即系统的所有零点都在单位圆外,系统的相位变化量最大,称该系统为最大相位系统。如果系统既有单位圆内的零点也有单位圆外的零点,则称其为混合相位系统。

1. 最小相位滤波器

根据最小相位系统的零点分布特点,例 2.4.4 给出了一个因果稳定的最小相位滤波器,同时构造了一个最大相位滤波器,并对二者进行对比。

【例 2.4.4】　已知某最小相位系统的零点为 $0.9e^{j0.12\pi}$、$0.9e^{j-0.12\pi}$、$0.7e^{j0.3\pi}$、$0.7e^{-j0.3\pi}$,极点为 $0.95e^{j0.01\pi}$、$0.95e^{j-0.01\pi}$、$0.95e^{j0.1\pi}$、$0.95e^{-j0.1\pi}$,保持该系统的极点不变,对上述四个零点分别取倒数得到一个最大相位系统。

(1) 试用 MATLAB 画出两个系统的零、极点位置;

(2) 试用 MATLAB 画出两个系统的幅频响应;

(3) 假设两个系统的输入信号为 $x(n)=\sin(0.08\pi n)$,用 MATLAB 画出输出信号。

解　MATLAB 程序与例 2.4.1 类似,不再赘述。

(1) 两个系统的零、极点位置分布如图 2.4.8(a)、(b)所示。

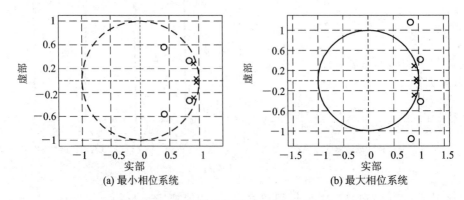

(a) 最小相位系统　　　　　　　　　(b) 最大相位系统

图 2.4.8　两个系统的零、极点位置对比

(2) 两个系统的幅频响应分别如图 2.4.9(a)、(b)所示。

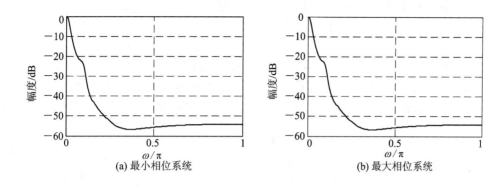

图 2.4.9　两个系统的幅频响应对比

（3）两个系统的输出分别如图 2.4.10(a)、(b)所示。

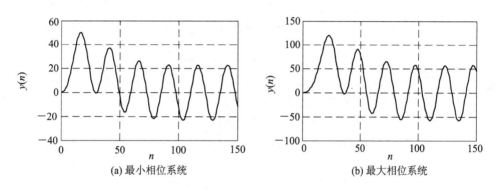

图 2.4.10　两个系统的输出对比

　　由图 2.4.8～2.4.10 可以看出，例 2.4.4 的最小相位滤波器和最大相位滤波器幅频响应相同，但最小相位滤波器的输出延迟比最大相位滤波器小。这是最小相位系统的主要性质之一，即在幅频响应相同的因果稳定系统中，最小相位系统的相位延迟最小。

　　此外，最小相位系统的重要性质还有：① 最小相位系统的逆系统仍是因果稳定的最小相位系统；② 最小相位系统的能量延迟最小，即其单位脉冲响应 $h_{\min}(n)$ 的能量集中在 n 较小的时段内。正是这些特性使得最小相位系统得到了广泛应用。

2. 全通滤波器

　　由于最小相位系统 $H_{\min}(z)$ 存在诸多优点，因此在某些场合，常将非最小相位系统 $H(z)$ 表示为 $H_{\min}(z)$ 与全通系统 $H_{\mathrm{ap}}(z)$ 级联的形式，即

$$H(z) = H_{\min}(z) \cdot H_{\mathrm{ap}}(z) \qquad (2.4.8)$$

　　常用方法是将非最小相位系统在单位圆外的零点，通过全通系统 $H_{\mathrm{ap}}(z)$ 加以调整，构造出与 $H(z)$ 幅频响应相同的最小相位系统 $H_{\min}(z)$。

　　设 $H(z)$ 是因果稳定系统，其极点均在单位圆内。由于单位圆内的零点不用调整，因此不妨设 $H(z)$ 在单位圆外有单个零点 $z=1/z_0(|z_0|<1)$，则

$$H(z) = H_1(z) \cdot (z^{-1} - z_0) \qquad (2.4.9)$$

式中，$H_1(z)$ 的极点和零点都在单位圆内。构造 $1-z_0^* z^{-1}$，其零点 $z=z_0^*$，因为 $|z_0|<1$，

所以该零点在单位圆内。为保持式(2.4.9)不变，则

$$H(z) = H_1(z)(z^{-1} - z_0)\frac{1 - z_0^* z^{-1}}{1 - z_0^* z^{-1}} = H_1(z)(1 - z_0^* z^{-1})\frac{z^{-1} - z_0}{1 - z_0^* z^{-1}} = H_{\min}(z)\frac{z^{-1} - z_0}{1 - z_0^* z^{-1}}$$

式中，$H_{\min}(z) = H_1(z)(1 - z_0^* z^{-1})$ 是最小相位系统，且 $H_{\mathrm{ap}}(z) = (z^{-1} - z_0)/(1 - z_0^* z^{-1})$。

上式中所得 $H_{\mathrm{ap}}(z)$ 为一阶全通系统，其零、极点分布如图 2.4.11(a)、(b)所示，即零、极点互为对方的共轭倒数(以单位圆为"镜子")。不难证明，该系统的幅频响应为常数。

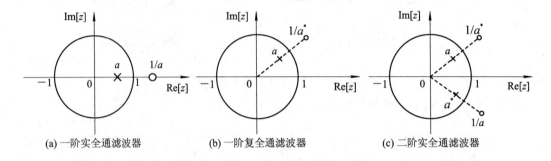

(a) 一阶实全通滤波器　　　(b) 一阶复全通滤波器　　　(c) 二阶实全通滤波器

图 2.4.11　全通滤波器的零、极点分布

全通滤波器是指幅频响应在所有 ω 处的取值均为常数 $A(A \neq 0)$ 的系统。全通滤波器起纯相位滤波的作用，常用作延时均衡器，其频率响应为

$$H(\mathrm{e}^{\mathrm{j}\omega}) = A\mathrm{e}^{\mathrm{j}\vartheta(\omega)}$$

多个一阶或者二阶实全通滤波器级联，构成 N 阶实全通滤波器，其系统函数为

$$H(z) = \frac{d_N + d_{N-1}z^{-1} + \cdots + d_1 z^{-(N-1)} + z^{-N}}{1 + d_1 z^{-1} + \cdots + d_{N-1}z^{-(N-1)} + d_N z^{-N}} = \frac{z^{-N}D(z^{-1})}{D(z)} \quad (2.4.10)$$

式中，$D(z) = 1 + d_1 z^{-1} + \cdots + d_{N-1}z^{-(N-1)} + d_N z^{-N}$，系数 d_k 均为实数。

由式(2.4.10)可知，若 z_k 为 $H(z)$ 的零点，则 z_k^{-1} 必然是 $H(z)$ 的极点，又由于实系统的极点、零点均共轭成对出现，因此实全通滤波器的复数零、极点四个一组出现，实数零、极点两个一组出现。以复数零、极点为例，零点 z_k 与 z_k^* 成共轭对，极点 z_k^{-1} 与 $(z_k^{-1})^*$ 成共轭对，而零点 z_k、z_k^* 分别与极点 z_k^{-1}、$(z_k^*)^{-1}$ 互为倒数，同时 z_k、z_k^* 分别与极点 $(z_k^*)^{-1}$、z_k^{-1} 互为共轭镜像。

2.5　离散时间信号与模拟信号时域和频域的关系

对模拟信号采样得到离散时间信号，通过序列对模拟信号进行频谱分析，是数字信号处理的重要用途之一。借助第 3 章和第 4 章介绍的离散傅里叶变换(DFT)、快速傅里叶变换(FFT)，模拟信号的频谱最终可以用 DFT、FFT 来计算。本节分别从时域和频域讨论离散时间信号与模拟信号的关系，其中它们在频域的关系是理解后续章节相关内容的基础。

2.5.1　采样信号与模拟信号的关系

对模拟信号进行理想等间隔采样获得采样信号，由此建立采样信号与模拟信号在时域和频域的关系。

1. 采样信号与模拟信号的时域关系

已知连续时间信号 $x_a(t)$，若将其与周期单位冲激信号相乘，得

$$\widetilde{\delta}_a(t) = \sum_{n=-\infty}^{+\infty} \delta_a(t - nT) \tag{2.5.1}$$

$$\hat{x}_a(t) = x_a(t) \cdot \widetilde{\delta}_a(t) \tag{2.5.2}$$

则称 $\hat{x}_a(t)$ 为 $x_a(t)$ 的理想采样信号（$\hat{x}_a(t)$ 仍为连续时间信号），称由 $x_a(t)$ 得到 $\hat{x}_a(t)$ 的过程为理想采样。$\widetilde{\delta}_a(t)$、$x_a(t)$ 和 $\hat{x}_a(t)$ 如图 2.5.1(a)、(b)、(c)所示。T 是采样周期，称 $F_s = 1/T$ 为采样频率，称 $\Omega_s = 2\pi/T$ 为采样角频率。

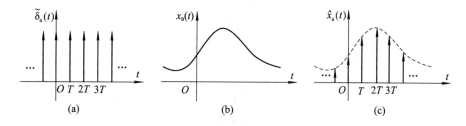

图 2.5.1　采样过程示意图

由式(2.5.2)，可以得到

$$\hat{x}_a(t) = x_a(t)\,\widetilde{\delta}_a(t) = x_a(t) \sum_{n=-\infty}^{+\infty} \delta_a(t-nT) = \sum_{n=-\infty}^{+\infty} x_a(t)\delta_a(t-nT) \tag{2.5.3}$$

由于 $\delta_a(t-nT)$ 只有在 $t=nT$ 时有定义，因此

$$\hat{x}_a(t) = \sum_{n=-\infty}^{+\infty} x_a(nT)\delta_a(t-nT) \tag{2.5.4}$$

2. 采样信号与模拟信号的频域关系

设 $x_a(t)$ 和 $\hat{x}_a(t)$ 的傅里叶变换分别为 $X_a(j\Omega)$ 和 $\hat{X}_a(j\Omega)$，由于时域信号相乘，频域是二者的傅里叶变换相卷积，因此

$$\hat{X}_a(j\Omega) = \frac{1}{2\pi}X_a(j\Omega) * \mathrm{FT}[\widetilde{\delta}_a(t)] \tag{2.5.5}$$

因为

$$\mathrm{FT}[\widetilde{\delta}_a(t)] = \frac{2\pi}{T} \sum_{k=-\infty}^{+\infty} \delta(\Omega - k\Omega_s)$$

所以

$$\hat{X}_a(j\Omega) = \frac{1}{T}X_a(j\Omega) * \sum_{k=-\infty}^{+\infty} \delta(\Omega - k\Omega_s)$$

$$= \frac{1}{T} \sum_{k=-\infty}^{+\infty} X_a(j\Omega - jk\Omega_s) \tag{2.5.6}$$

由式(2.5.6)可以清楚地看出，采样信号的傅里叶变换 $\hat{X}_a(j\Omega)$ 是周期为 Ω_s 的周期函数，并且 $\hat{X}_a(j\Omega)$ 由 $X_a(j\Omega)$ 周期延拓后幅度乘以 $1/T$ 得到。设 $X_a(j\Omega)$ 非零频率分量的最高角频率为 $\Omega_{\max}$，如图 2.5.2(a)所示。若采样角频率 $\Omega_s < 2\Omega_{\max}$，出现如图 2.5.2(b)所示的

频率交叠，由 $\hat{X}_\text{a}(\text{j}\Omega)$ 不能无失真地得到 $X_\text{a}(\text{j}\Omega)$，即不能由采样信号 $\hat{x}_\text{a}(t)$ 恢复原信号 $x_\text{a}(t)$。

显然，为了避免这种交叠现象，应该要求 $\Omega_\text{s} \geqslant 2\Omega_{\max}$（满足奈奎斯特采样定理），如图 2.5.2(c)所示。从图中可以看出，在 $\Omega_\text{s} \geqslant 2\Omega_{\max}$ 的条件下，当 $|\Omega| \leqslant \Omega_\text{s}/2$ 时，$\hat{X}_\text{a}(\text{j}\Omega)$ 和 $X_\text{a}(\text{j}\Omega)$ 除幅度相差 $1/T$ 外，形状完全相同。因此可由 $\hat{X}_\text{a}(\text{j}\Omega)$ 得到 $X_\text{a}(\text{j}\Omega)$，即由采样信号 $\hat{x}_\text{a}(t)$ 恢复原信号 $x_\text{a}(t)$。

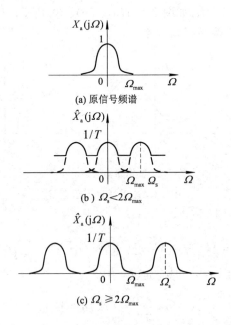

图 2.5.2　采样信号与模拟信号的频域关系示意图

3. 模拟信号的恢复

从频域关系可知，将 $\hat{x}_\text{a}(t)$ 通过频率响应如式(2.5.7)所示的理想模拟低通滤波器，就能恢复信号 $x_\text{a}(t)$。滤波器的频率响应如图 2.5.3 所示。

$$H_\text{a}(\text{j}\Omega) = \begin{cases} T & (|\Omega| \leqslant \Omega_\text{s}/2) \\ 0 & (|\Omega| > \Omega_\text{s}/2) \end{cases} \qquad (2.5.7)$$

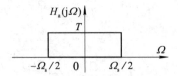

图 2.5.3　理想模拟低通滤波器

当 $\Omega_\text{s} \geqslant 2\Omega_{\max}$ 时，有

$$X_\text{a}(\text{j}\Omega) = \hat{X}_\text{a}(\text{j}\Omega) \cdot H_\text{a}(\text{j}\Omega) \qquad (2.5.8)$$

式(2.5.8)表明，在 $\Omega_\text{s} \geqslant 2\Omega_{\max}$ 的条件下，采样信号 $\hat{x}_\text{a}(t)$ 通过理想低通滤波器后的输出

就是原信号 $x_a(t)$。根据式(2.5.7)所示的频率响应表达式，通过连续傅里叶反变换，得到理想模拟低通滤波器的单位脉冲响应为

$$h_a(t) = \frac{\sin(\Omega_s t/2)}{\Omega_s t/2} \tag{2.5.9}$$

由式(2.5.8)和傅里叶变换的卷积性质，可得

$$x_a(t) = \hat{x}_a(t) * h_a(t) = \sum_{n=-\infty}^{+\infty} x_a(nT) \cdot \delta_a(t-nT) * h_a(t)$$

$$= \sum_{n=-\infty}^{+\infty} x_a(nT) h_a(t-nT)$$

$$= \sum_{n=-\infty}^{+\infty} x_a(nT) \cdot \frac{\sin[\Omega_s(t-nT)/2]}{\Omega_s(t-nT)/2} \tag{2.5.10}$$

式(2.5.10)说明，由 $x_a(t)$ 的样值 $x_a(nT)$ 加权 Sinc(x) 函数的移位函数并求和，可得原信号 $x_a(t)$。

2.5.2 离散时间信号与模拟信号的关系

1. 离散时间信号与模拟信号的时域关系

不考虑量化的影响，离散时间信号 $x(n)$ 由连续时间信号 $x_a(t)$ 的样值构成，即

$$x(n) = x_a(nT) = x_a(t)\big|_{t=nT} \tag{2.5.11}$$

当然，量化效应总是存在的，关于这一点将在第 8.6 节讨论。

同理，采样信号 $\hat{x}_a(t)$ 可由序列 $x(n)$ 得到，由(2.5.3)和(2.5.11)得

$$\hat{x}_a(t) = \sum_{n=-\infty}^{+\infty} x_a(nT)\delta_a(t-nT) = \sum_{n=-\infty}^{+\infty} x(n)\delta_a(t-nT) \tag{2.5.12}$$

2. 离散时间信号与模拟信号的频域关系

离散时间信号 $x(n)$ 的 SFT 和连续时间信号 $x_a(t)$ 的 FT 关系密切。由 SFT 的定义，得

$$X(e^{j\omega}) = \sum_{n=-\infty}^{+\infty} x(n)e^{-j\omega n} = \sum_{n=-\infty}^{+\infty} x_a(nT)e^{-j\omega n} = \sum_{n=-\infty}^{+\infty} \frac{1}{2\pi} \int_{-\infty}^{+\infty} X_a(j\Omega)e^{j\Omega nT}d\Omega e^{-j\omega n}$$

$$= \frac{1}{2\pi} \int_{-\infty}^{+\infty} X_a(j\Omega) \sum_{n=-\infty}^{+\infty} e^{-j(\omega-\Omega T)n}d\Omega$$

$$= \int_{-\infty}^{+\infty} X_a(j\Omega) \sum_{r=-\infty}^{+\infty} \delta(\omega - \Omega T - 2\pi r)d\Omega$$

$$= \frac{1}{T} \int_{-\infty}^{+\infty} X_a\left(j\frac{\omega'}{T}\right) \sum_{r=-\infty}^{+\infty} \delta(\omega - \omega' - 2\pi r)d\omega'$$

$$= \frac{1}{T} \sum_{r=-\infty}^{+\infty} X_a\left(j\frac{\omega - 2\pi r}{T}\right)$$

由式(2.5.6)得

$$X(e^{j\omega}) = \hat{X}_a(j\Omega)\big|_{\Omega=\frac{\omega}{T}}$$

上式表明，只要把模拟角频率换成数字角频率，连续时间信号 $\hat{x}_a(t)$ 的 FT 和离散时间信号 $x(n)$ 的 SFT 是相同的，即

$$X(e^{j\omega})\mid_{\omega=\Omega T} = \frac{1}{T}\sum_{m=-\infty}^{+\infty} X_a\big[j(\Omega - m\Omega_s)\big] \qquad (2.5.13)$$

式(2.5.13)给出了离散时间信号 $x(n)$ 和模拟信号 $x_a(t)$ 的频域关系。可以看出，如果在时域对信号采样，其频域的特征就是频谱的周期延拓，这也是傅里叶变换的最基本特征。其情形如图 2.5.4 所示。

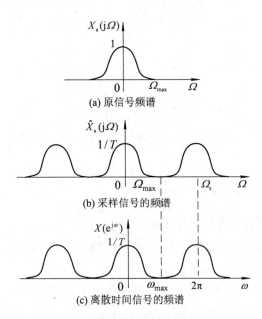

图 2.5.4 离散信号和模拟信号的频域关系

从图 2.5.4 可以清楚地看到，根据数字角频率和模拟角频率的关系式 $\omega=\Omega T$，模拟信号频谱图中的 Ω_s 映射到离散信号频谱图中的 2π，相应地，$\Omega_s/2 \rightarrow \pi$，$\Omega_{max} \rightarrow \omega_{max}$。

2.5.3 A/D 及 D/A 转换

现实生活中的很多信号，如声音和图像信号大都是非电信号。为了将非电信号转换成电信号，要用到传感器。不同信号的传感器是不同的，麦克风是最普通的声音传感器；光的变化可通过半导体器件记录，如电荷耦合器件(CCD)，其载流能力随着入射光的强度而变化；还有应力传感器、压力传感器和流量传感器等。这些传感器的输出通常为与被测信号成比例的模拟电信号(电压或电流信号)，为了能够用数字信号处理的方法对其进行处理，模拟电信号必须转换成数字信号，即为模/数(A/D)转换。

1. 模/数(A/D)转换

A/D 转换一般分两步，第一步是采样。采样通常为等间隔采样，在每一个采样点对模拟信号进行采样，且将该采样值保持到下一个采样点，这一过程称为采样保持(Sample and Hold)。为了避免频谱混叠，应满足采样定理。

第二步是对采到的模拟值进行量化(Quantization)和数字化。采样保持期间要有足够的时间完成这一步。对每个采样点采样后，转换器尽快选择与采样保持电平最接近的量化电平，然后分配一个二进制数字代码来标识这个量化电平，至此，便完成了模/数转换的过程。

上述过程如图 2.5.5 所示。图 2.5.5(a)是某模拟信号；图 2.5.5(b)是图 2.5.5(a)中模拟信号的采样保持信号，图中竖的虚线标明采样点；图 2.5.5(c)给出了图 2.5.5(b)的数字信号，这个数字信号表示每个采样点的量化电平，用每个采样点上顶端带小圆圈的竖线表示。数字信号只在采样点这些离散时间点上有值。

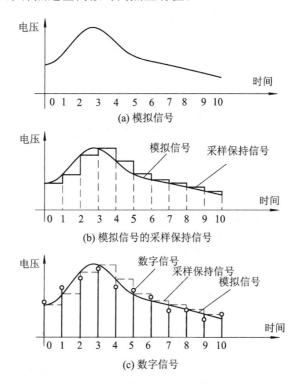

图 2.5.5　模/数转换过程示意图

需要注意的是，由于计算机对信号的存储是数字方式，图 2.5.5(c)中的数字信号值一般与该采样点的模拟信号值不可能完全一致(产生量化误差)。计算机所用的数值以二进制形式存储于存储单元中。二进制的位数取决于 A/D 转换器的位数。假设将取值−2.5 V～+1.5 V 的模拟电压值转换为 2 bit 的数字信号，在 2 bit 系统中，只有 00、01、10、11 这 4 种可能的数字值。而这些代码必须能代表任意可能的输入电压值。例如，−2.5～−1.5 V 的电压编码为 00，而−1.5～−0.5 V 的电压编码为 01，依此类推。由于许多不同的电压值具有同一个代码，所以大多数 A/D 转换器会引入量化误差(Quantization Error)。量化时所用的比特数越多，量化误差越小，但不可能完全避免。

由此可见，A/D 转换器得到的数字信号有两个重要特点：第一，所采到的数字信号的精度是由 A/D 转换器的位数决定的；第二，数字信号仅在采样时刻有值，在采样点之间没有定义，这就是离散时间信号 $x(n)$ 只在整数 n 上才有定义的原因。

2. 数/模(D/A)转换

对 A/D 转换后的信号，用数字信号处理的方法处理完成后，如果需要输出的是模拟信号，还要将数字信号转换为模拟信号的形式，称为数/模(D/A)转换。例如，数字信号不适合驱动扬声器,为了再现声音,需要输出模拟信号。

D/A 转换一般也分两步,第一步是把数字信号转换为与其成比例的模拟信号,也就是将数字信号保持一个采样周期,称为零阶保持(Zero Order Hold,ZOH)。零阶保持信号是模拟信号,但其阶梯形状与最初被采样的模拟信号不一致。因此,D/A 转换的第二步就是平滑该零阶保持信号,该过程如图 2.5.6 所示。图 2.5.6(a)所示为数字信号,每个采样点处的高度对应数字代码得到的模拟电压;图 2.5.6(b)所示为对应的零阶保持信号;图 2.5.6(c)所示为最终的模拟信号。

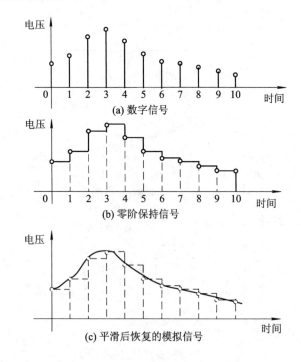

图 2.5.6　数/模转换过程示意图

作为总结,图 2.5.7 是模拟信号数字处理的过程,其中列出了 A/D 和 D/A 转换的一般步骤。若采样足够快,且对该模拟信号时数字化所用的比特数足够多,那么输入和输出的模拟信号将非常接近。由于图 2.5.6(a)中的数字信号与图 2.5.5(c)中的完全一致,所以图 2.5.6(c)中的模拟信号与图中 2.5.5(a)的模拟信号非常接近。

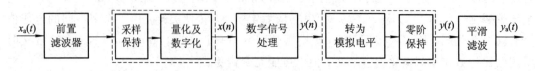

图 2.5.7　模拟信号数字处理框图

习题与上机题

2.1　设 $X(e^{j\omega})$ 和 $Y(e^{j\omega})$ 分别是 $x(n)$ 和 $y(n)$ 的傅里叶变换,求以下序列的傅里叶变换:

(1) $x^*(n)$；　(2) $x(-n)$；　(3) $nx(n)$；　(4) $x^2(n)$。

2.2　设序列 $x(n)$ 的傅里叶变换为 $X(e^{j\omega})$，试求序列 $x_0(n)=x(2n)$、$x_1(n)=x(2n+1)$ 的傅里叶变换 $X_0(e^{j\omega})$ 和 $X_1(e^{j\omega})$。

2.3　设 $X(e^{j\omega})=\text{SFT}[x(n)]$，试求序列 $y(n)$ 的傅里叶变换：
$$y(n) = \begin{cases} x(n/l) & (n=ml，m、l \text{ 为整数}) \\ 0 & (\text{其他}) \end{cases}$$

2.4　计算以下函数的傅里叶反变换：

(1) $X(e^{j\omega})=\pi[\delta(\omega-\omega_0+\varphi_0)+\delta(\omega+\omega_0+\varphi_0)]$　$(-\pi<\omega\leqslant\pi)$；

(2) $X(e^{j\omega})=\begin{cases} 1 & (|\omega|\leqslant\omega_0) \\ 0 & (\omega_0<|\omega|\leqslant\pi) \end{cases}$；

(3) $X(e^{j\omega})=\begin{cases} j & (-\pi<\omega<0) \\ -j & (0<\omega<\pi) \end{cases}$。

2.5　计算以下序列的傅里叶变换：

(1) $x(n)=0.5^n\cdot u(n-6)$；

(2) $x(n)=\left[0.5-0.5\cos\left(\dfrac{2\pi}{N-1}n\right)\right]\cdot R_N(n)$。

2.6　设序列 $x(n)=\{3,2,1,0,1,2,3\}_{[-3,3]}$ 的傅里叶变换是 $X(e^{j\omega})$，不求 $X(e^{j\omega})$，计算下列值：

(1) $X(e^{j0})$；

(2) $\displaystyle\int_{-\pi}^{\pi}X(e^{j\omega})d\omega$；

(3) $X(e^{j\pi})$；

(4) $\displaystyle\int_{-\pi}^{\pi}|X(e^{j\omega})|^2d\omega$。

2.7　设 $x(n)$ 是实序列且奇对称，证明其傅里叶变换 $X(e^{j\omega})$ 是纯虚的奇对称函数。

2.8　设 $x(n)$ 是纯虚序列且偶对称，证明其傅里叶变换 $X(e^{j\omega})$ 是纯虚的偶对称函数。

2.9　设 $x(n)$ 是实因果序列，试寻找 $x_e(n)$、$x_o(n)$ 与 $x(n)$ 的关系，若 $x(n)=R_5(n)$ 时求对其共轭对称分解所得序列 $x_e(n)$ 和 $x_o(n)$，并验证它们之间的关系。

2.10　已知共轭对称序列 $x(n)$ 的 SFT 为 $X(e^{j\omega})$，且 $X_R(e^{j\omega})=1+\sin\omega+2\cos2\omega$，试求 $x(n)$ 及其傅里叶变换 $X(e^{j\omega})$。

2.11　设 $x(n)$ 为实因果序列，其傅里叶变换的实部为 $X_R(e^{j\omega})=1+\cos2\omega$，试求 $x(n)$ 及其傅里叶变换 $X(e^{j\omega})$。

2.12　设 $x(n)$ 为实因果序列，且 $x(0)=1$，其傅里叶变换的虚部为 $X_I(e^{j\omega})=-\sin\omega$，试求 $x(n)$ 及其傅里叶变换 $X(e^{j\omega})$。

2.13　若 $x(n)$ 和 $y(n)$ 为稳定因果的实序列，试证明下式成立：
$$\frac{1}{2\pi}\int_{-\pi}^{\pi}X(e^{j\omega})Y(e^{j\omega})d\omega = \left(\frac{1}{2\pi}\int_{-\pi}^{\pi}X(e^{j\omega})d\omega\right)\cdot\left(\frac{1}{2\pi}\int_{-\pi}^{\pi}Y(e^{j\omega})d\omega\right)$$

2.14　已知某 LTI 系统的单位脉冲响应 $h(n)$ 是实偶序列，且 $h(n)=0(|n|>2)$，若其频率响应 $H(e^{j\omega})$ 满足以下条件，试求 $h(n)$。

(1) $H(e^{j\omega})=H(e^{j(\omega-\pi)})$；

(2) $\displaystyle\int_{-\pi}^{\pi} H(e^{j\omega})\,d\omega = 4\pi$;

(3) $\displaystyle\int_{-\pi}^{\pi} \mid H(e^{j\omega}) \mid^{2} d\omega = 12\pi$。

2.15 $H(z)$的零、极点位置如题 2.15 图所示,试定性地画出系统的幅频响应,其中极点为 $0.6e^{j0.75\pi}$ 和 $0.6e^{-j0.75\pi}$,零点为 -1 和 0。

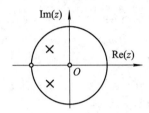

题 2.15 图　零、极点分布图

2.16　试计算下面各序列的 Z 变换及其收敛域,并画出相应的零、极点分布图。

(1) $x(n)=u(n+5)-u(n-5)$;

(2) $x(n)=2^{-n}[u(n)-u(n-8)]$;

(3) $x(n)=2^{-n}u(n)$;

(4) $x(n)=-0.5^{n}u(-n-1)$。

2.17　设线性时不变系统的系统函数 $H(z)$ 为

$$H(z) = \frac{1-a^{-1}z^{-1}}{1-az^{-1}} \quad (a\ \text{为实数})$$

(1) 在 z 平面上用几何法求 $|H(e^{j\omega})|$,证明该系统为全通滤波器;

(2) 求使系统因果稳定时参数 a 的取值范围,画出零、极点分布及收敛域。

2.18　某一 LTI 系统的频率响应为

$$H(e^{j\omega}) = \left[1-\left(\frac{\omega}{\pi}\right)^{4}\right]e^{-j49\omega/2} \quad (-\pi < \omega \leqslant \pi)$$

当输入序列 $x(n)=\cos(3\pi n/16)$时,确定该系统的稳态输出 $y(n)$,并将结果尽可能简化。

2.19　某 LTI 系统由下列差分方程描述:

$$y(n) = x(n) - x(n-1) - 0.7y(n-1)$$

(1) 求系统函数 $H(z)$,在 z 平面画出它的零、极点,判断系统的因果稳定性;

(2) 画出系统幅频响应示意图,说明系统的滤波特性;

(3) 若输入 $x(n)=2\cos(0.7\pi n)(n>0)$,求出系统稳态输出的最大幅值。

2.20　考虑某一 LTI 系统,其频率响应为

$$H(e^{j\omega}) = \begin{cases} e^{-j25\omega} & (\mid\omega\mid \leqslant \omega_0) \\ 0 & (\omega_0 < \mid\omega\mid \leqslant \pi) \end{cases}$$

试判断系统是否因果的,并说明理由。

2.21　已知某因果 LTI 系统为

$$y(n) - \frac{1}{4}y(n-2) = x(n) - 4x(n-2)$$

其中,输入序列 $x(n)$是 N 点因果序列,且 $0\leqslant n\leqslant N-1$,输出序列是 $y(n)$。

(1) 证明：由这个差分方程所描述的因果 LTI 系统表示一个全通滤波器。

(2) 已知 $\sum\limits_{n=0}^{N-1}|x(n)|^2=5$，求 $\sum\limits_{n=0}^{+\infty}|y(n)|^2$。

2.22　设某因果稳定 LTI 系统的系统函数 $H(z)=\dfrac{1-0.5z^{-1}}{1-0.625z^{-1}}$，试分别找一个因果稳定的 LTI 系统 $h_1(n)$ 和一个非因果但稳定的 LTI 系统 $h_2(n)$ 与它级联，使级联后整个系统的频率响应为 1，分别求出这两个系统的单位脉冲响应。

2.23　最小相位系统的最小能量延迟特性是，当 M 很小时 $\sum\limits_{n=0}^{M}h_{\min}^2(n)\geqslant\sum\limits_{n=0}^{M}h^2(n)$。其中，$h_{\min}(n)$ 是最小相位系统的单位脉冲响应。该性质的证明思想如下：

设最小相位系统的系统函数是 $H_{\min}(z)$，z_k 是它的一个零点，则可以将 $H_{\min}(z)$ 表示为
$$H_{\min}(z)=Q(z)(1-z_kz^{-1})\qquad(|z_k|<1)$$
式中，$Q(z)$ 也是最小相位的。现在研究另一个因果稳定系统 $H(z)$，其幅频响应满足
$$|H(e^{j\omega})|=|H_{\min}(e^{j\omega})|$$
且 $H(z)$ 有一个零点 $1/z_k^*$，并令 $h(n)=\mathrm{IZT}[H(z)]$。

(1) 试用 $Q(z)$ 表示 $H(z)$；

(2) 试用 $q(n)=\mathrm{IZT}[Q(z)]$ 表示 $h(n)$ 和 $h_{\min}(n)$；

(3) 比较两个序列的能量分布，证明：
$$\varepsilon=\sum\limits_{n=0}^{M}|h_{\min}(n)|^2-\sum\limits_{n=0}^{M}|h(n)|^2=(1-|z_k|^2)|q(M)|^2$$

2.24　对下面每个系统函数 $H_k(z)$，给出相应的最小相位系统函数 $H_{\min}(z)$，并保证两个系统的幅频响应不变，即 $|H_k(e^{j\omega})|=|H_{\min}(e^{j\omega})|$。

(1) $H_1(z)=\dfrac{1-2z^{-1}}{1+\dfrac{1}{3}z^{-1}}$；

(2) $H_2(z)=\dfrac{(1+3z^{-1})\left(1-\dfrac{1}{2}z^{-1}\right)}{z^{-1}\left(1+\dfrac{1}{2}z^{-1}\right)}$。

2.25　已知 $x_a(t)=2\cos(2\pi f_0 t)$，式中 $f_0=100$ Hz，以采样频率 $F_s=400$ Hz 对 $x_a(t)$ 进行采样，得到采样信号 $\hat{x}_a(t)$ 和时域离散信号 $x(n)$。试完成下面各题：

(1) 写出 $x_a(t)$ 的傅里叶变换表达式 $X_a(j\Omega)$；

(2) 写出 $\hat{x}_a(t)$ 和 $x(n)$ 的表达式；

(3) 分别求出 $\hat{x}_a(t)$ 的傅里叶变换和 $x(n)$ 的傅里叶变换。

2.26　已知三个实因果稳定系统的极点相同，即 $p_1=-0.9$、$p_2=0.9$ 以及原点处的二重极点，如题 2.26 图(a)、(b)和(c)所示。各图中，位于单位圆内的零点其 $r=0.5$，$\varphi=\pi/3$ 及 $-\varphi$，位于单位圆外的零点是圆内零点的共轭倒数。试分别写出系统函数 $H_a(z)$、$H_b(z)$ 和 $H_c(z)$ 的表达式，用 MATLAB 绘制单位脉冲响应 $h_a(n)$、$h_b(n)$ 和 $h_c(n)$ 的波形图以及各系统的幅频响应曲线、相频响应曲线和积累能量曲线，并验证最小相位系统的性质。

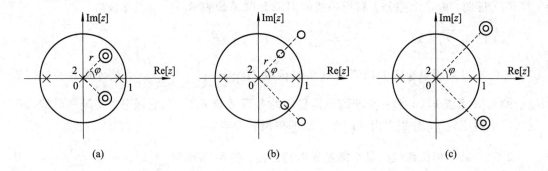

题 2.26 图　三个实因果稳定系统的零极点图

2.27　设计一个数字陷波滤波器，抑制频率为 60 Hz 的单频强干扰信号，有用的信号是频率为 200 Hz 的正弦信号，采样频率 $F_s = 1$ kHz。用 MATLAB 绘制该滤波器的零、极点分布图和幅频响应曲线。

2.28　借助 MATLAB 观察序列 $h_1(n)$ 和 $h_2(n)$ 的频率响应关系。

$h_1(n) = \{9,8,7,6,5,4,3,2,1,1,2,3,4,5,6,7,8\}_{[0,16]}$　$(h_2(n) = h_1(n-8))$;

$h_1(n) = \{1,2,3,4,5,6,7,8,9,8,7,6,5,4,3,2,1\}_{[0,16]}$　$(h_2(n) = h_1(n)\mathrm{e}^{\mathrm{j}\pi n/2})$。

2.29　设离散时间 LTI 系统的系统函数为

$$H(z) = \frac{1 + 5z^{-1} - 50z^{-2}}{2 - 2.98z^{-1} + 0.17z^{-2} + 2.3418z^{-3} - 1.5147z^{-4}}$$

用 MATLAB 绘制系统的零、极点分布图，并根据极点和收敛域判断该系统的稳定性。

2.30　设离散时间 LTI 系统的差分方程为

$$y(n) = x(n) + 0.95x(n-1) - 0.81y(n-2)$$

已知输入序列 $x(n) = 1.5 + 2\cos(0.5\pi n) + \cos(0.85\pi n)$ $(0 \leqslant n \leqslant 199)$，用 MATLAB 绘制该系统的零、极点分布图，观察系统的频率响应，绘制系统的零状态响应波形。

用 MATLAB 实现差分方程
求 LTI 系统的零状态响应

第 3 章 离散傅里叶变换

3.1 引 言

第 2 章对离散时间信号和系统的频域分析主要利用了 SFT 和 Z 变换，由此得到实频域连续周期的频谱密度函数和复频域以 z 为变量的连续函数，然后通过它们分析信号和系统的特性。这种分析方法对于解析式明确的信号和参数已知的 LTI 系统，毫无疑问是非常有效的，尤其适用于理论分析。但在实际应用中，数字信号处理的对象一般是数据，且相应的参数并不能准确获知，此时使用离散傅里叶变换（Discrete Fourier Transform，DFT）对信号和系统进行频域分析、处理。

DFT 在时域和频域的变换对都是离散的序列，不仅适合在计算机、DSP 芯片、FPGA 等平台上计算得到，而且它的各种快速算法（统称 Fast Fourier Transform，FFT）相继出现，提升了处理的实时性，促进了数字信号处理技术的推广应用。

本章首先介绍周期序列的频谱分析，然后通过分析连续频谱密度函数的采样及恢复过程，推导出频域采样定理，最后在此基础上，阐述离散傅里叶变换的定义和物理意义，详细分析该变换的基本性质，深入探讨用 DFT 对信号进行频谱分析的方法。

3.2 周期序列的频谱

周期信号是功率信号，对于连续时间周期信号 $\tilde{x}_a(t)$，引入频域的冲激函数 $\delta(\Omega)$ 后，其傅里叶变换 $X_a(j\Omega)$ 可以用傅里叶级数加权 $\delta(\Omega)$ 的线性移位并求和得到。可见，周期信号的频谱具有离散性。这种时域周期性与频域离散性的对应关系对周期序列也是成立的，以下根据信号在时域和频域的离散性、周期性对傅里叶变换进行梳理。

3.2.1 傅里叶变换的几种形式

按照信号是否离散、是否具有周期性可将其分成四类，即连续时间周期信号、连续时间非周期信号、周期序列和非周期序列。除周期序列外，其余三类信号的傅里叶变换形式均在前面的内容中有所涉及，相关要点阐述如下。

1. 连续时间周期信号的傅里叶级数

已知满足狄里赫利条件的连续时间周期信号为 $\tilde{x}_a(t)$（周期 $T=2\pi/\Omega_0$），其傅里叶级数为 $X_a(jk\Omega_0)$，则

$$X_a(jk\Omega_0) = \frac{1}{T}\int_{-\frac{T}{2}}^{\frac{T}{2}} \tilde{x}_a(t)e^{-jk\Omega_0 t}dt \tag{3.2.1}$$

$$\widetilde{x}_{a}(t) = \sum_{k=-\infty}^{+\infty} X_{a}(jk\Omega_0) e^{jk\Omega_0 t} \tag{3.2.2}$$

由式(3.2.2)可知,连续时间周期信号可以分解成频率为 0,$\pm\Omega_0$,$\pm2\Omega_0$,…离散值的复指数信号之和,并且这些复指数信号的幅度和相位由傅里叶级数的系数 $X_{a}(jk\Omega_0)$ 决定。如图 3.2.1 所示,连续时间周期信号的频谱是非周期、离散的。

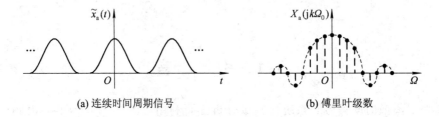

(a) 连续时间周期信号　　　　　　　(b) 傅里叶级数

图 3.2.1　连续时间周期信号及其傅里叶级数

2. 连续时间非周期信号的傅里叶变换

若连续时间周期信号的周期 T 趋于无穷大,则可将其看作非周期信号 $x_{a}(t)$,原离散频谱因频点间隔趋于无穷小而成为连续频谱。设 $x_{a}(t)$ 绝对可积,其傅里叶变换为 $X_{a}(j\Omega)$,则

$$X_{a}(j\Omega) = \int_{-\infty}^{+\infty} x_{a}(t) e^{-j\Omega t} dt \tag{3.2.3}$$

$$x_{a}(t) = \frac{1}{2\pi} \int_{-\infty}^{+\infty} X_{a}(j\Omega) e^{j\Omega t} d\Omega \tag{3.2.4}$$

称 $X_{a}(j\Omega)$ 为 $x_{a}(t)$ 的频谱密度函数。更进一步,若 $x_{a}(t)$ 是周期信号 $\widetilde{x}_{a}(t)$ 的一个周期,则时域周期延拓导致频域函数离散化,即傅里叶级数 $X_{a}(jk\Omega_0)$ 是对 $X_{a}(j\Omega)$ 的采样。为了使后续变换关系图更简洁清晰,用图 3.2.1(b)中虚线的主瓣部分近似地表示 $X_{a}(j\Omega)$,如图 3.2.2(b)所示。可见,连续时间非周期信号的傅里叶变换是非周期、连续的。

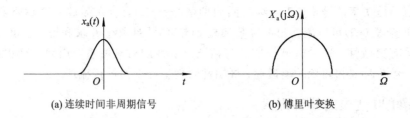

(a) 连续时间非周期信号　　　　　　　(b) 傅里叶变换

图 3.2.2　连续时间非周期信号及其傅里叶变换

3. 非周期序列的序列傅里叶变换

在第 2 章中我们介绍过离散时间信号仅在离散时刻点上有定义,它往往由连续时间信号采样获得,其频谱呈现周期性。设绝对可和的离散时间非周期信号为 $x(n)$,其序列傅里叶变换为 $X(e^{j\omega})$,则

$$X(e^{j\omega}) = \sum_{n=-\infty}^{+\infty} x(n) e^{-j\omega n} \tag{3.2.5}$$

$$x(n) = \frac{1}{2\pi} \int_{-\pi}^{\pi} X(e^{j\omega}) e^{j\omega n} \, d\omega \tag{3.2.6}$$

如图 3.2.3 所示，离散时间非周期信号的序列傅里叶变换是周期、连续的。更进一步，若 $x(n)$ 是对 $x_a(t)$ 采样得到的，则时域离散化会导致频域函数 $X_a(j\Omega)$ 的周期延拓。

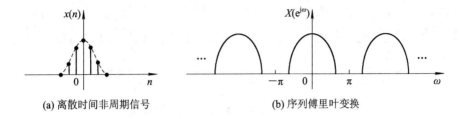

(a) 离散时间非周期信号　　　　　　　(b) 序列傅里叶变换

图 3.2.3　离散时间非周期信号及其序列傅里叶变换

由傅里叶变换的三种形式可以看出，如果将图 3.2.3(a) 所示的序列 $x(n)$ 周期延拓为 $\tilde{x}(n)$（周期为 N），则周期序列 $\tilde{x}(n)$ 的频域变换应该同时具有周期性和离散性，称为离散傅里叶级数（Discrete Fourier Series，DFS）。

3.2.2　周期序列的离散傅里叶级数

SFT 以连续的数字角频率 ω 为自变量，DFS 则随离散的 k 变化。由于 $2\pi k/N$ 表示离散化的数字角频率，因此引入周期单位复指数序列 $W_N^{nk} = e^{-j\frac{2\pi}{N}nk}$ $(-\infty < k < +\infty)$，因为

$$W_N^{(n+N)k} = W_N^{nk} \quad (-\infty < n, k < +\infty) \tag{3.2.7}$$

$$W_N^{n(k+N)} = W_N^{nk} \quad (-\infty < n, k < +\infty) \tag{3.2.8}$$

所以复指数序列 W_N^{nk} 对 n、k 而言都是以 N 为周期的，并且集合 $\{e^{-j\frac{2\pi}{N}nk}\}$ 为正交完备集，即

$$\sum_{n=0}^{N-1} W_N^{nk} (W_N^{nm})^* = \begin{cases} N & (((m-k))_N = 0) \\ 0 & (((m-k))_N \neq 0) \end{cases} \tag{3.2.9}$$

证明 $\quad \displaystyle\sum_{n=0}^{N-1} W_N^{nk} (W_N^{nm})^* = \sum_{n=0}^{N-1} e^{-j\frac{2\pi}{N}nk} (e^{-j\frac{2\pi}{N}nm})^* = \sum_{n=0}^{N-1} e^{j\frac{2\pi}{N}(m-k)n}$

(1) 当 $((m-k))_N = 0$ 时，$e^{j\frac{2\pi}{N}n(m-k)} = 1$，故

$$\sum_{n=0}^{N-1} e^{-j\frac{2\pi}{N}nk} (e^{-j\frac{2\pi}{N}nm})^* = N$$

(2) 当 $((m-k))_N \neq 0$ 时，$e^{j\frac{2\pi}{N}(m-k)} \neq 1$，因此

$$\sum_{n=0}^{N-1} e^{-j\frac{2\pi}{N}nk} (e^{-j\frac{2\pi}{N}nm})^* = \frac{1 - e^{j\frac{2\pi}{N}(m-k)N}}{1 - e^{j\frac{2\pi}{N}(m-k)}} = 0$$

对于任意的周期序列 $\tilde{x}(n)$，均可展开成正交序列 W_N^{nk} 线性组合的无穷级数，与第 2 章中 SFT 的推导过程相似，得

$$\tilde{X}(k) = \sum_{n=0}^{N-1} \tilde{x}(n) W_N^{nk} \quad (-\infty < k < +\infty) \tag{3.2.10}$$

$$\tilde{x}(n) = \frac{1}{N} \sum_{k=0}^{N-1} \tilde{X}(k) W_N^{-nk} \quad (-\infty < n < +\infty) \tag{3.2.11}$$

称 $\tilde{X}(k)$ 为 $\tilde{x}(n)$ 的离散傅里叶级数 DFS，且 $\tilde{x}(n)$ 和 $\tilde{X}(k)$ 都是周期、离散的，如图 3.2.4 所示。

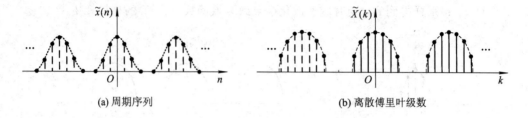

(a) 周期序列　　　　　　　　　　　　　　(b) 离散傅里叶级数

图 3.2.4　周期序列及其离散傅里叶级数

由式(3.2.11)可看出，周期为 N 的周期序列 $\tilde{x}(n)$ 可以分解成 N 个周期复指数序列的和，这些周期复指数序列的数字角频率为 $2\pi k/N$ $(k=0, 1, 2, \cdots, N-1)$，它们的幅度和相位由离散傅里叶级数 $\tilde{X}(k)/N$ 决定。

【例 3.2.1】　求单位周期脉冲序列 $\tilde{\delta}(n)$（周期为 N）的离散傅里叶级数。

解　$\tilde{X}(k) = \sum_{n=0}^{N-1} \tilde{\delta}(n) \mathrm{e}^{-\mathrm{j}\frac{2\pi}{N}nk} = 1$。图 3.2.5 所示为 $N = 4$ 时的时域序列和频域序列。

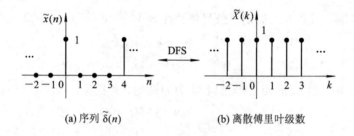

(a) 序列 $\tilde{\delta}(n)$　　　　　　　　　　　(b) 离散傅里叶级数

图 3.2.5　$\tilde{\delta}(n)$ 及其离散傅里叶级数

【例 3.2.2】　求序列 1（周期为 N）的离散傅里叶级数。

解　$\tilde{X}(k) = \sum_{n=0}^{N-1} \mathrm{e}^{-\mathrm{j}\frac{2\pi}{N}nk} = \begin{cases} N & (((k))_N = 0) \\ 0 & (((k))_N \neq 0) \end{cases} = N\tilde{\delta}(k)$，如图 3.2.6 所示（$N = 4$）。

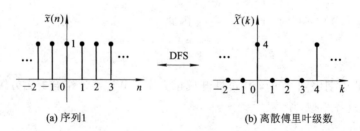

(a) 序列1　　　　　　　　　　　　　　(b) 离散傅里叶级数

图 3.2.6　序列 1 及其离散傅里叶级数

周期为 N 的基本周期序列的离散傅里叶级数如表 3.2.1 所示。

表 3.2.1　周期为 N 的基本周期序列的离散傅里叶级数

时域序列	离散傅里叶级数
$\tilde{\delta}(n)$	1
1	$N\tilde{\delta}(k)$
$e^{j\frac{2\pi}{N}mn}$	$N\tilde{\delta}(k-m)$
$\cos(2\pi mn/N)$	$N[\tilde{\delta}(k-m)+\tilde{\delta}(k+m)]/2$
$\sin(2\pi mn/N)$	$-jN[\tilde{\delta}(k-m)-\tilde{\delta}(k+m)]/2$

3.2.3　周期序列的傅里叶变换

周期序列不是绝对可和的，其 SFT 在引入频域的周期冲激函数后可以得到，如例 2.2.6 通过 ISFT 求得 $\text{SFT}[1]=2\pi\tilde{\delta}(\omega)$，即位于 $2k\pi$、强度为 2π 的周期冲激函数。此外，例 3.2.2 极易求得周期序列 1 的 DFS 是 $N\tilde{\delta}(k)$，二者之间显然存在某种关系。

将 $\tilde{x}(n)$ 用式(3.2.11)表示，并代入其 SFT 定义式，得

$$X(e^{j\omega}) = \sum_{n=-\infty}^{+\infty} \tilde{x}(n)e^{-j\omega n} = \sum_{n=-\infty}^{+\infty}\left[\frac{1}{N}\sum_{k=0}^{N-1}\tilde{X}(k)e^{j\frac{2\pi}{N}nk}\right]e^{-j\omega n} = \frac{1}{N}\sum_{k=0}^{N-1}\tilde{X}(k)\text{SFT}[e^{j\frac{2\pi}{N}kn}]$$

利用 SFT 的频移性质，可知

$$\text{SFT}[e^{j\frac{2\pi}{N}kn}] = 2\pi\tilde{\delta}(\omega-\frac{2\pi}{N}k)$$

因为 $\tilde{\delta}\left(\omega-\frac{2\pi}{N}k\right)(k=0,1,2,\cdots,N-1)$ 以 2π 为周期，对每一个 k 而言，ω 变化一个周期，k 的变化量为 N，即等同于 $\sum_{r=-\infty}^{+\infty}\delta\left[\omega-\frac{2\pi}{N}(k+rN)\right]$，所以 k 遍取 $[0,N-1]$ 的值时，ω 以 $2\pi/N$ 的整数倍变化。由于 $\tilde{X}(k)$ 的周期是 N，因此

$$X(e^{j\omega}) = \frac{2\pi}{N}\sum_{k=-\infty}^{+\infty}\tilde{X}(k)\delta(\omega-\frac{2\pi}{N}k) \qquad (3.2.12)$$

式(3.2.12)说明周期序列的频谱由一系列位于离散频点 $2\pi k/N$（$k=0,\pm1,\pm2,\cdots$）的冲激函数构成，冲激强度是该周期序列的 DFS 在相应 k 处取值的 $2\pi/N$ 倍。

【例 3.2.3】　设 $x(n)=R_4(n)$，以 8 为周期将其周期延拓得到 $\tilde{x}(n)$，求 $\tilde{x}(n)$ 的 SFT。

解　根据式(3.2.10)计算 $\tilde{x}(n)$ 的 DFS，即

$$\tilde{X}(k) = \sum_{n=0}^{3} e^{-j\frac{2\pi}{8}nk} = e^{-j\frac{3\pi}{8}k}\frac{\sin(\pi k/2)}{\sin(\pi k/8)}$$

将其代入式(3.2.12)得

$$X(e^{j\omega}) = \frac{\pi}{4}\sum_{k=-\infty}^{+\infty}\tilde{X}(k)\delta\left(\omega-\frac{\pi}{4}k\right)$$

幅频特性如图 3.2.7 所示。可见，周期序列的频谱完全由其 DFS 决定，且 k 表示数字角频率 $2\pi k/N$，k 处的值表征了该角频率处的频谱取值。求周期序列的频谱只需求其 DFS。

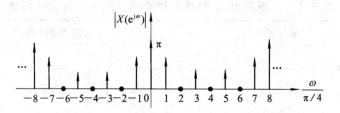

图 3.2.7　$\tilde{x}(n)$ 的序列傅里叶变换

3.3　离散傅里叶变换的定义

　　周期序列的 DFS 包含其频谱的全部信息，利用式(3.2.10)和式(3.2.11)很容易实现时域和频域间的相互转换。但是，非周期序列 $x(n)$ 的频谱密度 $X(\mathrm{e}^{\mathrm{j}\omega})$ 是连续的周期函数，相应的反变换是如式(2.2.5)所示的积分，不易于计算。在频域对 $X(\mathrm{e}^{\mathrm{j}\omega})$ 采样能得到离散的频谱序列，类比于时域采样，如果存在某种限制条件，使得 $X(\mathrm{e}^{\mathrm{j}\omega})$ 能够从频域采样序列中恢复，那么求得这些离散的频谱值，等价于求得 $X(\mathrm{e}^{\mathrm{j}\omega})$，即可实现频谱分析的离散化。

　　本节从频域采样的角度引入离散傅里叶变换，通过推导频域采样定理，阐述用 DFT 进行谱分析的基本原理。

3.3.1　对 SFT 采样

　　时域采样定理指出，若连续时间信号 $x_a(t)$ 是频带有限的，即
$$X_a(\mathrm{j}\Omega) = 0 \quad (\,|\,\Omega\,| \geqslant \Omega_{\max})$$
则当 $\Omega_s \geqslant 2\Omega_{\max}$ 时，以采样周期 $T = 2\pi/\Omega_s$ 对其采样，可用采样序列值 $x_a(nT)$ 来恢复 $x_a(t)$。

　　由于时域和频域的对偶性，因此对 $x(n)$ 的频谱密度函数进行等间隔采样，即频域采样，同样需要满足一定的条件才能恢复连续、周期的 $X(\mathrm{e}^{\mathrm{j}\omega})$。本小节通过探讨 $X(\mathrm{e}^{\mathrm{j}\omega})$ 的采样恢复问题，给出非周期序列的离散谱分析方法。

1. 频域采样

　　设 $x(n)$ 的 SFT 是 $X(\mathrm{e}^{\mathrm{j}\omega})$，以 $2\pi/N$ 为间隔对 $X(\mathrm{e}^{\mathrm{j}\omega})$ 进行理想等间隔采样，得到的采样频谱用 $\hat{X}(\mathrm{e}^{\mathrm{j}\omega})$ 表示，则
$$\hat{X}(\mathrm{e}^{\mathrm{j}\omega}) = X(\mathrm{e}^{\mathrm{j}\omega}) \sum_{k=-\infty}^{+\infty} \delta\left(\omega - \frac{2\pi}{N}k\right) \tag{3.3.1}$$
式中，$X(\mathrm{e}^{\mathrm{j}\omega})$ 与频域的周期冲激函数相乘，即完成在 $2\pi k/N$ $(k=0, \pm 1, \pm 2, \cdots)$ 处的采样。因为 $X(\mathrm{e}^{\mathrm{j}\omega})$ 以 2π 为周期，所以频域采样得到的频谱序列以 N 为周期，其主值序列是位于 $[0, 2\pi)$ 的 N 个采样值，将其设为 $X(k)(0 \leqslant k \leqslant N-1)$，则式(3.3.1)也可以写成
$$\hat{X}(\mathrm{e}^{\mathrm{j}\omega}) = \sum_{k=0}^{N-1} X(k) \tilde{\delta}\left(\omega - \frac{2\pi}{N}k\right) \tag{3.3.2}$$

　　由于采样谱 $\hat{X}(\mathrm{e}^{\mathrm{j}\omega})$ 是离散的，因此其对应于周期序列 $\hat{x}(n)$，且 $\hat{x}(n) = \mathrm{ISFT}[\hat{X}(\mathrm{e}^{\mathrm{j}\omega})]$。为了找出 $\hat{x}(n)$ 与原序列 $x(n)$ 的关系，设 $p(n) = \mathrm{ISFT}[P(\mathrm{e}^{\mathrm{j}\omega})]$，且
$$P(\mathrm{e}^{\mathrm{j}\omega}) = \sum_{k=0}^{N-1} \tilde{\delta}\left(\omega - \frac{2\pi}{N}k\right)$$

式(3.3.1)给出了 $x(n)$ 与 $p(n)$ 的 SFT 相乘，即 $\hat{X}(e^{j\omega})=X(e^{j\omega})P(e^{j\omega})$，根据 SFT 的时域卷积性质可知，$\hat{x}(n)=x(n)*p(n)$。因为

$$p(n)=\frac{1}{2\pi}\sum_{k=0}^{N-1}e^{j\frac{2\pi}{N}kn}=\frac{N}{2\pi}\tilde{\delta}(n)$$

所以 $p(n)$ 是周期为 N 的周期脉冲序列，记为 $\tilde{p}(n)$，如图 3.3.1(a)($N=4$)所示。$\tilde{p}(n)$ 与 $x(n)$ 线性卷积(即将 $x(n)$ 周期延拓)为

$$\hat{x}(n)=\frac{N}{2\pi}x((n))_N \tag{3.3.3}$$

式(3.3.3)说明 $\hat{x}(n)$ 是 $x(n)$ 以 N 为周期进行周期延拓，然后序列值除以 $2\pi/N$ 得到的周期序列，如图 3.3.1(b)所示。其中，$x(n)=R_3(n)$，$N=4$。

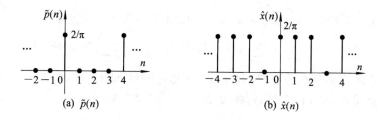

图 3.3.1　周期脉冲序列及其与 $R_3(n)$ 的线性卷积

以上论述表明，频域采样的效果类似于时域采样，即在一个域采样实现离散化，将导致另一个域周期延拓获得周期性。并且，采样间隔是采样的关键参数，它决定了周期延拓的周期(2π 除以采样间隔)和取值的变化系数(采样间隔的倒数)。

【例 3.3.1】　序列 $x(n)=2^{-n}u(n)$ 的 SFT 为 $X(e^{j\omega})$，对 $X(e^{j\omega})$ 以 $2\pi/10$ 等间隔采样，求采样频谱 $\hat{X}(e^{j\omega})$ 的 ISFT。

解　按照式(3.3.3)，频域采样使 $x(n)$ 以 10 为周期进行周期延拓，得 $\hat{x}(n)=\frac{5}{\pi}\sum_{r=-\infty}^{+\infty}x(n+10r)$。因为周期序列可以由其主值序列表示，所以求出 $\hat{x}(n)$ 在主值区间 $[0,9]$ 的取值即可。

由于 $x(n)$ 是因果序列，其右移($r<0$)序列均超出主值区间，因此 $\hat{x}(n)$ 的主值序列由 $x(n)$ 以 $r\geqslant0$ 的左移序列求和得到，即

$$\hat{x}(n)R_{10}(n)=\frac{5}{\pi}\sum_{r=0}^{+\infty}\frac{1}{2^{n+10r}}u(n+10r)R_{10}(n)=\frac{5120}{1023\pi}2^{-n}R_{10}(n)$$

例 3.3.1 说明，当无限长非周期序列周期延拓时，各移位序列必然发生混叠。由于本例中 $x(n)$ 是递减的，即 $n\rightarrow\infty$，$x(n)\rightarrow0$，因此 $\hat{x}(n)$ 虽然不能恢复 $x(n)$，但主值区间的值还是可信的。对比图 3.3.1(b)，$x(n)$ 是有限长序列，而且 N 大于序列的长度，$\hat{x}(n)$ 的主值序列能够获得被采样序列的全部信息。

2. 频域采样定理

对 $x(n)$ 的频谱密度函数采样，会导致时域周期延拓，与时域采样定理类似，只有周期

延拓不发生混叠,才能由采样序列恢复 $X(e^{j\omega})$,如图 3.3.1(b)所示。此时,要求 $x(n)$ 的长度不大于延拓的周期 N。由此可知,频域采样定理是:

(1) 以采样间隔 $2\pi/N$ 对序列 $x(n)$ 的 SFT 采样,使得 $x(n)$ 周期延拓(周期为 N),同时序列值除以 $2\pi/N$。

(2) 若 $x(n)$ 是长度不大于 N 的有限长序列,则用高度为 $2\pi/N$ 的矩形序列 $R_N(n)$ 截取所得周期序列 $\hat{x}(n)$,可得原序列。

已知长度为 M 的有限长序列 $x(n)(0 \leqslant n \leqslant M-1)$,当 $N \geqslant M$ 时,若以采样间隔 $2\pi/N$ 对其 SFT 采样,则

$$\frac{2\pi}{N}\hat{x}(n)R_N(n) = x(n)$$

式中,$\hat{x}(n)R_N(n)$ 是 $\hat{x}(n)$ 的主值序列($N>M$ 时序列多取了一些零)。

此时,根据 $\hat{x}(n)$ 和 $x(n)$ 之间的关系,利用 SFT 的频域卷积性质得

$$X(e^{j\omega}) = \frac{1}{N}R(e^{j\omega}) \tilde{\circledast} \sum_{k=0}^{N-1} X(k)\tilde{\delta}\left(\omega - \frac{2\pi}{N}k\right) = \frac{1}{N}\sum_{k=0}^{N-1} X(k)R(e^{j\left(\omega-\frac{2\pi}{N}k\right)}) \qquad (3.3.4)$$

式中,$\tilde{\circledast}$ 表示连续周期函数的卷积,$R(e^{j\omega})$ 是矩形序列的 SFT。式(3.3.4)说明,满足频域采样定理时,由采样得到的 $X(k)$ 可恢复 $X(e^{j\omega})$,该式也称为由 $X(k)$ 表示 $X(e^{j\omega})$ 的内插公式。

反之,若不满足频域采样定理,即 $N<M$ 或者为如例 3.3.1 所示的无限长序列,则周期延拓发生混叠,无法从采样得到的 $X(k)$ 恢复 $X(e^{j\omega})$。同时,采样频谱 $\hat{X}(e^{j\omega})$ 是周期序列 $\hat{x}(n)$ 的 SFT,只在 $2\pi k/N$ $(-\infty<k<+\infty)$ 等离散频点的取值与 $X(e^{j\omega})$ 相等。

3. 频域采样的意义

对连续周期的频谱函数 $X(e^{j\omega})$ 采样,使得时域和频域均呈现离散性和周期性,当满足频域采样定理时能够应用 DFS 进行谱分析。对比式(3.3.2)和式(3.2.12)可知,$\hat{x}(n)$ 的 DFS 以 $\frac{N}{2\pi}X(k)$ 为主值序列,由于 $\hat{x}(n)$ 的主值序列是 $\frac{N}{2\pi}x(n)$,因此离散频谱计算只需在 $x(n)$ 和 $X(k)$ 之间进行即可。

DFT 就是这种在实际中应用的频谱分析方法,即用 $X(e^{j\omega})$ 在 $[0, 2\pi)$ 内均匀分布的 N 个值 $X(k)$ 来分析有限长序列 $x(n)$(长度不大于 N)的频谱。根据内插公式(3.3.4),其他频点的频谱值由 $X(k)$ 分别加权矩形序列频谱的 N 个移位后求和并除以 N 求得。可见,有限长频谱序列 $X(k)$ 能分析有限长序列 $x(n)$ 的 SFT。

此外,如式(3.2.12)所示,周期序列的频谱完全由其 DFS 确定。由于周期的 DFS 存在冗余,因此只用 DFS 主值序列的 N 个值就能分析周期序列的频谱。

3.3.2 DFT 的定义

DFT 是周期序列的 DFS 取主值,也是有限长序列的 SFT 在特定频点处的采样,其中周期序列的周期和频域采样的点数是 DFT 的关键参数 N。定义序列 $x(n)$ 的 N 点 DFT 为

$$X(k) = \sum_{n=0}^{N-1} x(n)W_N^{nk} \quad (0 \leqslant k \leqslant N-1) \qquad (3.3.5)$$

式中，$W_N^{nk} = \mathrm{e}^{-\mathrm{j}\frac{2\pi}{N}nk}$。$X(k)$ 的 N 点离散傅里叶反变换（IDFT）为

$$x(n) = \frac{1}{N} \sum_{k=0}^{N-1} X(k) W_N^{-nk} \quad (0 \leqslant n \leqslant N-1) \tag{3.3.6}$$

对比 DFT 变换式和式（3.2.10）、式（3.2.11），若将 $x(n)$ 看成周期序列（周期为 N）的主值序列，则 $X(k)$ 就是该周期序列 DFS 的主值序列，如图 3.3.2 所示。

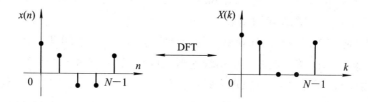

图 3.3.2　N 点 DFT 变换对

DFT 变换对在时域和频域都是 N 点有限长序列。若将 $x(n)$ 看成一般的有限长序列，且长度 $M \leqslant N$，则 $X(k)$ 就是 $X(\mathrm{e}^{\mathrm{j}\omega})$ 在 $[0, 2\pi)$ 内的 N 个均匀采样，式（3.3.4）成立。由此可见，便于计算的 DFT 完全可以用于分析周期序列和有限长序列的频谱。

如果 $x(n)$ 是无限长非周期序列，则根据频域采样定理，需要先将 $x(n)$ 截断再进行 DFT 分析，此时式（3.3.5）是计算 $x(n)w(n)$ 的 DFT。其中，$w(n)$ 是序列截断时使用的时域窗（长度不大于 DFT 点数 N）。显然，基于截断序列的 DFT 分析结果，与 $x(n)$ 的频谱存在误差。3.5.4 小节将介绍基于 DFT 的无限长非周期序列谱分析方法。

【例 3.3.2】　求 $R_4(n)$ 的 4 点和 8 点 DFT。

解　　$X(k) = \sum_{n=0}^{3} x(n) W_4^{nk} = \sum_{n=0}^{3} \mathrm{e}^{-\mathrm{j}\frac{2\pi}{4}nk} = \mathrm{e}^{-\mathrm{j}\frac{3\pi}{4}k} \dfrac{\sin(\pi k)}{\sin(\pi k/4)} = 4\delta(k) \quad (0 \leqslant k \leqslant 3)$

$X(k) = \sum_{n=0}^{7} x(n) W_8^{nk} = \sum_{n=0}^{3} \mathrm{e}^{-\mathrm{j}\frac{2\pi}{8}nk} = \mathrm{e}^{-\mathrm{j}\frac{3\pi}{8}k} \dfrac{\sin(\pi k/2)}{\sin(\pi k/8)} \quad (0 \leqslant k \leqslant 7)$

对比图 3.3.3 与图 3.3.4，同一序列作不同点数的 DFT，结果并不相同。

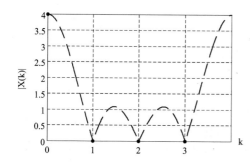

图 3.3.3　$R_4(n)$ 的 4 点 DFT 幅频曲线　　　　　图 3.3.4　$R_4(n)$ 的 8 点 DFT 幅频曲线

MATLAB 程序为

```
x＝ones(1, 4); fx＝fft(x, 1024);
figure; axes('XLim', [0 1023], 'XTick', 0：256：1023, 'XTickLabel', (0：3)', 'YLim',
    [0 4]); hold on;
plot(abs(fx), 'k－', 'LineWidth', 1.5); hold on; %近似为 SFT 的幅度
```

　　　　stem(0: 256: 1023, abs(fx(1: 256: 1024)), 'k'); %利用 DFT 与 SFT 的关系画出 DFT 幅度谱

　　　　grid on; xlabel('k'); ylabel('|X(k)|');

　　　　figure; axes('XLim', [0 1023], 'XTick', 0: 128: 1023, 'XTickLabel', (0: 7)', 'YLim',

　　　　　　　　[0 4]); hold on;

　　　　plot(abs(fx), 'k−', 'LineWidth', 1.5); hold on; %近似为 SFT 的幅度

　　　　stem(0: 128: 1023, abs(fx(1: 128: 1024)), 'k'); %利用 DFT 与 SFT 的关系画出 DFT 幅度谱

　　　　grid on; xlabel('k'); ylabel('|X(k)|');

其中，fft(x, N)是 MATLAB 的库函数，用于计算序列 $x(n)$ 的 DFT，第 2 个参数 N 表示 DFT 点数，当 N 是 2 的整数次幂时，用快速傅里叶变换(见第 4 章)计算。

　　例 3.3.2 中，$R_4(n)$ 的 1024 点 DFT 幅频曲线如图 3.3.3 和 3.3.4 中虚线所示，图中的实线则是 $R_4(n)$ 的 4 点和 8 点 DFT 幅频曲线。因为对 $R_4(n)$ 的 SFT4 点和 8 点采样值包含在 1024 点采样值之中，所以只要调用一次 fft 计算最长点数的 DFT，就能从其中得到另外两个点数的 DFT。

　　时域采样定理给出的是最小的采样频率，类似地，频域采样定理给出的是 DFT 点数 N 的下限值(序列的长度)。在对序列作 DFT 分析时，一般会根据实际应用需求选择适当的 DFT 点数。探讨 DFT 与 SFT 及 ZT 的关系有助于加深对 DFT 的理解。

3.3.3　DFT 与 SFT、ZT 的关系

1. DFT 与 SFT 的关系

　　式(3.3.5)给出的 DFT 定义满足频域采样定理，即序列长度 $M \leqslant N$。此时，$x(n)$ 的 N 点 DFT 是其 SFT 在 $[0, 2\pi)$ 上的 N 点等间隔采样，即

$$X(k) = X(e^{j\omega})\big|_{\omega=\frac{2\pi}{N}k} \quad (0 \leqslant k \leqslant N-1) \tag{3.3.7}$$

　　【例 3.3.3】　设 $x(n) = \{1, 2, 3, 4, 3, 2, 1\}_{[0, 6]}$，$X(e^{j\omega}) = \text{SFT}[x(n)]$，对 $X(e^{j\omega})$ 在 $[0, 2\pi)$ 内分别进行 4 点和 8 点采样得到序列 $Y_1(k)$ 和 $Y_2(k)$，试编写 MATLAB 程序求相应的 DFT 反变换 $y_1(n)$ 和 $y_2(n)$。

　　解　MATLAB 程序为

　　　　x=[1, 2, 3, 4, 3, 2, 1]; fx=fft(x, 1024);

　　　　fy1=fx(1: 256: 1024);　　　　　% 取 4 点值

　　　　fy2=fx(1: 128: 1024);　　　　　% 取 8 点值

　　　　y1=ifft(fy1); y2=ifft(fy2);

　　　　figure; stem(y1); grid on; xlabel('n'); ylabel('y_{1}(n)');

　　　　figure; stem(y2); grid on; xlabel('n'); ylabel('y_{2}(n)');

　　频域采样使得 $x(n)$ 周期延拓。$N=4$ 不满足频域采样定理，$y_1(n) = x((n))_N R_N(n) = \{4, 4, 4, 4\}$，与 $x(n)$ 完全不同，如图 3.3.5 所示。$N=8$ 满足频域采样定理，$y_2(n)$ 等于 $x(n)$(不计序列末尾的零值)，如图 3.3.6 所示。

　　如图 3.3.7 所示，由于 $y_1(n)$ 与 $x(n)$ 不相等，它们的 SFT 只在 4 点采样的采样点上取值相同，其余各处均不相等，因此 $Y_1(k)$ 恢复的是 $y_1(n)$ 的频谱，不能恢复 $X(e^{j\omega})$。如图 3.3.8 所示，7 点序列 $x(n)$ 的 8 点 DFT $Y_2(k)$ 能恢复 $X(e^{j\omega})$。

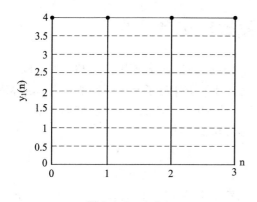

图 3.3.5　$y_1(n)$

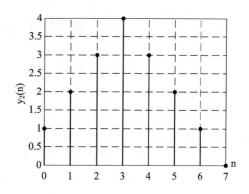

图 3.3.6　$y_2(n)$

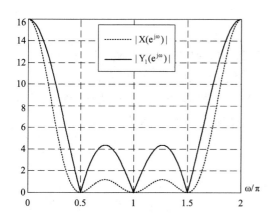

图 3.3.7　$X(e^{j\omega})$ 与 $Y_1(e^{j\omega})$ 的频谱对比

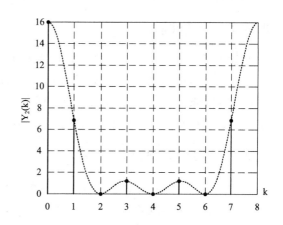

图 3.3.8　$X(e^{j\omega})$8 点采样

2. DFT 与 ZT 的关系

满足频域采样定理时，对比 DFT 定义式和 Z 变换定义式，可知

$$X(k) = X(z) \big|_{z=e^{j\frac{2\pi}{N}k}} \quad (0 \leqslant k \leqslant N-1) \tag{3.3.8}$$

即序列的 DFT 是其 ZT 在单位圆上的 N 点等间隔采样。因为

$$X(z) = \sum_{n=0}^{N-1} x(n) z^{-n} \tag{3.3.9}$$

且 $X(k)$ 是 $x(n)$ 的 N 点 DFT，将式(3.3.6)代入式(3.3.9)，得

$$X(z) = \sum_{n=0}^{N-1} \left[\frac{1}{N} \sum_{k=0}^{N-1} X(k) W_N^{-nk} \right] z^{-n} = \frac{1}{N} \sum_{k=0}^{N-1} X(k) \sum_{n=0}^{N-1} W_N^{-nk} z^{-n}$$

$$= \frac{1}{N} \sum_{k=0}^{N-1} X(k) \frac{1-z^{-N}}{1-W_N^{-k} z^{-1}}$$

设 $\varphi_k(z) = \dfrac{1}{N} \cdot \dfrac{1-z^{-N}}{1-W_N^{-k} z^{-1}}$，则

$$X(z) = \sum_{k=0}^{N-1} X(k) \varphi_k(z) \tag{3.3.10}$$

式(3.3.10)称为由 $X(k)$ 表示 $X(z)$ 的内插公式。

3.4 离散傅里叶变换的主要性质

虽然 DFT 是两个有限长序列 $x(n)$ 与 $X(k)$ 之间的对应，但若不限定 k 和 n 的范围，由 W_N^{nk} 的周期性可知，DFT 隐含以 N 为周期，因此其性质既体现了有限区间的特点，也体现了周期性的特点。根据式(3.3.5)和式(3.3.6)，N 点 DFT 的隐含周期性(周期为 N)是指非主值区间的取值可以由模 N 运算将其映射到主值区间，即

$$X(k+mN) = X(k) \quad (0 \leqslant k \leqslant N-1 \text{ 且 } m \text{ 为整数})$$
$$x(n+mN) = x(n) \quad (0 \leqslant n \leqslant N-1 \text{ 且 } m \text{ 为整数})$$

本节介绍 DFT 的主要性质，虽然这些性质与第 2 章中 SFT 的性质存在相似点，但要重视它们之间的区别。

3.4.1 线性性质

设有限长序列 $x_1(n)$、$x_2(n)$ 的长度分别为 N_1 和 N_2，取 $N \geqslant \max[N_1, N_2]$，则

$$\text{DFT}[ax_1(n) + bx_2(n)] = aX_1(k) + bX_2(k) \quad (0 \leqslant k \leqslant N-1) \quad (3.4.1)$$

式中，a、b 为常数，$X_1(k)$ 和 $X_2(k)$ 分别是 $x_1(n)$ 和 $x_2(n)$ 的 N 点 DFT。因为序列相加后有值区间以及序列长度发生变化，所以需要将 DFT 长度确定为 $N \geqslant \max[N_1, N_2]$。

3.4.2 循环移位性质

对于 SFT，线性移位前后两序列的幅频特性相同，相频特性相差 $e^{\pm j\omega m}$。但 $[0, N-1]$ 内的有限长序列线性移位后，其有值区间必然超出 $[0, N-1]$，无法做 DFT，为此引入循环移位，使移位后序列的有值区间仍然在 $[0, N-1]$ 内。

1. 序列的循环移位

设 $x(n)$ 是长度为 N 的有限长序列，则 $x(n)$ 的 N 点循环移位定义为

$$y(n) = x((n+m))_N R_N(n) \quad (3.4.2)$$

也可记为 $x(\overline{n+m})$。由式(3.4.2)可以看出，循环移位前后的序列位于同一区间，长度同为 N。

【例 3.4.1】 求序列 $x(n) = \{1, 2, 3, 3, 2\}_{[0,4]}$ 在 $N=5$ 时循环右移序列 $x(\overline{n-1})$。

解
$$\tilde{x}(n) = \{1, 2, 3, 3, 2\}$$
$$\tilde{x}(n-1) = \{2, 1, 2, 3, 3\}$$
$$x(\overline{n-1}) = \{2, 1, 2, 3, 3\}_{[0,4]}$$

按照循环移位的定义式，求 $x(n)$ 的循环移位序列时，首先将 $x(n)$ 以 N 为周期作周期延拓，然后将得到的周期序列作相应的线性移位，最后取主值序列，如图 3.4.1 所示。

【例 3.4.2】 求序列 $x(n) = \{1, 2, 3, 4\}_{[0,3]}$ $N=4$ 时循环翻转序列 $x(\overline{-n})$。

解 如图 3.4.2 所示，首先以 $N=4$ 作周期延拓，然后翻转，最后取主值，即
$$\tilde{x}(n) = \{1, 2, 3, 4\}$$
$$\tilde{x}(-n) = \{1, 4, 3, 2\}$$
$$x(\overline{-n}) = \{1, 4, 3, 2\}_{[0,3]}$$

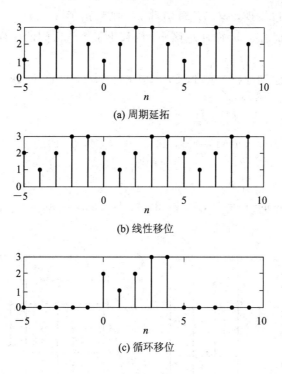

(a) 周期延拓

(b) 线性移位

(c) 循环移位

图 3.4.1　循环移位的步骤

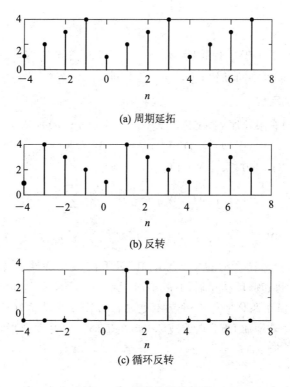

(a) 周期延拓

(b) 反转

(c) 循环反转

图 3.4.2　循环翻转的步骤

观察图 3.4.1 可以发现，$x(n)$ 循环右移 m，则移出了$[0, N-1]$的序列值依次从左侧进入主值区间，相应地若 $x(n)$ 循环左移 m，则移出了主值区间的序列值依次从右侧进入主值区间。

【例 3.4.3】 设序列 $x(n)=\{1, 2, 3, 4, 4, 3, 2, 1\}_{[0, 7]}$，求 $N=8$ 和 $N=11$ 时的 $x(\overline{n-1})$。

解　$N=8$ 时，有
$$x(\overline{n-1})=\{1, 1, 2, 3, 4, 4, 3, 2\}_{[0, 7]}$$
如图 3.4.3 所示。

$N=11$ 时，有
$$x(\overline{n-1})=\{0, 1, 2, 3, 4, 4, 3, 2, 1, 0, 0\}_{[0, 10]}$$
如图 3.4.4 所示。

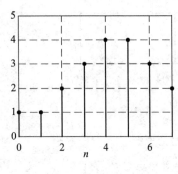 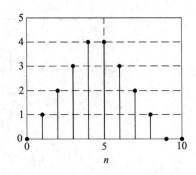

图 3.4.3　$x(\overline{n-1})$，$N=8$　　　　　图 3.4.4　$x(\overline{n-1})$，$N=11$

因为区间长度 N 不小于序列长度 M，当 $N>M$ 时需要补 $N-M$ 个零，所以 N 不同时，序列周期延拓的结果不同导致 $x(\overline{n+m})$ 也不同。

2. 时域循环移位定理

已知长度为 N 的有限长序列 $x(n)$，设 $y(n)=x((n+m))_N R_N(n)$，则
$$Y(k) = \text{DFT}[y(n)] = W_N^{-km}X(k) \tag{3.4.3}$$
其中，$X(k)=\text{DFT}[x(n)](0 \leqslant k \leqslant N-1)$。

证明　$Y(k)=\sum_{n=0}^{N-1} x((n+m))_N W_N^{nk} \xrightarrow{n+m=n'} \sum_{n'=m}^{N-1+m} x((n'))_N W_N^{k(n'-m)}$

$\qquad\qquad = W_N^{-km}\sum_{n=m}^{N-1+m} x((n))_N W_N^{nk} = W_N^{-km}\sum_{n=0}^{N-1} x(n)W_N^{nk} = W_N^{-km}X(k)$

有限长序列在时域做循环移位，不影响其 DFT 的幅频特性，只影响相频特性。实际上，循环移位前的序列和循环移位后的序列在时域已经不相等了，因此二者的 SFT 是不相等的。然而，DFT 对 SFT 采样所得 N 个频率处二者的 DFT 模值恰好相同，导致二者 DFT 的幅频特性相同。此时，若增加 DFT 点数破坏二者的循环移位关系，则可以看到不同的频谱。

【例 3.4.4】 求序列 $x_1(n)=\{1,2,3,4,4,3,2,1\}_{[0,7]}$ 和 $x_2(n)=\{4,3,2,1,1,2,3,4\}_{[0,7]}$ 的 8 点和 16 点 DFT。

解　因为 $N=8$ 时 $x_2(n)=x_1((n-4))_8 R_8(n)$，所以 $|X_2(k)|=|X_1(k)|$，如图 3.4.5、图 3.4.6 所示。

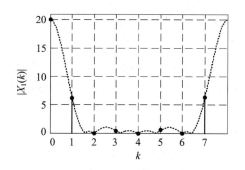

图 3.4.5　$x_1(n)$ 8 点 DFT 的幅频特性

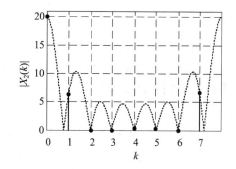

图 3.4.6　$x_2(n)$ 8 点 DFT 的幅频特性

$N=16$ 时，二者之间循环移位关系不成立，$|X_2(k)| \neq |X_1(k)|$，如图 3.4.7、图 3.4.8 所示。

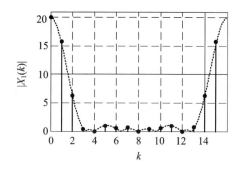

图 3.4.7　$x_1(n)$ 16 点 DFT 的幅频特性

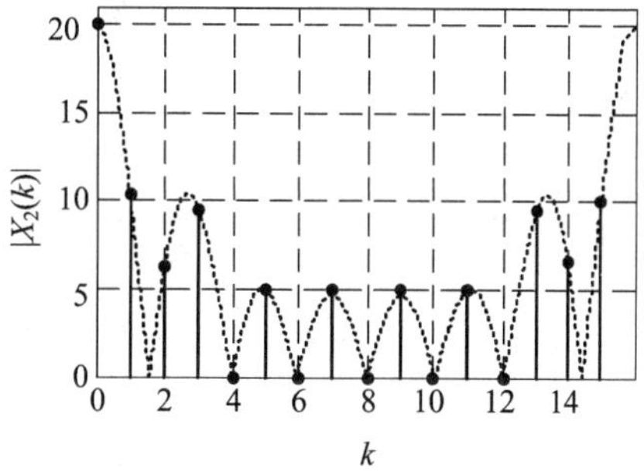

图 3.4.8　$x_2(n)$ 16 点 DFT 的幅频特性

3. 频域循环移位定理

已知 $X(k)=\text{DFT}[x(n)]$（$0 \leqslant k \leqslant N-1$），设 $Y(k)=X((k+l))_N R_N(k)$，则

$$y(n) = \text{IDFT}[Y(k)] = W_N^{nl} x(n) \tag{3.4.4}$$

证明方法与时域循环移位定理类似。

3.4.3　循环卷积定理

两个有限长序列在时域进行线性卷积时，由于线性卷积导致序列长度发生变化，不适用于 DFT，因此在 DFT 中引入循环卷积，确保卷积前后序列的有值区间不变。

1. 循环卷积

设有限长序列 $x_1(n)$、$x_2(n)$ 的长度分别为 N_1 和 N_2，取 $N \geqslant \max[N_1, N_2]$，则 $x_1(n)$ 和 $x_2(n)$ 的循环卷积 $y(n)$ 定义为

$$y(n) = x_1(n) \otimes x_2(n) = \sum_{m=0}^{N-1} x_1(m) x_2((n-m))_N R_N(n) \tag{3.4.5}$$

循环卷积序列的长度仍为 N。并且，相同的两个序列，循环卷积长度 N 不同，结果不同。

依据式（3.4.5）可以计算出两序列的 N 点循环卷积，其方法与线性卷积的求法相似，区别是将线性移位改为循环移位，这里不再举例。若循环卷积的长度 N 不大时，还可以用不进位乘法计算序列的循环卷积，即

$$y(n) = x(n) \bigotimes h(n) = \sum_{i=0}^{N-1} x(i)h\,((n-i))_N R_N(n) = \sum_{i=0}^{N-1} x(i)h(\overline{n-i})$$

$$= x(0)h(n) + x(1)h(\overline{n-1}) + \cdots + x(N-1)h(\overline{n-N+1})$$

循环卷积序列是其中某个序列对另一序列的 N 个循环移位序列加权求和后所得序列。

【例 3.4.5】 设 $x(n) = \{3, 2, 1, 4\}$，$h(n) = \{1, 1, 2\}$，求 $y(n) = x(n) \bigotimes h(n)$，$N = 4, 6$。

解 $N = 4$ 时，$h(n) = \{1, 1, 2, 0\}$，$x(0)h(n) = \{3, 3, 6, 0\}$

$$h(\overline{n-1}) = \{0, 1, 1, 2\}, \quad x(1)h(\overline{n-1}) = \{0, 2, 2, 4\}$$

$$h(\overline{n-2}) = \{2, 0, 1, 1\}, \quad x(2)h(\overline{n-2}) = \{2, 0, 1, 1\}$$

$$h(\overline{n-3}) = \{1, 2, 0, 1\}, \quad x(3)h(\overline{n-3}) = \{4, 8, 0, 4\}$$

将结果相加得 $y(n) = \{9, 13, 9, 9\}$，以上过程用竖式计算如下：

```
       1    1    2    0
       3    2    1    4
       3    3    6    0
       0    2    2    4
       2    0    1    1
       4    8    0    4
       9   13    9    9
```

$N = 6$ 时，有

```
       1    1    2    0    0    0
       3    2    1    4    0    0
       3    2    1    4    0    0    h(0)x(n)
       0    3    2    1    4    0    h(1)x(n-1)
       0    0    6    4    2    8    h(2)x(n-2)
       3    5    9    9    6    8
```

所以，$y(n) = \{3, 5, 9, 9, 6, 8\}$。

例 3.4.5 表明，求两序列的 N 点循环卷积时，首先将各序列都补齐到 N 点(不足 N 点的添零)，而后将其中一个序列依次循环移位 $0 \sim N-1$ 位和另一序列 $n = 0 \sim N-1$ 位置的值相乘，最后将乘得的序列加起来即获得结果。

2. 时域循环卷积定理

设有限长序列 $x_1(n)$、$x_2(n)$ 的长度分别为 N_1 和 N_2，取 $N \geqslant \max[N_1, N_2]$，若 $x_1(n)$ 和 $x_2(n)$ 的循环卷积为 $y(n) = x_1(n) \bigotimes x_2(n)$，则

$$Y(k) = \text{DFT}[y(n)] = X_1(k)X_2(k) \qquad (0 \leqslant k \leqslant N-1) \qquad (3.4.6)$$

其中，$X_1(k)$ 和 $X_2(k)$ 分别是 $x_1(n)$ 和 $x_2(n)$ 的 N 点 DFT。

证明

$$\text{DFT}[x_1(n) \bigotimes x_2(n)] = \sum_{n=0}^{N-1} \sum_{m=0}^{N-1} x_1(m)x_2\,((n-m))_N R_N(n)W_N^{nk}$$

$$= \sum_{m=0}^{N-1} x_1(m) \sum_{n=0}^{N-1} x_2\,((n-m))_N W_N^{nk}$$

$$= \sum_{m=0}^{N-1} x_1(m) \sum_{n'=-m}^{N-1-m} x_2\,((n'))_N W_N^{(n'+m)k}$$

$$= \sum_{m=0}^{N-1} x_1(m) W_N^{mk} \sum_{n=0}^{N-1} x_2((n))_N W_N^{nk}$$

$$= X_1(k) X_2(k)$$

该定理的意义在于利用 DFT(实际使用中利用其快速算法 FFT)计算序列 $x(n)$ 通过线性时不变系统 $h(n)$ 的输出。步骤简述为：先求得 $X(k)$ 和 $H(k)$，再求得 $X(k)H(k)$ 的反变换，即 $x(n)\otimes h(n)$，最后由循环卷积与线性卷积的关系，求得系统的零状态响应 $x(n) * h(n)$。

3. 频域循环卷积定理

设有限长序列 $x_1(n)$、$x_2(n)$ 的长度分别为 N_1 和 N_2，取 $N \geqslant \max[N_1, N_2]$，若 $x_1(n)$ 和 $x_2(n)$ 的乘积为 $y(n) = x_1(n)x_2(n)$，则

$$Y(k) = \text{DFT}[x_1(n)x_2(n)] = \frac{1}{N} X_1(k) \otimes X_2(k) \tag{3.4.7}$$

其中，$X_1(k)$ 和 $X_2(k)$ 分别是序列 $x_1(n)$ 和 $x_2(n)$ 的 N 点 DFT。证明方法与时域循环卷积定理类似。

3.4.4　共轭对称性

1. 复共轭序列的 DFT

设有限长序列 $x(n)$ 的长度为 N，其复共轭序列为 $x^*(n)$，若 $X(k) = \text{DFT}[x(n)]$，则

$$\text{DFT}[x^*(n)] = \begin{cases} X^*(N-k) & (1 \leqslant k \leqslant N-1) \\ X^*(0) & (k=0) \end{cases} \tag{3.4.8}$$

证明　因为 DFT 是 DFS 的主值，将 $x(n)$ 以 N 为周期进行周期延拓得 $\tilde{x}(n)$，则

$$\text{DFS}[\tilde{x}^*(n)] = \sum_{n=0}^{N-1} \tilde{x}^*(n) W_N^{nk} = \left[\sum_{n=0}^{N-1} \tilde{x}(n) W_N^{-nk} \right]^* = \tilde{X}^*(-k)$$

$$\tilde{x}^*(n) R_N(n) \overset{\text{DFT}}{\longleftrightarrow} \tilde{X}^*(-k) R_N(k) = \tilde{X}^*(N-k) R_N(k)$$

$$= \begin{cases} X^*(N-k) & (1 \leqslant k \leqslant N-1) \\ X^*(0) & (k=0) \end{cases}$$

2. 一般条件奇偶对称

实序列关于 $n=0$ 的奇偶对称性是第 2 章中讨论复序列的共轭对称性和共轭反对称性的基础，但是对于 $[0, N-1]$ 内的有限长实序列显然不满足奇偶对称性，因此，对以上序列引入一般条件奇偶对称。设有限长的实序列 $x(n)$ 的长度为 N，且满足

$$x(n) = \begin{cases} x(N-n) & (1 \leqslant n \leqslant N-1) \\ \text{任意值} & (n=0) \end{cases} \tag{3.4.9}$$

则称 $x(n)$ 关于 $n=N/2$ 条件偶对称，可简写为 $x(n) = x(N-n)$。

同理，若

$$x(n) = \begin{cases} -x(N-n) & (1 \leqslant n \leqslant N-1) \\ 0 & (n=0) \end{cases} \tag{3.4.10}$$

则称 $x(n)$ 关于 $n=N/2$ 条件奇对称，简写为 $x(n) = -x(N-n)$。

一般条件奇偶对称用于描述奇偶对称周期序列的主值序列，如图 3.4.9 所示。关于 $n=0$ 的偶对称序列，其主值序列满足条件偶对称。这一结论不是偶然，因为 DFT 是 DFS

的主值序列,所以$[0,N-1]$内的条件奇偶对称是用主值序列研究周期序列产生的一种对称关系。

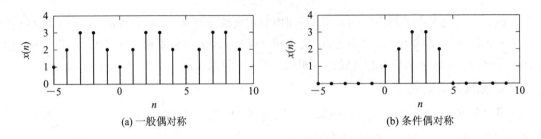

(a) 一般偶对称　　　　　　　　　　　　(b) 条件偶对称

图 3.4.9　一般奇偶对称与条件奇偶对称的关系

奇(偶)对称的周期序列其主值序列是条件奇(偶)对称的,相应地,将条件奇(偶)对称的序列周期延拓后得到的周期序列则是关于$n=0$或$n=N/2$的奇(偶)对称序列。需要注意的是,条件奇偶对称序列中$n=0$这一点没有对称点。

3. 有限长共轭对称或反对称序列

共轭对称性是 SFT 的重要性质之一,如式(2.2.17)和式(2.2.18)所示,利用该性质时要将$x(n)$和$X(e^{j\omega})$分别进行共轭对称分解得到共轭对称分量$x_e(n)$及$X_e(e^{j\omega})$和共轭反对称分量$x_o(n)$及$X_o(e^{j\omega})$。但对于N点有限长序列,其共轭对称或反对称序列是$[-N+1,N-1]$内的$2N-1$点序列,不适用于 DFT,需引入$[0,N-1]$内的有限长共轭对称或反对称序列。

设有限长序列$x(n)$长度为N,且$\tilde{x}(n)=x((n))_N$,定义有限长共轭对称序列$x_{ep}(n)$为

$$x_{ep}(n) = \tilde{x}_e(n)R_N(n) = \tilde{x}_e^*(-n)R_N(n) = \tilde{x}_e^*(N-n)R_N(n)$$
$$= \begin{cases} x_{ep}^*(N-n) & (1 \leqslant n \leqslant N-1) \\ \text{实数} & (n=0) \end{cases} \tag{3.4.11}$$

一般可简写为$x_{ep}(n)=x_{ep}^*(N-n)$。不难验证,$x_{ep}(n)$由其实部的条件偶对称和虚部的条件奇对称构成,如图 3.4.10 所示。$x_{ep}(n)$的模条件偶对称,相角条件奇对称。

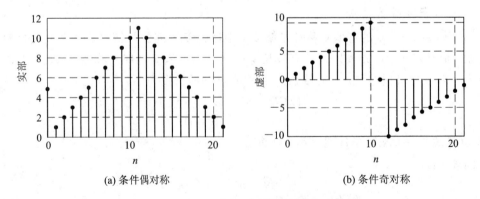

(a) 条件偶对称　　　　　　　　　　　　(b) 条件奇对称

图 3.4.10　有限长共轭对称序列的实部和虚部

定义有限长共轭反对称序列$x_{op}(n)$为

$$x_{op}(n) = \tilde{x}_o(n)R_N(n) = \begin{cases} -x_{op}^*(N-n) & (1 \leqslant n \leqslant N-1) \\ \text{虚数} & (n=0) \end{cases} \tag{3.4.12}$$

一般可简写为 $x_{op}(n)=-x_{op}^*(N-n)$，且 $x_{op}(n)$ 由实部的条件奇对称和虚部的条件偶对称构成，如图 3.4.11 所示。$x_{op}(n)$ 的模条件偶对称，相角条件奇对称（对称轴为 π）。

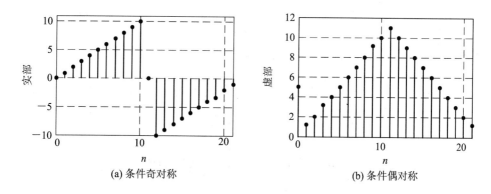

(a) 条件奇对称　　　　　　　　(b) 条件偶对称

图 3.4.11　有限长共轭反对称序列的实部和虚部

有限长共轭对称或反对称序列也是用主值序列研究周期序列的产物。

4. 有限长序列共轭对称分解定理

设有限长序列 $x(n)$ 的长度为 N，则 $x(n)$ 可分解为有限长共轭对称序列和有限长共轭反对称序列的和，即 $x(n)=x_{ep}(n)+x_{op}(n)$，且

$$x_{ep}(n)=\begin{cases}\dfrac{1}{2}[x(n)+x^*(N-n)] & (1\leqslant n\leqslant N-1)\\ \mathrm{Re}[x(0)] & (n=0)\end{cases} \tag{3.4.13}$$

$$x_{op}(n)=\begin{cases}\dfrac{1}{2}[x(n)-x^*(N-n)] & (1\leqslant n\leqslant N-1)\\ \mathrm{j}I_m[x(0)] & (n=0)\end{cases} \tag{3.4.14}$$

证明　$x_{ep}(n)=\tilde{x}_e(n)R_N(n)$

$$=\frac{1}{2}[\tilde{x}(n)+\tilde{x}^*(-n)]R_N(n)=\frac{1}{2}[\tilde{x}(n)+\tilde{x}^*(N-n)]R_N(n)$$

$$=\begin{cases}\dfrac{1}{2}[x(n)+x^*(N-n)] & (1\leqslant n\leqslant N-1)\\ \dfrac{1}{2}[\tilde{x}(0)+\tilde{x}^*(0)]=\mathrm{Re}[x(0)] & (n=0)\end{cases}$$

$x_{op}(n)$ 的证明与此相似，在此不再赘述。此外，对 $X(k)$ 的有限长共轭对称分解类似于式 (3.4.13) 和式 (3.4.14)，但需要将其中的 n 换成 k。

5. 共轭对称性

设 N 点有限长复序列 $x(n)$ 可以分解成

$$x(n)=x_R(n)+\mathrm{j}x_I(n) \tag{3.4.15}$$
$$x(n)=x_{ep}(n)+x_{op}(n) \tag{3.4.16}$$

其 N 点的 DFT $X(k)$ 可以分解成

$$X(k)=X_R(k)+\mathrm{j}X_I(k) \tag{3.4.17}$$
$$X(k)=X_{ep}(k)+X_{op}(k) \tag{3.4.18}$$

则

$$\mathrm{DFT}[x_{\mathrm{ep}}(n)] = X_{\mathrm{R}}(k) \tag{3.4.19}$$

$$\mathrm{DFT}[x_{\mathrm{op}}(n)] = \mathrm{j}X_{\mathrm{I}}(k) \tag{3.4.20}$$

$$X_{\mathrm{ep}}(k) = \mathrm{DFT}[x_{\mathrm{R}}(n)] \tag{3.4.21}$$

$$X_{\mathrm{op}}(k) = \mathrm{DFT}[\mathrm{j}x_{\mathrm{I}}(n)] \tag{3.4.22}$$

证明 $\mathrm{DFT}[x_{\mathrm{ep}}(n)] = \mathrm{DFT}[\tilde{x}_{\mathrm{e}}(n)R_N(n)]$

$$= \left[\frac{1}{2}\sum_{n=0}^{N-1}\tilde{x}(n)W_N^{nk} + \frac{1}{2}\sum_{n=0}^{N-1}\tilde{x}^*(-n)W_N^{nk} \right]R_N(k)$$

$$= \left[\frac{1}{2}\tilde{X}(k) + \frac{1}{2}\tilde{X}^*(k) \right]R_N(k) = X_{\mathrm{R}}(k)$$

$$\mathrm{DFT}[x_{\mathrm{R}}(n)] = \mathrm{DFT}\left[\frac{1}{2}\tilde{x}(n)R_N(n) + \frac{1}{2}\tilde{x}^*(n)R_N(n) \right]$$

$$= \left[\frac{1}{2}\sum_{n=0}^{N-1}\tilde{x}(n)W_N^{nk} + \frac{1}{2}\sum_{n=0}^{N-1}\tilde{x}^*(n)W_N^{nk} \right]R_N(k)$$

$$= \left[\frac{1}{2}\tilde{X}(k) + \frac{1}{2}\tilde{X}^*(-k) \right]R_N(k) = X_{\mathrm{ep}}(k)$$

DFT 的共轭对称性表明：当序列是有限长共轭对称序列时，其 DFT 是实序列；相应地，实序列的 DFT 是有限长共轭对称序列。实际应用中常遇到 $x(n)$ 为实序列的情形，由于其离散傅里叶变换 $X(k)$ 是有限长共轭对称序列，即

$$X(k) = X^*(N-k)$$

因此，$|X(k)|$ 为条件偶对称，$X(k)$ 的相位为条件奇对称。若实序列 $x(n)$ 满足条件偶对称则其离散傅里叶变换 $X(k)$ 也是实的条件偶对称序列。

类似地，DFT 还具有以下奇偶虚实特性：

(1) 实的条件奇对称序列的 DFT 是纯虚的条件奇对称序列；

(2) 纯虚的条件偶对称序列的 DFT 是纯虚的条件偶对称序列；

(3) 纯虚的条件奇对称序列的 DFT 是实的条件奇对称序列。

【例 3.4.6】 设序列 $x(n)$ 为实的条件奇对称序列，证明其离散傅里叶变换 $X(k)$ 是纯虚的，且虚部为条件奇对称序列。

证明 $x(n)$ 是实序列，由式(3.4.21)知 $X(k) = X^*(N-k)$，即 $X(k)$ 有限长共轭对称；又因为 $x(n)$ 是条件奇对称序列，所以由式(3.4.20)知 $X(k)$ 是纯虚的，设其虚部为 $X_{\mathrm{I}}(k)$，则

$$X(k) = \mathrm{j}X_{\mathrm{I}}(k)$$

由于 $X(k) = \mathrm{j}X_{\mathrm{I}}(k) = X^*(N-k) = -\mathrm{j}X_{\mathrm{I}}(N-k)$，因此 $X_{\mathrm{I}}(k) = -X_{\mathrm{I}}(N-k)$。综上可知 $X(k)$ 是纯虚的，且虚部是条件奇对称序列。

【例 3.4.7】 利用离散傅里叶变换的共轭对称性，求两个实序列的 N 点 DFT，要求是只能计算一次 N 点 DFT。

解 设 $x_1(n)$、$x_2(n)$ 为两个 N 点的实序列，构造复数序列 $x(n) = x_1(n) + \mathrm{j}x_2(n)$，求该序列的 DFT 得 $X(k)$，则两个实序列的 DFT 分别为

$$X_1(k) = X_{\mathrm{ep}}(k) = \begin{cases} \dfrac{1}{2}[X(k) + X^*(N-k)] & (1 \leqslant k \leqslant N-1) \\ \mathrm{Re}[X(0)] & (k = 0) \end{cases}$$

$$X_2(k) = -\mathrm{j}X_{\mathrm{op}}(k) = \begin{cases} -\dfrac{\mathrm{j}}{2}\left[X(k) - X^*(N-k)\right] & (1 \leqslant k \leqslant N-1) \\ \mathrm{Im}[X(0)] & (k=0) \end{cases}$$

所以，将两个实序列构造成复序列 $x(n)$ 后只需计算一次 DFT 即可求得 $X(k)$，然后求 $X_{\mathrm{ep}}(k)$ 和 $-\mathrm{j}X_{\mathrm{op}}(k)$ 就可得到所需的结果。

3.4.5 离散帕斯瓦尔定理

设 N 点有限长序列 $x(n)$ 的 DFT 为 $X(k)$，则

$$\sum_{n=0}^{N-1}|x(n)|^2 = \frac{1}{N}\sum_{k=0}^{N-1}|X(k)|^2 \qquad (3.4.23)$$

上式说明 DFT 变换不会造成能量的损失。

表 3.4.1 列出了一些基本序列的 DFT，供读者参考。

表 3.4.1 基本序列的离散傅里叶变换

时域序列	离散傅里叶变换
$\delta(n)$	1
$R_N(n)$	$N\delta(k)$
$\mathrm{e}^{\mathrm{j}\frac{2\pi}{N}mn}R_N(n)$	$N\delta(k-m)$
$\cos(2\pi mn/N)R_N(n)$	$N[\delta(k-m)+\delta(k-N+m)]/2$
$\sin(2\pi mn/N)R_N(n)$	$-\mathrm{j}N[\delta(k-m)-\delta(k-N+m)]/2$

表 3.4.2 归纳了 DFT 的基本性质。

表 3.4.2 DFT 的主要性质

性质	时域 $(x(n)、y(n))$	频域 $(X(k)、Y(k))$
线性	$ax_1(n)+bx_2(n)$	$aX_1(k)+bX_2(k)$
时域循环移位	$x((n+m))_N R_N(n)$	$W_N^{-km}X(k)$
频域循环移位	$W_N^{nl}x(n)$	$X((k+l))_N R_N(n)$
时域循环卷积	$x_1(n)\otimes x_2(n)$	$X_1(k)X_2(k)$
时域相乘	$x_1(n)x_2(n)$	$\dfrac{1}{N}X_1(k)\otimes X_2(k)$
复共轭序列	$x^*(n)$	$X^*(N-k)$
共轭对称性	$x_{\mathrm{ep}}(n)$	$X_{\mathrm{R}}(k)$
	$x_{\mathrm{op}}(n)$	$\mathrm{j}X_1(k)$
	$x_{\mathrm{R}}(n)$	$X_{\mathrm{ep}}(k)$
	$\mathrm{j}x_{\mathrm{I}}(n)$	$X_{\mathrm{op}}(k)$
帕斯瓦尔定理	$\sum_{n=0}^{N-1}|x(n)|^2 = \dfrac{1}{N}\sum_{k=0}^{N-1}|X(k)|^2$	

3.5　用 DFT 对信号进行谱分析

DFT 是一种时域和频域均离散的变换，因其适合数值运算且存在快速算法，而成为分析信号和系统的有力工具。但必须明确指出的是，由于实际中的信号和系统不一定都满足3.3 节的时域采样和频域采样条件，因此总体而言，DFT 分析是一种近似分析，存在因泄漏现象、栅栏效应、频谱混叠等导致的误差，本节主要介绍如何用 DFT 进行谱分析，重点阐述采用 DFT 分析时误差产生的原因和减小误差的方法。

3.5.1　模拟频谱与 DFT 的关系

时域采样使得频谱周期延拓，当满足时域采样定理时，对连续时间信号和系统时域采样可以得到离散时间信号和系统。并且，根据离散时间信号的 SFT 与该信号 FT 之间的关系，可以用 SFT 来分析该信号的频谱。为此，首先对连续时间信号低通滤波，得到近似带宽有限的信号 $x_a(t)$，其频谱为 $X_a(j\Omega)\approx 0(|\Omega|\geqslant\Omega_{max})$，然后再进行时域采样得到序列 $x(n)$。

实际中常用 DFT 来分析序列的频谱。根据 3.3 节中 DFT 的定义，当满足频域采样定理时，有限长序列 $x(n)$ 的 DFT 是对其 SFT 的采样，可以通过内插公式恢复 $x(n)$ 的 SFT。为了正确使用上述结论，假设 $x_a(t)$ 是时宽有限的信号，如图 3.2.2 所示，$x_a(t)$ 在时域和频域均近似为带限的。当 $x_a(t)$ 不能作时宽有限的假设时，如 3.3 节中所述，需要先对序列 $x(n)$ 加窗截断，再进行 DFT 分析。

对 $x_a(t)$ 采样得到 N 点有限长序列 $x(n)$，其 SFT 为 $X(e^{j\omega})$，时域采样间隔为 $T=2\pi/\Omega_s$，如图 3.2.3 所示。根据第 2 章 SFT 与 FT 的关系式(2.5.13)，得

$$X(e^{j\omega}) = \frac{1}{T}\sum_{r=-\infty}^{\infty}X_a\left(j\frac{\omega-2\pi r}{T}\right)$$

若 $x(n)$ 的 N 点 DFT 为 $X(k)$，根据式(3.3.7)得

$$X(k) = X(e^{j\omega})|_{\omega=\frac{2\pi}{N}k}\quad(0\leqslant k\leqslant N-1)$$

利用以上两个公式建立 DFT 与 FT 的关系，即

$$X(k) = \frac{1}{T}\widetilde{X}_a\left(j\frac{2\pi}{NT}k\right)\quad(0\leqslant k\leqslant N-1) \tag{3.5.1}$$

式中，$\widetilde{X}_a(\cdot)$ 表示频谱函数的周期延拓。令

$$F = \frac{1}{NT} = \frac{1}{T_p} \tag{3.5.2}$$

式中，$T_p=NT$ 称为信号的持续时间，则

$$\widetilde{X}_a(j2\pi Fk)R_N(k) = T\,DFT[x(n)] \tag{3.5.3}$$

式(3.5.3)说明，模拟信号 $x_a(t)$ 在频率 Fk 处的频谱 $\widetilde{X}_a(j2\pi Fk)$ 是序列 $x(n)$ 的 N 点 DFT 在 k 处取值的 T 倍。可见，通过计算 $x(n)$ 在 k 处的 DFT 值可以求得模拟信号在模拟频率为 $f=Fk$ 处的频谱值。

当 $0\leqslant k\leqslant N-1$ 时 $0\leqslant\Omega\leqslant\Omega_s-F$，由于 $\widetilde{X}_a(j2\pi Fk)$ 是 $X_a(j\Omega)$ 以 Ω_s 为周期，周期延拓

得到的。因此 $\Omega_{\rm s}/2\leqslant\Omega\leqslant\Omega_{\rm s}-F$ 内的 $\widetilde{X}_{\rm a}({\rm j}2\pi Fk)$ 对应于 $-\Omega_{\rm s}/2\leqslant\Omega\leqslant-F$ 内的 $X_{\rm a}({\rm j}\Omega)$。当 $0\leqslant k\leqslant N/2$（$N$ 为偶数）或 $0\leqslant k\leqslant(N-1)/2$（$N$ 为奇数）时，利用 f 与 k 的关系可得

$$f = Fk = \frac{k}{NT} = \frac{k}{N}F_{\rm s} \tag{3.5.4}$$

当同时满足时域采样定理和频域采样定理时，式(3.5.3)成立。并且，式(3.5.4)中模拟频率满足

$$f_{\max} < \frac{1}{2T_{\max}} \tag{3.5.5}$$

式(3.5.5)说明，当离散时间系统的采样频率 $F_{\rm s}$ 确定后，该系统所能处理的模拟信号最高频率通常应小于采样频率的一半，即 $f_{\max}<F_{\rm s}/2$。

如前所述，实际处理的信号并不能同时满足时宽有限和带宽有限的条件。一般而言，对序列进行 DFT 分析之前，都要经过时域采样前的低通滤波和频域采样前的时域加窗，以使式(3.5.3)成立。

3.5.2　时域截断对谱分析的影响

设 $x_{\rm a}(t)$ 不是时宽有限的信号，对其采样所得的序列 $x(n)$ 不满足频域采样定理，根据式(3.3.5)可知，$x(n)$ 的 N 点 DFT 只截取了序列的部分样点进行计算。如例 3.5.1 所示，截取长度 N 不同，DFT 分析效果不同。

【例 3.5.1】 对 $f_{\max}=50$ kHz 的实信号进行谱分析，要求 $F\leqslant100$ Hz。

(1) 确定最大采样间隔 $T_{\max}$；

(2) 确定最小记录时间 $T_{\rm pmin}$；

(3) 确定最少采样点数 $N_{\min}$；

(4) 如果 $f_{\max}$ 不变，要求 $F\leqslant50$ Hz，确定最少采样点数。

解 (1) $F_{\rm s}\geqslant2f_{\max}$，$T\leqslant\dfrac{1}{2f_{\max}}$，$T_{\max}=0.01$ ms；

(2) $T_{\rm p}=\dfrac{1}{F}$，$F\leqslant100$ Hz，$T_{\rm pmin}=0.01$ s；

(3) $N=\dfrac{T_p p}{T}$，$N\geqslant\dfrac{0.01}{0.01\times10^{-3}}$，$N_{\min}=1000$；

(4) $F\leqslant50$ Hz，$T_{\rm pmin}=0.02$ s，$N_{\min}=\dfrac{0.02}{0.01\times10^{-3}}=2000$。

对比例 3.5.1 中(3)和(4)得出的结果，若信号在时域的持续时间足够长，则 F 取值减小，作为其倒数的信号持续时间 $T_{\rm p}$ 必然增大，当采样频率不变时，这一变化直接导致对信号截取的样点数 N 增多。

此外，即使根据 F 的要求，确定了截取的长度 N，对该序列也可以作不同点数的 DFT 分析。例如，实际应用中常取不小于 N 且是 2 的整数次幂的数作为 DFT 点数。为了便于分析，设 N 为截取的时域采样点数，N_2 为 DFT 点数（$N_2\geqslant N$），则 $x(n)$ 的 DFT 可写成

$$X(k) = \sum_{n=0}^{N_2-1} x(n)R_N(n)W_{N_2}^{nk} \quad (0\leqslant k\leqslant N_2-1) \tag{3.5.6}$$

式中，长度为 N 的矩形窗用于截取，k 与模拟频率 f 的关系为 $f=kF_{\rm s}/N_2(0\leqslant k\leqslant N_2/2)$。

【例 3.5.2】 对序列 $x(n) = a_1 * \cos(2\pi n f_1/F_s) + a_2 * \cos(2\pi n f_2/F_s)$ 作 DFT 分析，要求能分辨出序列包含的两个频率。其中，$a_1 = 1$、$a_2 = 2$、$f_1 = 20$ kHz、$f_2 = 21$ kHz、$F_s = 80$ kHz。

解 如图 3.5.1 所示，信号在时域截取的采样点数 N 为 32，DFT 点数 N_2 为 2048，其幅度谱不能区分信号包含的两个频率分量 f_1 和 f_2。

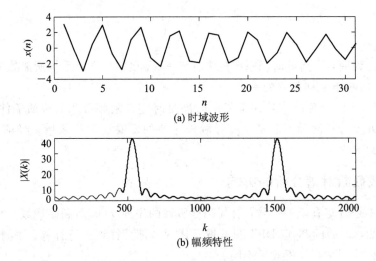

(a) 时域波形

(b) 幅频特性

图 3.5.1 时域采样点数为 32，DFT 点数为 2048 的谱分析结果

由 $N = 32$ 算出 $T_p = 32/80 = 0.4$(ms)，$F = 2.5$ kHz，大于 f_1 与 f_2 频率之差 1 kHz。然而，根据 k 与模拟频率的关系，因相邻谱线间隔 $\Delta k = 1$，得 $F_2 = 80\,000/2048 = 39.0625$ Hz，远小于 1 kHz，则 F_2 表示相邻两谱线对应的模拟频率之差。

图 3.5.1 中，幅度谱在 $k = 531$ 时取得最大值，此时 $f = kF_s/N_2 = 20.7422$ kHz，仅出现一个谱峰。以下 MATLAB 程序计算截断序列的幅度谱，并根据幅度谱估计信号的频率。

```
samples=32; FFTN=2048;              %时域采样点数及 FFT 点数
n=0: samples−1;
Fs=80; f1=20; f2=21;               % 采样频率(kHz)，信号频率(kHz)
x=cos(2 * pi * f1/Fs * n)+2 * cos(2 * pi * f2/Fs * n);
fx=fft(x, FFTN);                   % 设定 FFT 点数为 FFTN
figure; subplot(2, 1, 1); plot(x, 'LineWidth', 1.5); xlabel('n'); ylabel('x(n)');
title('时域波形');
subplot(2, 1, 2); plot(abs(fx), 'LineWidth', 1.5); xlabel('k'); ylabel('|X(k)|');
title('幅频特性');
[fz, fn]=max(abs(fx(1: FFTN/2)));  % 寻找幅频特性的最大值并显示
f=(fn−1)/FFTN * Fs;               % 根据最大值对应的 k 估计频率(kHz)
```

改变 samples 和 FFTN 的取值可以得到不同的谱分析结果，如图 3.5.2 和图 3.5.3 所示。

当时域截取长度 N 为 256 时，序列持续时间为 3.2 ms、$F = 312.5$ Hz；若 DFT 点数 N_2 分别为 256 和 2048，可知图 3.5.2 所示幅度谱中 $F_2 = 312.5$ Hz，图 3.5.3 中 $F_2 = 39.0625$ Hz。

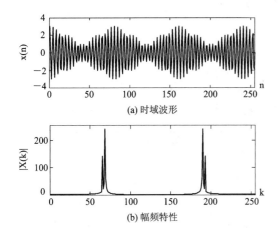

图 3.5.2　$N=256$、$N_2=256$ 的谱分析结果

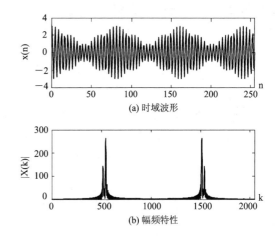

图 3.5.3　$N=256$、$N_2=2048$ 的谱分析结果

对比图 3.5.1 和图 3.5.2 可知，随着对序列截取的时域采样点数 N 增多，幅度谱中显现了信号包含的两个频率分量。根据图 3.5.2 和图 3.5.3 中幅度谱的峰值所在位置，分别估计出两个频率为 20.9375 kHz、20 kHz 以及 21.0938 kHz、19.9609 kHz，频率估计误差分别是 62.5 Hz、0 Hz 以及 93.8 Hz、39.1 Hz。

例 3.5.2 在采样频率不变时，选择了三组不同的截取长度 N（或持续时间 T_p）和 DFT 点数 N_2 作为谱分析的参数，得到了三个结果。第一组参数中，长度 N 较少（或 T_p 较短），即使 DFT 点数 N_2 很大，但因 $F>1$ kHz 仍然不能分辨两个频率。对比第二、三组的参数，由于截断长度同为 256，使得 $F<1$ kHz，因此都能分辨出两个频率；而不同的 N_2，使得它们的频率估值互不相同。对于例 3.5.2，后两组参数都达到了题设的要求。

综上所述，对不是时宽有限的信号进行 DFT 分析，实际得到的是加窗截断信号的 DFT，当截取长度 N 和 DFT 点数 N_2 不同时，DFT 结果也不同。如例 3.5.2 所示，为了使 DFT 分析更为精确，有必要详细讨论 DFT 分析中误差产生的原因，进而得出 N 和 N_2 的选取原则。

3.5.3　用 DFT 对序列进行谱分析时的误差分析

本节以无限长序列 $x(n)=\cos(\omega_0 n)$ 的 DFT 分析为例，阐述 DFT 分析中误差产生原因和解决办法。在第 2 章中，例 2.2.7 已经得出余弦序列的 SFT 为 $\pi[\tilde{\delta}(\omega-\omega_0)+\tilde{\delta}(\omega+\omega_0)]$，其频谱是位于 $2k\pi\pm\omega_0$ 的冲激，如图 2.2.4 所示。根据式(3.5.6)，余弦序列 $x(n)$ 的 N 点 DFT 是对截断序列 $y(n)=x(n)R_N(n)$ 的 SFT 等间隔采样，所选参数为 $N=N_2$。

【例 3.5.3】　$x(n)=\cos(2\pi n f_0/F_s)$ 是以采样频率 F_s 对模拟信号 $x_a(t)=\cos(2\pi f_0 t)$ 采样所得，求序列 $x(n)$ 的 N 点 DFT。

解　求 $y(n)$ 的 SFT。设 $\omega_0=2\pi f_0/F_s$，则 $x(n)=\cos(\omega_0 n)$ 及矩形窗的 SFT 分别为

$$X(e^{j\omega}) = \text{SFT}[x(n)] = \pi[\tilde{\delta}(\omega-\omega_0)+\tilde{\delta}(\omega+\omega_0)]$$

$$R(e^{j\omega}) = \text{SFT}[R_N(n)] = e^{-j\frac{N-1}{2}\omega}\frac{\sin(\omega N/2)}{\sin(\omega/2)}$$

时域是 $x(n)$ 与 $R_N(n)$ 相乘,频域是二者的 SFT $X(e^{j\omega})$ 与 $R(e^{j\omega})$ 进行卷积,即

$$Y(e^{j\omega}) = \frac{1}{2\pi}\int_{-\pi}^{\pi} X(e^{j\theta})R(e^{j(\omega-\theta)})d\theta = \frac{1}{2}[R(e^{j(\omega-\omega_0)}) + R(e^{j(\omega+\omega_0)})]$$

然后,对截断序列 $y(n)$ 的 SFT 采样,得

$$X(k) = Y(e^{j\omega})|_{\omega=\frac{2\pi}{N}k} \quad (0 \leqslant k \leqslant N-1)$$

【例 3.5.4】 求序列 $x(n)=\cos(0.5\pi n)$ 的 8 点 DFT。

解 由例 3.5.3 的分析得 $X(k)=\text{DFT}[x(n)R_8(n)]$,此时,可以按照 DFT 的定义求得

$$X(k) = 4\delta(k-2) + 4\delta(k-6)$$

如果按照例 3.5.3 的方法,则先求得

$$Y(e^{j\omega}) = \frac{1}{2}[R(e^{j(\omega-0.5\pi)}) + R(e^{j(\omega+0.5\pi)})]$$

然后对 $Y(e^{j\omega})$ 采样,两种方法的结果相同,如图 3.5.5 所示。

截断序列 $y(n)$ 的频谱由 8 点矩形窗的 SFT 分别移至 0.5π 和 1.5π 相加后除以 2 得到。因为 8 点矩形窗的频谱 $R(e^{j\omega})$ 在 $\omega=0$ 时取得最大值 8,在 $\omega=2\pi k/8(k=1,2,3,\cdots,7)$ 时取值为 0。移位后,$R(e^{j(\omega-0.5\pi)})$ 的最大值处是 $R(e^{j(\omega+0.5\pi)})$ 的零值,反之亦然。除 0.5π 和 1.5π 外,其他零值位置的频谱相加后仍然是零,幅度谱如图 3.5.4 以及图 3.5.5 的虚线所示。

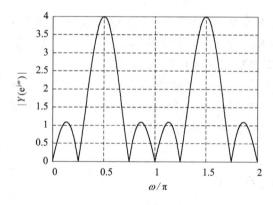

图 3.5.4 $\omega_0=0.5\pi$ 的 $|Y(e^{j\omega})|$

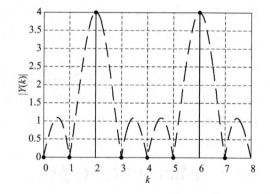

图 3.5.5 $\omega_0=0.5\pi$ 的 $|Y(k)|$

由此推广可知,余弦序列被截取 N 点后,其频谱分别在 $\omega=\omega_0$ 和 $\omega=2\pi-\omega_0$ 附近是宽度为 $4\pi/N$ 的主瓣,其余各处则分布着若干个宽度为 $2\pi/N$ 的副瓣。对比余弦序列未被截取时的频谱可知,加窗截断导致频域中能量从 ω_0 和 $2\pi-\omega_0$ 向其余各处扩散。将扩散的影响分为主瓣区域和其他区域,则随着 N 的增大,主瓣宽度变窄、其他区域的副瓣数量增多。

此外,因为 8 点 DFT 的采样位置是 $\omega=2\pi k/8(0 \leqslant k \leqslant 7)$,所以仅在 $k=2$ 和 $k=6$ 采得非零值 4,而其他 k 处皆采到零值,如图 3.5.5 所示。将余弦序列的 DFT 仅在 ω_0 和 $2\pi-\omega_0$ 取得非零值的谱,称为单线谱。单频余弦序列的 DFT 出现单线谱,需满足两个条件:(1) $N=N_2$ 且 N 是余弦序列周期的整数倍;(2) 按式(3.5.7)计算的 k_1 和 k_2 是整数。

$$\begin{cases} k_1 = \dfrac{f_0 N}{F_s} \\[2mm] k_2 = N - \dfrac{f_0 N}{F_s} \end{cases} \qquad (3.5.7)$$

如图 3.5.6 所示，因为不满足上述条件，所以 $x(n) = \cos(0.625\pi n)$ 的 8 点 DFT 不是单线谱，且未采到 ω_0 和 $2\pi - \omega_0$ 处的值。对比图 3.5.5，由于截取长度 N 都是 8，因此两幅图中虚线所示截断序列的频谱具有相同的主瓣宽度和副瓣数量。

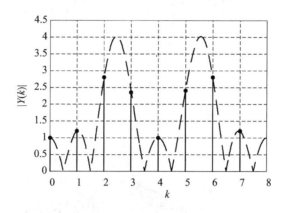

图 3.5.6　$\omega_0 = 0.625\pi$ 的 $|Y(k)|$

例 3.5.3 的推导和例 3.5.4 的实例表明，DFT 分析是时域截断和频域采样共同作用的结果，结合式(3.5.6)，不难理解例 3.5.2 中三组 N 和 N_2 的 DFT 分析结果。例 3.5.2 所示序列含有频差为 1 kHz 的两个频率，选第一组参数时，截断序列的 SFT 在 f_1 和 f_2 附近主要由宽度为 $2F$ 的两个主瓣叠加，由于两个频率相互影响大，所以 SFT 没有两个峰值，即使 DFT 点数再多也不能区分。选后两组参数时，截取长度增大，主瓣宽度减小，两个频率均在对方的副瓣区域，相互影响变小，截断序列的 SFT 出现两个峰值，DFT 点数影响频率估计的精度。

1. 泄漏现象及措施

时域截断使序列真实频率处的能量向其他频率扩散的现象称为泄漏现象。如式(3.5.6)所示，增加矩形窗的长度，主瓣宽度减小，F 的值相应减小，利于区分频差大于 F 的信号。

【例 3.5.5】　设序列 $x(n) = \sin(2\pi n f/F_s)R_N(n)$，其中，$f = 20$ kHz，$F_s = 80$ kHz，求 $N = 51$ 和 $N = 211$ 的 DFT。

解　用 MATLAB 实现不同长度的矩形窗对 $x(n)$ 截断后再作 DFT，其幅度谱如图 3.5.7 和图 3.5.8 所示。通过两图对比可知，截取长度 N 增大，频谱能量聚集区域的宽带变窄，同时 20 kHz 处的幅度谱值增大。可见 N 越大，以信号真实频率为中心且泄漏最强的区域越窄，一般 F 反映了截断序列的 SFT 能够分辨的最大频差。

在采样频率不变时，截取长度 N 增加，即持续时间 T_p 增大、F 减小；如果截取长度 N 不变，降低采样频率(需满足时域采样定理)也可以使 F 减小。

减少泄漏的另一种方法是选择不同类型的窗函数对序列进行截断，即将式(3.5.6)中的矩形窗换成其他类型的窗，目的是减少副瓣区域的泄漏。图 3.5.9 是用汉明窗(参见 6.3.2 节)截断正弦序列所得的幅度谱($N = 211$)，这种方法并不改变截取长度。

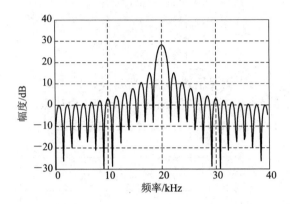

图 3.5.7　$N=51$ 矩形窗截取时的幅度谱

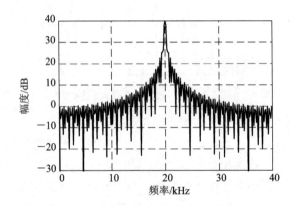

图 3.5.8　$N=211$ 矩形窗截取时的幅度谱

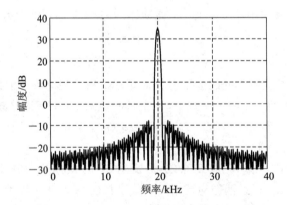

图 3.5.9　$N=211$ 汉明窗截取时的幅度谱

对比图 3.5.8 和图 3.5.9 可知，在使用汉明窗时，除 20 kHz 处的主瓣幅度略有下降外，主瓣以外区域的幅度谱值均大幅减小。

2. 栅栏效应及措施

DFT 对 SFT 的采样导致栅栏效应产生，即 DFT 只能看见 $\omega=2\pi k/N(k=0,1,2,\cdots,N-1)$ 处真实的 SFT。减少栅栏效应的方法是在序列末尾补零增加 DFT 点数 N_2。

【例 3.5.6】　设序列 $x(n)=\cos\left(\dfrac{2\pi}{N}10.5n\right)R_N(n)$，求 $N=32$ 时，32 点和 64 点的 DFT。

解　从图 3.5.10 中可以看出，DFT 点数为 32 时，由于栅栏效应未采 ω_0，当点数增加到 64 点时采到了 ω_0，如图 3.5.11 所示。在序列末尾补零不改变序列的 SFT，但因 DFT 点数增加导致频域采样间隔减小，由此可以降低栅栏效应的影响。

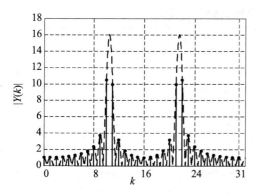
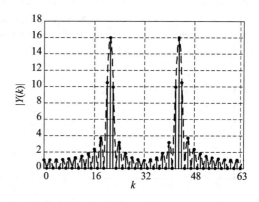

图 3.5.10　$N=32$，$m=10.5$，32 点 $Y(k)$ 的幅度　　　图 3.5.11　$N=32$，$m=10.5$，64 点 $Y(k)$ 的幅度

在对短时信号的 DFT 分析、观察有限脉冲响应滤波器的频率响应等应用中，由于截取长度 N 无法增加，因此需要在序列末尾补零增加 DFT 点数 N_2，由此可以有效地提高 DFT 的分析精度。

3. 频谱混叠

采样前的抗混叠滤波没有完全抑制高频分量，以及序列截断使频谱中高频分量增加，导致频谱混叠。减少频谱混叠的方法是采用较高的采样频率对信号进行采样，得到高采样频率的序列后，让其依次经过数字低通滤波器、整数倍抽取（整数倍降低采样频率，详见 9.2.1 节），然后再进行 DFT 分析。

【例 3.5.7】　求衰减正弦序列 $x(n)=\mathrm{e}^{-\alpha n}\sin(2\pi fn)R_N(n)$ 的 DFT，其中，$\alpha=0.1$，$f=0.4375$，$N=32$，DFT 点数为 256。

解　该衰减余弦序列的频谱以 0.875π 为中心，带宽范围超过了 π，不满足采样定理，其频谱在 $\omega=\pi$ 附近已有混叠，如图 3.5.12 所示。

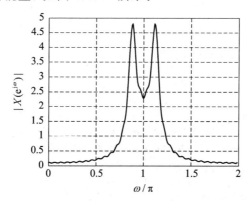

图 3.5.12　衰减正弦序列的幅频特性

3.5.4 DFT 谱分析实例

1. 双音多频信号检测识别原理

双音频电话使用双音多频(Dual Tone Multi Frequency，DTMF)信号作为拨号信号，拨号速度快，且便于自动检测识别和电话业务扩展。DTMF 拨号的原理是用两个不同的单音构成 0~9 这 10 个拨号数字和其他功能符号，如表 3.5.1 所示。

表 3.5.1 DTMF 拨号的频率分配

低频/Hz	拨号数字和其他功能字符			
	1209	1336	1477	1633
697	1	2	3	A
770	4	5	6	B
852	7	8	9	C
941	*	0	#	D

两个单音的频率分别取自高频(1209 Hz、1336 Hz、1477 Hz 和 1633 Hz)和低频(697 Hz、770 Hz、852 Hz 和 941 Hz)两个频率组。因此，当拨号的号码为"1"时，对应的 DTMF 信号为 $\sin(2\pi f_1 t)+\sin(2\pi f_2 t)$，其中，$f_1=697$ Hz，$f_2=1209$ Hz，其他号码依此类推。这样，在接收端对收到的 DTMF 信号进行检测，确定两个正弦波的频率即可以确定相应的号码。以下 MATLAB 程序仿真了 DTMF 信号的产生和检测原理。

```
table=[697,1209;770,1336;852,1447;941,1633];    % 号码与频率对应关系表
Fs=8000;                                          % 采样频率
code=input('please input the code No');           % 输入号码
snr=input('please input the SNR');                % 输入信噪比(dB)
n=(0:511);                                         % 设定时域点数
FFTN=1024;                                         % 设定 FFT 点数
Nn=randn(1,length(n));                            % 设定线路中的噪声(零均值、方差为1)
amp=sqrt(2*10^(snr/10));                           % 设定幅度
if code==0
    f1=941;f2=1336;
else
    f1=table(fix((code-1)/3)+1,1);
    f2=table(code-3*(fix((code-1)/3)),2);
end
x=amp*(sin(2*pi*f1/Fs*n)+sin(2*pi*f2/Fs*n))+Nn;    % DTMF 信号
fx=fft(x,FFTN);                                     % 设定 FFT 点数为 FFTN
figure;subplot(2,1,1);plot(x,'LineWidth',1.5);
xlabel('n');ylabel('x(n)');title('DTMF 信号的时域波形');
subplot(2,1,2);plot((0:FFTN/2-1)/FFTN*Fs,abs(fx(1:FFTN/2)),'LineWidth',1.5);
xlabel('Hz');
title('DTMF 信号的幅频特性');
```

程序运行结果如图 3.5.13 所示。

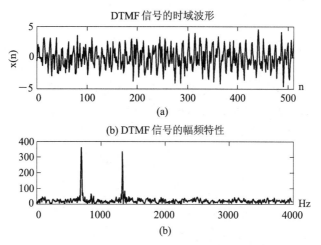

图 3.5.13　code＝2、SNR＝0dB 时 DTMF 信号的时域波形及幅频特性

通过对接收到的拨号信号进行 DFT 分析，获得信号的幅频特性，从中估计出两个单音的频率，如图 3.5.13 所示的 695.3 Hz 和 1335.9 Hz，对比表 3.5.1 可知该信号对应的号码为"2"。实际中，DTMF 信号有其特有的检测过程，感兴趣的读者可以自行查阅相关资料。

DTMF 信号检测

2. "无限长"非周期序列的谱分析

实际中，无限长序列并不存在，一般都是持续时间较长或者采样频率较高而导致序列长度非常长，长序列的 DFT 分析需要分段进行。如式(3.5.6)所示，DFT 隐含用矩形窗将序列截断再计算频谱，其中的关键参数包括窗的类型和长度 N 以及 DFT 点数 N_2。

截断序列只表征了原序列在一段时间内的特性，而实际信号一般都不是一成不变的，谱分析需要选择适当的长度 N 将序列截断成若干个有限长序列，对每个截断序列作 DFT 分析，按时间顺序将各段的 DFT 值依次排列，得到以时间和频率为变量的频谱。其中，以时间为纵轴、频率为横轴的频谱称为瀑布图，如图 3.5.14 和图 3.5.15 所示。

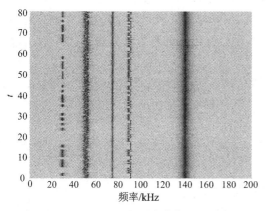

图 3.5.14　$N＝512$、矩形窗截断时的瀑布图

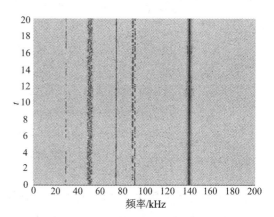

图 3.5.15　$N＝2048$、矩形窗截断时的瀑布图

图 3.5.14 按照每段长度 $N=512$ 将序列截成段，每段作 512 点 DFT，图 3.5.15 中每段长度 $N=2048$，DFT 点数也是 2048。可以看出，两幅瀑布图中都是 5 个信号，虽然每个信号都长时存在，但频谱却是随时间变化的。

对于频谱而言，图 3.5.14 和图 3.5.15 的区别类似于图 3.5.7 和图 3.5.8 的区别，即当采样频率不变时，N 越大 F 的值越小，主瓣宽度也越小。F 内频率分量的相互影响与窗的长度 N 有关，F 外频率分量的相互影响与窗的类型有关。图 3.5.16 使用汉明窗截断，其他参数选择同图 3.5.14(每段长度和 DFT 点数都是 512)，可以看出，F 外的谱值更小图像更为"干净"，类似于图 3.5.9。

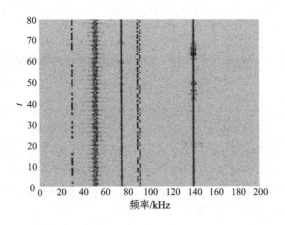

图 3.5.16　$N=512$、汉明窗截断时的瀑布图

如果不将信号分段处理，而是所有数据只作一次点数非常大的 DFT 或者只取其中一段作 DFT，都不能反映信号的真实特性。前者可以展现信号在变化过程中出现过的频率分量，但不能反映不同频率分量出现的时间，后者显然不能展现全貌。对实际信号进行谱分析时，不仅需要展现所有频率分量，还要标注各频率分量出现的时间、常用频率分辨率和时间分辨率表征谱分析是否适用。

时间分辨率的概念非常直观，在信号分段时，每段的长度 N 越短时间区分度越高，然而 N 越短 T_p 越小(采样频率不变)，相应地 F 的值越大。结合式(3.5.6)、对泄漏现象的分析以及图 3.5.14 和图 3.5.15 的对比，清晰地反映出 N 越短泄漏越显著，也即对 F 内的频率分量影响越大，故将 F 称为频率分辨率。由于随着 N 增大 F 减小泄漏降低，频率分辨率随之提高，但时间分辨率随之降低，因此谱分析需要根据信号的特点选择适当的 F 以适应时域、频域的分辨率的要求。

除瀑布图外，常用语谱图或语图(时间为横轴、频率为纵轴)来展示谱分析结果。瀑布图或语图可以用 MATLAB 库函数 spectrogram 计算并绘制，常用的调用形式为

　　　s＝spectrogram(x, window, noverlap, nfft)
其中，s 是序列 x 随时间、频率变化的 DFT 值，window 是截断时所选的窗及其长度，noverlap 是相邻段之间的重叠点数，nfft 是截断序列的 DFT 点数。

当给定采样频率 f_s 和需计算的频点数 f 时，调用形式为

　　　[s, f, t]＝spectrogram(x, window, noverlap, f, fs)
如果调用 spectrogram 时不用返回值，则可以直接绘制出瀑布图或语图，用 xaxis 选项

来绘制瀑布图，用 yaxis 选项来绘制语图。

习题与上机题

3.1　计算以下周期序列的离散傅里叶级数。

(1) $\tilde{x}(n) = \mathrm{e}^{\mathrm{j}\frac{2\pi}{N}mn}$（$m$ 为整数，$0 < m < N-1$）；

(2) $\tilde{x}(n) = \cos\left(\frac{2\pi}{N}mn\right)$（$m$ 为整数，$0 < m < N-1$）；

(3) $\tilde{x}(n) = \sin\left(\frac{2\pi}{N}mn\right)$（$m$ 为整数，$0 < m < N-1$）。

3.2　设序列 $x(n) = R_5(n)$，以 $N=5$ 和 $N=10$ 为周期将其周期延拓得到周期序列 $\tilde{x}_1(n)$ 和 $\tilde{x}_2(n)$，分别计算它们的离散傅里叶级数和序列傅里叶变换。

3.3　计算以下序列的 N 点 DFT。

(1) $x(n) = \delta(n-n_0)$（$0 < n_0 < N$）；

(2) $x(n) = R_m(n)$（$0 < m < N$）；

(3) $x(n) = \sin(\omega_0 n) \cdot R_N(n)$；

(4) $x(n) = \mathrm{e}^{\mathrm{j}\frac{2\pi}{N}mn} \cdot R_N(n)$（$0 < m < N$）；

(5) $x(n) = \cos\left(\frac{2\pi}{N}mn\right) \cdot R_N(n)$（$0 < m < N$）；

(6) $x(n) = \begin{cases} 1 & （n \text{ 为偶数}，N \text{ 为偶数}） \\ 0 & （n \text{ 为奇数}，N \text{ 为偶数}） \end{cases}$。

3.4　已知下列 N 点 $X(k)$，求 $x(n) = \mathrm{IDFT}[X(k)]$。

(1) $X(k) = \delta(k)$；

(2) $X(k) = W_N^{mk}$（$0 < m < N$）；

(3) $X(k) = \begin{cases} \dfrac{N}{2}\mathrm{e}^{\mathrm{j}\theta} & （k=m） \\ \dfrac{N}{2}\mathrm{e}^{-\mathrm{j}\theta} & （k=N-m，\text{其中，}m \text{ 为整数，且 } 0<m<N/2） \\ 0 & （\text{其他 } k） \end{cases}$；

(4) $X(k) = \begin{cases} -\dfrac{N}{2}\mathrm{j}\mathrm{e}^{\mathrm{j}\theta} & （k=m） \\ \dfrac{N}{2}\mathrm{j}\mathrm{e}^{-\mathrm{j}\theta} & （k=N-m，\text{其中 } m \text{ 为整数，且 } 0<m<N/2） \\ 0 & （\text{其他 } k） \end{cases}$。

3.5　设序列 $x_1(n) = \{4, 1, 2, 3\}_{[0, 3]}$，$x_2(n) = \{1, 1, 1, 1\}_{[0, 3]}$，分别求 $N=4$ 和 $N=8$ 时的循环卷积序列 $x_1(n) \otimes x_2(n)$。

3.6　设 N 点有限长序列 $x(n)$，其 N 点 DFT 为 $X(k) = \mathrm{DFT}[x(n)]$，证明：

(1) 若 $x(n) = -x(N-1-n)$，则 $X(0) = 0$；

(2) 若 $x(n) = x(N-1-n)$，且 N 为偶数，则 $X(N/2) = 0$。

3.7　已知 $x(n)$ 的 N 点 DFT 为

$$X(k) = \begin{cases} N(1-j)/2 & (k=m) \\ N(1+j)/2 & (k=N-m) \\ 0 & (\text{其他}) \end{cases}$$

式中，m、N 为正的整常数，且 $0 < m < N/2$，试计算：

(1) $x(n)$；

(2) $\text{DFT}[x_{\text{ep}}(n)]$ 和 $\text{DFT}[x_{\text{op}}(n)]$；

(3) $X_{\text{ep}}(k)$ 和 $X_{\text{op}}(k)$。

3.8　设序列 $x_1(n) = \cos(\pi n/8)R_{16}(n)$，$x_2(n) = \cos(3\pi n/8)R_{16}(n)$，分别求 $x_1(n)$ 和 $x_2(n)$ 的 16 点循环卷积。

3.9　若 N 点实序列 $x(n)$ 是条件偶对称的，即满足 $x(n) = x(N-n)$，试证明其 N 点 DFT $X(k)$ 也是实的条件偶对称序列。

3.10　设 8 点序列 $x(n) = \{0, 1, 2, 3, 0, -3, -2, -1\}_{[0, 7]}$，其 8 点 DFT 是 $X(k)$，分别求出以下序列 $y(n)$：

(1) $Y(k) = \text{Re}[X(k)]$；

(2) $Y(k) = W_8^k X(k)$；

(3) $Y(k) = X_{\text{ep}}(k)$。

3.11　设 N 点序列 $x(n)$ 的 N 点 DFT 为 $X(k)$，即 $X(k) = \text{DFT}[x(n)]$，证明 $\text{DFT}[X(n)] = Nx(N-k)$。

3.12　设 N 点序列 $x(n)$ 的 N 点 DFT 为 $X(k)$，若 $y(n) = x(n)\cos(8\pi n/N)R_N(n)$，求 $y(n)$ 的 N 点 DFT $Y(k)$。

3.13　证明离散帕斯瓦尔定理。设 $X(k) = \text{DFT}[x(n)]$，则

$$\sum_{n=0}^{N-1} |x(n)|^2 = \frac{1}{N}\sum_{k=0}^{N-1} |X(k)|^2$$

3.14　证明离散相关定理。若

$$X(k) = X_1^*(k) \cdot X_2(k)$$

则

$$x(n) = \text{IDFT}[X(k)] = \sum_{l=0}^{N-1} x_1^*(l) \cdot x_2((l+n))_N R_N(n)$$

3.15　已知 N 点序列 $x(n)$ 的 DFT 为 $X(k)$，设 rN 点序列为

$$y(n) = \begin{cases} x(n/r) & (n = rm, \ m = 0, 1, \cdots, N-1) \\ 0 & (n \neq rm) \end{cases}$$

求 $y(n)$ 的 rN 点 DFT $Y(k)$。

3.16　已知 N 点序列 $x(n)$ 的 DFT 为 $X(k)$，设 $h(n) = x((n))_N R_{rN}(n)$，求 $h(n)$ 的 rN 点 DFT $H(k)$。

3.17　已知 N 点序列 $x(n) = \{1, 2, 2, 3, 2, 2\}_{[0, 5]}$ 的 $N = 6$ 点 DFT 为 $X(k)$，求 $h(n)$ 的 $4N$ 点 DFT $H(k)$，其中，$h(n) = x((n))_N R_{4N}(n)$。

3.18　设 $g(n) = \begin{cases} x(n) & (0 \leqslant n \leqslant N-1) \\ 0 & (N \leqslant n \leqslant rN-1) \end{cases}$，且其 rN 点 DFT $G(k) = \text{DFT}[g(n)]$，试用 $G(k)$ 表示 $X(k)$。

3.19　已知 20 点序列 $x(n)(0{\leqslant}n{\leqslant}19)$，且 $X(\mathrm{e}^{\mathrm{j}\omega})=\mathrm{SFT}[x(n)]$，如果希望通过计算 $x(n)$ 的 M 点 DFT 来求出 $\omega_1=\pi/4$ 和 $\omega_2=4\pi/5$ 处的 $X(\mathrm{e}^{\mathrm{j}\omega})$，试确定最小可能的点数 M，并求出与 $\omega_i(i=1,2)$ 对应的 k_i。

3.20　已知序列 $x(n)=a^n\mathrm{u}(n)(0<a<1)$，对 $x(n)$ 的 Z 变换 $X(z)$ 在单位圆上等间隔采样 N 点，采样值为

$$X(k) = X(z)\big|_{z=W_N^{-k}} \quad (k=0,1,\cdots,N-1)$$

求有限长序列 $\mathrm{IDFT}[X(k)]$。

3.21　设周期连续时间信号 $x_a(t)=A\cos(200\pi t)+B\cos(250\pi t)$，以采样频率 $F_s=1\ \mathrm{kHz}$ 对其进行采样。

（1）计算采样信号 $\tilde{x}(n)=x_a(nT)$ 的周期 N；

（2）取 $\tilde{x}(n)$ 的主值，求其 N 点 DFT。

3.22　设 $x(n)=\cos(2\pi f_0/F_s n)R_N(n)$，$N=32$，$f_0/F_s=0.21875$，分别对 $x(n)$ 做 32 点和 64 点 DFT，试分别画出 $|X(k)|$ 的线图，并标出 $|X(k)|$ 取得最大值时的幅度及下标 k。

3.23　设 $x(n)=\sin(2\pi f_0/F_s n)W(n)(N=64,\ f_0/F_s=0.21875)$，试分别画出以下情况下 $|X(k)|$ 的线图，并标出 $|X(k)|$ 取得最大值时的下标 k。

（1）$W(n)=R_N(n)$，DFT 点数为 64；

（2）$W(n)=0.5[1-\cos(2\pi n/63)]R_N(n)$，DFT 点数为 64。

3.24　考虑复序列 $x(n)=\begin{cases}\mathrm{e}^{\mathrm{j}\omega_0 n} & (0{\leqslant}n{\leqslant}N-1)\\ 0 & (\text{其他})\end{cases}$。

（1）求 $x(n)$ 的 SFT $X(\mathrm{e}^{\mathrm{j}\omega})$；

（2）如果 $\omega_0=2\pi k_0/N(k_0$ 为整数$)$，求 $x(n)$ 的 N 点 DFT $X(k)$；

（3）设 $N=8$，$k_0=2$，试定性画出 $x(n)$ 的 16 点 DFT 的幅频特性 $|X(k)|$。

3.25　设有一为随机信号谱分析所使用的处理器，该处理器所用的取样点数必须是 2 的整数次幂，并假设没有采用特殊的数据处理措施，要求频率分辨率 $F{\leqslant}5\ \mathrm{Hz}$，信号的最高频率 $f_{\max}{\leqslant}1.25\ \mathrm{kHz}$，求：

（1）最小记录长度；

（2）取样点间的最大时间间隔；

（3）在一个记录中的最少点数。

3.26　设 $x_a(t)=x_1(t)+x_2(t)+x_3(t)=\cos(8\pi t)+\cos(16\pi t)+\cos(20\pi t)$。

（1）若用 DFT 对 $x_a(t)$ 进行频谱分析，设采样频率为 $x_a(t)$ 的最高频率的 3 倍，试确定采样频率 F_s、采样点数 N 应如何选择，才能精确求出 $x_1(t)$、$x_2(t)$、$x_3(t)$ 的中心频率，为什么？

（2）按照所选的 F_s 和 N 对 $x_a(t)$ 进行采样，得到 $x(n)$，求 N 点 DFT 并画出幅频特性曲线，并标出 $x_1(t)$、$x_2(t)$、$x_3(t)$ 的中心频率对应的 k 分别是多少。

3.27　设序列 $x(n)$ 如题 3.27 图所示，编写 MATLAB 程序求其 8 点 DFT $X(k)$，画出幅频特性和相频特性，并验证 $X(k)$ 为实的条件偶对称序列。

3.28　设序列 $y(n)$ 如题 3.28 图所示，试用 MATLAB 画出其 8 点 DFT 的幅频特性和相频特性，并结合题 3.27 验证时域循环移位定理。

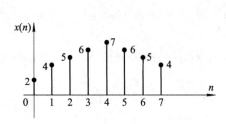

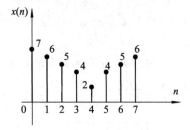

题 3.27 图   题 3.28 图

3.29 用 MATLAB 编程分析如下高斯序列的频谱。

$$x(n) = \begin{cases} \exp[-(n-p)^2/q] & (0 \leqslant n \leqslant N-1) \\ 0 & (其他) \end{cases}$$

当序列长度 $N = 32$ 时画出以下参数情况该序列的频谱，分析 p、q 对频谱的影响。

(1) $p = 16, q = 2$；

(2) $p = 16, q = 20$；

(3) $p = 25, q = 10$；

(4) $p = 30, q = 10$；

(5) $p = 32, q = 10$。

3.30 用 MATLAB 编程对周期为 $T = 1$ ms 的方波信号 $g_a(t)$ 和锯齿波信号 $s_{ta}(t)$ 进行 DFT 分析，其中，$-T/2 < t < T/2$，方波的幅值为 1、占空比为 25%，锯齿波的最小值为 -1，最大值为 1，并将所得结果与这两个连续时间信号的傅里叶级数进行对比。

FS、FT 及 DFT 之间的关系

第 4 章　快速傅里叶变换(FFT)

4.1　引　　言

DFT 是信号分析和处理的重要工具之一，但是直接计算 DFT 的计算量与 DFT 点数 N 的平方成正比。由于 N 较大时计算量太大，因此在快速傅里叶变换(Fast Fourier Transform，FFT)问世以前，直接利用 DFT 进行谱分析和信号的实时处理是不切实际的。

自从 1965 年库利(J. W. Cooley)和图基(J. W. Tukey)在 *Mathematics of Computation* 杂志上发表著名的论文"An algorithm for the machine calculation of complex Fourier series"以后，桑德(G. Sande)-图基等快速算法相继出现，很快形成了一套高效的运算方法，也就是人们常说的快速傅里叶变换算法。必须强调的是，FFT 并不是与 DFT 不同的另一种信号变换，而是一种能够大大提高 DFT 运算效率的快速有效算法。FFT 的出现为数字信号处理技术应用于各种信号的实时处理创造了良好的条件，极大地推动了数字信号处理技术的发展。

一直以来，人们始终在寻求更快、更灵活的算法，目前除了基 2、基 4 算法以外还有分裂基、混合基等算法。例如，对于 $N=1024$ 而言，直接计算 DFT 需要复数乘法 1 048 576 次，而上述快速算法却可以大大降低计算量，基 2 算法仅需要复数乘法 5120 次，基 4 算法仅需要复数乘法 3840 次，分裂基算法仅需要复数乘法 3413 次。本章主要介绍基 2 的 FFT 算法、基 4 的 FFT 算法、IDFT 快速算法、实序列 DFT 的计算方法、利用 FFT 计算线性卷积的计算方法，以及线性调频 Z 变换算法。

4.2　提高 DFT 运算效率的基本途径

设 $x(n)$ 为 N 点有限长序列，其 DFT 为

$$X(k) = \sum_{n=0}^{N-1} x(n)W_N^{nk} \quad (0 \leqslant k \leqslant N-1) \tag{4.2.1}$$

其反变换(IDFT)为

$$x(n) = \frac{1}{N}\sum_{k=0}^{N-1} X(k)W_N^{-nk} \quad (0 \leqslant n \leqslant N-1) \tag{4.2.2}$$

正变换与反变换的差别仅在于 W_N^{nk} 的指数符号不同，以及差一个乘数因子 $1/N$，因此下面仅讨论 DFT 的运算量。

一般来说，$X(k)$ 为复数(只有当 $x(n)$ 为实数且条件偶对称时，$X(k)$ 才为实数，详见第 3 章)，$x(n)$ 多数情况下也为复数(例如，信号经 A/D 采样、数字下变频芯片之后输出为 I、Q 正交两路，详见第 10.4 节)。因此，计算单点 $X(k)$ 需要 N 次复数乘法和 $N-1$ 次复数加法。由于一共有 N 点 $X(k)$，所以完成 N 点序列的 DFT 共需要 N^2 次复数乘法，即

$$C_M = N^2 \tag{4.2.3}$$

以及 $N(N-1)$ 次复数加法,即

$$C_A = N(N-1) \approx N^2 \tag{4.2.4}$$

在实际计算中,复数乘法和复数加法都要依赖实数乘法和实数加法。由于1次复数乘法需要4次实数乘法和2次实数加法,1次复数加法需要2次实数加法,因此直接计算DFT的实数乘法次数为

$$R_M = 4N^2 \tag{4.2.5}$$

实数加法次数为

$$R_A = 2N(N-1) + 2N^2 \approx 4N^2 \tag{4.2.6}$$

综上所述,直接计算DFT时的运算量与 N^2 成正比。若 $N=1024$,则直接计算DFT需要 1 048 576 次(达百万次量级)复数乘法。在实时计算宽带信号频谱时,即使利用目前运算速度最快的DSP芯片也难以满足要求。

观察式(4.2.1)不难发现,要想提高DFT的运算效率,只能利用周期单位复指数序列 W_N^{nk} 的特点。根据第3章所讲内容可知, W_N^{nk} 具有以下3个特点:

(1) 共轭对称性: $W_N^{-nk} = (W_N^{nk})^*$。

(2) 周期性: $W_N^{nk} = W_N^{k(n+N)} = W_N^{(k+N)n}$。

(3) 可约性: $W_{Nm}^{nkm} = W_N^{nk}$。

利用共轭对称性,可以合并式(4.2.1)中的乘法项,从而减少了近一半的乘法次数。利用 W_N^{nk} 的周期性和可约性,可以将长序列的DFT分解成短序列的DFT。由于DFT的运算量与 N^2 成正比, N 越小,计算量越小,因此将长序列的DFT变成短序列的DFT是减少DFT运算量的根本有效途径。快速傅里叶变换算法正是基于此思路而发展起来的。

将长序列的DFT划分为短序列DFT的方法中,将时域序列 $x(n)$ 按 n 的奇偶划分的方法称为时间抽取(Decimation in Time,DIT)算法或基2时分算法(亦称库利-图基算法);将频域DFT序列 $X(k)$ 按 k 的奇偶划分的方法称为频率抽取(Decimation in Frequency,DIF)算法或基2频分算法(亦称桑德-图基算法)。

FFT 的经典文献

4.3　基2时分FFT算法

如果序列的长度 N 是合数,则可以将序列拆分为短序列。当 N 是2的整数次幂,即 $N=2^M$ (M 为整数)时,可以对序列按偶数和奇数进行多次抽取。基2时分FFT算法是时间抽取FFT算法,简称为DIT-FFT算法。

4.3.1　基2时分蝶式运算定理

设序列 $x(n)$ 的长度 N 是偶数,其 N 点DFT为 $X(k)=\mathrm{DFT}[x(n)]$ ($0 \leqslant k, n \leqslant N-1$)。按照 n 的奇偶性将 $x(n)$ 分解为两个长度为 $N/2$ 的子序列:

$$x_1(r) = x(2r) \quad (r = 0, 1, \cdots, N/2-1) \tag{4.3.1}$$

$$x_2(r) = x(2r+1) \quad (r = 0, 1, \cdots, N/2-1) \tag{4.3.2}$$

若令 $X_1(k)=\text{DFT}[x_1(r)]$ 和 $X_2(k)=\text{DFT}[x_2(r)]$ $(0\leqslant k\leqslant N/2-1)$，则有

$$X(k) = X_1(k)+W_N^k X_2(k) \quad (0\leqslant k\leqslant N/2-1) \tag{4.3.3a}$$

$$X(k+N/2) = X_1(k)-W_N^k X_2(k) \quad (0\leqslant k\leqslant N/2-1) \tag{4.3.3b}$$

证明　序列 $x(n)$ 的 N 点 DFT 为

$$X(k) = \sum_{n=0}^{N-1} x(n)W_N^{nk} = \sum_{n=\text{even}} x(n)W_N^{nk} + \sum_{n=\text{odd}} x(n)W_N^{nk}$$

$$= \sum_{r=0}^{N/2-1} x(2r)W_N^{2rk} + \sum_{r=0}^{N/2-1} x(2r+1)W_N^{(2r+1)k}$$

$$= \sum_{r=0}^{N/2-1} x_1(r)W_N^{2rk} + \sum_{r=0}^{N/2-1} x_2(r)W_N^{2rk} W_N^{k}$$

利用可约性 $W_N^{2rk}=W_{N/2}^{rk}$ 将 $X(k)$ 写成

$$X(k) = \sum_{r=0}^{N/2-1} x_1(r)W_{N/2}^{rk} + W_N^k \sum_{r=0}^{N/2-1} x_2(r)W_{N/2}^{rk} \quad (0\leqslant k\leqslant N-1)$$

由于 $X_1(k)$ 和 $X_2(k)$ 都具有以 $N/2$ 为周期的隐含周期性，因此上式可以写为

$$X(k) = \tilde{X}_1(k)+W_N^k \tilde{X}_2(k) \quad (0\leqslant k\leqslant N-1)$$

式中，$\tilde{X}_1(k)$ 和 $\tilde{X}_2(k)$ 分别表示 $X_1(k)$ 和 $X_2(k)$ 的周期延拓序列(周期为 $N/2$)。

当 $0\leqslant k\leqslant N/2-1$ 时，有

$$X(k)=X_1(k)+W_N^k X_2(k)$$

当 $N/2\leqslant k\leqslant N-1$ 时，有

$$X(k)=X_1(k-N/2)+W_N^k X_2(k-N/2)$$

令 $k'=k-N/2$，则有

$$X(k'+N/2)=X_1(k')+W_N^{k'} W_N^{N/2} X_2(k') \quad (0\leqslant k'\leqslant N/2-1)$$

由于 $W_N^{N/2}=\mathrm{e}^{-\mathrm{j}\frac{2\pi}{N}\frac{N}{2}}=-1$，故有

$$X(k'+N/2)=X_1(k')-W_N^{k'} X_2(k') \quad (0\leqslant k'\leqslant N/2-1)$$

最后可得

$$X(k) = X_1(k)+W_N^k X_2(k) \quad (0\leqslant k\leqslant N/2-1)$$

$$X(k+N/2) = X_1(k)-W_N^k X_2(k) \quad (0\leqslant k\leqslant N/2-1)$$

由上述证明过程可知，N 点 DFT 可以分解为两个 $N/2$ 点的 DFT，它们按照式(4.3.3)又组合成一个 N 点的 DFT。式(4.3.3)也称为蝶式运算公式。

由蝶式运算定理可以看出，要完成一个蝶形运算(即计算一次蝶式运算定理)，需要一次复数乘法和两次复数加法；计算 N 点 DFT 共需计算两个 $N/2$ 点 DFT 和 $N/2$ 个蝶形运算；计算 $N/2$ 点 DFT 需要 $(N/2)^2$ 次复数乘法和 $N(N/2-1)/2$ 次复数加法；当 $N\gg1$ 时，计算 N 点 DFT 共需 $2(N/2)^2+N/2\approx N^2/2$ 次复数乘法和 $N(N/2-1)+2N/2=N^2/2$ 次复数加法。由此可见，仅经过一次分解，就使运算量减少了近一半。如果 $N=2^M$，则可以继续将序列分解，直至分解成 N 个 1 点序列，此时不再需要直接计算 DFT，运算量得以大大减少。

4.3.2　基 2 时分的蝶形流图与计算量分析

1. 蝶形流图

基 2 时分 FFT 蝶式运算定理的运算公式可以用图 4.3.1(a)所示的信号流图来表示，

由于这个图形呈蝶形，故称为蝶形流图，图 4.3.1(b)是其简化形式。一个蝶形流图是基 2 时分算法的一个基本单元。

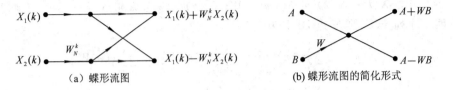

(a) 蝶形流图　　　　　　　　(b) 蝶形流图的简化形式

图 4.3.1　DIT-FFT 蝶形运算信号流图

图 4.3.1(b)中左面两支为输入，中间以一个点表示加、减运算，右上支为相加输出，右下支为相减输出，如果在某一支路上信号需要进行乘法运算，则在该支路上标以箭头，并将相乘的系数标注在箭头旁边。此时蝶式运算定理的运算公式(4.3.3)就可用图 4.3.1(b)中的蝶形结来表示，其中的系数 W 称为旋转因子。采用这种表示方法，可以将基 2 时分的分解过程用计算流图来展示。

【例 4.3.1】 将 8 点序列的 DFT 用基 2 时分 FFT 算法进行分解。

解 (1) 第一次分解。将 8 点序列 $x(n)$ 分解为两个 4 点序列 $x_1(n)$ 和 $x_2(n)$，其中 $x_1(n)$ 为偶序列，$x_2(n)$ 为奇序列，即有

$$x_1(n) = \{x(0), x(2), x(4), x(6)\}$$
$$x_2(n) = \{x(1), x(3), x(5), x(7)\}$$

将 4 点序列 $x_1(n)$ 和 $x_2(n)$ 分别做 4 点 DFT 得到 $X_1(k)$ 和 $X_2(k)$，由 $X_1(k)$ 和 $X_2(k)$ 通过蝶形运算获得 8 点 DFT $X(k)$。第一次分解的旋转因子包括 $W_N^k = W_8^k(k=0,1,2,3)$，运算流图如图 4.3.2 所示。

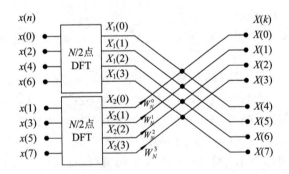

图 4.3.2　N 点 DFT 基 2 时分一次分解运算流图($N=8$)

(2) 第二次分解。将两个 4 点序列 $x_1(n)$ 和 $x_2(n)$ 分解为四个 2 点序列 $x_3(n)$ 和 $x_4(n)$、$x_3'(n)$ 和 $x_4'(n)$：

$$x_3(n) = \{x_1(0), x_1(2)\} = \{x(0), x(4)\},\ x_4(n) = \{x_1(1), x_1(3)\} = \{x(2), x(6)\}$$
$$x_3'(n) = \{x_2(0), x_2(2)\} = \{x(1), x(5)\},\ x_4'(n) = \{x_2(1), x_2(3)\} = \{x(3), x(7)\}$$

将 2 点序列分别做 2 点 DFT 得到 $X_3(k)$ 和 $X_4(k)$、$X_3'(k)$ 和 $X_4'(k)$，由四个 2 点 DFT 通过蝶形运算获得两个 4 点 DFT，再通过蝶形运算获得 8 点 DFT $X(k)$。第二次分解的旋转因子包括 $W_{N/2}^k = W_4^k(k=0,1)$，运算流图如图 4.3.3 所示。

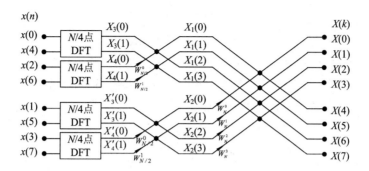

图 4.3.3 N 点 DFT 基 2 时分二次分解运算流图(N=8)

(3) 第三次分解。将四个 2 点序列分解为八个 1 点序列,其中:

$$x_5(n) = \{x_3(0)\} = \{x(0)\}, \quad x_6(n) = \{x_3(1)\} = \{x(4)\}$$

$$x_7(n) = \{x_4(0)\} = \{x(2)\}, \quad x_8(n) = \{x_4(1)\} = \{x(6)\}$$

$$x_5'(n) = \{x_3'(0)\} = \{x(1)\}, \quad x_6'(n) = \{x_3'(1)\} = \{x(5)\}$$

$$x_7'(n) = \{x_4'(0)\} = \{x(3)\}, \quad x_8'(n) = \{x_4'(1)\} = \{x(7)\}$$

由于 1 点序列的 DFT 值为其序列本身,因此,在最后一次分解后,流图中已经没有计算 DFT 的环节了。第三次分解的旋转因子为 $W_{N/4}^0 = W_2^0$,运算流图如图 4.3.4 所示。

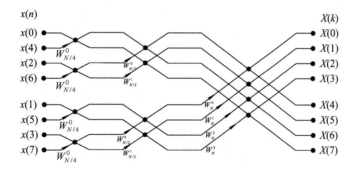

图 4.3.4 N 点 DFT 基 2 时分 FFT 三次分解运算流图(N=8)

由以上例子我们可以看出,由于每一次分解都是按照输入序列在时域上的次序是偶数还是奇数来抽取的,最终分解成 N 个 1 点序列的 DFT,因此称为基 2 时分 FFT。

2. 计算量分析

对于任意的 $N = 2^M$,总是可以通过 M 次分解,最终得到 N 个 1 点的序列。这样的 M 次分解,就构成了从 $x(n)$ 到 $X(k)$ 的 M 级运算过程。从图 4.3.4 中可以看到,每一级运算都由 $N/2$ 个蝶形运算构成。由于每一个蝶形运算需要一次复数乘法和两次复数加法,因此每一级分解所需的复数乘法和复数加法次数分别为

$$C_M = \frac{N}{2}$$

$$C_A = 2 \times \frac{N}{2} = N$$

因此,N 点 DFT(M 级分解)所需总的复数乘法和复数加法次数分别为

$$C_{\mathrm{M}} = \frac{N}{2} M = \frac{N}{2} \mathrm{lb} N \tag{4.3.4}$$

$$C_{\mathrm{A}} = NM = N \mathrm{lb} N \tag{4.3.5}$$

我们知道直接计算 N 点 DFT 所需要的复数乘法为 N^2 次，复数加法为 $N(N-1)$ 次，当 $N \gg 1$ 时，基 2 时分 FFT 算法的运算量明显小于直接计算 DFT 的运算量。基 2 时分算法与直接计算 DFT 的复数乘法次数的比值为

$$\alpha_{\mathrm{M}} = \frac{\frac{N}{2} \mathrm{lb} N}{N^2} = \frac{\mathrm{lb} N}{2N} \tag{4.3.6}$$

复数加法次数的比值为

$$\alpha_{\mathrm{A}} = \frac{N \mathrm{lb} N}{N(N-1)} = \frac{\mathrm{lb} N}{N-1} \tag{4.3.7}$$

若取 $N = 2^{10}$，则直接计算 DFT 需要的复数乘法和复数加法次数分别为 $C_{\mathrm{M}} = 1024^2 = 1\,048\,576$ 和 $C_{\mathrm{A}} = 1024 \times (1024-1) = 1\,047\,552$，基 2 时分 FFT 算法需要的复数乘法和复数加法次数分别为 $C_{\mathrm{M}} = 5120$ 和 $C_{\mathrm{A}} = 10\,240$。复数乘法次数的比值 $\alpha_{\mathrm{M}} \approx 1/200$，即基 2 时分 FFT 算法的复数乘法运算效率提高了约 200 倍。图 4.3.5 显示了直接计算 DFT 与基 2 时分 FFT 算法所需复数乘法次数的对比曲线。显然，N 越大，FFT 算法的运算效率越高。

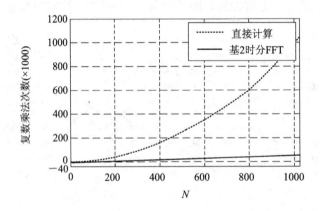

图 4.3.5　直接计算 DFT 与基 2 时分 FFT 算法的复数乘法次数的对比曲线

4.3.3　基 2 时分 FFT 算法的运算规律及编程思想

由基 2 时分 FFT 运算流图可以看出该算法具备以下运算规律。

1. 原位运算

由图 4.3.4 中的基 2 时分 FFT 运算流图可以看出，在同一级运算中，每个蝶形的两个输入数据只对计算本蝶形有用，而且每个蝶形的输入、输出数据节点又同在一条水平线上，这就意味着计算完一个蝶形后，所得输出数据可立即存入原输入数据所占用的存储单元。这样经过 M 级运算后，原来存放输入序列数据的 N 个存储单元中便依次存放 $X(k)$ 的 N 个值。这种利用同一存储单元存储蝶形计算输入、输出数据的方法称为原位运算。

2. 输入序列的比特逆序

基 2 时分 FFT 算法输入序列的排序看起来似乎很乱，但仔细分析会发现这种排序是

有规律的，称为比特逆序。对于 $N=2^M$，N 个顺序数可以用 M 位二进制数 $(n_{M-1}n_{M-2}\cdots n_1 n_0)_2$ 来表示，即有 $(n)_{10}=(n_{M-1}n_{M-2}\cdots n_0)_2$，定义

$$\rho_M(n)=(n_0 n_1\cdots n_{M-1})_2 \tag{4.3.8}$$

为 n 的 M 位比特逆序数。表 4.3.1 列出了 $N=8$ 的自然顺序数和比特逆序数。

表 4.3.1　$N=8$ 的自然顺序数和比特逆序数

自然顺序数		比特逆序数	
十进制	二进制	二进制	十进制
0	000	000	0
1	001	100	4
2	010	010	2
3	011	110	6
4	100	001	1
5	101	101	5
6	110	011	3
7	111	111	7

【例 4.3.2】　计算 $n=2,12$ 的二进制比特逆序数 $\rho_4(n)$。

解　　　　　　　　　$(2)_{10}=(0010)_2 \Rightarrow \rho_4(2)=(0100)_2=(4)_{10}$
　　　　　　　　　　　$(12)_{10}=(1100)_2 \Rightarrow \rho_4(12)=(0011)_2=(3)_{10}$

当按照下标 n 的奇偶分解得到的基 2 时分 FFT 算法的输入序列是逆序排列时，只要将自然顺序的二进制数按位倒置，就能得到比特逆序数。

在实际应用中，一般先按自然顺序将输入序列放入存储单元 $A(m)$($m=0,1,\cdots,N-1$)中，再通过变址运算得到比特逆序的排列，变址过程如图 4.3.6 所示。

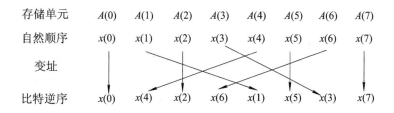

图 4.3.6　比特逆序的变址过程($N=8$)

表 4.3.1 说明，自然顺序的次序增加是在二进制数的低位加 1，由低向高进位；比特逆序的次序增加是在二进制数的高位加 1，由高向低进位。因此，求任意正整数 n($0 \leqslant n \leqslant N-1$)的比特逆序 $\rho_M(n)$ 的计算步骤如下：

(1) 0 的比特逆序为 0，因此 $\rho_M(0)=0$。

(2) 求 $n+1$ 的比特逆序 $\rho_M(n+1)$。若 $\rho_M(n)$ 的二进制数最高位为 0，则将该位赋 1，循环结束。若 $\rho_M(n)$ 的二进制数从高位开始数前几位均是 1，则把为 1 的最低位的右边为 0 的位赋 1，同时将高位为 1 的位均赋 0，循环结束。

结合图 4.3.6 和求比特逆序的计算步骤就可以绘制出获得比特逆序的程序流图，如图 4.3.7 所示。

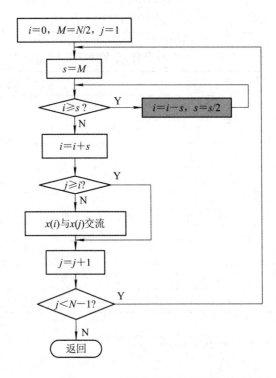

图 4.3.7　比特逆序的程序流图

图 4.3.7 所示的程序流图用于求 j 的逆序，同时将存储单元内自然顺序排列的输入序列变成逆序排序，i 存储的是 $j-1$ 的逆序数。由于 $j=0$，$N-1$ 的逆序和顺序一致，因此程序循环仅从 $j=1$ 到 $j=N-2$ 即可。s 中存放的是二进制数每一位的权，在 j 开始循环开始时，s 中存放的是当前二进制最高位的权。程序流图中阴影部分是将为 1 的位赋 0 的过程。

3. 旋转因子的变化规律

在基 2 时分 FFT 运算流图中，旋转因子 W_N^p 的变化和两个节点之间的距离都呈现一定的规律，其中，p 称为旋转因子的指数。设 L 表示从左到右的运算级数（$L=1,2,\cdots,M$）。

设 $N=2^3=8$，$L=1,2,3$，第 L 级共有 2^{L-1} 个不同的旋转因子，即有

当 $L=1$ 时，$W_N^p=W_{N/4}^J=W_{2^L}^J(J=0)$；

当 $L=2$ 时，$W_N^p=W_{N/2}^J=W_{2^L}^J(J=0,1)$；

当 $L=3$ 时，$W_N^p=W_N^J=W_{2^L}^J(J=0,1,2,3)$。

对 $N=2^M$ 的一般情况，$L=1,2,\cdots,M$，第 L 级的旋转因子为

$$W_N^p = W_{2^L}^J \quad (J=0,1,\cdots,2^{L-1}-1) \tag{4.3.9}$$

在编程实现中，旋转因子 W_N^p 的计算有以下 3 种方法：

（1）直接计算。在利用高级编程语言实现 FFT，并且对运算时间没有要求的理论分析场合下，一般直接利用公式计算旋转因子。根据欧拉公式有

$$W_N^p = \cos(2\pi p/N) - \mathrm{j}\sin(2\pi p/N)$$

每计算完一个 W_N^p 就将其存储起来备用，根据 DIT-FFT 算法中旋转因子的变化规律，共需计算 $N/2$ 个 W_N^p，其中包含 N 个正弦函数。

（2）递推计算。利用旋转因子的特点，即

$$W_N^{kL} = W_N^{(k-1)L}W_N^L$$

可以通过递推的方式求解旋转因子。根据上式可知，在每一级只需计算一个旋转因子 $W_{2^L}^1$，其余旋转因子均可通过递推公式求出。因此 $N=2^M$ 点 FFT 仅需要计算 $2M$ 个正弦函数。

（3）查表。在要求实时计算 FFT，并利用 DSP 汇编或 FPGA 编程来实现 FFT 算法时，一般可采用查表的方法。由于基 2 时分 FFT 算法共包含 $N/2$ 个不同的旋转因子 W_N^p，因此可事先计算好 $N/2$ 个旋转因子表以供查询，可以省去计算正弦函数的时间。

4. 编程思路与程序流图

从基 2 时分 FFT 蝶形流图中可以归纳出一些对编程有用的运算规律：

（1）共 M 级蝶形运算，且每一级都含有 $N/2$ 个运算蝶，它们均匀分布在多个蝶群中。

（2）第 L 级的蝶群数是 2^{M-L}，每个蝶群的运算蝶有 2^{L-1} 个；每个蝶形的两个输入数据相距 2^{L-1} 个点，同一旋转因子对应着间隔为 2^L 点的 2^{M-L} 个蝶形。

总结上述运算规律，可以得到如图 4.3.8 所示的程序流图。

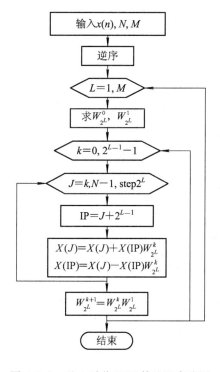

图 4.3.8　基 2 时分 FFT 算法程序流图

如图 4.3.8 所示，DIT-FFT 算法采用三重循环实现，其中最外层循环（循环变量为 L）对应蝶形流图的级数 M，中间循环（循环变量为 k）对应流图中每一级不同旋转因子的运算蝶数 2^{L-1}，最内层循环（循环变量为 J）对应每一级中相同旋转因子运算蝶的顺序。

运算过程可以概述为：依次求出第 L 级中 2^{L-1} 个不同的旋转因子，每求得一个旋转因子，就计算与它对应的全部 2^{M-L} 个运算蝶。

【例 4.3.3】 设 $x(n)$ 为 N 点有限序列，N 为偶数，其 N 点 DFT 为 $X(k)$，试用 $X(k)$ 表示序列 $y(n)$ 的 N 点 DFT。$y(n)$ 如下：

$$y(n) = \begin{cases} x(n) & (n \text{ 为偶数}) \\ 0 & (n \text{ 为奇数}) \end{cases}$$

解　解法一　直接利用 DFT 的定义式可得

$$Y(k) = \sum_{n=0}^{N-1} y(n) W_N^{nk} = \sum_{n=\text{even}} x(n) W_N^{nk}$$

$$= \sum_{n=0}^{N-1} \frac{1}{2} \big[1 + (-1)^n\big] x(n) W_N^{nk} = \sum_{n=0}^{N-1} \frac{1}{2} \big[1 + W_N^{\pm Nn/2}\big] x(n) W_N^{nk}$$

$$= \frac{1}{2} \big[X(k) + X(\overline{k \pm N/2})\big] \quad (0 \leqslant k \leqslant N-1)$$

解法二　首先按照奇偶性将 $y(n)$ 分解为两个 $N/2$ 点的子序列 $y_1(r)$ 和 $y_2(r)$，即

$$y(n) = \begin{cases} y_1(r) = x(2r) \\ y_2(r) = 0 \end{cases} \quad (0 \leqslant r \leqslant N/2 - 1)$$

根据蝶式运算定理，有

$$\begin{cases} Y(k) = Y_1(k) + W_N^k Y_2(k) \\ Y(k + N/2) = Y_1(k) - W_N^k Y_2(k) \end{cases} \quad (0 \leqslant k \leqslant N/2 - 1)$$

由于 $Y_2(k) = 0$，因此有

$$\begin{cases} Y(k) = Y_1(k) \\ Y(k + N/2) = Y_1(k) \end{cases} \quad (0 \leqslant k \leqslant N/2 - 1)$$

同理，$x(n)$ 的偶抽、奇抽序列为 $x_1(r)$ 和 $x_2(r)$，由式(4.3.3a)、式(4.3.3b)可知

$$\begin{cases} X(k) = X_1(k) + W_N^k X_2(k) \\ X(k + N/2) = X_1(k) - W_N^k X_2(k) \end{cases} \quad (0 \leqslant k \leqslant N/2 - 1)$$

则

$$X_1(k) = \frac{1}{2} \big[X(k) + X(k + N/2)\big] = Y_1(k)$$

将其代入 $Y(k)$ 的计算式，得

$$Y(k) = \frac{1}{2} \big[X(k) + X(k + N/2)\big]$$

$$Y(k + N/2) = \frac{1}{2} \big[X(k) + X(k + N/2)\big]$$

可见，在 $0 \leqslant k \leqslant N/2 - 1$ 和 $N/2 \leqslant k \leqslant N-1$ 内，$Y(k)$ 都是由 $X(k)$ 的前 $N/2$ 个值与其对应的后 $N/2$ 个值相加得到，与解法一的结果是一致的。

例 4.3.3 说明，不仅可以通过偶抽、奇抽序列的 DFT 计算长序列的 DFT，同理，若长序列的 DFT 已知，利用它求偶抽、奇抽序列的 DFT 也是可行的。

4.4　基 2 频分 FFT 算法

傅里叶变换在时域和频域存在对偶性，本节介绍按频域抽取的 FFT 算法，基 2 的算法

简称为 DIF-FFT 算法，该算法由桑德和图基于 1966 年提出。

4.4.1　基 2 频分蝶式运算定理

设序列 $x(n)$ 的长度 N 是偶数，其 N 点 DFT 为 $X(k)=\mathrm{DFT}[x(n)]$ $(0 \leqslant k, n \leqslant N-1)$。按照 k 的奇偶性将 $X(k)$ 分解为两个长度为 $N/2$ 的子序列：

$$X_1(r) = X(2r) \quad (r = 0, 1, \cdots, N/2 - 1)$$
$$X_2(r) = X(2r+1) \quad (r = 0, 1, \cdots, N/2 - 1)$$

若令 $x_1(n)=\mathrm{IDFT}[X_1(r)]$ 和 $x_2(n)=\mathrm{IDFT}[X_2(r)]$ $(0 \leqslant n \leqslant N/2-1)$，则有

$$x_1(n) = x(n) + x(n + N/2) \quad (0 \leqslant n \leqslant N/2 - 1) \tag{4.4.1}$$
$$x_2(n) = [x(n) - x(n + N/2)]W_N^n \quad (0 \leqslant n \leqslant N/2 - 1) \tag{4.4.2}$$

证明：序列 $x(n)$ 的 N 点 DFT 为

$$
\begin{aligned}
X(k) &= \sum_{n=0}^{N-1} x(n)W_N^{nk} = \sum_{n=0}^{N/2-1} x(n)W_N^{nk} + \sum_{n=N/2}^{N-1} x(n)W_N^{nk} \\
&= \sum_{n=0}^{N/2-1} x(n)W_N^{nk} + \sum_{n'=0}^{N/2-1} x(n' + N/2)W_N^{(n'+N/2)k} \quad (n' = n - N/2) \\
&= \sum_{n=0}^{N/2-1} [x(n) + (-1)^k x(n + N/2)]W_N^{nk}
\end{aligned}
$$

令 $k=2r$ 可得

$$
\begin{aligned}
X_1(r) = X(2r) &= \sum_{n=0}^{N/2-1} [x(n) + x(n + N/2)] W_N^{2nr} \\
&= \sum_{n=0}^{N/2-1} [x(n) + x(n + N/2)] W_{N/2}^{nr}
\end{aligned}
$$

由此可知 $\mathrm{IDFT}[X_1(r)]=x(n)+x(n+N/2)=x_1(n)$ $(0 \leqslant n \leqslant N/2-1)$。再令 $k=2r+1$ 可得

$$
\begin{aligned}
X_2(r) = X(2r+1) &= \sum_{n=0}^{N/2-1} [x(n) - x(n + N/2)] W_N^{n(2r+1)} \\
&= \sum_{n=0}^{N/2-1} [x(n) - x(n + N/2)] W_N^n W_{N/2}^{nr}
\end{aligned}
$$

由此可知 $\mathrm{IDFT}[X_2(r)]=[x(n)-x(n+N/2)]W_N^n=x_2(n)$ $(0 \leqslant n \leqslant N/2-1)$。

上述证明过程说明，N 点序列 $x(n)$ 按式(4.4.1)和式(4.4.2)分解为两个 $N/2$ 点的子序列，这两个 $N/2$ 点子序列的 DFT 正好是 N 点 DFT $X(k)$ 的偶抽序列和奇抽序列。

由基 2 频分蝶式运算定理可以看出，要完成一个蝶形运算，需要一次复数乘法和两次复数加法。计算 N 点 DFT 共需计算两个 $N/2$ 点的 DFT 和 $N/2$ 个蝶形运算；计算 $N/2$ 点 DFT 需要 $(N/2)^2$ 次复数乘法和 $N(N/2-1)/2$ 次复数加法；当 $N \gg 1$ 时，计算 N 点 DFT 共需 $2(N/2)^2 + N/2 \approx N^2/2$ 次复数乘法和 $N(N/2-1)+2N/2=N^2/2$ 次复数加法。由此可见，仅经过一次分解，就使运算量减少近一半。如果 $N=2^M$，与 DIT-FFT 算法一样，在 M 次分解后得到 N 个 1 点序列，此时不再需要直接计算 DFT，运算量即可大大减少。

4.4.2 基 2 频分的蝶形流图与计算量分析

1. 蝶形流图

基 2 频分 FFT 蝶式运算定理的运算公式可以用图 4.4.1 所示的信号流图来表示，一个蝶形流图是基 2 频分算法的一个基本单元。

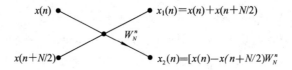

$$x_1(n) = x(n) + x(n+N/2)$$
$$x_2(n) = [x(n) - x(n+N/2)]W_N^n$$

图 4.4.1　DIF-FFT 蝶式运算信号流图

【例 4.4.1】　将 8 点序列的 DFT 用基 2 频分 FFT 算法进行分解。

解　（1）第一次分解。将 8 点序列 $x(n)$ 通过蝶形运算分解为两个 4 点序列 $x_1(n)$ 和 $x_2(n)$，并分别做 4 点 DFT 得到 $X_1(k)$ 和 $X_2(k)$：

$$X_1(k) = \{X(0), X(2), X(4), X(6)\}$$
$$X_2(k) = \{X(1), X(3), X(5), X(7)\}$$

8 点 DFT $X(k)$ 由 $X_1(k)$ 和 $X_2(k)$ 构成，本次分解的旋转因子包括 $W_N^n = W_8^n (n=0, 1, 2, 3)$，运算流图如图 4.4.2 所示。

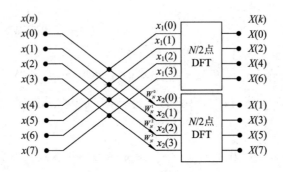

图 4.4.2　N 点 DFT 基 2 频分一次分解运算流图（$N=8$）

（2）第二次分解。将两个 4 点序列分别通过蝶形运算分解为四个 2 点序列，并分别做 2 点 DFT 得到

$$X_3(k) = \{X_1(0), X_1(2)\} = \{X(0), X(4)\}$$
$$X_4(k) = \{X_1(1), X_1(3)\} = \{X(2), X(6)\}$$
$$X_3'(k) = \{X_2(0), X_2(2)\} = \{X(1), X(5)\}$$
$$X_4'(k) = \{X_2(1), X_2(3)\} = \{X(3), X(7)\}$$

由四个 2 点 DFT 即可获得 8 点 DFT $X(k)$。第二次分解的旋转因子包括 $W_{N/2}^n = W_4^n (n=0, 1)$，运算流图如图 4.4.3 所示。

（3）第三次分解。将四个 2 点序列通过蝶形构造分解为八个 1 点序列，并分别做 1 点 DFT 得到

$$X_5(k) = \{X_3(0)\} = \{X(0)\}, \quad X_6(k) = \{X_3(1)\} = \{X(4)\}$$

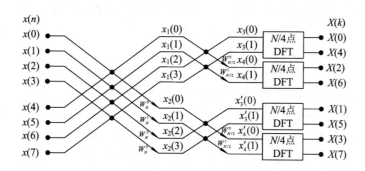

图 4.4.3　N 点 DFT 基 2 频分二次分解运算流图($N=8$)

$$X_7(k) = \{X_4(0)\} = \{X(2)\},\ X_8(k) = \{X_4(1)\} = \{X(6)\}$$

$$X_5'(k) = \{X_3'(0)\} = \{X(1)\},\ X_6'(k) = \{X_3'(1)\} = \{X(5)\}$$

$$X_7'(k) = \{X_4'(0)\} = \{X(3)\},\ X_8'(k) = \{X_4'(1)\} = \{X(7)\}$$

由于 1 点序列的 DFT 值为其序列本身,因此,在最后一次分解后,流图中已经没有计算 DFT 的环节了。第三次分解的旋转因子为 $W_{N/4}^0 = W_2^0$,运算流图如图 4.4.4 所示。

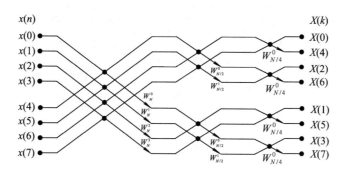

图 4.4.4　N 点 DFT 基 2 频分 FFT 运算流图($N=8$)

由以上例子我们可以看出,由于每一次分解都是按照输入序列在频域上的次序是偶数还是奇数来抽取的,最终分解成 N 个 1 点序列的 DFT,因此称为基 2 频分 FFT。

2. 计算量分析

对于任何一个长度为 2 的整数幂($N=2^M$)序列,其 DFT 总是可以通过 M 次分解直至 1 点的 DFT 运算。这样的 M 次分解,就构成了从 $x(n)$ 到 $X(k)$ 的 M 级运算过程。从图 4.4.4 中可以看到,每一级运算都由 $N/2$ 个蝶形运算构成。由于每一个蝶形运算需要一次复数乘法和两次复数加法,因此 N 点 DFT(M 级分解)所需总的复数乘法和复数加法次数分别为

$$C_M = \frac{N}{2}M = \frac{N}{2}\mathrm{lb}N \tag{4.4.3}$$

$$C_A = NM = N\mathrm{lb}N \tag{4.4.4}$$

由于基 2 时分 FFT 算法和基 2 频分 FFT 算法抽取的域不同,因此它们的蝶形构造出现的地方、基本运算和蝶形流图都互不相同。基 2 时分是时域抽取,频域蝶形构造,输入逆序,输出顺序;基 2 频分是频域抽取,时域蝶形构造,输入顺序,输出逆序。但两者的运算量是相同的,具体的编程思想不再赘述。

在前面的学习中我们或者使用基 2 时分 FFT 算法，或者使用基 2 频分 FFT 算法计算一个序列的 DFT。下面我们举个例子将两种算法结合起来，也就是在某些步骤中使用基 2 时分算法，在另一些步骤中使用基 2 频分算法。

【例 4.4.2】 在 $N=8$ 的 DFT 运算中，分两步做快速算法，第一步用基 2 频分算法将 8 点 DFT 转化为两个 4 点 DFT；第二步用基 2 时分算法将这两个 4 点 DFT 转化为四个 2 点 DFT，试画出运算流图。

解 根据题目要求，第一步使用基 2 频分算法，构造 4 点序列 $x_1(n)$ 和 $x_2(n)$，其 DFT 分别是 $X_1(k)=\{X(0)，X(2)，X(4)，X(6)\}$，$X_2(k)=\{X(1)，X(3)，X(5)，X(7)\}$，运算流图如图 4.4.5 所示。

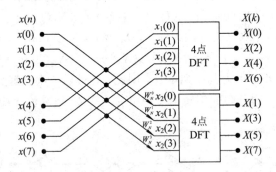

图 4.4.5 例 4.4.2 第一步基 2 频分 FFT 分解运算流图

第二步使用基 2 时分算法，以 $x_1(n)$ 为例，将其按照 n 的奇偶性分成 2 点序列 $x_3(n)$ 和 $x_4(n)$，由它们的 2 点 DFT $X_3(k)$ 和 $X_4(k)$ 通过蝶形运算即可构造出 $X_1(k)$，如图 4.4.6 所示。同理可得 $X_2(k)$。

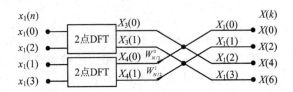

图 4.4.6 例 4.4.2 第二步基 2 时分 FFT 分解运算流图

最后，将前两步的结果合并起来，得到图 4.4.7 所示的运算流图。

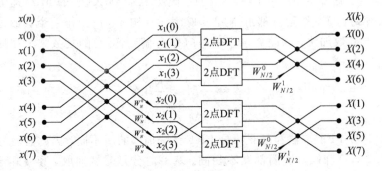

图 4.4.7 例 4.4.2 运算流图

【例 4.4.3】 试用 IDFT 证明基 2 频分蝶式运算定理。

证明　已知 N 是偶数，$X(k)$ 的偶抽序列为 $X_1'(r)$，奇抽序列为 $X_2'(r)(0 \leqslant r \leqslant N/2-1)$，且 $x_1'(n) = \mathrm{IDFT}[X_1'(r)]$，$x_2'(n) = \mathrm{IDFT}[X_2'(r)](0 \leqslant n \leqslant N/2-1)$。

(1) 解法一。根据 IDFT 与 DFT 定义式的区别，由基 2 时分蝶式运算定理类推，得

$$\begin{cases} x(n) = \dfrac{1}{2}\left[x_1'(n) + W_N^{-n}x_2'(n)\right] \\[2mm] x(n+N/2) = \dfrac{1}{2}\left[x_1'(n) - W_N^{-n}x_2'(n)\right] \end{cases} \quad (0 \leqslant n \leqslant N/2-1)$$

由此得证：$x_1'(n) = x(n) + x(n+N/2)$，$x_2'(n) = [x(n) - x(n+N/2)]W_N^n$。

(2) 解法二。将基 2 时分蝶式运算定理进行推广，参考例 4.3.3 的解法二，求得序列 $x(n)$ 的偶抽序列 $x_1(r)$ 和奇抽序列 $x_2(r)$ 的 $N/2$ 点 DFT 为

$$\begin{cases} X_1(k) = \dfrac{1}{2}\left[X(k) + X(k+N/2)\right] \\[2mm] X_2(k) = \dfrac{1}{2}\left[X(k) - X(k+N/2)\right]W_N^{-k} \end{cases} \quad (0 \leqslant k \leqslant N/2-1)$$

根据 IDFT 与 DFT 定义式的区别，可知

$$\begin{cases} x_1'(n) = x(n) + x(n+N/2) \\[2mm] x_2'(n) = [x(n) - x(n+N/2)]W_N^n \end{cases} \quad (0 \leqslant n \leqslant N/2-1)$$

例 4.4.3 表明，基 2 时分 FFT 算法和频分 FFT 算法可以互推。其中，DIT-FFT 是从 N 个 1 点序列逐级合成，计算得出 N 点结果，DIF-FFT 则是从 N 点序列逐级分解，计算得出 N 个 1 点序列，二者的蝶形流图呈现对偶性。从计算的角度来看，DFT 的快速算法可以用于 IDFT，详见 4.6 节。此外，基 2FFT 算法也可以通过基于递归思想的编程方法来实现，感兴趣的读者可以查阅相关资料。

4.5　基 4 抽取的快速算法

基 2FFT 算法需要 DFT 的点数为 2 的整次幂，并能显著降低运算量。如果 DFT 的点数为 4 的整次幂，可以得到基 4FFT 算法，此时的计算效率能够继续得到提升。

4.5.1　基 4 时分蝶式运算定理

设序列 $x(n)$ 的长度为 N，且满足 $N=4^M$，其中，M 为整数，其 N 点 DFT 为 $X(k) = \mathrm{DFT}[x(n)](0 \leqslant k, n \leqslant N-1)$。将 $x(n)$ 分解为 4 个长度为 $N/4$ 点的子序列：

$$x_1(r) = x(4r) \qquad (r = 0, 1, \cdots, N/4-1) \tag{4.5.1}$$
$$x_2(r) = x(4r+1) \qquad (r = 0, 1, \cdots, N/4-1) \tag{4.5.2}$$
$$x_3(r) = x(4r+2) \qquad (r = 0, 1, \cdots, N/4-1) \tag{4.5.3}$$
$$x_4(r) = x(4r+3) \qquad (r = 0, 1, \cdots, N/4-1) \tag{4.5.4}$$

若 $x_1(r)$、$x_2(r)$、$x_3(r)$ 以及 $x_4(r)$ 的 $N/4$ 点 DFT 分别是 $X_1(k)$、$X_2(k)$、$X_3(k)$ 以及 $X_4(k)(0 \leqslant k \leqslant N/4-1)$，则有

$$X(k) = X_1(k) + W_N^k X_2(k) + W_N^{2k} X_3(k) + W_N^{3k} X_4(k) \quad (0 \leqslant k \leqslant N/4-1)$$

$$\tag{4.5.5a}$$

$$X(k + N/4) = X_1(k) - jW_N^k X_2(k) - W_N^{2k} X_3(k) + jW_N^{3k} X_4(k) \quad (0 \leqslant k \leqslant N/4 - 1)$$

$$(4.5.5\text{b})$$

$$X(k + N/2) = X_1(k) - W_N^k X_2(k) + W_N^{2k} X_3(k) - W_N^{3k} X_4(k) \quad (0 \leqslant k \leqslant N/4 - 1)$$

$$(4.5.5\text{c})$$

$$X(k + 3N/4) = X_1(k) + jW_N^k X_2(k) - W_N^{2k} X_3(k) - jW_N^{3k} X_4(k) \quad (0 \leqslant k \leqslant N/4 - 1)$$

$$(4.5.5\text{d})$$

证明 序列 $x(n)$ 的 N 点 DFT 为

$$
\begin{aligned}
X(k) &= \sum_{n=0}^{N-1} x(n) W_N^{nk} \\
&= \sum_{r=0}^{N/4-1} x(4r) W_N^{4rk} + \sum_{r=0}^{N/4-1} x(4r+1) W_N^{(4r+1)k} + \sum_{r=0}^{N/4-1} x(4r+2) W_N^{(4r+2)k} + \\
&\quad \sum_{r=0}^{N/4-1} x(4r+3) W_N^{(4r+3)k} \\
&= \sum_{r=0}^{N/4-1} x_1(r) W_N^{4rk} + \sum_{r=0}^{N/4-1} x_2(r) W_N^{4rk} W_N^k + \sum_{r=0}^{N/4-1} x_3(r) W_N^{4rk} W_N^{2k} + \sum_{r=0}^{N/4-1} x_4(r) W_N^{4rk} W_N^{3k}
\end{aligned}
$$

利用旋转因子的可约性可得 $W_N^{4rk} = W_{N/4}^{rk}$，于是 $X(k)$ 可以写成

$$
\begin{aligned}
X(k) &= \sum_{r=0}^{N/4-1} x_1(r) W_{N/4}^{rk} + W_N^k \sum_{r=0}^{N/4-1} x_2(r) W_{N/4}^{rk} + \\
&\quad W_N^{2k} \sum_{r=0}^{N/4-1} x_3(r) W_{N/4}^{rk} + W_N^{3k} \sum_{r=0}^{N/4-1} x_4(r) W_{N/4}^{rk} \quad (0 \leqslant k \leqslant N-1)
\end{aligned}
$$

由于 $X_1(k)$、$X_2(k)$、$X_3(k)$ 以及 $X_4(k)$ 都隐含以 $N/4$ 为周期，因此上式可以写为

$$X(k) = \tilde{X}_1(k) + W_N^k \tilde{X}_2(k) + W_N^{2k} \tilde{X}_3(k) + W_N^{3k} \tilde{X}_4(k) \quad (0 \leqslant k \leqslant N-1)$$

式中，$\tilde{X}_1(k)$、$\tilde{X}_2(k)$、$\tilde{X}_3(k)$ 以及 $\tilde{X}_4(k)$ 分别表示 $X_1(k)$、$X_2(k)$、$X_3(k)$ 以及 $X_4(k)$ 的周期延拓序列(周期为 $N/4$)。

(1) 当 $0 \leqslant k \leqslant N/4 - 1$ 时，有

$$X(k) = X_1(k) + W_N^k X_2(k) + W_N^{2k} X_3(k) + W_N^{3k} X_4(k)$$

(2) 当 $N/4 \leqslant k \leqslant N/2 - 1$ 时，有

$$X(k) = X_1(k - N/4) + W_N^k X_2(k - N/4) + W_N^{2k} X_3(k - N/4) + W_N^{3k} X_4(k - N/4)$$

令 $k' = k - N/4$，则 $0 \leqslant k' \leqslant N/4 - 1$，且

$$X(k' + N/4) = X_1(k') + W_N^{k'} W_N^{N/4} X_2(k') + W_N^{2k'} W_N^{N/2} X_3(k') + W_N^{3k'} W_N^{3N/4} X_4(k')$$

由于 $W_N^{N/4} = e^{-j\frac{2\pi}{N}\frac{N}{4}} = -j$，$W_N^{N/2} = e^{-j\frac{2\pi}{N}\frac{N}{2}} = -1$ 以及 $W_N^{3N/4} = e^{-j\frac{2\pi}{N}\frac{3N}{4}} = j$，因此有

$$X(k' + N/4) = X_1(k') - jW_N^{k'} X_2(k') - W_N^{2k'} X_3(k') + jW_N^{3k'} X_4(k') \quad (0 \leqslant k' \leqslant N/4 - 1)$$

(3) 当 $N/2 \leqslant k \leqslant 3N/4 - 1$ 时，令 $k' = k - N/2$，则

$$X(k' + N/2) = X_1(k') + W_N^{k'} W_N^{N/2} X_2(k') + W_N^{2k'} W_N^N X_3(k') + W_N^{3k'} W_N^{3N/2} X_4(k')$$

由于 $W_N^N = e^{-j\frac{2\pi}{N}N} = 1$ 和 $W_N^{3N/2} = e^{-j\frac{2\pi}{N}\frac{3N}{2}} = -1$，因此有

$$X(k' + N/2) = X_1(k') - W_N^{k'} X_2(k') + W_N^{2k'} X_3(k') - W_N^{3k'} X_4(k') \quad (0 \leqslant k' \leqslant N/4 - 1)$$

(4) 当 $3N/4 \leqslant k \leqslant N-1$ 时，令 $k' = k - 3N/4$，则

$$X(k'+3N/4) = X_1(k') + W_N^{k'}W_N^{3N/4}X_2(k') + W_N^{2k'}W_N^{3N/2}X_3(k') + W_N^{3k'}W_N^{9N/4}X_4(k')$$

由于 $W_N^{3N/4} = \mathrm{e}^{-\mathrm{j}\frac{2\pi}{N}\frac{3N}{4}} = \mathrm{j}$、$W_N^{3N/2} = \mathrm{e}^{-\mathrm{j}\frac{2\pi}{N}\frac{3N}{2}} = -1$ 以及 $W_N^{9N/4} = \mathrm{e}^{-\mathrm{j}\frac{2\pi}{N}\frac{9N}{4}} = -\mathrm{j}$，因此有

$$X(k'+3N/4) = X_1(k') + \mathrm{j}W_N^{k'}X_2(k') - W_N^{2k'}X_3(k') - \mathrm{j}W_N^{3k'}X_4(k') \quad (0 \leqslant k' \leqslant N/4-1)$$

最后可得

$$X(k) = X_1(k) + W_N^{k}X_2(k) + W_N^{2k}X_3(k) + W_N^{3k}X_4(k) \quad (0 \leqslant k \leqslant N/4-1)$$

$$X(k+N/4) = X_1(k) - \mathrm{j}W_N^{k}X_2(k) - W_N^{2k}X_3(k) + \mathrm{j}W_N^{3k}X_4(k) \quad (0 \leqslant k \leqslant N/4-1)$$

$$X(k+N/2) = X_1(k) - W_N^{k}X_2(k) + W_N^{2k}X_3(k) - W_N^{3k}X_4(k) \quad (0 \leqslant k \leqslant N/4-1)$$

$$X(k+3N/4) = X_1(k) + \mathrm{j}W_N^{k}X_2(k) - W_N^{2k}X_3(k) - \mathrm{j}W_N^{3k}X_4(k) \quad (0 \leqslant k \leqslant N/4-1)$$

由上述证明过程可知，N 点 DFT 可以分解为 4 个 $N/4$ 点的 DFT，它们按照式 (4.5.5)又组合成一个 N 点的 DFT。式(4.5.5)也称为基 4 时分蝶式运算公式。

4.5.2　基 4 时分的蝶形流图与计算量分析

1. 蝶形流图

基 4 时分 FFT 蝶形运算定理的运算公式可以用图 4.5.1(a)所示的信号流图表示，由于这个图形呈蝶形，故称为蝶形流图，图(b)是其简化形式。一个蝶形流图是基 4 时分算法的一个基本单元。

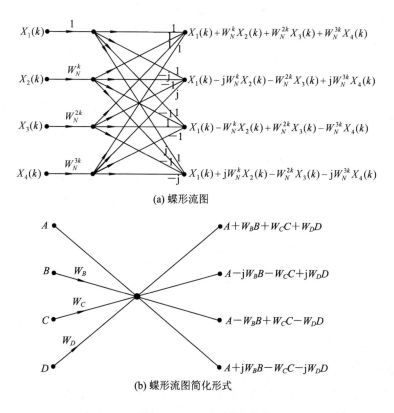

(a) 蝶形流图

(b) 蝶形流图简化形式

图 4.5.1　基 4-DIT-FFT 蝶形运算信号流图

【例 4.5.1】 将 16 点序列的 DFT 用基 4 时分 FFT 算法进行分解。

解 由于 $N=16=4^2$，因此基 4 时分 FFT 算法需要通过两级来实现。

(1) 第一次分解。将 16 点序列 $x(n)$ 分解为 4 个 4 点序列 $x_1(n)$、$x_2(n)$、$x_3(n)$、$x_4(n)$：

$$x_1(n)=\{x(0), x(4), x(8), x(12)\}, x_2(n)=\{x(1), x(5), x(9), x(13)\}$$
$$x_3(n)=\{x(2), x(6), x(10), x(14)\}, x_4(n)=\{x(3), x(7), x(11), x(15)\}$$

将 4 点序列 $x_1(n)$、$x_2(n)$、$x_3(n)$、$x_4(n)$ 分别做 4 点 DFT 得到 $X_1(k)$、$X_2(k)$、$X_3(k)$、$X_4(k)$，由 $X_1(k)$、$X_2(k)$、$X_3(k)$、$X_4(k)$ 通过蝶形运算获得 16 点 DFT $X(k)$。第一次分解的旋转因子包括 $W_N^k=W_{16}^k(k=0, 1, 2, 3)$，$W_N^{2k}=W_{16}^{2k}(k=0, 1, 2, 3)$，$W_N^{3k}=W_{16}^{3k}(k=0, 1, 2, 3)$，运算流图如图 4.5.2 所示。

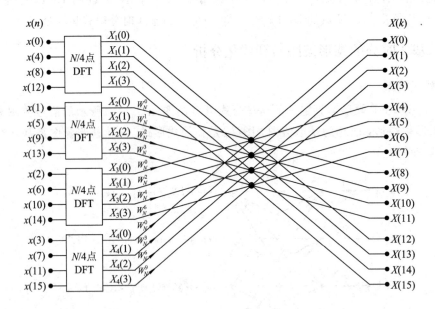

图 4.5.2　N 点 DFT 基 4 时分一次分解运算流图($N=16$)

(2) 第二次分解。将 4 个 4 点序列 $x_1(n)$、$x_2(n)$、$x_3(n)$、$x_4(n)$ 分解为 16 个 1 点序列 $x_{11}(n)$、$x_{12}(n)$、$x_{13}(n)$、$x_{14}(n)$，$x_{21}(n)$、$x_{22}(n)$、$x_{23}(n)$、$x_{24}(n)$，$x_{31}(n)$、$x_{32}(n)$、$x_{33}(n)$、$x_{34}(n)$，$x_{41}(n)$、$x_{42}(n)$、$x_{43}(n)$、$x_{44}(n)$：

$$x_{11}(n)=x(0), x_{12}(n)=x(4), x_{13}(n)=x(8), x_{14}(n)=x(12)$$
$$x_{21}(n)=x(1), x_{22}(n)=x(5), x_{23}(n)=x(9), x_{24}(n)=x(13)$$
$$x_{31}(n)=x(2), x_{32}(n)=x(6), x_{33}(n)=x(10), x_{34}(n)=x(14)$$
$$x_{41}(n)=x(3), x_{42}(n)=x(7), x_{43}(n)=x(11), x_{44}(n)=x(15)$$

由于 1 点序列的 DFT 值为其序列本身，因此，在第二次分解后，流图中已经没有计算 DFT 的环节了。第二次分解的旋转因子为 $W_{N/4}^0=W_4^0$，运算流图如图 4.5.3 所示。

2. 计算量分析

对于任何一个 4 的整数幂 $N=4^M$，总是可以通过 M 次分解直至 1 点的 DFT 运算。这样的 M 次分解，就构成了从 $x(n)$ 到 $X(k)$ 的 M 级运算过程。从图 4.5.3 中可以看到，每一级运算都由 $N/4$ 个蝶形运算构成。由于每一个蝶形运算需要 3 次复数乘法，因此每一级分解所需的复数乘法次数为 $C_M=3N/4$，因此 N 点 DFT(M 级分解)所需总的复数乘法和复

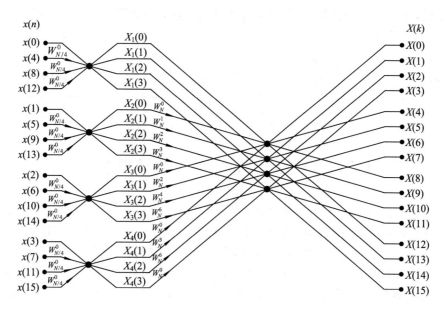

图 4.5.3　N 点 DFT 基 4 时分二次分解运算流图($N=16$)

数加法次数分别为

$$C_{\mathrm{M}} = \frac{3N}{4}M = \frac{3N}{4}\log_4 N = \frac{3N}{8}\mathrm{lb}N \tag{4.5.6}$$

根据 4.3 小节的讨论可知,基 2 时分 FFT 算法所需的复数乘法次数为 $\frac{N}{2}\mathrm{lb}N = \frac{4N}{8}\mathrm{lb}N$,因此基 4 时分 FFT 算法的计算量更低。

最后需要指出的是,如果在频域上进行抽取,同样能够得到基 4 频分 FFT 算法,关于该算法的推导作为课后习题留给读者自己推导。

4.6　IDFT 的快速算法

例 4.4.3 根据 IDFT 与 DFT 定义式的不同,推断可以用 DFT 的快速算法(FFT)实现 IDFT。具体而言,序列 $x(n)$ 的 N 点 DFT 和 IDFT 分别为

$$X(k) = \sum_{n=0}^{N-1} x(n)W_N^{kn} \quad (0 \leqslant k \leqslant N-1) \tag{4.6.1}$$

$$x(n) = \frac{1}{N}\sum_{k=0}^{N-1} X(k)W_N^{-kn} \quad (0 \leqslant n \leqslant N-1) \tag{4.6.2}$$

上面两式的异同非常明显,将 FFT 算法稍做改动就可以快速计算 IDFT。例如,只需将 FFT 运算流图中的旋转因子取共轭(即实部不变、虚部取相反数),再将最后的输出乘以 $1/N$。此时,输入为 $X(k)$,输出即为 $x(n)$。

然而,在很多应用场景中,FFT 是封装好、不能被修改的,此时可以对输入序列做修改。不妨将式(4.6.2)改写为

$$x(n) = \frac{1}{N}\sum_{k=0}^{N-1} X(k)W_N^{-kn} = \frac{1}{N}\Big(\sum_{k=0}^{N-1} X^*(k)W_N^{kn}\Big)^* \quad (0 \leqslant n \leqslant N-1)$$

由该式可知,将$\{X^*(k)\}$作为 FFT 子程序的输入,输出取共轭,并乘以 $1/N$ 即得到时域序列$\{x(n)\}$,详细过程如图 4.6.1 所示。

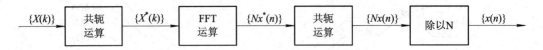

图 4.6.1 基于 FFT 算法计算 IDFT 的过程

4.7 实序列 DFT 的有效计算方法

前面讨论 DFT 快速算法,默认 $x(n)$ 是复序列,但在实际应用中,信号也可能是实序列,为此将其虚部设为零。例如,求某实信号 $x(n)$ 的频谱,将实信号加上数值为零的虚部变成复信号$(x(n)+\mathrm{j}0)$,再用 FFT 算法求 DFT。然而,这种做法很不经济,将实序列变成复序列,存储器需求增加一倍,且计算时即使虚部为零,还需要进行复数运算。更为高效的做法是利用 DFT 的性质,通过复数 FFT 算法进一步提高实序列的 DFT 计算效率。

1. 利用一个 N 点 FFT 算法同时计算两个 N 点实序列的 DFT

【例 4.7.1】 设 $x_1(n)$ 和 $x_2(n)$ 是彼此独立的两个 N 点实序列,且 $X_1(k)=\mathrm{DFT}[x_1(n)]$,$X_2(k)=\mathrm{DFT}[x_2(n)]$。试通过一次 FFT 算法同时求得 $X_1(k)$ 和 $X_2(k)$。

解 首先将 $x_1(n)$ 和 $x_2(n)$ 分别作为一个 N 点复序列 $x(n)$ 的实部和虚部,即有

$$x(n) = x_1(n) + \mathrm{j}x_2(n)$$

通过调用一次 N 点的 FFT 算法得到 $x(n)$ 的 DFT 序列 $X(k)$。利用 DFT 的共轭对称性可求得 $X_1(k)$ 和 $X_2(k)$,即

$$X_1(k) = X_{\mathrm{ep}}(k) = \begin{cases} \mathrm{Re}[X(0)] & (k=0) \\ \dfrac{1}{2}[X(k)+X^*(N-k)] & (1 \leqslant k \leqslant N-1) \end{cases}$$

$$X_2(k) = -\mathrm{j}X_{\mathrm{op}}(k) = \begin{cases} \mathrm{Im}[X(0)] & (k=0) \\ -\dfrac{\mathrm{j}}{2}[X(k)-X^*(N-k)] & (1 \leqslant k \leqslant N-1) \end{cases}$$

计算量分析:通过调用 N 点 FFT 算法求 $X(k)$ 需要的复数乘法和复数加法次数分别为

$$C_{\mathrm{M1}} = \frac{N}{2}\mathrm{lb}N$$

$$C_{\mathrm{A1}} = N\mathrm{lb}N$$

根据 $X(k)$ 求 $X_1(k)$ 和 $X_2(k)$ 需要的复数乘法和复数加法次数分别为

$$C_{\mathrm{M2}} = N-1$$

$$C_{\mathrm{A2}} = 2(N-1)$$

因此,该算法总共需要的复数乘法和复数加法次数分别为

$$C_{\mathrm{M}} = \frac{N}{2}\mathrm{lb}N + N-1$$

$$C_{\mathrm{A}} = N\mathrm{lb}N + 2(N-1)$$

如果调用两次 N 点 FFT 算法计算 $X_1(k)$ 和 $X_2(k)$,所需的运算量为

$$C_M = N \mathrm{lb} N$$

$$C_A = 2N \mathrm{lb} N$$

设 $N=1024$，调用两次 N 点 FFT 算法需要 $C_M = 10\,240$，$C_A = 20\,480$，利用上述算法则 $C_M = 6143$，$C_A = 12\,286$，由此可知，计算量减少近半。

2. 利用一个 N 点 FFT 算法计算一个 $2N$ 点实序列的 DFT

【例 4.7.2】 设 $x(n)$ 是 $2N$ 点的实序列，试设计用一次 N 点的 FFT 算法完成计算 $X(k)$ 的高效算法。

解 将 $x(n)$ 分解为偶数序列 $x_1(n)$ 和奇数序列 $x_2(n)$，即有

$$x_1(n) = x(2n) \quad (n = 0, 1, \cdots, N-1)$$

$$x_2(n) = x(2n+1) \quad (n = 0, 1, \cdots, N-1)$$

将 $x_1(n)$ 和 $x_2(n)$ 分别作为一个 N 点复序列 $y(n)$ 的实部和虚部，即有

$$y(n) = x_1(n) + \mathrm{j} x_2(n)$$

通过 N 点 FFT 运算可得到 $y(n)$ 的 N 点 DFT 序列 $Y(k)$，根据前面的讨论可得

$$X_1(k) = Y_{ep}(k) = \begin{cases} \mathrm{Re}[Y(0)] & (k=0) \\ \dfrac{1}{2}[Y(k) + Y^*(N-k)] & (1 \leqslant k \leqslant N-1) \end{cases}$$

$$X_2(k) = -\mathrm{j} Y_{op}(k) = \begin{cases} \mathrm{Im}[Y(0)] & (k=0) \\ -\dfrac{\mathrm{j}}{2}[Y(k) - Y^*(N-k)] & (1 \leqslant k \leqslant N-1) \end{cases}$$

最后根据基 2 时分蝶形运算定理可得

$$\begin{cases} X(k) = X_1(k) + W_{2N}^k X_2(k) \\ X(k+N) = X_1(k) - W_{2N}^k X_2(k) \end{cases} \quad (0 \leqslant k \leqslant N-1)$$

计算量分析：通过调用 N 点 FFT 算法求 $Y(k)$ 需要的复数乘法和复数加法次数分别为

$$C_{M1} = \frac{N}{2} \mathrm{lb} N$$

$$C_{A1} = N \mathrm{lb} N$$

根据 $Y(k)$ 求 $X_1(k)$ 和 $X_2(k)$ 需要的复数乘法和复数加法次数分别为

$$C_{M2} = N - 1$$

$$C_{A2} = 2(N-1)$$

利用基 2 时分蝶式运算定理求 $X(k)$ 需要的复数乘法和复数加法次数分别为

$$C_{M3} = N$$

$$C_{A3} = 2N$$

因此，该算法总共需要的复数乘法和复数加法次数分别为

$$C_M = \frac{N}{2} \mathrm{lb} N + 2N - 1$$

$$C_A = N \mathrm{lb} N + 4N - 2$$

直接调用 $2N$ 点 FFT 算法的计算量为

$$C_M = N \mathrm{lb} 2N$$

$$C_A = 2N \mathrm{lb} 2N$$

设 $N=1024$，则调用 $2N$ 点 FFT 算法需要 $C_M=11\,264$，$C_A=22\,528$。利用上述算法则有 $C_M=7167$ 和 $C_A=14\,334$。

4.8 利用 FFT 算法计算线性卷积

FFT 算法的出现使得 DFT 在数字通信、语音信号处理、图像处理、功率谱估计、系统分析、雷达理论、光学、医学、地震以及数值分析等各个领域都得到广泛应用。然而，各种应用一般都以卷积和相关运算为基础，鉴于此，本节主要介绍利用 FFT 算法计算线性卷积的基本原理。

对 LTI 系统的单位脉冲响应 $h(n)$ 而言，序列 $x(n)$ 经过该系统后的输出为 $y(n)$，可以利用 $x(n)$ 与 $h(n)$ 的线性卷积来求得，即 $y(n)=x(n)*h(n)$，这是信号过系统的时域求解方法。根据式(3.4.6)中 DFT 的时域循环卷积定理，再结合线性卷积与循环卷积之间的关系，能够得到信号过系统的频域求解方法，因其可以通过 FFT 算法来实现，故称为快速卷积法。

4.8.1 线性卷积与循环卷积的关系

根据 DFT 的时域循环卷积定理可知，序列 $x_1(n)$ 与 $x_2(n)$ 的 N 点循环卷积可由它们的 N 点 DFT 相乘后做反变换得到，即有

$$y(n) = \text{IDFT}[X_1(k)X_2(k)]$$

式中，$y(n)=x_1(n)\otimes x_2(n)$，$X_1(k)=\text{DFT}[x_1(n)]$，$X_2(k)=\text{DFT}[x_2(n)]$。在这种计算循环卷积的方法中，当 N 很大时采用 FFT 算法来实现会减少运算量。在实际应用中，为了求序列经过 LTI 系统的输出，需要计算输入序列与系统单位脉冲响应的线性卷积；另外，为了求解两个信号的相关性或某一信号经过一段延迟后自身的相关性，都需要计算相关函数，而式(1.4.11)和式(1.4.12)说明相关函数可以通过线性卷积来计算。与计算循环卷积一样，为了提高线性卷积的计算速度，也希望能够利用 FFT 算法来实现。因为利用时域循环卷积定理只能计算两个序列的循环卷积，所以需要推导线性卷积与循环卷积之间的关系。

为了得到线性卷积与循环卷积之间的关系，并获得使二者相等的条件，我们引入两个周期序列的周期卷积。设 $\tilde{x}(n)$ 和 $\tilde{y}(n)$ 是周期为 N 的周期序列，定义

$$\tilde{f}(n) = \tilde{x}(n)\tilde{*}\tilde{y}(n) = \sum_{i=0}^{N-1}\tilde{x}(i)\tilde{y}(n-i) \tag{4.8.1}$$

为 $\tilde{x}(n)$ 与 $\tilde{y}(n)$ 的周期卷积。周期卷积满足 $\tilde{\delta}(n)\tilde{*}\tilde{x}(n)=\tilde{x}(n)$。

【例 4.8.1】 求序列 $\tilde{x}(n)=\{1,\,2,\,3\}$ 与 $\tilde{y}(n)=\{0,\,1,\,2\}$ 的周期卷积 $\tilde{f}(n)=\tilde{x}(n)\tilde{*}\tilde{y}(n)$。

解 根据周期卷积的定义可得

$$\tilde{f}(n) = \sum_{i=0}^{3-1}\tilde{x}(i)\tilde{y}(n-i)$$

$$\tilde{f}(0) = \sum_{i=0}^{2}\tilde{x}(i)\tilde{y}(-i) = \tilde{x}(0)\tilde{y}(0) + \tilde{x}(1)\tilde{y}(-1) + \tilde{x}(2)\tilde{y}(-2) = 7$$

$$\tilde{f}(1) = \sum_{i=0}^{2} \tilde{x}(i)\tilde{y}(1-i) = \tilde{x}(0)\tilde{y}(1) + \tilde{x}(1)\tilde{y}(0) + \tilde{x}(2)\tilde{y}(-1) = 7$$

$$\tilde{f}(2) = \sum_{i=0}^{2} \tilde{x}(i)\tilde{y}(2-i) = \tilde{x}(0)\tilde{y}(2) + \tilde{x}(1)\tilde{y}(1) + \tilde{x}(2)\tilde{y}(0) = 4$$

所以，$\tilde{f}(n) = \{7, 7, 4\}$。

由于周期序列的主值序列是长度为 N 的有限长序列，计算有限长序列的线性卷积可以利用不进位乘法。如果找到周期卷积与线性卷积之间的关系，则可以利用线性卷积来计算周期卷积。设 $x(n)$ 和 $y(n)$ 是区间 $[0, N-1]$ 上长度为 N 的有限长序列，两者的线性卷积为 $f(n) = x(n) * y(n)$，将 $x(n)$、$y(n)$ 和 $f(n)$ 以 $L \geqslant N$ 为周期进行周期延拓，则有

$$\tilde{f}(n) = \tilde{x}(n) \circledast \tilde{y}(n) \tag{4.8.2}$$

证明

$$\tilde{x}(n) \circledast \tilde{y}(n) = \sum_{i=0}^{L-1} \tilde{x}(i)\tilde{y}(n-i) = \sum_{i=0}^{L-1} \tilde{x}(i) \sum_{r=-\infty}^{+\infty} y(n-i+rL)$$

$$= \sum_{r=-\infty}^{+\infty} \sum_{i=0}^{L-1} x(i)y(n-i+rL) = \sum_{r=-\infty}^{+\infty} f(n+rL) = \tilde{f}(n)$$

式(4.8.2)表明，两个序列的线性卷积序列周期延拓后得到的周期序列等于各序列以相同周期进行周期延拓后的周期卷积序列。

若按照周期卷积与线性卷积的关系，则可以这样求解例 4.8.1：

(1) 计算两周期序列的主值序列的线性卷积为

$$f(n) = x(n) * y(n) = \{0, 1, 4, 7, 6\}$$

(2) 将 $f(n)$ 以 3 为周期进行周期延拓，得到 $\tilde{f}(n) = \{7, 7, 4\}$，与按照定义式(4.8.1)算出的结果是相等的。

由于两个有限长序列的循环卷积等于各序列周期延拓后周期卷积的主值序列，即有

$$x(n) \otimes y(n) = [\tilde{x}(n) \circledast \tilde{y}(n)]R_N(n) \tag{4.8.3}$$

因此，结合式(4.8.2)中线性卷积与周期卷积之间的关系以及式(4.8.3)中循环卷积与周期卷积之间的关系，可以导出线性卷积与循环卷积之间的关系。设有限长序列 $x(n)$ 的长度为 N，$h(n)$ 的长度为 M，若它们的线性卷积序列为 $y_1(n) = x(n) * h(n)$，长度 $L_g = N + M - 1$，它们进行长度为 L 的循环卷积所得序列 $y_c(n) = x(n) \otimes h(n)$，则有

$$y_c(n) = \tilde{y}_1(n)R_L(n) \tag{4.8.4}$$

其中：

$$\tilde{y}_1(n) = \sum_{r=-\infty}^{+\infty} y_1(n+rL)$$

式(4.8.4)表明，两序列的循环卷积序列是它们线性卷积序列以循环卷积的长度为周期进行周期延拓后的主值序列。根据循环卷积序列的长度 L 与线性卷积序列的长度 L_g、N 以及 M 之间的关系，可以得出以下推论(设 $N \geqslant M$)：

(1) 当 $L = N$ 时，有

$$y_c(n) = \begin{cases} y_1(n) + y_1(n+N) & (0 \leqslant n \leqslant M-2) \\ y_1(n) & (M-1 \leqslant n \leqslant N-1) \end{cases}$$

(2) 当 $L = L_g$ 时，$y_c(n) = y_l(n)$。

(3) 当 $N \leqslant L < L_g$ 时，有

$$y_c(n) = \begin{cases} y_l(n) + y_l(n+L) & (0 \leqslant n \leqslant L_g - L - 1) \\ y_l(n) & (L_g - L \leqslant n \leqslant L - 1) \end{cases}$$

推论 1　循环卷积的长度取的是参与卷积的两个序列中较长序列的长度，可应用于下文的重叠保留算法。

推论 2　两序列的循环卷积序列等于它们的线性卷积序列，此时循环卷积长度取为线性卷积的长度，可应用于下文的重叠相加算法。图 4.8.1 画出了推论 1 中线性卷积与循环卷积之间的关系。

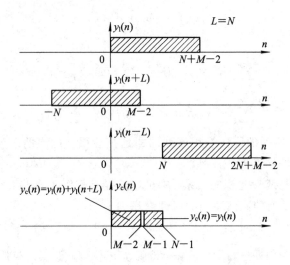

图 4.8.1　线性卷积与循环卷积之间的关系

【例 4.8.2】　已知两个有限长序列，其中 $x(n)$ 的长度为 8，$y(n)$ 的长度为 20，对每个序列做 20 点的 DFT，得到 $X(k) = \mathrm{DFT}[x(n)]$，$Y(k) = \mathrm{DFT}[y(n)]$，若 $F(k) = X(k)Y(k)$，$f(n) = \mathrm{IDFT}[F(k)]$，求 n 为何值时 $f(n) = x(n) * y(n)$。

解　由题设条件可知 $f(n) = x(n) \otimes y(n)$，并且两序列的长度分别为 $M = 8$ 和 $N = 20$，循环卷积的长度为 $L = N = 20$，符合推论 1 的情况，所以当 $M - 1 \leqslant n \leqslant N - 1$ 即 $7 \leqslant n \leqslant 19$ 时，满足 $f(n) = x(n) * y(n)$。

4.8.2　利用 FFT 计算有限长序列与有限长序列的线性卷积

由推论 2 的情况，循环卷积长度等于线性卷积长度，可以从频域求 N 点序列 $x(n)$ 与 M 点序列 $h(n)$ 的线性卷积（$N + M < +\infty$），即有

$$x(n) * h(n) = x(n) \otimes h(n) = \mathrm{IDFT}[X(k)Y(k)]$$

式中，DFT 的点数 $L_g = N + M - 1$，其计算流程如图 4.8.2 所示。

在上述方法中，当 DFT 点数选择为不小于 L_g 且与 L_g 最近的 2 的整数次幂，就可以借助 FFT 算法来实现。设 L_c 表示 FFT 算法点数，且 $L_g \leqslant L_c = 2^m$（m 表示某个正整数），则有

$$y_c(n) R_{L_g}(n) = y_l(n)。$$

根据第 4.6 节中的讨论可知，计算 IDFT 可以直接调用封装好的 FFT 算法来实现。因

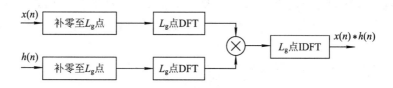

图 4.8.2　利用循环卷积计算线性卷积的计算流程

此，为了在上述方法中避免逆序排列，在计算 DFT 时可以调用基 2 频分 FFT 算法，在计算 IDFT 时可以调用基 2 时分 FFT 算法。

4.8.3　利用 FFT 计算无限长序列与有限长序列的线性卷积

在实际应用中，经常遇到两个序列的长度相差很大的情况，如一个很长的输入信号经过一个单位脉冲响应长度较短的系统，此时如果采用上述方法，则要求短序列补很多零，长序列必须全部输入完后才能进行运算。况且，在某些实际应用场合，系统的输入序列长度不定或趋于无限长(如语音信号等)，因此，无论从运算的时延，还是运算的效率来看，长序列与短序列的线性卷积存在其特殊性。实际中往往将长序列分解成若干短序列，分段计算卷积，最后依次将分段计算的结果重叠相加，这样既可以满足实时性要求，又可以利用 FFT 算法计算各段卷积。这种分段处理的方法分称为重叠相加法和重叠保留法。

1. 重叠相加法

重叠相加法的思路是：将两个序列中长度较长或趋于无限长的序列均匀分段，并计算各个有限长的子序列与另一短序列的线性卷积，最后将结果重叠相加起来。

设有限长序列 $h(n)$ 的长度为 M，$x(n)$ 为无限长序列，利用重叠相加法计算两者的线性卷积步骤如下：

(1) 将 $x(n)$ 均匀分段，每段长度为 N：
$$x(n) = \sum_{k=0}^{+\infty} x_k(n)$$
$$x_k(n) = x(n)R_N(n-kN) = \begin{cases} x(n) & (kN \leqslant n \leqslant (k+1)N-1) \\ 0 & (其他) \end{cases}$$

(2) 设 $x_k'(n) = x_k(n+kN)$，计算 $x_k'(n)$ 与 $h(n)$ 的线性卷积 $y_k'(n)$：
$$y_k'(n) = h(n) * x_k'(n) \quad (0 \leqslant n \leqslant N+M-2)$$
或
$$y_k'(n) = y_{kc}(n) = h(n) \otimes x_k'(n) = \mathrm{IDFT}[X_k'(k)H(k)]$$
其中，DFT 或者 IDFT 的点数为 $N+M-1$。再将 $y_k'(n)$ 移位得到
$$y_k(n) = y_k'(n-kN)$$

(3) 将 $y_k(n)$ 重叠相加得总输出：
$$y(n) = \sum_{i=0}^{M-1} h(i)x(n-i) = \sum_{i=0}^{M-1} h(i)\left(\sum_{k=0}^{+\infty} x_k(n-i)\right) = \sum_{k=0}^{+\infty}\sum_{i=0}^{M-1} h(i)x_k(n-i) = \sum_{k=0}^{+\infty} y_k(n)$$

在重叠相加法中，序列 $x(n)$ 的第 k 个子序列 $x_k(n)$ 位于区间 $[kN,(k+1)N-1]$ 中，各子序列在时间上没有重叠。在计算 $x_k'(n)$ 和 $h(n)$ 的线性卷积时，可以按线性卷积的定义在时域上求，也可以利用时域循环卷积定理从频域上求。若选择后一种方法，则要将 DFT 的

点数取为线性卷积序列的长度 $N+M-1$，此时需要在 $x'_k(n)$ 和 $h(n)$ 的末尾补零使序列长度增加至 $N+M-1$。最后一步，子序列线性卷积的结果 $y_k(n)$ 相加时，相邻序列在时间上重叠 $M-1$ 个点。

图 4.8.3 为重叠相加法计算过程的示意图。

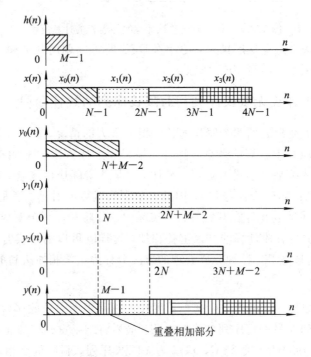

图 4.8.3　重叠相加法示意图

在实际编程实现时，由于重叠相加法的各段输入数据对于计算输出结果是相互独立的，所以计算完一段输入后，可以利用同一存储空间存下一段输入数据，这样处理会节省一些内存。但是，重叠相加法的每一段输出对于最终结果来说是不完整的，因此必须将每一段输出结果都保存下来。

【例 4.8.3】 已知 $x(n)=\{1, 2, 3, 1, 2, 3, \cdots, 1, 2, 3\}_{[0, 29]}$，$h(n)=\{1, 2\}_{[0, 1]}$，求它们的线性卷积序列 $y(n)$。

解　利用重叠相加法进行计算，依题意得 $M=2$，选 $N=3$。

(1) $x_k(n)=\{1, 2, 3\}_{[3k, 3(k+1)-1]}$　$(k=0, 1, \cdots, 9)$

(2) $y'_k(n)=x'_k(n) * h(n)=\{1, 4, 7, 6\}_{[0, 3]}$

(3) $y(n)=\{1, 4, 7, 6$

$\qquad\qquad 1, 4, 7, 6$

$\qquad\qquad\qquad \cdots$

$\qquad\qquad\qquad\qquad 1, 4, 7, 6$

$\qquad\qquad\qquad\qquad\quad 1, 4, 7, 6\}$

$\quad =\{1, 4, 7, 7, 4, 7, 7, 4, 7, \cdots, 7, 4, 7, 6\}_{[0, 30]}$

MATLAB 程序如下：

```
xk=[1 2 3];                    % 确定子序列
```

```
h=[1 2];                                      % 短序列
N=3；M=2；                                     % 子序列和线性卷积序列的长度
for l=1：10
    x((l-1)*N+1：l*N)=xk；                     % 长序列
end
Hk=fft(h，N+M-1)；                            % 计算短序列的 DFT
y=zeros(1，M+N*10-1)；                         % 规定线性卷积序列的总长度
y(1：N+M-1)=ifft(fft(x(1：N)，N+M-1).*Hk)；
for l=2：10
    yk=ifft(fft(x((l-1)*N+1：l*N)，N+M-1).*Hk)；
    y((l-1)*N+1：(l-1)*N+M-1)=yk(1：M-1)+y((l-1)*N+1：(l-1)*N+M-1)；
    y((l-1)*N+M：l*N+M-1)=yk(M：N+M-1)；
end
```

与 4.8.2 节相类似，在计算各子序列 $x_k'(n)$ 和 $h(n)$ 的线性卷积时，当DFT的点数取为不小于 $N+M-1$ 且离 $N+M-1$ 最近的 2 的整数次幂时，就可以使用 FFT 算法，如例 4.8.4。

【例 4.8.4】　利用一个脉冲响应长度为 31 的数字滤波器对一串长度很长的数据进行滤波，要求利用重叠相加法并通过 DFT 来实现。设输入各段长度为 64，并且 DFT 点数为 128，则必须从每段产生的输出中取出 V 个样点作为输出结果，这 V 个样点位于每一段循环卷积结果中的区间为 $[a, b]$，将它们移位相加形成完整输出时必须重叠 B 个样点，试求 V、B、a 和 b 的值。

解　根据题意可知，各子序列 $x_k'(n)$ 的长度 $N=64$，$h(n)$ 的长度 $M=31$，则有 $N+M-1=94$。由于重叠相加法在将各段结果相加时，重叠的样点数只和 M 有关，因此 $B=M-1=30$。因为 DFT 点数是 2 的整数次幂，所以用 FFT 算法实现时，需将子序列 $x_k'(n)$ 和 $h(n)$ 都补零至满足 128 点，此时每段的输出也是 128 个样点。由于 128 点的循环卷积是 94 点的线性卷积后面补零的结果，因此只需要取各段输出结果的前 94 个样点即可，于是有 $V=94$，并且 $a=0$ 和 $b=93$。

2. 重叠保留法

重叠保留法的思路是：将两个序列中较长或趋于无限长的序列在时间上重叠地进行分段，然后计算各个子序列与较短序列的循环卷积，依次保留各循环卷积中等于线性卷积的部分，使得每一段输出都是完整且不重叠的。按照这种思路，首先要找出影响每个输出子序列的输入序列位于哪个时间段。然后将 $y(n)$ 均匀地分地成长度为 N 的有限长序列 $y_k(n)$，即有

$$y_k(n) = \begin{cases} y(n) & (kN \leqslant n \leqslant (k+1)N-1) \\ 0 & (其他) \end{cases}$$

设

$$y_k(n) = x_k(n)*h(n) = \sum_{i=0}^{M-1} h(i)x_k(n-i)$$

在求解 $[kN, (k+1)N-1]$ 区间中的 $y_k(n)$ 时，因为 $kN \leqslant n \leqslant (k+1)N-1$，并且 $0 \leqslant i \leqslant M-1$，所以对其有贡献的 $x_k(n-i)$ 的区间范围为

$$kN - M + 1 \leqslant n - i \leqslant (k+1)N - 1$$

因此，位于 $[kN,\ (k+1)N-1]$ 的 $y_k(n)$ 仅与 $[kN-M+1,\ (k+1)N-1]$ 的输入有关。利用重叠保留法计算长度为 M 的序列 $h(n)$ 与无限长序列 $x(n)$ 的线性卷积时，其步骤如下：

(1) 将 $x(n)$ 在时间上有重叠地分段(每一段由 kN 向前重叠取 $M-1$ 个点)，每段长度为 $N+M-1$：

$$x_k(n) = \begin{cases} x(n) & (kN - M + 1 \leqslant n \leqslant (k+1)N - 1) \\ 0 & (其他) \end{cases}$$

(2) 设 $x'_k(n) = x_k(n + kN - M + 1)$，求总输出结果中的各子序列 $y_k(n)$。

取循环卷积长度为 $x'_k(n)$ 的长度 $N+M-1$，在 $h(n)$ 末尾补零使其长度增至 $N+M-1$，计算循环卷积 $y_{kc}(n) = x'_k(n) \circledS h(n)$。根据循环卷积与线性卷积关系的推论(1)，舍掉 $y_{kc}(n)$ 中的前 $M-1$ 点得到 $y'_k(n-M+1) = y_{kc}(n)$ $(M-1 \leqslant n \leqslant N+M-2)$，最后移位得到 $y_k(n) = y'_k(n-kN)$。

(3) 将 $y_k(n)$ 相加得总输出。

$$y(n) = \sum_{k=0}^{+\infty} y_k(n)$$

上述计算过程如图 4.8.4 所示。

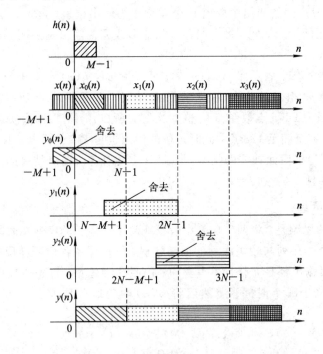

图 4.8.4　重叠保留法示意图

在实际编程实现时，由于重叠保留法对输入数据分段时有重叠，因此必须将已计算完输出的输入数据的后 $M-1$ 点保存下来，为求解下一段输出时使用。重叠保留法的优点是得到的每段输出是相互独立的。

【**例 4.8.5**】　利用重叠保留法重做例 4.8.3。

解　依题意取 $M=2$，且选择 $N=3$，则 $x_k(n)$ 的长度为 4 点。

(1) $x_0(n)=\{0, 1, 2, 3\}_{[-1, 2]}$

　　$x_k(n)=\{3, 1, 2, 3\}_{[3k-1, 3(k+1)-1]}$　　$(k=1, 2, \cdots, 9)$

　　$x_{10}(n)=\{3, 0, 0, 0\}_{[29, 32]}$

(2) $y_{0c}(n)=\{6, 1, 4, 7\}_{[0, 3]}$，舍弃第一点，保留后三点 $y_0'(n)=\{1, 4, 7\}$

　　$y_{kc}(n)=\{9, 7, 4, 7\}_{[0, 3]}$，舍弃第一点，保留后三点 $y_k'(n)=\{7, 4, 7\}$

　　$y_{10c}(n)=\{3, 6, 0, 0\}_{[0, 3]}$，舍弃第一点，仅留非零值点 $y_{10}'(n)=\{6\}$

(3) $y(n)=\{1, 4, 7, 7, 4, 7, 7, 4, 7, \cdots, 7, 4, 7, 6\}_{[0, 30]}$

MATLAB 程序如下：

```
xk=[1 2 3];                                    % 确定子序列
h=[1 2];                                       % 短序列
N=3; M=2;                                      % 子序列和线性卷积序列的长度
for l=1: 10
    x((l-1)*N+1: l*N)=xk;                      % 长序列
end
Hk=fft(h, N+M-1);                              % 计算短序列的 DFT
y=zeros(1, M+N*10-1);                          % 规定线性卷积序列的总长度
overlap=zeros(1, M-1);                         % 向前重复取的数据
y(1: N+M-1)=ifft(fft([overlap x(1: N)], N+M-1). *Hk);
y(1: N)=y(M: N+M-1);                           % 舍弃前 M-1 点
for l=2: 10
    overlap=x((l-1)*N-M+2: (l-1)*N);           % 向前重复取的数据
    yk=ifft(fft([overlap x((l-1)*N+1: l*N)], N+M-1). *Hk);
    y((l-1)*N+1: l*N)=yk(M: N+M-1);            % 舍弃前 M-1 点
end
l=l+1;
overlap=x((l-1)*N-M+2: (l-1)*N);
yk=ifft(fft([overlap zeros(1, N)], N+M-1). *Hk);
y((l-1)*N+1: l*N)=yk(M: N+M-1);                % 舍弃前 M-1 点
```

　　类似地，在求总输出结果时，当 DFT 点数取为不小于 $N+M-1$ 的 2 的整数次幂时，就可以使用 FFT 算法。由于此时 $x_k'(n)$ 的长度是 $N+M-1$，因此它与 $h(n)$ 的线性卷积序列的长度是 $N+2M-2$，当 FFT 算法的点数 L_c 取值不同时，则 $y_{kc}(n)$ 中样点的选取也不相同。

　　【例 4.8.6】　利用一个脉冲响应长度为 40 的数字滤波器对一串长度很长的数据进行滤波，要求利用重叠保留法并通过 DFT 来实现。设输入各段长度为 230，其中重叠取了 B 个样点，若 DFT 点数为 256，则必须从每段产生的输出中取出 V 个样点作为输出结果，这 V 个样点位于每一段循环卷积结果中的区间为 $[a, b]$，试求 V、B、a 和 b 的值。

　　解　根据题意可知，各子序列 $x_k'(n)$ 的长度为 $N+M-1=230$，$h(n)$ 的长度 $M=40$，则有 $N=191$。由于重叠保留法在将输入序列分段时，重叠的样点数只与 M 有关，因此 $B=M-1=39$。因为 DFT 点数是 2 的整数次幂，所以利用 FFT 算法实现时，需要将子序列 $x_k'(n)$ 和 $h(n)$ 都补零至 256 点，此时每段的输出也是 256 个样点，但只需要 N 个样点，

即 $V=N=191$，并且 $a=39$ 和 $b=229$。

在例 4.8.6 中，因为 FFT 算法点数 L_c 大于输入子序列的长度 230，所以除舍弃 $y_{kc}(n)$ 中的前 $M-1$ 个样点外，还要舍弃最后 26 个样点，只取中间的 N 个样点。若将 L_c 取为 512，仍然舍弃前 $M-1$ 个样点，只取其随后的 N 个样点。

4.9　线性调频 Z 变换(Chirp-Z)算法

前面已经介绍过，采用 FFT 算法可以快速计算出 N 点 DFT 的所有值，即 Z 变换 $X(z)$ 在 z 平面单位圆上的全部等间隔取样值。但是，实际中有时并不需要计算整个单位圆上 Z 变换的取样值。例如，对于窄带信号而言，只需要对信号所在的一小段频带进行分析，这时希望频谱的取样集中在这一频带内，并在该频带内获得较高的分辨率，而频带以外的部分不用考虑。另外，实际中有时会对非单位圆上的取样值感兴趣，如在语音信号处理中，需要知道 Z 变换的极点所对应的频率，若极点位置离单位圆较远，则其单位圆上的频谱就很平滑，此时很难从中识别极点的频率；但如果取样不是沿单位圆而是沿一条接近这些极点的弧线进行，则在极点对应频率上的频谱将出现明显的尖峰，由此可较准确地测定极点的频率。

线性调频 Z 变换(Chirp-Z 或 CZT)是一种适合于上述需求的变换，它是 Z 变换 $X(z)$ 在 z 平面某段螺旋线上的等分角取样，并且可以采用 FFT 算法进行快速计算。

4.9.1　Chirp-Z 变换的基本原理

已知 $x(n)(0\leqslant n\leqslant N-1)$ 为有限长序列，其 Z 变换为

$$X(z) = \sum_{n=0}^{N-1} x(n)z^{-n} \tag{4.9.1}$$

为适应 z 可以沿 z 平面上的一段螺旋线做等分角的取样，令 z 的取样点为

$$z_k = AW^{-k} \quad (k=0,1,\cdots,M-1) \tag{4.9.2}$$

其中，M 为所要分析的复频谱的点数(不一定等于 N)，A 是螺旋线的起点，W 确定了螺旋线的变化趋势，A 和 W 可以根据需要设置为任意复数。

若设

$$A = A_0 e^{j\omega_0} \tag{4.9.3}$$
$$W = W_0 e^{-j\varphi_0} \tag{4.9.4}$$

则 z_k 可表示为

$$z_k = A_0 e^{j\omega_0} W_0^{-k} e^{jk\varphi_0} = A_0 W_0^{-k} e^{j(\omega_0+k\varphi_0)} \tag{4.9.5}$$

具体地，有

$$z_0 = A_0 e^{j\omega_0},\ z_1 = A_0 W_0^{-1} e^{j(\omega_0+\varphi_0)},\ \cdots,\ z_{M-1} = A_0 W_0^{-(M-1)} e^{j[\omega_0+(M-1)\varphi_0]}$$

上述 M 个取样点在 z 平面形成的螺旋线如图 4.9.1 所示。

结合式(4.9.3)~式(4.9.5)，可以得出以下结论：

(1) A_0 表示起始取样点的矢量半径长度，通常 $A_0 \leqslant 1$，否则 z_0 将处于单位圆外。

(2) ω_0 表示起始取样点 z_0 的相角，可以是正值也可以是负值。

(3) φ_0 表示相邻两个取样点之间的等分角度，当 φ_0 为正时，表示 z_k 的路径是沿逆时

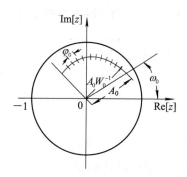

图 4.9.1　CZT 在 z 平面的螺旋线取样

针旋转；当 φ_0 为负时，表示 z_k 的路径是沿顺时针旋转。

（4）W_0 的大小表示螺旋线的伸展率，当 $W_0 < 1$ 时，随着 k 的增加螺旋线外伸；当 $W_0 > 1$ 时，随着 k 的增加螺旋线内缩；$W_0 = 1$ 表示半径为 A_0 的一段圆弧，若 $A_0 = 1$，则这段圆弧就是单位圆的一部分。

当 $M = N$、$A = A_0 e^{j\omega_0} = 1$ 以及 $W = W_0 e^{-j\varphi_0} = e^{-j2\pi/N}$ 时，各个 z_k 等间隔地分布在单位圆上，此时 CZT 即为 DFT。

将式(4.9.2)中的 z_k 代入 Z 变换表达式(4.9.1)中可得

$$X(z_k) = \sum_{n=0}^{N-1} x(n) z_k^{-n} = \sum_{n=0}^{N-1} x(n) A^{-n} W^{nk} \quad (0 \leqslant k \leqslant M-1) \tag{4.9.6}$$

显然，同直接计算 DFT 情况相似，按照式(4.9.6)计算出全部 M 点取样值需要 NM 次复数乘法和 $(N-1)M$ 次复数加法，当 N 和 M 较大时，计算量迅速增加。如果通过一定的变换，如采用布鲁斯坦(Bluestein)等式，将以上运算转换为卷积形式，则可采用 FFT 算法来进行计算，从而大大提高计算速度。

布鲁斯坦等式为

$$nk = \frac{1}{2} \left[n^2 + k^2 - (k-n)^2 \right] \tag{4.9.7}$$

将上式代入式(4.9.6)可得

$$X(z_k) = \sum_{n=0}^{N-1} x(n) A^{-n} W^{n^2/2} W^{-(k-n)^2/2} W^{k^2/2} = W^{k^2/2} \sum_{n=0}^{N-1} \left[x(n) A^{-n} W^{n^2/2} \right] W^{-(k-n)^2/2}$$

若令

$$g(n) = x(n) A^{-n} W^{n^2/2} \quad (n = 0, 1, \cdots, N-1) \tag{4.9.8}$$

$$h(n) = W^{-n^2/2} \tag{4.9.9}$$

则有

$$X(z_k) = W^{k^2/2} \sum_{n=0}^{N-1} g(n) h(k-n)$$

$$= W^{k^2/2} \left[g(k) * h(k) \right] \quad (k = 0, 1, \cdots, M-1) \tag{4.9.10}$$

式(4.9.10)表明，先对信号 $x(n)$ 进行加权，加权系数为 $A^{-n} W^{n^2/2}$，然后通过一个单位脉冲响应为 $W^{-n^2/2}$ 的线性时不变系统，最后对系统的前 M 点输出进行加权，加权系数为

$W^{k^2/2}$，就可以得到螺旋线上所有 M 点的值。运算流程如图 4.9.2 所示。

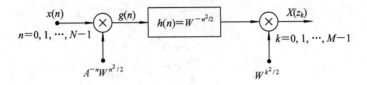

图 4.9.2　线性调频 Z 变换运算流程

上述运算流程中涉及的系统的单位脉冲响应 $h(n)=W^{-n^2/2}$，与频率随时间线性增加的线性调频信号(Chirp Signal)相似，因此称这种算法为 Chirp-Z 变换。

4.9.2　Chirp-Z 变换的实现步骤

由式(4.9.8)和式(4.9.9)可知，$g(n)$ 是长度为 N 的有限长序列，$h(n)$ 是无限长序列，参照 4.8.3 中重叠保留法的分析方法，为计算 $0 \leqslant k \leqslant M-1$ 内的卷积 $g(k) * h(k)$，所需要的 $h(n)$ 位于区间 $-(N-1) \leqslant n \leqslant (M-1)$ 内，如图 4.9.3(a)所示。此时，可将 $h(n)$ 看成是一个有限长序列，其长度为 $L=N+M-1$。若用 FFT 算法来求这两个有限长序列的线性卷积 $g(k) * h(k)$，即有

$$g(k) * h(k) = \mathrm{IDFT}[G(r)H(r)]$$

由于 $g(k) * h(k)$ 的长度为 $2N+M-2$，因此在利用循环卷积求线性卷积时，DFT 点数最少应为 $2N+M-2$。

然而，我们只需要求 $0 \sim M-1$ 处的线性卷积的结果，因此选 DFT 点数为两个序列中较长的长度，即 $L=N+M-1$。另外，$h(n)$ 的主值序列($0 \leqslant n \leqslant L-1$)可由 $h(n)$ 作周期延拓后取 $0 \leqslant n \leqslant L-1$ 部分的值获得，如图 4.9.3(b)所示。求得 $h(n)$ 与 $g(n)$ 的循环卷积后，其结果的前 M 个值乘上 $W^{k^2/2}$ 就是 CZT 变换的 M 个值。

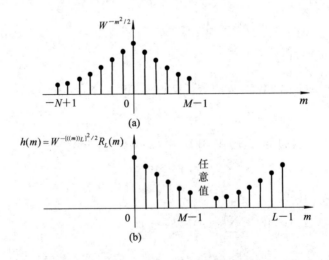

图 4.9.3　$h(n)$ 的主值序列求解过程

根据以上阐述，可将 CZT 的运算步骤归纳如下：

(1) 选择一个最小整数 L，使其满足 $L \geqslant N+M-1$，同时满足 $L=2^m$，以便利用基

2FFT 算法。

（2）对 $x(n)$ 加权并补零得到 $g(n)$：

$$g(n) = \begin{cases} A^{-n}W^{n^2/2}x(n) & (0 \leqslant n \leqslant N-1) \\ 0 & (N \leqslant n \leqslant L-1) \end{cases} \tag{4.9.11}$$

并利用 FFT 算法求此序列的 L 点 DFT 序列 $G(r)$：

$$G(r) = \sum_{n=0}^{L-1} g(n)\mathrm{e}^{-\mathrm{j}2\pi nr/L} \quad (0 \leqslant r \leqslant L-1) \tag{4.9.12}$$

（3）求 $h(n)$ 的主值序列：

$$h_m(n) = \begin{cases} W^{-n^2/2} & (0 \leqslant n \leqslant M-1) \\ 0 \text{ 或任意值} & (M \leqslant n \leqslant L-N) \\ W^{-(L-n)^2/2} & (L-N+1 \leqslant n \leqslant L-1) \end{cases} \tag{4.9.13}$$

并利用 FFT 算法求此序列的 L 点 DFT 序列 $H_m(r)$：

$$H_m(r) = \sum_{n=0}^{L-1} h_m(n)\mathrm{e}^{-\mathrm{j}2\pi nr/L} \quad (0 \leqslant r \leqslant L-1) \tag{4.9.14}$$

（4）将 $H_m(r)$ 和 $G(r)$ 相乘，得到 $Q(r)=G(r)H_m(r)$。

（5）用 FFT 算法求 L 点 $Q(r)$ 的 IDFT，得到 $h_m(n)$ 与 $g(n)$ 的循环卷积。

$$h_m(n) \bigotimes g(n) = q(n) = \frac{1}{L}\sum_{r=0}^{L-1} H_m(r)G(r)\mathrm{e}^{\mathrm{j}2\pi rn/L} \tag{4.9.15}$$

其中，$q(n)$ 的前 $M-1$ 点等于 $h(n)$ 与 $g(n)$ 的线性卷积结果（与 4.8.1 节所讲的线性卷积与循环卷积的关系不同，这里的 $h_m(n)$ 是 $h(n)$ 以 L 为周期延拓后的主值序列）。

（6）求 CZT 变换序列 $X(z_k)$：

$$X(z_k) = W^{k^2/2}q(k) \quad (0 \leqslant k \leqslant M-1) \tag{4.9.16}$$

4.9.3　Chirp-Z 变换运算量的估算

采用 4.9.2 节的算法后，CZT 所需的运算量如下：

（1）形成 L 点序列 $g(n)=x(n)A^{-n}W^{n^2/2}$，由于 $g(n)$ 是由 N 个非零值点补零到 L 点的，因此只需 N 次复数乘法。系数 $A^{-n}W^{n^2/2}$ 可以通过递推求得。若令

$$C_n = A^{-n}W^{n^2/2}, \quad D_0 = A^{-1}W^{1/2}$$

则有

$$C_{n+1} = A^{-(n+1)}W^{(n+1)^2/2} = A^{-n}W^{n^2/2}W^nW^{1/2}A^{-1} = C_nD_n$$

$$D_n = W^nW^{1/2}A^{-1} = W^nD_0 = WD_{n-1}$$

初始条件为 $C_0=1$ 和 $D_0=A^{-1}W^{1/2}$。由此可知，通过递推求 C_n 需要 $2N$ 次复数乘法。

（2）形成 L 点序列 $h_m(n)$，由于它是由 $W^{-n^2/2}$ 在 $-N+1 \leqslant n \leqslant M-1$ 段内的序列值构成，$W^{-n^2/2}$ 是偶对称序列，如果设 $N \geqslant M$，则只需求 $0 \leqslant n \leqslant N-1$ 段内的 N 点序列值。求 $W^{-n^2/2}$ 也可以用递推方式求解，因此需要 $2N$ 次复数乘法。

（3）计算 $H_m(r)$、$G(r)$ 和 $q(n)$ 共需要 3 次 L 点 FFT 算法，因此需要复数乘法次数为 $\dfrac{3L\mathrm{lb}L}{2}$。

(4) 计算 $Q(r) = G(r)H_m(r)$ 需要 L 次复数乘法。

(5) 计算 $X(z_k) = W^{k^2/2}q(k)$ $(0 \leqslant k \leqslant M-1)$ 需要 M 次复数乘法。

综上所述，Chirp-Z 变换总共需要的复数乘法为

$$C_M = 3N + 2N + \frac{3L}{2}lbL + L + M$$
$$= \frac{3L}{2}lbL + 5N + L + M \qquad (4.9.17)$$

前面讨论过直接计算 $X(z_k)$ 需要复数乘法为 NM 次，当 $N=925$ 和 $M=100$ 时，直接计算需要 $C_M=92\,500$，采用快速算法所需的复数乘法为 $C_M=21\,109$，计算量大幅减少。

与 DFT 相比，CZT 存在以下特点：

(1) 输入序列的长度 N 与输出序列的长度 M 不需要相等；

(2) N 及 M 不必是合成数，二者均可为素数；

(3) z_k 点的角度间隔 φ_0 是任意的，因此频率分辨率也是任意的；

(4) 周线不必是 z 平面上的单位圆；

(5) 起始点 z_0 可任意选定，因此可以从任意频率开始对输入数据进行窄带高分辨率分析；

(6) 若 $A=1$ 和 $M=N$，即使 N 为素数，也可用 Chirp-Z 变换计算 DFT。

4.9.4 用 MATLAB 计算 Chirp-Z 变换

MATLAB 信号处理工具箱提供了内部函数 czt，用于实现 Chirp-Z 变换，调用格式如下：

```
y=czt(x, M, W, A);
y=czt(x);
```

y=czt(x, M, W, A)用于计算指定参数 M、W、A 下的 Chirp-Z 变换，而 y=czt(x)则使用默认参数进行 Chirp-Z 变换，默认参数为 M=length(x)，W=exp(j * 2 * pi/m)，A=1。

【例 4.9.1】 某低通滤波器的零极点分布如图 4.9.4 所示。利用 Chirp-Z 变换观察滤波器零点特性。

MATLAB 程序如下：

```
clear; Fs=2000;                    %采样频率为 2000 Hz
fp=150;
p1=0.9 * exp(−j * 2 * pi * fp/Fs);
p2=p1'; p=[p1; p2];                %极点在 150 Hz 处
fz1=500; fz2=300;
z1=1.2 * exp(−j * 2 * pi * fz1/Fs); z2=z1';
z3=1.2 * exp(−j * 2 * pi * fz2/Fs); z4=z3';
z=[z1; z2; z3; z4];                %零点在 300Hz 和 500Hz 处的单位圆外，半径为 1.2
[b, a]=zp2tf(z, p, 1);
N=400;                             %滤波器单位脉冲响应长度
ww=0: 2 * pi/N: 2 * pi−2 * pi/N;
h1=freqz(b, a, ww);
```

```
[R，P，k]＝residuez(b，a);              %由系统函数求系统的单位脉冲响应
hn＝R(1) * P(1).^(0：N－1)＋R(2) * P(2).^(0：N－1);
hn(1)＝hn(1)＋k(1);  hn(2)＝hn(2)＋k(2);  hn(3)＝hn(3)＋k(3);
f2＝700; f1＝50; M＝N;
W＝exp(－j * 2 * pi * (f2－f1)/(M * Fs));    %在 z 平面 2πf₁/Fₛ～2πf₂/Fₛ之间取 M 点
A＝1.19 * exp(j * 2 * pi * f1/Fs);          %取样圆弧半径为 1.19
yzz＝czt(hn，M，W，A);                      %求 czt
```

由于零点在单位圆外半径为 1.2 的圆周上，因此 CZT 的圆弧线半径取为 1.19，将起始点和终止点分别设为 $\omega_1＝2\pi\times50/2000$，$\omega_2＝2\pi\times700/2000$，取样点数为 200 点，如图 4.9.5 所示。

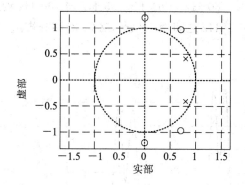

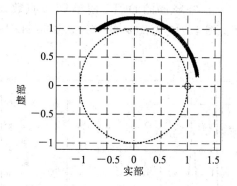

图 4.9.4 滤波器零极点分布图   图 4.9.5 CZT 取样螺旋线图

图 4.9.6 是该滤波器的幅频响应，即系统函数在单位圆上取样值的模，由于零点距离单位圆较远，两个零点处的频率在幅频响应中不明显。由于 CZT 取样曲线接近零点，因此 300 Hz 和 500 Hz 处的频率在 CZT 曲线中非常明显，如图 4.9.7 所示。由于 CZT 的取样圆弧离极点位置较远，因此极点处的频率在 CZT 曲线中不明显。

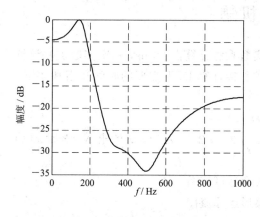

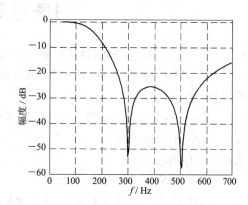

图 4.9.6 滤波器幅频响应图   图 4.9.7 滤波器 CZT 图

按照快速算法实现 CZT 的步骤，用 MATLAB 编写 CZT 程序(参数设置与上相同)为。

```
L＝M＋N－1;
gn＝zeros(1，L);
gn(1：N)＝A.^(－(0：N－1)). * W.^((0：N－1).^2./2). * hn;
```

```
gf=fft(gn, L);
hhn(1: M)=W.^(-(0: M-1).^2./2);
hhn(M+1: L)=W.^(-(L-(M: L-1)).^2./2);
hhnf=fft(hhn);
Qr=hhnf.*gf;
qn=ifft(Qr);
yzz=qn(1: M).*W.^((0: M-1).^2./2);
```

【例 4. 9. 2】 设信号 $x(n)$ 由 4 个频率分别为 60 Hz，64 Hz，95 Hz 以及 100 Hz 的正弦序列叠加而成，采样频率为 600 Hz，样点数为 200 点。试用 CZT 观察信号频谱。

解　为了便于比较，分别用 200 点的 DFT 和 CZT 观察信号频谱。

图 4.9.8 为 $x(n)$ 的 DFT，由于 DFT 点数太少，60 Hz 与 64 Hz、95 Hz 与 100 Hz 没有区分开。图 4.9.9 为 $x(n)$ 的 CZT，在 50 Hz 与 120 Hz 之间做 200 点 CZT，能够分辨出 4 个频率。

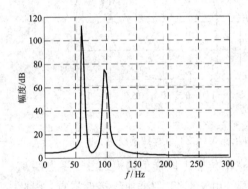

图 4.9.8　信号的 DFT

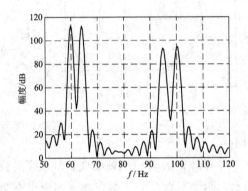

图 4.9.9　信号的 CZT

习题与上机题

4.1　设一台通用计算机的运算速度为每次实数乘法计算需 50 ns，每次实数加法计算需 5 ns，若用它来计算 1024 点的 DFT，试分别求直接计算 DFT 需要的时间和用基 2FFT 算法需要的时间。

4.2　求 $n=4, 9, 23, 30$ 的比特逆序数 $\rho_5(n)$。

4.3　设序列 $x(n)=\{2^{-2}, 2^{-3}, 2^{-4}, 2^{-5}, 2^{-6}, 2^{-7}, 2^{-8}, 2^{-9}\}$，试给出 $N=8$ 时 $x(n)$ 逆序重排后的序列 $y(n)$。

4.4　试画出 $N=16$ 的基 2 时分 FFT 算法蝶形运算流图。

4.5　试画出 $N=16$ 的基 2 频分 FFT 算法蝶形运算流图。

4.6　试推导基 4 频率抽取 FFT 算法，并画出 $N=16$ 的基 4 频率抽取 FFT 算法蝶形运算流图。

4.7　试画出 $N=8$ 的两种 IFFT 算法蝶形运算流图。

4.8　设 $x(n)$ 是长度为 $2N$ 的有限长实序列，$X(k)$ 为 $x(n)$ 的 $2N$ 点 DFT。若已知 $X(k)$，试设计用一次 N 点 IFFT 算法求 $x(n)$ 的 $2N$ 点 IDFT 序列。

4.9 已知 $2N$ 点序列 $x(n)$ 的 $2N$ 点 DFT 是 $X(k)$,若

$$Y(k) = \begin{cases} X(k) & (k = 偶数) \\ -X(k) & (k = 奇数) \end{cases}$$

试求 $Y(k)$ 的 $2N$ 点 IDFT 序列 $y(n)$。

4.10 两个有限长实序列 $x_1(n)$ 和 $x_2(n)$ 需要通过完全相同的 LTI 实系统,其单位脉冲响应 $h(n)$ 也是有限长的。试设计调用 FFT 算法次数最少的求解系统输出的算法。

4.11 已知输入序列 $x(n)$ 的长度为 512,将 $x(n)$ 通过一个离散 LTI 系统(单位脉冲响应 $h(n)$ 的长度为 32),若用基 2 时分 FFT 算法求解其输出,试分析至少需要选取的 FFT 点数。

4.12 设序列 $x(n) = R_4(n)$,$y(n) = R_6(n)$,二者的线性卷积序列为 $g(n)$,对 $g(n)$ 的傅里叶变换 $G(e^{j\omega})$ 在 $0 \leqslant \omega \leqslant 2\pi$ 内等间隔采样得 N 点序列 $G(k)$,试根据 N 的不同取值分析序列 $\text{IDFT}[G(k)]$ 与 $g(n)$ 的关系。

4.13 设 $x(n) = \{1, 2, 3, 4, 5, 1, 2, 3, 4, 5, \cdots, 1, 2, 3, 4, 5\}_{[0,99]}$,$h(n) = \{2, -4, -1\}_{[3,5]}$,试分别利用重叠相加法和重叠保留法计算 $y(n) = x(n) * h(n)$。

4.14 一个 2900 点的序列通过一个 LTI 系统,设系统的单位脉冲响应长度为 41。按照重叠保留法对序列进行分段,为了利用 FFT 算法提高计算效率,取 DFT 点数为 128,为完成上述运算至少需要多少次 DFT 运算?此时,应从各子序列的循环卷积结果中取出哪些值作为输出结果?

4.15 编写 MATLAB 程序,观察信号 $x(n) = \sin(2\pi f_1/F_s n)(0 \leqslant n \leqslant 39)$ 的幅频特性。
(1) $f_1 = 4$ kHz,$F_s = 16$ kHz,若能采样到 f_1 频率点,求最少的 FFT 点数;
(2) $f_1 = 2.375$ kHz,$F_s = 16$ kHz,若能采样到 f_1 频率点,求最少的 FFT 点数。

4.16 编写 MATLAB 程序,观察信号 $x(n) = \sin(2\pi f_1/F_s n) + \sin(2\pi f_2/F_s n)$ $(0 \leqslant n \leqslant 239)$ 的幅频特性,其中 $f_1 = 40$ kHz,$f_2 = 40.5$ kHz,$F_s = 100$ kHz。

(1) 当 FFT 点数分别取 256 和 512 时,根据所得的幅频特性曲线能否分辨 f_1 和 f_2?若能够分辨,对 f_1 和 f_2 的估值与真实值相差多少?

(2) 如果在 35~45 kHz 之间对信号分别做 50 点和 100 点 CZT,能否分辨 f_1 和 f_2?若能够分辨,对 f_1 和 f_2 的估值与真实值相差多少?

4.17 编写 MATLAB 程序,观察信号 $x(n) = \sin(2\pi f_1/F_s n)$ $(0 \leqslant n \leqslant N-1)$ 的幅频特性。

(1) 令 $f_1/F_s = 0.0625$,$N = 32$,FFT 点数为 32,检查谱峰出现的位置是否正确,谱的形状如何。如令 $N = 32$,FFT 点数为 512,谱的形状如何?试用频域采样定理分析该现象,并分别绘出其幅频特性曲线。

(2) 令 $f_1/F_s = 0.265\,625$,$N = 32$,FFT 点数分别为 32 和 64,观察其幅频特性曲线,是否可以观测到原正弦信号的模拟频率?如果信号长度 $N = 64$,情况又如何?

(3) 令 $f_1/F_s = 0.245$,$N = 256$,观察其时域波形。通过选择 FFT 点数,能否使该信号频谱出现单线谱?设 $f_1 = 1.96$ kHz,$F_s = 8$ kHz,$N = 256$,通过 DFT 离散谱观察到的信号模拟频率与实际频率相差多少?

4.18 已知序列 $x(n) = (0.3)^n (0 \leqslant n \leqslant 31)$,编写 MATLAB 程序,分别计算序列 $x(n)$ 在单位圆上和半径为 0.35 的圆上的 32 点 CZT,并与该序列的 32 点 DFT 进行比较。

4.19　编写 MATLAB 程序，观察序列 $x(n)=\mathrm{e}^{-0.08n}\sin(6.6\pi n/16)$（$0\leqslant n\leqslant 31$）的频谱。

(1) 计算序列 $x(n)$ 的 32 点 DFT，画出幅频特性，观察最高峰出现的位置是否正确，并分析原因。

(2) 将采样频率设为 $F_s=16\ \mathrm{kHz}$，计算序列 $x(n)$ 在单位圆上 $2\sim6\ \mathrm{kHz}$ 区间上的 32 点 CZT，观察最高峰出现的位置是否正确，并分析原因。

4.20　利用 8 点 FFT 分析以下序列 $x_1(n)$ 和 $x_2(n)$ 的幅频特性，观察二者的时域波形和幅频曲线，分析观察到的现象；对二者做 256 点 FFT，绘出幅频特性曲线分析观察到的现象。

$$x_1(n)=\begin{cases}n+1 & (0\leqslant n\leqslant 3)\\ 8-n & (4\leqslant n\leqslant 7),\\ 0 & (其他)\end{cases} x_2(n)=\begin{cases}4-n & (0\leqslant n\leqslant 3)\\ n-3 & (4\leqslant n\leqslant 7)\\ 0 & (其他)\end{cases}$$

4.21　设序列 $x_1(n)=\{2,3,4,5\}_{[0,3]}$ 和 $x_2(n)=\{-1,1,-1,1\}_{[0,3]}$，试用 MATLAB 编程从时域直接计算 $x_1(n)*x_2(n)$，以及利用 FFT 算法和 IFFT 算法从频域计算 $x_1(n)*x_2(n)$，验证线性卷积与循环卷积的关系。

易错题解答

第 5 章　数字滤波器概论

5.1　引　　言

数字滤波器与模拟滤波器的功能相似，都具有频率选择能力。设计合理的滤波器能够对某些频率的信号给予很小的衰减，使具有这些频率分量（如有用信号的频率分量）的信号比较顺利地通过，同时对其他不需要的频率分量（如噪声的频率分量）的信号给予较大幅度衰减，尽可能阻止这些信号通过。数字滤波器和模拟滤波器具有不同的实现方法，数字滤波器通过对输入信号进行数值运算的方法实现滤波，而模拟滤波器则用电阻、电容、电感及有源器件等构成电路对信号进行滤波。数字滤波器的输入、输出信号均为数字信号，相较于模拟滤波器，数字滤波器具有精度高、稳定性强、灵活度大、体积小、重量轻、不要求阻抗匹配等优点，甚至某些由模拟滤波器难以实现的特殊滤波功能也可以用数字滤波器实现。

本章主要介绍数字滤波器的定义、分类及实际滤波器的设计指标，并对常用的滤波器设计方法进行综述。

5.2　数字滤波器的定义和分类

5.2.1　数字滤波器的定义

数字滤波器（Digital Filter）通常是指一个用有限精度算法实现的离散 LTI 系统，它具有 LTI 系统的所有特性。根据离散 LTI 系统的频率响应 $H(e^{j\omega})$ 的定义，设数字滤波器的幅频响应为 $|H(e^{j\omega})|$，相频响应为 $\theta(\omega)$，则

$$H(e^{j\omega}) = |H(e^{j\omega})| e^{j\theta(\omega)}$$

其中，幅频响应反映信号通过该滤波器后各频率成分幅值的增减情况，相频响应反映各频率成分通过滤波器后在时间上的延时情况，二者共同决定滤波器的特性。

本教材主要讨论选频数字滤波器，其技术要求一般由幅频响应给出，相频响应常不作要求。但是，如果对滤波器的输出波形有要求，则需要考虑相频响应的技术要求，如语音合成、波形传输、图像处理等。在对输出波形有严格要求时，需要设计线性相位数字滤波器，这部分内容将在第 6 章介绍。

滤波器在某频率处的幅度增益（Gain）决定了滤波器对输入信号中某个频率分量的放大因子，增益可取任意值。如图 5.2.1 所示，增益高的频率范围称为滤波器的通带（Pass Band），增益低的频率范围称为滤波器的阻带（Stop Band）。对于选频滤波器而言，理想的

幅频响应呈矩形,即通带增益为 1,阻带增益为 0,完全不损失有用信号,且完全抑制其他信号。然而,理想滤波器在物理上不可实现,实际滤波器的幅频响应在通带和阻带的特性与图 5.2.1 类似。

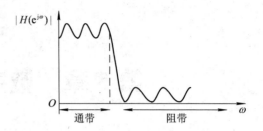

图 5.2.1 低通滤波器幅频响应示意图

数字滤波器的实现方式一般分为软件实现和硬件实现两种。软件实现指的是在通用计算机上执行滤波程序,这种方式灵活,但一般较难完成实时处理;硬件实现指的是在单片机、FPGA 或 DSP 芯片上实现。由于硬件运算速度快,可以实现实时处理,因此在实际系统中经常用硬件来实现各种数字滤波器。

差分方程法和卷积法是求数字滤波器输出的常用方法,前者用表示滤波器的差分方程计算输出,后者用卷积计算输出。卷积法在系统的单位脉冲响应 $h(n)$ 是有限长序列时使用。

5.2.2 数字滤波器的分类

数字滤波器因分类方法较多,故种类繁多,但总体可以分为两大类。一类是经典滤波器,即一般的线性滤波器。另一类是现代滤波器。现代滤波器的理论建立在随机信号处理理论的基础上,它利用随机信号的统计特性对信号进行滤波,如维纳滤波器、卡尔曼滤波器、自适应滤波器等。本教材主要介绍经典滤波器,其分类方法主要有以下两种。

1. 根据 $H(e^{j\omega})$ 的通带特性分类

与模拟滤波器一样,按滤波功能,数字滤波器分为低通、高通、带通和带阻等滤波器,相应的理想幅频响应如图 5.2.2 所示。需要注意的是,数字滤波器的频率响应 $H(e^{j\omega})$ 都是以 2π 为周期的,滤波器的低频频带处于 2π 的整数倍处,而高频频带处于 π 的奇数倍附近,这一点和模拟滤波器有较大区别。

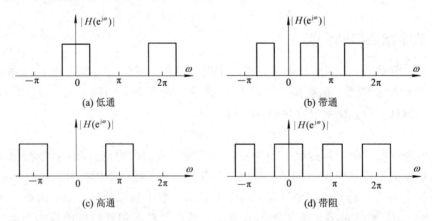

图 5.2.2 理想低通、带通、高通、带阻滤波器的幅频响应

2. 根据滤波器的实现方式分类

数字滤波器按实现的网络结构或者单位脉冲响应,可以分成无限脉冲响应(Infinite Impulse Response,IIR)数字滤波器(简称 IIR 滤波器)和有限脉冲响应(Finite Impulse Response,FIR)数字滤波器(简称 FIR 滤波器)。它们的系统函数分别为

$$H(z) = \frac{\sum_{i=0}^{M} b_i z^{-i}}{1 + \sum_{i=1}^{N} a_i z^{-i}} \tag{5.2.1}$$

$$H(z) = \sum_{i=0}^{M} h(i) z^{-i} \tag{5.2.2}$$

式(5.2.1)中的 $H(z)$ 称为 N 阶 IIR 滤波器的系统函数，式(5.2.2)中的 $H(z)$ 称为 M 阶 FIR 滤波器的系统函数。

1) IIR 系统(递归系统)

IIR 滤波器的差分方程为

$$y(n) = \sum_{i=0}^{M} b_i x(n-i) - \sum_{i=1}^{N} a_i y(n-i) \tag{5.2.3}$$

由于 $N \geqslant 1$，$y(n)$ 不仅与 $x(n-i)$ 有关，还与 $y(n-i)$ 有关，即系统存在着输出对输入的反馈，所以称为递归系统(Recursive System)。

又因为 $N \geqslant 1$ 时，$H(z)$ 在 z 平面上存在着极点，所以 $h(n)$ 为无限长序列，故递归系统也称为 IIR 滤波器。

2) FIR 系统(非递归系统)

FIR 滤波器的差分方程为

$$y(n) = \sum_{i=0}^{M} b_i x(n-i) \tag{5.2.4}$$

显然，该系统不存在输出对输入的反馈，故称为非递归系统(Nonrecursive System)。又因为 $h(n) = b_n (0 \leqslant n \leqslant M)$，$h(n)$ 为有限长序列，所以非递归系统也称为 FIR 系统。

IIR 系统和 FIR 系统的特性不同，实现方法不同，设计方法也不同，后续将详细介绍。

5.3　实际滤波器的设计指标

5.3.1　实际滤波器对理想滤波器的逼近

5.2 节中提到理想滤波器是物理上不可实现的。图 5.3.1 是截止频率为 ω_d 的理想低通滤波器的幅频响应，若相频响应 $\theta(\omega) = 0$，则由 ISFT 求得单位脉冲响应 $h(n)$ 为

$$h(n) = \frac{\sin(n\omega_d)}{n\pi} \tag{5.3.1}$$

$h(n)$ 随 n 的变化如图 5.3.2 所示。显然 $h(n)$ 是非因果、无限长序列，是物理上不可实现的。

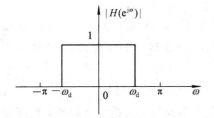

图 5.3.1　理想低通滤波器的幅频响应

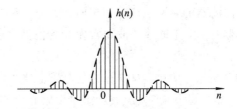

图 5.3.2　理想低通滤波器的 $h(n)$

实际应用中,常常从 $h(n)$ 中截取能够反映序列变化的部分值。图 5.3.3(a) 中,选择了 $n=0$ 附近的部分值,然后,将这些值右移得到实际滤波器的单位脉冲响应;图 5.3.3(b) 中,实际低通滤波器的单位脉冲响应序列长度为 33,截取 $h(n)$ 位于 $-16 \leqslant n \leqslant 16$ 的值后右移 16。

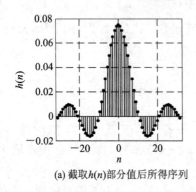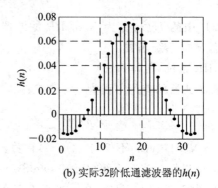

(a) 截取 $h(n)$ 部分值后所得序列 　　　　(b) 实际32阶低通滤波器的 $h(n)$

图 5.3.3　低通滤波器的单位脉冲响应

图 5.3.3(b) 中的序列不再具有理想的幅频响应,并且相频响应也发生了变化,详细的分析过程将在第 6 章讨论。总体而言,实际滤波器的幅频响应曲线不再是如图 5.3.1 所示的矩形,而是通带不再平坦、有过渡带且阻带衰减不为零的曲线,如图 5.3.4 所示。当然,在上述方法中,截取的值越多(滤波器的阶数越高),实际滤波器的幅频响应越接近理想特性。

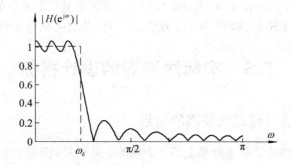

图 5.3.4　实际低通滤波器的幅频响应

以上论述以实际的 FIR 低通滤波器为例,而实际的 IIR 滤波器不具有理想频率响应。

5.3.2　实际滤波器的设计指标

当滤波器的频率响应非理想时,要用一些参数和技术指标描述其关键特性。在设计数字滤波器时,由于低通滤波器常作为其他类型滤波器的基础,因此以低通滤波器为例进行介绍。

如图 5.3.5 所示,滤波器的通带截止频率 ω_p(或称通带上限频率)定义了允许通过的频率范围,阻带截止频率 ω_s(或称阻带下限频率)定义了不允许通过的频率范围,低通滤波器的 ω_p 小于 ω_s。

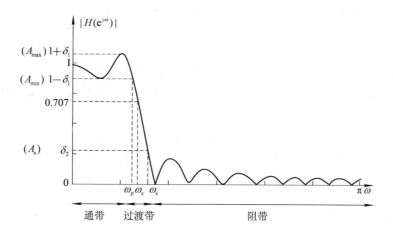

图 5.3.5 低通滤波器的技术指标

参数 δ_1 定义了通带波纹(Pass Band Ripple),即滤波器通带内偏离单位增益的最大值。参数 δ_2 定义了阻带波纹(Stop Band Ripple),即滤波器阻带内偏离零增益的最大值。参数 B_t 定义了过渡带宽度(Transition Width),即阻带下限和通带上限之间的距离,$B_t = |\omega_s - \omega_p|$。过渡带一般是单调下降的。

通带和阻带允许的衰减一般用 dB 表示,用 α_p 表示通带允许的最大衰减,用 α_s 表示阻带允许的最小衰减,则

$$\alpha_p = 20\lg \frac{A_{max}}{A_{min}} = 20\lg \frac{1+\delta_1}{1-\delta_1} \text{ (dB)} \qquad (5.3.2)$$

$$\alpha_s = 20\lg \frac{A_{max}}{A_s} = 20\lg \frac{1+\delta_1}{\delta_2} \text{ (dB)} \qquad (5.3.3)$$

式中,A_{max} 是通带内幅度的最大值,A_{min} 是通带内幅度的最小值,A_s 是阻带内幅度的最大值。

当 $\alpha_p = 3$ dB,即幅度下降到 A_{max} 的 0.707 或 $\sqrt{2}/2$ 时,对应的数字角频率称为 3 dB 通带截止频率 ω_c。如果滤波器为带通或带阻滤波器,则意味着增加了低端通(阻)带频率 $\omega_{pl}(\omega_{sl})$ 和高端通(阻)带频率 $\omega_{pu}(\omega_{su})$,如图 5.3.6 和图 5.3.7 所示。

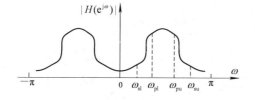
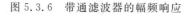

图 5.3.6 带通滤波器的幅频响应

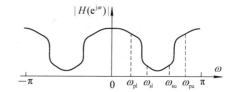

图 5.3.7 带阻滤波器的幅频响应

5.4 数字滤波器的设计方法

FIR 数字滤波器和 IIR 数字滤波器的设计方法完全不同。如 5.3.1 节所述,将理想低

通滤波器的单位脉冲响应 $h(n)$ 截取并移位得到有限长因果序列，如图 5.3.3(b)所示，以此可作为实际 FIR 滤波器的单位脉冲响应。这种方法是设计 FIR 数字滤波器的经典方法，它对理想滤波器的单位脉冲响应进行处理，称为窗函数法。由于窗函数法从时域改变理想滤波器，因此需要从相应的频谱变化中求出滤波器设计指标与时域截取、移位的关系。

除了从时域设计 FIR 数字滤波器，还有对频率响应进行处理的频率采样法和最优化设计法。

IIR 数字滤波器的设计方法主要依赖成熟的模拟滤波器设计方法，然后再从模拟滤波器的系统函数 $H_a(s)$ 转换到数字滤波器的系统函数 $H(z)$，其理论基础主要是与系统分析相关的知识点，重点是各种频率变换关系，具体的设计原理和设计方法将在第 7 章中详细论述。

虽然 FIR 数字滤波器和 IIR 数字滤波器的设计方法以及实现方法存在较大差异，但二者都能对信号进行滤波处理，实现各种通带特性的选频功能。从 5.3 节中可以看出，在设计选频滤波器的时候，设计指标都是对幅频响应提出的。实际上，不同的滤波器不仅幅频响应不同，相频响应也有区别。整体而言，当满足一定条件的时候 FIR 数字滤波器可以实现线性相位，而 IIR 数字滤波器的相频响应一般不是线性函数。

【例 5.4.1】 已知某 LTI 系统的差分方程为

$$y(n) = x(n) - 1.4695x(n-1) + 1.5625x(n-2) + 0.9405y(n-1) - 0.64y(n-2)$$

设输入序列为 $x(n) = \cos(0.1\pi n) + \cos(0.4\pi n)$，求系统的输出 $y(n)$。

解　用 MATLAB 编程求 $y(n)$，系统的频率响应如图 5.4.1 所示。该系统为全通滤波器，幅频响应为恒定的非零值，相频响应在 0 附近近似为线性，且数字角频率越大，非线性越明显。

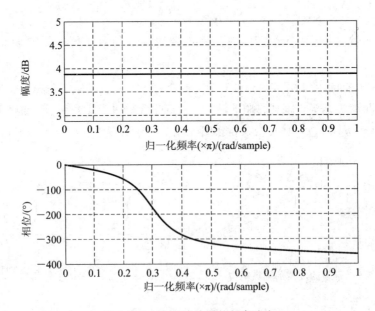

图 5.4.1　全通滤波器的频率响应

系统对输入序列所含频率分量的幅度增益相同，将 0.1π 和 0.4π 处的相频响应值代入输入序列后可求得输出序列。图 5.4.2 和图 5.4.3 是输入、输出序列的波形。

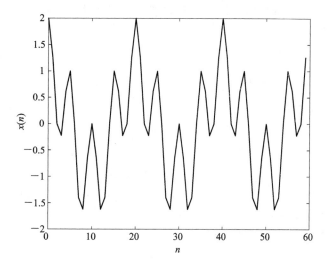

图 5.4.2 输入序列的波形

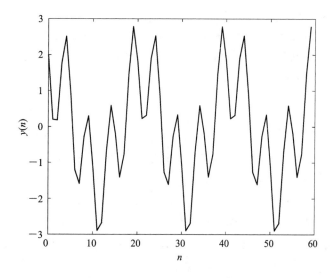

图 5.4.3 输出序列的波形

由已知条件可以看出,输入序列所含两个频率分量的初始相位都是 0,二者等幅且同相叠加后波形如图 5.4.2 所示。因为系统的相频响应不是线性函数,而且 0.4π 处的非线性更明显,所以两个频率分量之间的相位关系发生变化,叠加后的波形如图 5.4.3 所示。对比输入与输出序列的波形可以看出输出序列的波形比输入序列变化大。

数字滤波器的频率响应由幅频响应和相频响应共同决定,虽然选频滤波器更多关注幅频响应,但是实际中也需要观察、调整相频响应,使得滤波处理的效果达到使用要求。

习题与上机题

5.1 已知某数字滤波器的系统函数为
$$H(z) = 1 + z^{-1} + z^{-2} + \cdots + z^{-8}$$

求该滤波器的幅频响应和相频响应。若采样频率 $F_s = 1$ kHz，确定是否能通过该滤波器的模拟正弦信号的频率。

5.2 已知某数字滤波器的系统函数为

$$H(z) = \frac{1}{1 - 0.25z^{-1} - 0.125z^{-2}}$$

求该滤波器的幅频响应和相频响应，并判断该系统的滤波特性，若采样频率 $F_s = 1$ kHz，确定该滤波器的 3 dB 通带截止频率。

5.3 已知某数字滤波器的频率响应为

$$H(e^{j\omega}) = \begin{cases} 0 & (\omega_{d1} \leqslant |\omega| \leqslant \omega_{d2}) \\ 1 & (0 \leqslant |\omega| < \omega_{d1}, \ \omega_{d2} < |\omega| \leqslant \pi) \end{cases}$$

试求该滤波器的单位脉冲响应 $h(n)$。

5.4 已知某数字滤波器的频率响应为

$$H(e^{j\omega}) = \begin{cases} 1 & (\omega_d \leqslant |\omega| \leqslant \pi) \\ 0 & (0 \leqslant |\omega| < \omega_d) \end{cases}$$

试求该滤波器的单位脉冲响应 $h(n)$。

5.5 设理想低通滤波器的单位脉冲响应是 $h(n)$，其通带截止频率 $\omega_p = 0.1\pi$，且通带内的增益恒等于 1，判断以下系统的滤波特性，画出各滤波器的频率响应。

(1) $h_1(n) = h(n)\cos(0.25\pi n)$；

(2) $h_2(n) = \delta(n) - h(n)$；

(3) $h_3(n) = h_2(n) - (-1)^n h(n)$。

5.6 已知某实 LTI 系统的单位脉冲响应为 $h(n)$，设序列 $x(n)$ 输入该系统得到的输出序列为 $g(n)$，将 $g(-n)$ 输入该系统得到的输出序列为 $r(n)$，求输入为 $x(n)$、输出为 $y(n) = r(-n)$ 时的单位脉冲响应 $h_1(n)$ 及其频率响应 $H_1(e^{j\omega})$，并分析其幅频响应和相频响应的特点。

5.7 已知某离散时间 LTI 系统的零点为 $e^{\pm j0.2\pi}$ 和 $0.95e^{\pm j0.8\pi}$，极点为 $0.9e^{\pm j0.3\pi}$ 和 $0.95e^{\pm j0.5\pi}$，其系统函数 $H(z)$ 的系数 $A = 1$，求 $H(z)$，用 MATLAB 绘制幅频响应和相频响应，并判断该系统的滤波特性。

5.8 设理想低通滤波器的单位脉冲响应是 $h(n)$，其通带截止频率 $\omega_p = 0.25\pi$，通带内的增益恒等于 1，求 $h(n)$ 的闭式，并用 MATLAB 对比分析以不同长度对 $h(n)$ 截取时所得 FIR 滤波器的幅频响应。

5.9 已知 FIR 系统的单位脉冲响应 $h(n) = \{1, 2, 3, 4, 5, 6, 5, 4, 3, 2, 1\}_{[0, 10]}$，用 MATLAB 绘制该系统的幅频响应和相频响应，并标注第一副瓣的峰值，其中幅频响应需要归一化。

5.10 若全通系统的零点为 $1.25e^{\pm j0.3\pi}$，求其极点并用 MATLAB 绘制零极点图、幅频响应和相频响应，设输入 $x(n) = \cos(0.1\pi n) + \cos(\omega_0 n)$ 时系统的输出为 $y(n)$，其中，$0 \leqslant n \leqslant 59$，$\omega_0$ 分别取 0.05π 和 0.25π，对比 $y(n)$ 与 $x(n)$ 的波形差异。

第 6 章　FIR 数字滤波器

6.1　引　　言

在 FIR 数字滤波器(简称 FIR 滤波器)的系统函数 $H(z)=B(z)/A(z)$ 中,分母多项式 $A(z)$ 恒等于 1,即

$$H(z) = b_0 + b_1 z^{-1} + \cdots + b_M z^{-M} = \sum_{n=0}^{M} b_n z^{-n}$$

式中,隐含系数 $a_0 = 1$,且 b_0,b_1,$\cdots$,b_M 是单位脉冲响应 $h(n)$ 的 $M+1$ 个取值 $h(0)$,$h(1)$,$\cdots$,$h(M)$。

由于 FIR 数字滤波器只有零点和 $z=0$ 两个极点,因此这一类系统不像 IIR 数字滤波器那样容易取得比较好的通带与阻带衰减特性。对于 FIR 数字滤波器,要取得好的衰减特性,$H(z)$ 的阶数一般就会较高,即 M 较大。但 FIR 数字滤波器有自己突出的优点:其一是系统总是稳定的,其二是易实现线性相位,其三是允许设计多通带(或多阻带)滤波器。后两项都是 IIR 数字滤波器不易实现的。

FIR 数字滤波器的设计方法都是以逼近理想滤波器为出发点。例如,窗函数法是修改理想滤波器的单位脉冲响应 $h_d(n)$,频率采样法通过理想频率响应 $H_d(e^{j\omega})$ 的有限个采样值实现逼近,等波纹最佳逼近法基于优化理论进行设计。本章首先讨论 FIR 滤波器的线性相位特性,然后阐述上述设计方法的原理,重点关注不同设计方法的应用场合、性能对比以及 MATLAB 中相应函数的使用。

6.2　FIR 滤波器的线性相位特性

FIR 滤波器是指系统的单位脉冲响应 $h(n)$ 是有限长序列的滤波器。$N-1$ 阶 FIR 滤波器的系统函数 $H(z)$ 可表示为

$$H(z) = \sum_{n=0}^{N-1} h(n) z^{-n} \tag{6.2.1}$$

$H(z)$ 是 z^{-1} 的 $N-1$ 次多项式,它在 z 平面上有 $N-1$ 个零点,在原点 $z=0$ 处有 $N-1$ 个重极点。

根据 2.3 节关于系统稳定性的判定,FIR 数字滤波器是稳定的,其频率响应 $H(e^{j\omega})$ 为

$$H(e^{j\omega}) = \sum_{n=0}^{N-1} h(n) e^{-j\omega n} \tag{6.2.2}$$

由于 $H(e^{j\omega})$ 一般为复数,因此可将其表示成

$$H(e^{j\omega}) = |H(e^{j\omega})| e^{j\theta(\omega)} \tag{6.2.3}$$

式中，$|H(\mathrm{e}^{\mathrm{j}\omega})|$ 和 $\theta(\omega)$ 分别称为 FIR 滤波器的幅频响应和相频响应。$H(\mathrm{e}^{\mathrm{j}\omega})$ 线性相位是指 $\theta(\omega)$ 是 ω 的线性函数，即

$$\theta(\omega) = -\alpha\omega \qquad (6.2.4)$$

式中，α 为常数。此时通过这一系统的各频率分量的时延都为一个相同的常数，即系统的群时延：

$$\tau_g = -\frac{\mathrm{d}\theta(\omega)}{\mathrm{d}\omega} = \alpha \qquad (6.2.5)$$

它是一个与 ω 无关的常数，因此称系统 $H(z)$ 具有严格的线性相位。由于严格线性相位条件在数学上处理起来较为困难，因此在 FIR 滤波器设计中一般使用广义线性相位。若一个离散系统的频率响应 $H(\mathrm{e}^{\mathrm{j}\omega})$ 可以写为

$$H(\mathrm{e}^{\mathrm{j}\omega}) = H_g(\omega)\mathrm{e}^{\mathrm{j}(-\alpha\omega+\beta)} = H_g(\omega)\mathrm{e}^{\mathrm{j}\theta(\omega)} \qquad (6.2.6)$$

则称其为广义幅频响应，$\theta(\omega)$ 称为广义相频响应。式(6.2.6)中，α 和 β 是与 ω 无关的常数，$H_g(\omega)$ 为 ω 的实函数(可以取负值)，$\theta(\omega)$ 为

$$\theta(\omega) = -\alpha\omega + \beta \qquad (6.2.7)$$

当 $\beta=0$ 时，称满足式(6.2.7)的 ω 是第一类线性相位；当 $\beta\neq0$(一般 $\beta=-\pi/2$)时，称满足式(6.2.7)的 ω 是第二类线性相位。

满足第一类线性相位的条件：$h(n)$ 是关于 $(N-1)/2$ 偶对称的实序列，即

$$h(n) = h(N-1-n) \qquad (6.2.8)$$

满足第二类线性相位的条件：$h(n)$ 是关于 $(N-1)/2$ 奇对称的实序列，即

$$h(n) = -h(N-1-n) \qquad (6.2.9)$$

下面分别介绍 FIR 滤波器的第一类线性相位特性和第二类线性相位特性。

6.2.1 FIR 滤波器的第一类线性相位

FIR 滤波器满足第一类线性相位的条件是

$$h(n) = h(N-1-n)$$

由于 $h(n)$ 的点数 N 可分为奇数和偶数两种情况，因此第一类线性相位又可分为两类，下面分别进行讨论。

1. $h(n)$ 为偶对称，N 为奇数

$$H(\mathrm{e}^{\mathrm{j}\omega}) = H_g(\omega)\mathrm{e}^{\mathrm{j}\theta(\omega)} = \sum_{n=0}^{N-1} h(n)\mathrm{e}^{-\mathrm{j}\omega n}$$

$$= \sum_{n=0}^{(N-3)/2} h(n)\mathrm{e}^{-\mathrm{j}\omega n} + h\left(\frac{N-1}{2}\right)\mathrm{e}^{-\mathrm{j}\omega\left(\frac{N-1}{2}\right)} + \sum_{n=(N+1)/2}^{N-1} h(n)\mathrm{e}^{-\mathrm{j}\omega n}$$

$$= \sum_{n=0}^{(N-3)/2} h(n)\left[\mathrm{e}^{-\mathrm{j}\omega n} + \mathrm{e}^{-\mathrm{j}\omega(N-1-n)}\right] + h\left(\frac{N-1}{2}\right)\mathrm{e}^{-\mathrm{j}\omega\left(\frac{N-1}{2}\right)}$$

$$= \mathrm{e}^{-\mathrm{j}\omega\left(\frac{N-1}{2}\right)}\left\{\sum_{n=0}^{(N-3)/2} 2h(n)\cos\left[\omega\left(n-\frac{N-1}{2}\right)\right] + h\left(\frac{N-1}{2}\right)\right\} \qquad (6.2.10)$$

显然，相频响应为

$$\theta(\omega) = -\frac{N-1}{2}\omega \qquad (6.2.11)$$

满足第一类线性相位的条件，而

$$H_\mathrm{g}(\omega) = \sum_{n=0}^{(N-3)/2} 2h(n)\cos\left[\omega\left(n - \frac{N-1}{2}\right)\right] + h\left(\frac{N-1}{2}\right) \qquad (6.2.12)$$

由于 N 为奇数，因此 $(N-1)/2$ 为整数。由于 $\cos(n\omega)$ 在 $\omega=0$，π，2π 这些点处都是偶对称的，因此 $H_\mathrm{g}(\omega)$ 关于 $\omega=0$，π，2π 也是偶对称的，这种情况适合设计低通、高通、带通、带阻滤波器。当 $h(n)$ 为偶对称、N 为奇数时的单位脉冲响应、幅频响应及相频响应如表 6.2.1 中的情况 1 所示。

表 6.2.1　四种线性相位的 FIR 滤波器特性

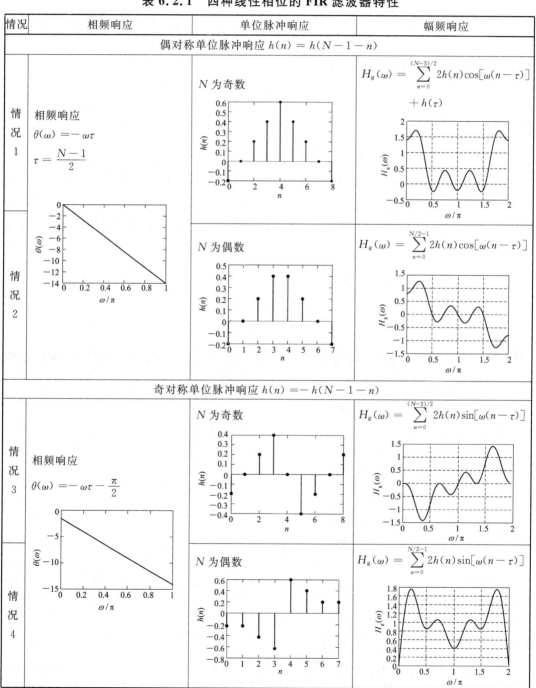

2. $h(n)$ 为偶对称，N 为偶数

采用类似的方法，可以得到

$$H(\mathrm{e}^{\mathrm{j}\omega}) = \sum_{n=0}^{N/2-1} h(n)\mathrm{e}^{-\mathrm{j}\omega n} + \sum_{n=0}^{N/2-1} h(N-1-n)\mathrm{e}^{-\mathrm{j}\omega(N-1-n)}$$

$$= \sum_{n=0}^{N/2-1} h(n)\left[\mathrm{e}^{-\mathrm{j}\omega n} + \mathrm{e}^{-\mathrm{j}\omega(N-1-n)}\right]$$

$$= \mathrm{e}^{-\mathrm{j}\omega\left(\frac{N-1}{2}\right)} \sum_{n=0}^{N/2-1} 2h(n)\cos\left[\omega\left(n-\frac{N-1}{2}\right)\right] \qquad (6.2.13)$$

其相频响应与 N 为奇数时相同，为

$$\theta(\omega) = -\frac{N-1}{2}\omega$$

而幅频响应为

$$H_{\mathrm{g}}(\omega) = \sum_{n=0}^{N/2-1} 2h(n)\cos\left[\omega\left(n-\frac{N-1}{2}\right)\right] \qquad (6.2.14)$$

由于 N 为偶数，因此 $(N-1)/2$ 为 0.5 的奇数倍。$\cos[\omega(n-1/2)]$ 关于 $\omega=\pi$ 奇对称，当 $\omega=\pi$ 时，$\cos[\omega(n-1/2)]=0$，因此 $H_{\mathrm{g}}(\pi)=0$，即 $H(z)$ 在 $z=-1$ 处必然有一个零点，而且 $H_{\mathrm{g}}(\omega)$ 关于 $\omega=\pi$ 奇对称，如表 6.2.1 中的情况 2 所示。因此，这种情况不适合设计高通和带阻滤波器。

6.2.2　FIR 滤波器的第二类线性相位

FIR 滤波器满足第二类线性相位的条件是

$$h(n) = -h(N-1-n)$$

由于 $h(n)$ 的点数 N 可分为奇数和偶数两种情况，因此第二类线性相位同样可以分为两类，下面分别进行讨论。

1. $h(n)$ 为奇对称，N 为奇数

在这种情况下，$h(n)$ 的中间项 $h((N-1)/2)$ 必须为 0，因此

$$H(\mathrm{e}^{\mathrm{j}\omega}) = \sum_{n=0}^{(N-3)/2} h(n)\mathrm{e}^{-\mathrm{j}\omega n} + \sum_{n=(N+1)/2}^{N-1} h(n)\mathrm{e}^{-\mathrm{j}\omega n}$$

$$= \sum_{n=0}^{(N-3)/2} h(n)\left[\mathrm{e}^{-\mathrm{j}\omega n} - \mathrm{e}^{-\mathrm{j}\omega(N-1-n)}\right]$$

$$= \mathrm{e}^{-\mathrm{j}\left[\omega\left(\frac{N-1}{2}\right)+\frac{\pi}{2}\right]} \sum_{n=0}^{(N-3)/2} 2h(n)\sin[\omega(n-(N-1)/2)] \qquad (6.2.15)$$

此时的相频响应为

$$\theta(\omega) = -\frac{\pi}{2} - \frac{N-1}{2}\omega \qquad (6.2.16)$$

满足第二类线性相位条件，而幅频响应为

$$H_{\mathrm{g}}(\omega) = \sum_{n=0}^{(N-3)/2} 2h(n)\sin\left[\omega\left(n-\frac{N-1}{2}\right)\right] \qquad (6.2.17)$$

由于 $\sin(\omega n)$ 在 $\omega = 0$，π，2π 处都为 0，因此 $H_g(\omega)$ 在 $\omega = 0$，π，2π 处也为 0，即 $H(z)$ 在 $z = \pm 1$ 处都有零点，并且 $H_g(\omega)$ 关于 $\omega = 0$，π，2π 奇对称，如表 6.2.1 中的情况 3 所示。因此，该类型滤波器不适合设计低通、高通和带阻滤波器，只适合设计带通滤波器。

2. $h(n)$ 为奇对称，N 为偶数

类似于上述方法，可以得到

$$H(e^{j\omega}) = e^{-j\left[\omega\left(\frac{N-1}{2}\right) + \frac{\pi}{2}\right]} \sum_{n=0}^{N/2-1} 2h(n) \sin\left[\omega\left(n - \frac{N-1}{2}\right)\right] \qquad (6.2.18)$$

其相频响应为

$$\theta(\omega) = -\frac{\pi}{2} - \frac{N-1}{2}\omega$$

而幅频响应为

$$H_g(\omega) = \sum_{n=0}^{N/2-1} 2h(n) \sin\left[\omega\left(n - \frac{N-1}{2}\right)\right] \qquad (6.2.19)$$

由于 $\sin[\omega(n-1/2)]$ 在 $\omega = 0$，2π 处为 0，因此 $H_g(\omega)$ 在 $\omega = 0$，2π 处也为 0，即 $H(z)$ 在 $z = 1$ 上有零点，且 $H(z)$ 关于 $\omega = 0$，2π 奇对称，如表 6.2.1 中的情况 4 所示。

$h(n)$ 为奇对称的两种情况，其相频响应都含有 $\pi/2$ 的相移，即通过该滤波器的信号包含的所有频率都要相移 $\pi/2$，因此第二类线性相位 FIR 滤波器一般用于正交移相器或微分器。

综上所述，FIR 滤波器的单位脉冲响应只要满足对称条件，就具有线性相位特性。

6.2.3　线性相位 FIR 滤波器的零点特性

由于线性相位 FIR 滤波器的单位脉冲响应具有对称特性，即

$$h(n) = \pm h(N-1-n)$$

则

$$H(z) = \sum_{n=0}^{N-1} h(n) z^{-n} = \pm \sum_{n=0}^{N-1} h(N-1-n) z^{-n}$$

将 $m = N-1-n$ 代入上式，得

$$H(z) = \pm \sum_{m=0}^{N-1} h(m) z^{-(N-1-m)} = \pm z^{-(N-1)} \sum_{m=0}^{N-1} h(m) z^m \qquad (6.2.20)$$

因此，其系统函数满足以下关系：

$$H(z) = \pm z^{-(N-1)} H(z^{-1}) \qquad (6.2.21)$$

可以看出，若 $z = z_i$ 是 $H(z)$ 的零点，则 $z = 1/z_i$ 也一定是 $H(z)$ 的零点。

由于 $h(n)$ 是实数，$H(z)$ 的零点必然共轭成对出现，所以 $z = z_i^*$ 及 $z = 1/z_i^*$ 也必定是零点。z_i 的位置有四种可能的情况：① z_i 既不在实轴上，也不在单位圆上，此时零点是互为倒数的两组共轭对，如图 6.2.1(a) 所示；② z_i 在单位圆上，但不在实轴上，此时零点为一对共轭零点，如图 6.2.1(b) 所示；③ z_i 在实轴上，但不在单位圆上，这是实数零点，没有复共轭部分，只有倒数部分，倒数也在实轴上，如图 6.2.1(c) 所示；④ z_i 既在单位圆

上，又在实轴上，此时只有一个零点，并且只有两种可能，即 $z_i = 1$ 或者 $z_i = -1$，如图 6.2.1(d)所示。

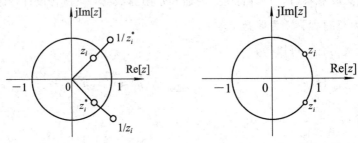

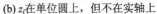

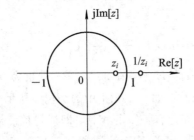
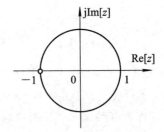

(a) z_i 既不在单位圆上，也不在实轴上　　　　(b) z_i 在单位圆上，但不在实轴上

(c) z_i 在实轴上，但不在单位圆上　　　　(d) z_i 既在单位圆上，又在实轴上

图 6.2.1　线性相位 FIR 滤波器的四种 z_i 位置的情况

从幅频响应的讨论中已经知道，对于表 6.2.1 中的情况 2($h(n)$ 偶对称，N 为偶数)，$H_g(\pi) = 0$，故必有单根 $z_i = -1$；对于情况 4($h(n)$ 奇对称，N 为偶数)，$H_g(0) = 0$，故必有单根 $z_i = 1$；对于情况 3($h(n)$ 奇对称，N 为奇数)，$H_g(0) = H(\pi) = 0$，故 $z_i = 1$ 及 $z_i = -1$ 都为零点。

线性相位 FIR 滤波器是 FIR 滤波器中最重要的一类。在以下的讨论中如需要设计线性相位 FIR 滤波器，必须遵循本节所讨论的约束条件。

6.3　用窗函数法设计 FIR 滤波器

窗函数法的基本思想是用数字 FIR 滤波器去逼近理想的滤波特性。由第 5 章可知，一个理想滤波器的脉冲响应 $h_d(n)$ 是无限长的非因果序列，因此理想滤波器不能在物理上实现，但可以近似实现。从 5.3.1 节中知道，将脉冲响应 $h_d(n)$ 两边值很小的采样点截去，使其变为有限长，再通过向右移动变为因果序列 $h(n)$。窗函数法就是选择合适的窗函数截取 $h_d(n)$，使之变成 FIR 滤波器的单位脉冲响应 $h(n)$。窗函数法所截取的长度和窗函数的类型都直接影响滤波器的指标。本节首先介绍用窗函数法设计 FIR 滤波器的基本过程及性能分析，然后介绍几种常用的窗函数，最后给出窗函数法设计 FIR 滤波器的 MATLAB 实例。

6.3.1　窗函数法设计 FIR 滤波器的基本方法

1. 具体设计步骤

具体设计步骤如下：

（1）以低通线性相位 FIR 数字滤波器为例，构造希望逼近的理想频率响应函数 $H_d(e^{j\omega})$，如图 6.3.1 所示。设其通带截止频率为 ω_d，相频响应的常系数为 0，计算式为

$$H_d(e^{j\omega}) = \begin{cases} 1 & (|\omega| \leqslant \omega_d) \\ 0 & (\omega_d < |\omega| \leqslant \pi) \end{cases} \tag{6.3.1}$$

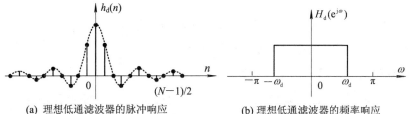

（a）理想低通滤波器的脉冲响应　　　　　（b）理想低通滤波器的频率响应

图 6.3.1　理想低通线性相位 FIR 数字滤波器的 $h_d(n)$ 和 $H_d(e^{j\omega})$

（2）求出 $h_d(n)$。对 $H_d(e^{j\omega})$ 进行 ISFT 得到

$$h_d(n) = \frac{1}{2\pi} \int_{-\omega_d}^{\omega_d} e^{j\omega n} d\omega = \frac{\sin(\omega_d n)}{\pi n} \tag{6.3.2}$$

（3）移位。把 $h_d(n)$ 向右移 M 位（$M = (N-1)/2$，N 为 FIR 滤波器单位脉冲序列的长度，$N-1$ 为该滤波器的阶数），得到 $h_d(n-M)$，如图 6.3.2 所示。

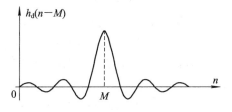

图 6.3.2　移位后的 $h_d(n)$ 示意图

（4）加窗得到线性相位数字 FIR 滤波器的单位脉冲响应 $h(n)$ 为

$$h(n) = h_d(n-M)w(n) \tag{6.3.3}$$

式中，$w(n)$ 称为窗函数，其长度为 N。如果要设计第一类线性相位 FIR 滤波器，则要求 $h(n)$ 关于 M 点偶对称，同时要求 $w(n)$ 关于 M 点偶对称。各种常用窗函数都满足这种偶对称要求。

若构造 $H_d(e^{j\omega})$ 为式（6.3.1）表示的线性相位理想低通频率响应函数，其中 $\omega_d = \pi/4$。窗函数选择矩形窗，即 $w(n) = w_R(n) = R_N(n)$，窗长 $N = 31$，则有

$$h(n) = h_d(n-15)w_R(n), \quad H(e^{j\omega}) = \text{SFT}[h(n)]$$

$h(n)$ 及其幅频响应分别如图 6.3.3 所示。

由图 6.3.3 可见，由于加窗移位使 $h(n) \neq h_d(n)$，因此 $H(e^{j\omega}) \neq H_d(e^{j\omega})$，存在误差。

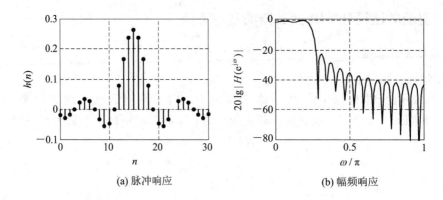

(a) 脉冲响应　　　　　　　(b) 幅频响应

图 6.3.3　用矩形窗函数设计的 FIR 滤波器的脉冲响应和幅频响应

下面讨论引起误差的因素和逼近误差的定量估计。

2. 加窗移位对滤波器频率响应的影响

为了分析加窗处理对滤波器频率特性的影响，我们首先了解矩形窗函数的频谱结构。

1) 矩形窗函数 $w_R(n)$ 的谱

矩形窗函数的时域表达式为

$$w_R(n) = \begin{cases} 1 & (0 \leqslant n \leqslant N-1) \\ 0 & (其他) \end{cases} \tag{6.3.4}$$

对窗函数 $w_R(n)$ 做序列傅里叶变换，得其频谱为

$$W_R(e^{j\omega}) = \sum_{n=0}^{N-1} w_R(n)e^{-j\omega n} = e^{-j\omega \frac{N-1}{2}} \frac{\sin(\omega N/2)}{\sin(\omega/2)} \tag{6.3.5}$$

将 $W_R(e^{j\omega})$ 用广义幅频响应和广义相频响应来表示，即

$$W_R(e^{j\omega}) = W_R(\omega)e^{-j\omega\alpha} \tag{6.3.6}$$

式中，相频响应是时延 $\alpha = (N-1)/2$ 的线性相位，只影响 FIR 滤波器的相位；幅频响应 $W_R(\omega)$ 如式(6.3.7)所示，它会影响 FIR 滤波器的幅频响应。

$$W_R(\omega) = \frac{\sin(\omega N/2)}{\sin(\omega/2)} \tag{6.3.7}$$

矩形窗函数及其幅频响应如图 6.3.4 所示。矩形窗的幅频响应在 $[0, \pi]$ 内有 $N/2$ 个波瓣(包括主瓣的半个)；主瓣的峰值最大，旁瓣峰值逐渐减小；主瓣宽度 B_m($-2\pi/N \sim 2\pi/N$ 两零点间的宽度)为 $4\pi/N$，旁瓣的宽度 B_s 为 $2\pi/N$；每个瓣的面积 S_k 近似为常数，且与窗

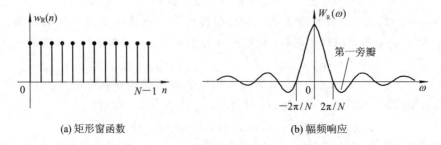

(a) 矩形窗函数　　　　　　　(b) 幅频响应

图 6.3.4　矩形窗函数 $w_R(n)$ 及其广义幅频响应 $W_R(\omega)$

长 N 无关。若命名主瓣两侧的旁瓣依次为第一旁瓣，第二旁瓣，…，第 k 旁瓣，则随着 k 增加，旁瓣面积 S_k 逐渐减小。

2）移位对滤波器频率响应的影响

为使 FIR 滤波器为因果系统，需要将 $h_d(n)$ 移位，即

$$h(n) = h_d(n-M)$$

对 $h(n)$ 求序列傅里叶变换（SFT），得

$$H(e^{j\omega}) = SFT[h(n)] = H_d(e^{j\omega})e^{-jM\omega} \tag{6.3.8}$$

显然，对滤波型滤波器移位不影响滤波器的幅频响应，只是增加了一个输出时延 M。下面重点讨论移位对移相型滤波器的影响。

理想滤波器除了如图 6.3.1(b) 所示的滤波型滤波器外，还有一种移相型滤波器（简称移相器）。移相型滤波器不改变信号的幅度，仅改变相位，如相移为 $\pi/2$ 的理想正交移相器的频率响应为

$$|H_d(e^{j\omega})| = \begin{cases} 1 & (0 < |\omega| < \pi) \\ 0 & (\omega = 0, \pm\pi) \end{cases}$$

且

$$\theta(\omega) = \begin{cases} -\pi/2 & (0 < \omega < \pi) \\ 0 & (\omega = 0, \pm\pi) \\ \pi/2 & (-\pi < \omega < 0) \end{cases} \tag{6.3.9}$$

由此可得

$$H_d(e^{j\omega}) = \begin{cases} -j & (0 < \omega < \pi) \\ 0 & (\omega = 0, \pm\pi) \\ j & (-\pi < \omega < 0) \end{cases} \tag{6.3.10}$$

该理想正交移相器的频率响应如图 6.3.5 所示。

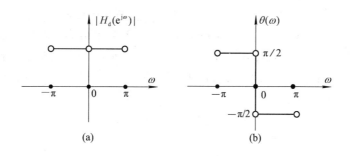

图 6.3.5　理想正交移相型滤波器的频率响应

设信号 $x(n)$ 经过理想正交移相器的输出为 $\hat{x}(n)$，由于 $\hat{x}(n)$ 与 $x(n)$ 正交，因此可以组成复信号 $y(n) = x(n) + j\hat{x}(n)$。但是，加窗移位对理想正交移相器的影响使得实际移相器的输出 $\hat{x}'(n)$ 除了相移 $\pi/2$ 外，还增加了一个输出时延 M，即 $\hat{x}'(n) = \hat{x}(n-M)$，因此实际移相器的输出应与 $x(n-M)$ 正交。图 6.3.6 所示的模型可以用于产生相互正交的信号。

图 6.3.6 中的 $M(M=(N-1)/2)$ 必须为整数，所以 N 必须为奇数，只有用表 6.2.1 中的情况 3 所对应的相频响应和幅频响应才能满足式（6.3.9）要求的奇对称 90° 移相特性。

图 6.3.6　用移相器产生正交信号

3) 截短对频率响应的影响(吉布斯(Gibbs)效应)

由于移位不影响滤波器的幅频响应，因此我们只考虑加窗后 $h(n)$ 幅频响应的变化。对式(6.3.3)进行傅里叶变换，根据卷积公式，可得

$$H(e^{j\omega}) = \frac{1}{2\pi} \int_{-\pi}^{\pi} H_d(e^{j\theta}) W_R(e^{j(\omega-\theta)}) e^{-j\theta M} d\theta \tag{6.3.11}$$

令 $H_d(e^{j\omega}) = H_d(\omega)$ (相频响应的常系数为 0)，$W_R(e^{j\omega}) = W_R(\omega) e^{-j\omega M}$ (矩形窗的长度为 $N=2M+1$)，则

$$H(e^{j\omega}) = \frac{1}{2\pi} \int_{-\pi}^{\pi} H_d(\theta) e^{-j\theta M} W_R(\omega-\theta) e^{-j(\omega-\theta)M} d\theta$$

$$= e^{-j\omega M} \left[\frac{1}{2\pi} \int_{-\pi}^{\pi} H_d(\theta) W_R(\omega-\theta) d\theta \right]$$

若将 $H(e^{j\omega})$ 写成

$$H(e^{j\omega}) = H(\omega) e^{-j\omega M}$$

则实际 FIR 滤波器的幅频响应 $H(\omega)$ 为

$$H(\omega) = \frac{1}{2\pi} \int_{-\pi}^{\pi} H_d(\theta) W_R(\omega-\theta) d\theta \tag{6.3.12}$$

可见，对实际 FIR 滤波器的幅频响应 $H(\omega)$ 起影响的是窗函数的幅频响应 $W_R(\omega)$。

式(6.3.12)的卷积过程可用图 6.3.7 来说明，只要看几个特殊的频率点，就可以看出 $H(\omega)$ 的一般情况。特别要注意卷积过程给 $H(\omega)$ 造成的起伏现象。

(1) 当 $\omega=0$ 时，根据式(6.3.12)，幅频响应 $H(0)$ 应该是 $H_d(\theta)$ 与 $W_R(-\theta)$ 两个函数乘积的积分，见图 6.3.7(a)，其值是 $W_R(-\theta)$ 在 $-\omega_d$ 到 ω_d 一段内的积分面积。由于一般情况下都满足 $\omega_d \gg 2\pi/N$，因此 $H(0)$ 可以近似看成是 θ 从 $-\pi$ 到 π 的 $W_R(-\theta)$ 的全部积分面积。将 $H(0)$ 值归一化到 1。

(2) 当 $\omega=\omega_d$ 时，$W_R(\omega-\theta)$ 约一半主瓣落在 $H_d(\theta)$ 的通带 $|\omega| \leqslant \omega_d$ 之内，如图 6.3.7(b)所示，$H(\omega_d)/H(0)=0.5$。

(3) 当 $\omega=\omega_d-2\pi/N$ 时，$W_R(\omega-\theta)$ 的全部主瓣都在 $H_d(\theta)$ 的通带 $|\omega| \leqslant \omega_d$ 之内，但由于最大的第一旁瓣移出积分区间所示，因此卷积结果有最大值，幅频响应在该位置出现正肩峰 $H(\omega_d-2\pi/N)$，如图 6.3.7(c)所示。

(4) 当 $\omega=\omega_d+2\pi/N$ 时，$W_R(\omega-\theta)$ 的全部主瓣都在 $H_d(\theta)$ 的通带之外，如图 6.3.7(d)所示。由于通带内第一旁瓣起着主导作用，使得负的面积大于正的面积，因而 $H(\omega_d+2\pi/N)$ 为负的最大值，幅频响应出现负的肩峰。

(5) 当 $\omega>\omega_d+2\pi/N$ 时，随着 ω 的增加，$W_R(\omega-\theta)$ 左边旁瓣的起伏部分将扫过通带，卷积值也将随 $W_R(\omega-\theta)$ 的旁瓣在通带内面积的变化而变化，故 $H(\omega)$ 将围绕着零值而出现正负波动。卷积得到的 $H(\omega)$ 就如图 6.3.7(e)所示。

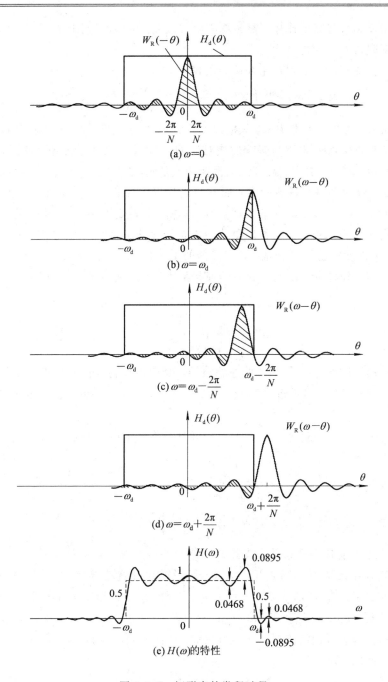

图 6.3.7　矩形窗的卷积过程

综上所述，加窗处理对理想滤波器的频率响应产生以下几点影响：

(1) 当 $\omega_d = (\omega_p + \omega_s)/2$ 时，滤波器在 ω_d 处的值衰减 6 dB。

(2) 理想的 $H_d(\omega)$ 在通带截止频率 ω_d 处的间断点变成了连续曲线，从而使 $H(\omega)$ 出现一个过渡带，其宽度取决于窗函数的主瓣宽度，对于矩形窗 $W_R(\omega)$，其主瓣宽度等于 $4\pi/N$。注意，这里所说的过渡带是指两个肩峰之间的宽度，与滤波器的真正过渡带还有一些区别。也就是说，滤波器的过渡带比这个数值($4\pi/N$)要小。

(3) 由于窗函数旁瓣的作用,幅频响应出现波动。旁瓣所包围的面积越大,通、阻带波动幅度越大,阻带衰减随之减少。

(4) 增加截取长度 N,则在主瓣附近的窗的频率响应为

$$W_R(\omega) = \frac{\sin(\omega N/2)}{\sin(\omega/2)} \approx N \frac{\sin(N\omega/2)}{N\omega/2} = N \frac{\sin x}{x} \qquad (6.3.13)$$

式中,$x = N\omega/2$。可见,要改变 N,只能改变窗谱的主瓣宽度、ω 坐标的比例以及 $W_R(\omega)$ 的绝对值大小,但不能改变主瓣与旁瓣的相对比例(当然,N 太小会影响旁瓣的相对值),这个相对比例由 $\sin x/x$ 来决定,或者说只由窗函数的形状来决定。因而,当截取长度 N 增加时,主瓣变窄,这只会减小过渡带宽,而不会改变肩峰的相对值。例如,在矩形窗情况下,最大相对肩峰值为 8.95%,N 增大时,$2\pi/N$ 减小,故起伏振荡变密,最大肩峰则总是 8.95%,如图 6.3.7(e)所示,这种现象称为吉布斯(Gibbs)效应。窗谱肩峰的大小会影响到 $H(\omega)$ 通带的平坦度和阻带的衰减,对滤波器的影响很大。根据 5.3.2 小节中有关滤波器指标的定义,用矩形窗截断,得到的滤波器通带最大衰减和阻带最小衰减为

$$\alpha_p = 20\lg \frac{1 + 0.0895}{1 - 0.0468} = 1.16 \text{ dB}$$

$$\alpha_s = 20\lg \frac{1 + 0.0895}{0.0895} = 21.71 \text{ dB}$$

【例 6.3.1】 试设计一个 FIR 低通滤波器,要求指标为:通带截止频率 $\omega_p = 0.5\pi$,阻带起始频率 $\omega_s = 0.54\pi$,阻带最小衰减 $\alpha_s \geqslant 20$ dB。求 FIR 数字低通滤波器的单位脉冲响应 $h(n)$。

解 第一步,求理想低通滤波器的单位脉冲响应 $h_d(n)$。根据式(6.3.2),有

$$h_d(n) = \frac{\sin \omega_d n}{\pi n}$$

将 $\omega_d = 0.5(\omega_p + \omega_s) = 0.52\pi$ 代入,得

$$h_d(n) = \frac{\sin 0.52\pi n}{\pi n}$$

第二步,选择截取理想低通滤波器单位脉冲响应的窗,并确定窗长。因为 $\alpha_s \geqslant 20$ dB,矩形窗的阻带最小衰减为 21.71 dB,所以选矩形窗即可满足指标。

由于要求过渡带带宽 $B_t = \omega_s - \omega_p = 0.04\pi$,因此只要矩形窗的主瓣宽度小于过渡带宽度即可满足指标。所以有 $B_t = 0.04\pi \geqslant 4\pi/N$,即 $N \geqslant 100$。选 $N = 101$,此时 $M = 50$。

第三步,将理想低通滤波器的单位脉冲响应移位 $h_d(n-M)$。

第四步,截取,则

$$h(n) = \frac{\sin 0.52\pi(n-50)}{\pi(n-50)} \quad (0 \leqslant n \leqslant 100)$$

6.3.2 常用窗函数的频谱特点及选择原则

由于矩形窗截断产生的肩峰为 8.95%,因此用矩形窗设计出的滤波器的阻带最小衰减为 21.71 dB。这个衰减量在实际工程应用中常常是不够的。由前面的分析可知,阻带的衰减是由窗函数旁瓣的面积确定的,可以通过选用旁瓣幅度较小的窗函数来提高 FIR 滤波器在阻带的衰减。

由于矩形窗幅度在时域存在由 0 到 1 以及由 1 到 0 的跳变，因此矩形窗的频谱有较多高频分量，其旁瓣的相对幅度比较大。为了减小窗函数旁瓣的幅度，可选用在时域幅度较平滑的窗函数。这类窗函数的特点是减小了窗函数旁瓣的相对幅度，增加了主瓣的宽度。所以这是以增加过渡带宽度为代价来提高 FIR 滤波器的阻带衰减的。

1. 窗函数的选择原则

由 6.3.1 小节分析可知，一般希望窗函数满足以下两项要求：① 窗函数频谱的主瓣尽可能窄，以获得较陡的过渡带；② 尽量减少窗函数频谱的最大旁瓣的幅度，也就是将能量尽量集中于主瓣，使肩峰和波纹幅度减小，增大阻带衰减。但是在实际设计滤波器时，这两项指标要求是不能同时满足的，往往是增加了阻带衰减的同时也增加了过渡带宽。下面介绍几种典型的窗函数及其幅频响应，并给出用这些窗函数设计 FIR 滤波器的性能指标。

2. 窗函数介绍

1）矩形窗

矩形窗（Rectangle Window）的时域及频域特性在 6.3.1 小节已详细讨论过，现归纳如下：

$$w_{\text{R}}(n) = R_N(n) \quad (0 \leqslant n \leqslant N-1)$$

$$W_{\text{R}}(e^{j\omega}) = \frac{\sin(\omega N/2)}{\sin(\omega/2)} e^{-j\omega(N-1)/2} = W_{\text{R}}(\omega) e^{-j\omega(N-1)/2}$$

为了方便描述，定义窗函数的几个参数。

旁瓣峰值 α_n：窗函数的广义幅频响应 $W_{\text{R}}(\omega)$ 最大旁瓣的最大值相对于主瓣最大值的衰减（dB）。

过渡带宽度 B_t：用窗函数设计的 FIR 数字滤波器的过渡带的宽度。当矩形窗的长度 $N=31, 51, 71$ 时，矩形窗函数的幅频响应如图 6.3.8(a)、(b) 和 (c) 所示。

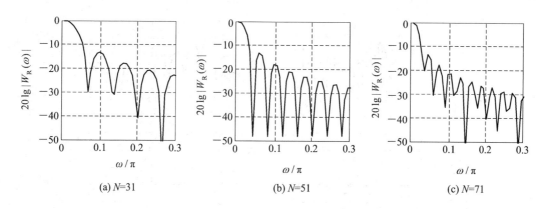

(a) $N=31$　　　　　　　　(b) $N=51$　　　　　　　　(c) $N=71$

图 6.3.8　矩形窗长度 N 对幅频响应主瓣宽度的影响

由图 6.3.8 可以看出，矩形窗的主瓣宽度与 N 成反比，但是旁瓣峰值并不随 N 的增大而减小，即如果用矩形窗来截取理想滤波器的单位脉冲响应，则窗长 N 的增大并不能增大滤波器的阻带衰减，但窗长的增加会带来远离通带的阻带衰减增加。因此，要改善阻带衰减的特性，必须选择其他类型的窗函数。图 6.3.9 所示为用矩形窗（$N=31$）截取理想低通滤波器（$\omega_d = 0.5\pi$）后所得的 FIR 低通滤波器的单位脉冲响应和幅频响应。参数 $\alpha_n =$

-13 dB, $B_{\text{m}}=4\pi/N$, $B_{\text{t}}=4\pi/N$, $\alpha_{\text{s}}=21.71$ dB。

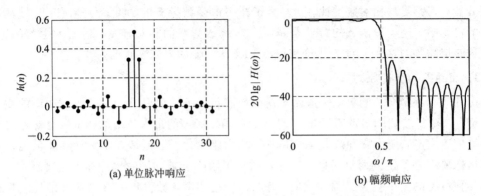

(a) 单位脉冲响应   (b) 幅频响应

图 6.3.9　用矩形窗设计的 FIR 低通滤波器的单位脉冲响应和幅频响应

2）三角窗

三角窗（Bartlett Window）的表达式为

$$w_{\text{B}}(n) = \begin{cases} \dfrac{2n}{N-1} & \left(0 \leqslant n \leqslant \dfrac{N-1}{2}\right) \\ 2 - \dfrac{2n}{N-1} & \left(\dfrac{N-1}{2} < n \leqslant N-1\right) \end{cases} \qquad (6.3.14)$$

$$W_{\text{B}}(\text{e}^{\text{j}\omega}) = \frac{2}{N}\left[\frac{\sin(\omega N/4)}{\sin(\omega/2)}\right]^2 \text{e}^{-\text{j}\omega(N-1)/2} = W_{\text{B}}(\omega)\text{e}^{-\text{j}\omega(N-1)/2} \qquad (6.3.15)$$

$$W_{\text{B}}(\omega) = \frac{2}{N}\left[\frac{\sin(\omega N/4)}{\sin(\omega/2)}\right]^2 \qquad (6.3.16)$$

　　三角窗（$N=31$）的四种波形如图 6.3.10 所示，其参数为 $\alpha_n = -25$ dB，$B_{\text{m}}=B_{\text{t}}=8\pi/N$，$\alpha_{\text{s}}=25$ dB。

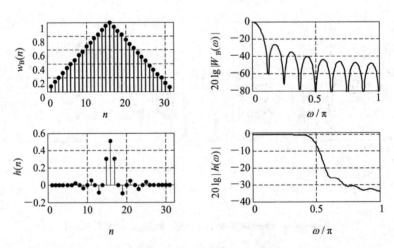

图 6.3.10　三角窗的四种波形

3）汉宁窗——升余弦窗

汉宁窗（Hanning Window）的表达式为

$$w_{\text{Hn}}(n) = \frac{1}{2}\left[1 - \cos\left(\frac{2\pi n}{N-1}\right)\right]R_N(n) \qquad (6.3.17)$$

利用 SFT 的调制特性并代入三角函数的欧拉公式，可得

$$W_{Hn}(e^{j\omega}) = SFT[w_{Hn}(n)]$$

$$= 0.5W_R(\omega)e^{-j\left(\frac{N-1}{2}\right)\omega} - 0.25\left[W_R\left(\omega - \frac{2\pi}{N-1}\right)e^{-j\left(\frac{N-1}{2}\right)\left(\omega - \frac{2\pi}{N-1}\right)} + \right.$$

$$\left. W_R\left(\omega + \frac{2\pi}{N-1}\right)e^{-j\left(\frac{N-1}{2}\right)\left(\omega + \frac{2\pi}{N-1}\right)}\right]$$

$$= \left\{0.5W_R(\omega) + 0.25\left[W_R\left(\omega - \frac{2\pi}{N-1}\right) + W_R\left(\omega + \frac{2\pi}{N-1}\right)\right]\right\}e^{-j\frac{N-1}{2}\omega}$$

$$= W_{Hn}(\omega)e^{-j\frac{N-1}{2}\omega} \tag{6.3.18}$$

当 $N \gg 1$ 时，$N-1 \approx N$，因此幅频响应近似为

$$W_{Hn}(\omega) = 0.5W_R(\omega) + 0.25\left[W_R\left(\omega - \frac{2\pi}{N}\right) + W_R\left(\omega + \frac{2\pi}{N}\right)\right] \tag{6.3.19}$$

这三部分之和使旁瓣互相抵消，能量更集中在主瓣，如图 6.3.11 所示，但代价是主瓣宽度比矩形窗的主瓣宽度增加一倍，即为 $8\pi/N$。

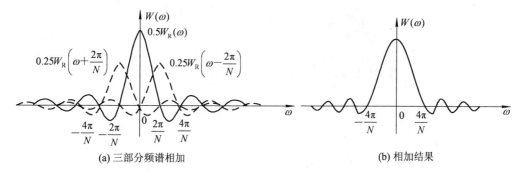

(a) 三部分频谱相加　　　　　　　　(b) 相加结果

图 6.3.11　汉宁窗频谱

汉宁窗的四种波形如图 6.3.12 所示。其参数为

$$\alpha_n = -31 \text{ dB}, \quad B_m = B_t = 8\pi/N, \quad \alpha_s = 44 \text{ dB}$$

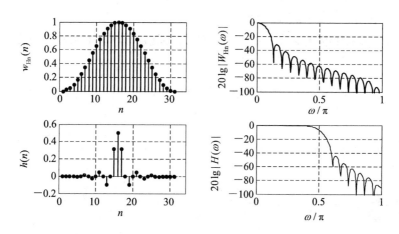

图 6.3.12　汉宁窗的四种波形

4）汉明窗——改进的升余弦窗

将汉宁窗（Hamming Window）改进，可以得到旁瓣更小的汉明窗，其形式为

$$w_{\mathrm{Hm}}(n) = \left[0.54 - 0.46\cos\left(\frac{2\pi n}{N-1}\right)\right]R_N(n) \tag{6.3.20}$$

其频率响应为

$$W_{\mathrm{Hm}}(\mathrm{e}^{\mathrm{j}\omega}) = 0.54W_{\mathrm{R}}(\mathrm{e}^{\mathrm{j}\omega}) - 0.23W_{\mathrm{R}}\left(\mathrm{e}^{\mathrm{j}\left(\omega-\frac{2\pi}{N-1}\right)}\right) - 0.23W_{\mathrm{R}}\left(\mathrm{e}^{\mathrm{j}\left(\omega+\frac{2\pi}{N-1}\right)}\right)$$

其幅频响应为

$$W_{\mathrm{Hm}}(\omega) = 0.54W_{\mathrm{R}}(\omega) + 0.23W_{\mathrm{R}}\left(\omega-\frac{2\pi}{N-1}\right) + 0.23W_{\mathrm{R}}\left(\omega+\frac{2\pi}{N-1}\right)$$

$$\approx 0.54W_{\mathrm{R}}(\omega) + 0.23W_{\mathrm{R}}\left(\omega-\frac{2\pi}{N}\right) + 0.23W_{\mathrm{R}}\left(\omega+\frac{2\pi}{N}\right) \tag{6.3.21}$$

式(6.3.21)的结果可将 99.963% 的能量集中在窗谱的主瓣内,第一旁瓣的峰值比主瓣小 41 dB。而与汉宁窗相比,主瓣宽度相同,为 $8\pi/N$。

汉明窗的四种波形如图 6.3.13 所示。其参数为

$$\alpha_n = -41 \text{ dB}, \ B_{\mathrm{m}} = B_{\mathrm{t}} = 8\pi/N, \ \alpha_{\mathrm{s}} = 53 \text{ dB}$$

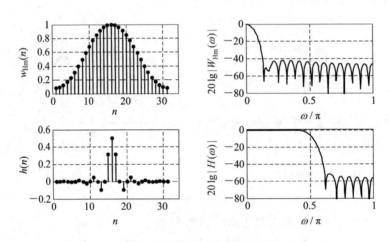

图 6.3.13 汉明窗的四种波形

5) 布莱克曼窗——二阶升余弦窗

为了更进一步抑制旁瓣,可再加上余弦的二次谐波分量,得到布莱克曼窗(Blackman Window)

$$w_{\mathrm{Bl}}(n) = \left[0.42 - 0.5\cos\left(\frac{2\pi n}{N-1}\right) + 0.08\cos\left(\frac{4\pi n}{N-1}\right)\right]R_N(n) \tag{6.3.22}$$

其频率响应为

$$W_{\mathrm{Bl}}(\mathrm{e}^{\mathrm{j}\omega}) = 0.42W_{\mathrm{R}}(\mathrm{e}^{\mathrm{j}\omega}) - 0.25\left[W_{\mathrm{R}}\left(\mathrm{e}^{\mathrm{j}\left(\omega-\frac{2\pi}{N-1}\right)}\right) + W_{\mathrm{R}}\left(\mathrm{e}^{\mathrm{j}\left(\omega+\frac{2\pi}{N-1}\right)}\right)\right] +$$

$$0.04\left[W_{\mathrm{R}}\left(\mathrm{e}^{\mathrm{j}\left(\omega-\frac{4\pi}{N-1}\right)}\right) + W_{\mathrm{R}}\left(\mathrm{e}^{\mathrm{j}\left(\omega+\frac{4\pi}{N-1}\right)}\right)\right]$$

其幅频响应为

$$W_{\mathrm{Bl}}(\omega) = 0.42W_{\mathrm{R}}(\omega) + 0.25\left[W_{\mathrm{R}}\left(\omega-\frac{2\pi}{N-1}\right) + W_{\mathrm{R}}\left(\omega+\frac{2\pi}{N-1}\right)\right] +$$

$$0.04\left[W_{\mathrm{R}}\left(\omega-\frac{4\pi}{N-1}\right) + W_{\mathrm{R}}\left(\omega+\frac{4\pi}{N-1}\right)\right] \tag{6.3.23}$$

由此可以得到更低的旁瓣，但是主瓣宽度却不得不进一步加宽到矩形窗的三倍。

布莱克曼窗的四种波形如图 6.3.14 所示。其参数为

$$\alpha_n = -57 \text{ dB}, \quad B_m = B_t = 12\pi/N, \quad \alpha_s = 74 \text{ dB}$$

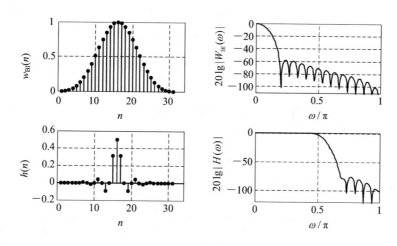

图 6.3.14　布莱克曼窗的四种波形

6）凯塞窗

上面介绍的四种窗函数都是固定的窗函数，用每种窗函数设计的滤波器的阻带最小衰减 α_s 都是固定的。

凯塞窗（Kaiser Window）函数是一种可调整的窗函数，是最有用且最优的窗函数之一。通过调整控制参数凯塞窗函数可以达到不同的阻带最小衰减 α_s，并提供最小的主瓣宽度，也就是最窄的过渡带。反之，对给定的指标，凯塞窗函数可以使滤波器阶数最小。凯塞窗是由零阶贝塞尔函数 $I_0(x)$ 构成的：

$$w_k(n) = \frac{I_0\left(\beta\sqrt{1 - \left(1 - \dfrac{2n}{N-1}\right)^2}\right)}{I_0(\beta)} \quad (0 \leqslant n \leqslant N-1) \qquad (6.3.24)$$

式中，$I_0(\beta)$ 表示零阶第一类修正贝塞尔函数，可以用下式计算：

$$I_0(\beta) = 1 + \sum_{k=1}^{\infty}\left[\frac{1}{k!}\left(\frac{\beta}{2}\right)^k\right]^2 \qquad (6.3.25)$$

实际应用中取前 20 项就可以满足精度的要求。β 是可调整参数，β 越大，$w_k(n)$ 窗越宽，即主瓣宽度增加，同时频谱旁瓣幅度越小。故改变 β 值就可以对主瓣宽度和旁瓣幅度衰减进行选择，当 $\beta = 0$ 时相当于矩形窗。

图 6.3.15 给出了 $\beta = 8.5$ 和 $\beta = 5.44$ 两种情形下的凯塞窗函数序列的包络形状图。当 $n = (N-1)/2$ 时，凯塞窗处于最大值，即

$$w_k\left(\frac{N-1}{2}\right) = \frac{I_0(\beta)}{I_0(\beta)} = 1$$

从 $n = (N-1)/2$ 这一点向两边变化时，$w_k(n)$ 逐渐减小，最边上两点

$$w_k(0) = w_k(N-1) = \frac{1}{I_0(\beta)} \qquad (6.3.26)$$

参数 β 越大，$w_k(n)$ 变化越快，如图 6.3.15 所示。

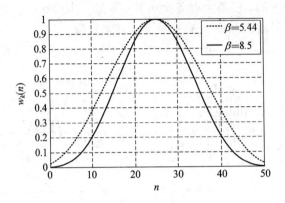

图 6.3.15　凯塞窗函数

不同 β 值的凯塞窗性能如表 6.3.1 所示。

表 6.3.1　不同 β 值的凯塞窗特性

β	过渡带 B_t	通带波纹/dB	阻带最小衰减/dB
2.120	$3.00\pi/N$	± 0.27	30
3.384	$4.46\pi/N$	± 0.0868	40
4.538	$5.86\pi/N$	± 0.0274	50
5.568	$7.24\pi/N$	$\pm 0.008\,68$	60
6.764	$8.64\pi/N$	$\pm 0.002\,75$	70
7.865	$10.0\pi/N$	$\pm 0.000\,868$	80
8.960	$11.4\pi/N$	$\pm 0.000\,275$	90
10.056	$12.8\pi/N$	$\pm 0.000\,087$	100

对于凯塞窗，若给定滤波器的过渡带宽 B_t 和阻带最小衰减 α_s，这时滤波器长度 N 和参数 β 可由下列经验公式求得

$$N \approx \frac{\alpha_s - 8}{2.286B_t} \tag{6.3.27}$$

$$\beta = \begin{cases} 0.1102(\alpha_s - 8.7) & (\alpha_s \geqslant 50 \text{ dB}) \\ 0.5842(\alpha_s - 21)^{0.4} + 0.07886(\alpha_s - 21) & (21 \text{ dB} < \alpha_s < 50 \text{ dB}) \\ 0 & (\alpha_s \leqslant 21 \text{ dB}) \end{cases} \tag{6.3.28}$$

为了便于比较选择，将上述五种窗函数基本参数列于表 6.3.2 中。设计过程中根据阻带最小衰减选择合适的窗函数的类型，再根据过渡带宽度确定所选窗函数的长度 N。

表 6.3.2 中前四种窗函数，矩形窗过渡带最窄，阻带最小衰减值最小；布莱克曼窗的过渡带最宽，但是阻带最小衰减值最大。为了达到相同的过渡带宽度，布莱克曼窗的长度是矩形窗的 3 倍。

表 6.3.2　几种窗函数的性能比较

窗函数	主瓣宽度 B_m	精确过渡带 B_t^*	旁瓣峰值衰减/dB	阻带最小衰减/dB
矩形窗	$4\pi/N$	$1.8\pi/N$	-13	21
三角窗	$8\pi/N$	$6.1\pi/N$	-25	25
汉宁窗	$8\pi/N$	$6.2\pi/N$	-31	44
汉明窗	$8\pi/N$	$6.6\pi/N$	-41	53
布莱克曼窗	$12\pi/N$	$11\pi/N$	-57	74
凯塞窗($\beta=7.865$)		$10\pi/N$	-57	80

　　* 注意：在设计滤波器时，如果根据窗的主瓣宽度 B_m 确定 FIR 滤波器的阶数 N，则设计出的滤波器会超出设计指标的要求。如果用精确过渡 B_t 来设计的话，阶数 N 要小一些，也可满足设计指标。因此在实际设计时，如果对 FIR 滤波器的阶数要求很严格，则可以用窗函数的精确过渡带宽来确定窗长，以减少 FIR 滤波器的长度。

　　随着数字信号处理的不断发展，目前已有几十种窗函数，除了上述六种窗函数外，比较有名的还有 Chebyshev 窗，Gaussian 窗。MATLAB 信号处理工具箱函数中提供了 14 种窗函数的产生函数，下面列出上述六种窗函数的产生函数：

　　　wn＝rectwin（N）　　　　％列向量 wn 中返回长度 N 的矩形窗函数 w(n)

　　　wn＝bartlett(N)　　　　％列向量 wn 中返回长度 N 的三角窗函数 w(n)

　　　wn＝hann(N)　　　　％列向量 wn 中返回长度 N 的汉宁窗函数 w(n)

　　　wn＝hamming(N)　　　％列向量 wn 中返回长度 N 的汉明窗函数 w(n)

　　　wn＝blackman(N)　　　％列向量 wn 中返回长度 N 的布莱克曼窗函数 w(n)

　　　wn＝kaiser(N, beta)　　％列向量 wn 中返回长度 N 的凯塞窗函数 w(n)

　　例如，hm＝hamming(N)产生长度为 N 的汉明窗函数列向量 hm。运行下面程序即可产生并如图 6.3.16 所示的汉明窗函数。

　　　N＝31；whm＝hamming(N)；stem(0：N−1, whm, $'.'$)

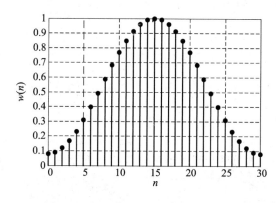

图 6.3.16　Hamming 窗函数（$N=31$）

3. 窗函数法设计 FIR 数字滤波器存在的问题

因为窗函数大多具有封闭的公式可循，所以窗函数设计法简单、方便、实用。但是，当

$H_d(e^{j\omega})$很复杂或式(6.3.2)的积分结果难以用函数表示时，就很难得到或根本得不到$h_d(n)$的表达式，窗函数法难以实现。此外，窗函数设计法需要预先确定窗函数的形式和窗的长度N，以满足待设计滤波器的指标要求，一般需要借助计算机反复试探才能实现。

6.3.3 窗函数法设计 FIR 滤波器的 MATLAB 实例

综上所述，可以归纳出用窗函数法设计第一类线性相位 FIR 数字滤波器的步骤：

(1) 根据设计指标，构造希望逼近的理想频率响应函数 $H_d(e^{j\omega})$，并计算出 $h_d(n)$。

(2) 根据阻带最小衰减选择窗函数 $w(n)$ 的类型，再根据过渡带的宽度确定所选窗函数的长度 N。

(3) 将 $h_d(n)$ 右移 $M(M=(N-1)/2)$位，得 $h_d(n-M)$。

(4) 加窗函数得到设计结果：$h(n)=h_d(n-M)w(n)$。

【例 6.3.2】 设计一个 FIR 带通滤波器(BPF)，其幅频响应示意图如图 6.3.17 所示。指标如下：

(1) $\omega_{pl}=0.32\pi$，$\omega_{pu}=0.6\pi$；

(2) $\omega_{sl}=0.28\pi$，$\omega_{su}=0.66\pi$；

(3) $\alpha_s \geqslant 50$ dB。

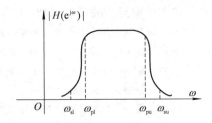

图 6.3.17 带通滤波器的幅频响应示意图

解 (1) 求 $h_d(n)$。带通滤波器的设计可以看成由两个低通滤波器相减得到，即

$$H_d(e^{j\omega}) = H_{d2}(e^{j\omega}) - H_{d1}(e^{j\omega}), \quad h_d(n) = \frac{\sin\omega_{d2}n}{\pi n} - \frac{\sin\omega_{d1}n}{\pi n}$$

$$\omega_{d1} = 0.5(\omega_{pl}+\omega_{sl}) = 0.3\pi, \quad \omega_{d2} = 0.5(\omega_{pu}+\omega_{su}) = 0.63\pi$$

(2) 选择窗函数的形式，确定窗函数的长度 N，因为 $\alpha_s \geqslant 50$ dB，所以选择汉明窗，即

$$w(n) = w_{Hm}(n) = \left[0.54 - 0.46\cos\left(\frac{2\pi n}{N-1}\right)\right]R_N(n)$$

确定窗函数的长度 N：

$$B_{t1} = |\omega_{sl} - \omega_{pl}| = 0.04\pi, \quad B_{t2} = |\omega_{su} - \omega_{pu}| = 0.06\pi$$

注意：在设计带通滤波器时，当两个过渡带的宽度不一致时，一般我们选择较窄的过渡带来设计。

由于汉明窗的精确过渡带 $B_t = 6.6\pi/N$，因此

$$B_{t1} = 0.04\pi \geqslant B_t = \frac{6.6\pi}{N}, \quad N = 165, \quad M = \frac{N-1}{2} = 82$$

(3) 移位得 $h_d(n-M)$。

(4) $h(n) = h_d(n-M)w(n)$

$$= \left[\frac{\sin\omega_{d2}(n-M)}{\pi(n-M)} - \frac{\sin\omega_{d1}(n-M)}{\pi(n-M)} \right] \cdot \left[0.54 - 0.46\cos\left(\frac{\pi n}{82}\right) \right] R_N(n)$$

所设计的滤波器的单位脉冲响应和幅频响应如图 6.3.18 所示。由幅频响应可以看出，根据汉明窗的精确过渡带宽 $B_t = 6.6\pi/N$ 设计的 FIR 带通滤波器，在 ω_{d1}、ω_{d2} 处衰减 6 dB，在 0.28π 和 0.66π 处衰减约为 50 dB，基本满足设计指标的要求。如果根据汉明窗的主瓣宽度 $B_m = 8\pi/N$ 设计的 FIR 带通滤波器，则 $N=201$，在 ω_{d1}、ω_{d2} 处衰减为 6 dB，在 0.28π 和 0.66π 处衰减约为 58 dB，超出设计指标要求。

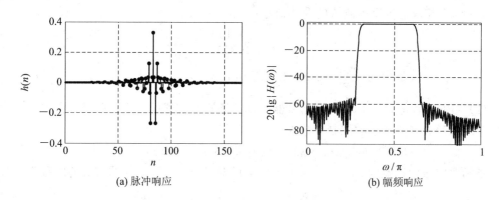

图 6.3.18　例 6.3.2 设计出 FIR 带通滤波器脉冲响应和幅频响应

在实际应用中，用窗函数法设计 FIR 数字滤波器时，一般用 MATLAB 工具箱函数。以上步骤(2)～(4)的解题过程可调用工具箱函数 fir1 实现。fir1 具有以下多种形式：

hn＝fir1(N−1, wn)，返回 $N-1$ 阶滤波器的截止频率 wn 处的幅频值为 6 dB(单位脉冲响应 $h(n)$ 的长度为 N)FIR 低通滤波器的系数向量为 hn，默认选用汉明窗。滤波器的单位脉冲响应 $h(n)$ 与 hn 的关系为 $h(n)=\mathrm{hn}(n+1)(n=0, 1, 2, \cdots, N-1)$，而且满足线性相位条件 $h(n)=h(N-1-n)$。其中，wn 为对 π 归一化的数字频率，范围是 $0 \leqslant \mathrm{wn} \leqslant 1$。当 wn＝[wn1, wn2]时，得到的是带通滤波器，其 6 dB 通带为 $\mathrm{wn1} \leqslant \omega \leqslant \mathrm{wn2}$。

hn＝fir1(N−1, wn, 'ftype')，可设计高通和带阻 FIR 滤波器。当 ftype 为 high 时，设计高通滤波器；当 ftype 为 stop 时，且 wn＝[wn1, wn2]时，设计带阻 FIR 滤波器。

应当注意，在设计高通和带阻 FIR 滤波器时，阶数 $N-1$ 只能取偶数，即 $h(n)$ 的长度 N 只能为奇数。不过，当用户将 N 设置为偶数时，fir1 会自动对 N 加 1。

hn＝fir1(N−1, wn, window)，可以指定窗函数向量 window，其默认参数是汉明窗。其余窗函数参见 6.3.2 小节。

hn＝fir1(N−1, wn, 'ftype', window)，通过选择 wn、ftype 和 window 的参数(含义同上)，可以设计各种加窗滤波器。

【例 6.3.3】　用 MATLAB 按例 6.3.2 的指标设计 FIR 数字滤波器。

解

```
clc; clear all;
wpl=0.32 * pi; wpu=0.6 * pi; wsl=0.28 * pi; wsu=0.66 * pi;      %给设计指标参数赋值
wd1=0.5 * (wpl+wsl); wd2=0.5 * (wpu+wsu);      % 理想带通滤波器的截止频率
Bt=min(abs(wsl−wpl), abs(wsu−wpu));      % 过渡带的宽度
```

```
N=ceil(6.6 * pi/Bt);                        % 选用汉明窗,计算滤波器的长度
wn=[wd1/pi, wd2/pi];                         % 设置理想带通的截止频率
h=fir1(N-1, wn, 'bandpass', hamming(N));
```

【例 6.3.4】 设接收到的模拟信号是由两个单频信号组成的实信号,其中,$f_1=$ 1.5 kHz,$f_2=2.5$ kHz。希望对模拟信号采样后用线性相位 FIR 数字滤波器滤除频率较高的分量,即 f_2,衰减达到 40 dB。用窗函数法设计满足要求的 FIR 低通滤波器,画出滤波器的幅频响应和滤波前后的信号(用序列表示)。为了降低运算量,希望滤波器的阶数尽量低。

解 先对模拟信号进行采样,采样频率 $F_s \geqslant 2\max(f_1, f_2)$,这里设 $F_s=10$ kHz。

(1) 确定相应的数字滤波器的设计指标:

$$\omega_p = \frac{2\pi f_1}{F_s} = \frac{2\pi \times 1500}{10000} = 0.3\pi$$

$$\omega_s = \frac{2\pi f_2}{F_s} = \frac{2\pi \times 2500}{10000} = 0.5\pi \quad (\alpha_s = 40 \text{ dB})$$

(2) 用窗函数法设计 FIR 低通滤波器,为了降低滤波器的阶数,可以选择凯塞窗。根据式(6.3.28)计算凯塞窗的控制参数为

$$\beta = 0.5842(\alpha_s - 21)^{0.4} + 0.07886(\alpha_s - 21) = 3.3953$$

指标要求过渡带宽度 $B_t = \omega_s - \omega_p = 0.2\pi$,根据式(6.3.27)计算滤波器的阶数为

$$N = \frac{\alpha_s - 8}{2.285 B_t} = \frac{40 - 8}{2.285 \times 0.2\pi} = 22.2887$$

取满足要求的最小整数 $N=23$。但是,如果用汉宁窗,$h(n)$ 的长度为 31;用汉明窗,$h(n)$ 的长度为 33;用布莱克曼窗,$h(n)$ 的长度为 55。可见,用凯塞窗可以得到阶数最低且满足要求的滤波器,降低了运算量。

理想低通滤波器的通带截止频率 $\omega_d = 0.5(\omega_p + \omega_s) = 0.4\pi$。

实现本例设计的 MATLAB 程序如下:

```
%例 6.3.3 用凯塞窗函数设计线性相位低通 FIR 滤波器
clc; clear all;
N1=256;                                        % 信号的采样点数
n=0: N1-1;
Fs=10000; f1=1500; f2=2500; alphas=40;         % 设置滤波器的参数
wp=2 * pi * f1/Fs;                             % 滤波器的通带截止频率
ws=2 * pi * f2/Fs;                             % 滤波器的阻带起始频率
beta=0.5842 * (alphas-21)^0.4+0.07886 * (alphas-21); % 凯塞窗控制参数
Bt=ws-wp;                                       % 过渡带
N=ceil((alphas-8)/(2.285 * Bt));               % 凯塞窗的长度
wd=0.5 * (wp+ws);                              % 理想低通滤波器的通带截止频率
hn=fir1(N-1, wd/pi, kaiser(N+1, beta));        % 调用 fir1 计算低通 FIR 滤波器
x=cos(2 * pi * f1/Fs * n)+cos(2 * pi * f2/Fs * n); % 通过模拟信号采样得到的数字信号
y=conv(x, hn);                                  % 对信号进行滤波
M=512;                                          % 设置 DFT 的点数
X=20 * log10(abs(fft(x, M))/max(abs(fft(x, M)))); % 计算原信号的幅频响应
H=20 * log10(abs(fft(hn,M))/max(abs(fft(hn,M)))); % 计算滤波器的幅频响应
```

$Y = 20 * \log10(abs(fft(y, M))/max(abs(fft(y, M))))$；％ 计算滤波后的幅频响应

绘图部分略，程序运行结果如图 6.3.19 所示。

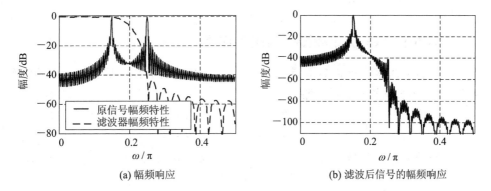

(a) 幅频响应   (b) 滤波后信号的幅频响应

图 6.3.19   例 6.3.4 信号处理前后的幅频响应

6.4   用频率采样法设计 FIR 滤波器

窗函数法适合设计比较规范的 $H_d(e^{j\omega})$，设计出的 FIR 数字滤波器阶数较高，运算量较大。频率采样法的原理是第 3 章阐述的频域采样定理，适合设计任意幅频响应的 FIR 滤波器，主要用于幅频响应形状特殊的滤波器，如数字微分器和多带滤波器等。用频率采样法设计窄带滤波器时，采样得到的非零值 $H_d(k)$ 较少，实现起来运算量较小，但容易不稳定，详细讨论见 8.4.4 小节。

6.4.1   频率采样法的基本思想

窗函数法：在时域用窗函数截取理想滤波器的 $h_d(n)$，得到有限长的单位脉冲响应 $h(n)$，$h(n)$ 近似理想的 $h_d(n)$，其频率响应 $H(e^{j\omega})$ 逼近于理想的 $H_d(e^{j\omega})$。

频率采样法：在频域对 $H_d(e^{j\omega})$ 等间隔采样，用采样得到的 N 个值 $H(k)$ 或其 IDFT $h(n)$ 逼近理想的滤波器。设 $H(k)$ 是 $H_d(e^{j\omega})$ 在 $[0, 2\pi)$ 的 N 点采样，即

$$H(k) = H_d(e^{j\omega})\Big|_{\omega = \frac{2\pi}{N}k} \quad (k = 0, 1, 2, \cdots, N-1) \tag{6.4.1}$$

则对 $H(k)$ 做 N 点 IDFT，得到有限长序列 $h(n)$，即

$$h(n) = \frac{1}{N}\sum_{k=0}^{N-1} H(k) e^{j\frac{2\pi}{N}kn} \quad (n = 0, 1, 2, \cdots, N-1) \tag{6.4.2}$$

式中，$h(n)$ 是待设计滤波器的单位脉冲响应，根据 3.3.3 小节推导出的内插公式(3.3.10) 可得其系统函数 $H(z)$ 为

$$H(z) = \sum_{n=0}^{N-1} h(n)z^{-n} = \frac{1-z^{-N}}{N}\sum_{k=0}^{N-1} \frac{H(k)}{1-e^{j\frac{2\pi}{N}k}z^{-1}} \tag{6.4.3}$$

式(6.4.3)是待设计滤波器的系统函数，取决于频率采样点数 N 和采样值 $H(k)$。式(6.4.2) 和式(6.4.3)都表示了用频率采样法设计的滤波器，但实现时的网络结构不同，式(6.4.2)适合 FIR 直接型网络结构，式(6.4.3)适合频率采样结构，详细讨论见 8.4 节。

本教材中滤波器的设计方法均针对实滤波器，其频率响应具有共轭对称性，结合 6.2

节的广义线性相位特性，采样所得的 $H(k)$ 其广义幅频响应和广义相频响应具有特定的奇偶对称性。利用这些特性，在实际中可以减少对待测系统频率响应的测量次数，详细讨论见 10.3 节。

6.4.2 线性相位 FIR 实滤波器的频域采样值

实滤波器的单位脉冲响应 $h(n)$ 是实序列，根据 DFT 的对称性质可知，有限长实数序列的 DFT 是有限长共轭对称的，即

$$H(k) = \begin{cases} \text{实数} & (k=0) \\ H^*(N-k) & (1 \leqslant k \leqslant N-1) \end{cases} \tag{6.4.4}$$

对于线性相位的 FIR 数字滤波器，需要讨论广义幅频响应和广义相频响应。设

$$H(k) = H_g(k)e^{j\theta(k)} \tag{6.4.5}$$

将式(6.4.5)代入式(6.4.4)，得

$$\begin{cases} H_g(k)\cos\theta(k) = H_g(N-k)\cos\theta(N-k) \\ H_g(k)\sin\theta(k) = -H_g(N-k)\sin\theta(N-k) \end{cases} \quad (1 \leqslant k \leqslant N-1) \tag{6.4.6}$$

1. 第一类线性相位 FIR 数字滤波器

以第一类线性相位 FIR 数字滤波器为例，其单位脉冲响应 $h(n)=h(N-n-1)$ 具有广义相频响应 $\theta(\omega)=-(N-1)\omega/2$。根据频域采样关系，可知

$$\begin{cases} H_g(k) = H_g(\omega)\Big|_{\omega=\frac{2\pi}{N}k} \\ \theta(k) = \theta(\omega)\Big|_{\omega=\frac{2\pi}{N}k} \end{cases} \quad (0 \leqslant k \leqslant N-1) \tag{6.4.7}$$

1) N 为奇数

根据表 6.2.1 的情况 1，广义幅频响应 $H_g(\omega)$ 关于 $\omega=\pi$ 偶对称，则

$$H_g(k) = H_g(N-k) \quad (1 \leqslant k \leqslant N-1)$$

而广义相频响应为

$$\theta(k) = \theta(\omega)\Big|_{\omega=\frac{2\pi}{N}k} = -\frac{N-1}{2}\frac{2\pi}{N}k = -\frac{N-1}{N}\pi k$$

由于

$$e^{j\theta(N-k)} = e^{-j\frac{N-1}{N}\pi(N-k)} = e^{-j(N-1)\pi}e^{j\frac{N-1}{N}\pi k}$$

且 N 为奇数时，$(N-1)\pi$ 为 π 的偶数倍，因此有

$$e^{j\theta(N-k)} = e^{-j\theta(k)}$$

说明 N 为奇数时，频域采样值的广义幅频响应是条件偶对称，广义相频响应是条件奇对称，符合式(6.4.6)。

2) N 为偶数

根据表 6.2.1 的情况 2，广义幅频响应 $H_g(\omega)$ 关于 $\omega=\pi$ 奇对称，则

$$H_g(k) = -H_g(N-k) \quad (1 \leqslant k \leqslant N-1)$$

广义相频响应取值与情况 1 的相同，但由于 N 为偶数，$(N-1)\pi$ 为 π 的奇数倍，因此有

$$e^{j\theta(N-k)} = -e^{-j\theta(k)}$$

说明 N 为偶数时，频域采样值的广义幅频响应和广义相频响应也符合式(6.4.6)。

2. 理想低通滤波器

若待设计的滤波器是理想低通滤波器,如式(6.3.1)所示,通带截止频率为 ω_d,则采样点数为 N 时,$H_g(k)$ 和 $\theta(k)$ 的取值满足以下关系。

当 N 为奇数(情况 1)时,有

$$\begin{cases} H_g(k) = 1 & (k = 0, 1, 2, \cdots, k_c) \\ H_g(N-k) = 1 & (k = 1, 2, \cdots, k_c) \\ H_g(k) = 0 & (k = k_c+1, k_c+2, \cdots, N-k_c-1) \\ \theta(k) = -\pi k(N-1)/N & (k = 0, 1, 2, \cdots, N-1) \end{cases} \tag{6.4.8}$$

当 $N=$ 偶数(情况 2)时,有

$$\begin{cases} H_g(k) = 1 & (k = 0, 1, 2, \cdots, k_c) \\ H_g(N-k) = -1 & (k = 1, 2, \cdots, k_c) \\ H_g(k) = 0 & (k = k_c+1, k_c+2, \cdots, N-k_c-1) \\ \theta(k) = -\pi k(N-1)/N & (k = 0, 1, 2, \cdots, N-1) \end{cases} \tag{6.4.9}$$

式中,k_c 是大于或等于 $\omega_d N/(2\pi)$ 的最小整数。需要注意的是,对于高通和带阻滤波器,N 不能是偶数。

3. 第二类线性相位 FIR 数字滤波器

对于第二类线性相位 FIR 数字滤波器,要求 $h(n) = -h(N-1-n)$,同理可得广义相频响应取值为

$$\theta(k) = -\frac{\pi}{2} - \frac{N-1}{N}\pi k \quad (k = 0, 1, 2, \cdots, N-1) \tag{6.4.10}$$

而广义幅频响应的取值应满足:

当 $N=$ 奇数(情况 3)时,有

$$H_g(k) = -H_g(N-k) \tag{6.4.11}$$

当 $N=$ 偶数(情况 4)时,有

$$H_g(k) = H_g(N-k) \tag{6.4.12}$$

读者可自行推导待设计的滤波器是理想正交移相器时,$H_g(k)$ 和 $\theta(k)$ 的取值要求。

6.4.3　频率采样法的误差分析及改进措施

1. 频率采样法的逼近误差分析

根据式(3.3.4)可知,所设计滤波器的频率响应 $H(e^{j\omega})$ 用 $H(k)$ 表示为

$$H(e^{j\omega}) = \frac{1 - e^{-j\omega N}}{N} \sum_{k=0}^{N-1} \frac{H(k)}{1 - e^{j2\pi k/N} e^{-j\omega}}$$

$$= \frac{1}{N} \sum_{k=0}^{N-1} \frac{H(k)\sin(\omega N/2)}{\sin[(\omega - 2\pi k/N)/2]} e^{-j(\frac{N-1}{2}\omega + \frac{k\pi}{N})} = \sum_{k=0}^{N-1} H(k)\varphi_k(e^{j\omega}) \tag{6.4.13}$$

式中

$$\varphi_k(e^{j\omega}) = \frac{1}{N} \frac{\sin(\omega N/2)}{\sin[(\omega - 2\pi k/N)/2]} e^{-j(\frac{N-1}{2}\omega + \frac{k\pi}{N})} \tag{6.4.14}$$

令 $\omega = \frac{2\pi}{N}i (i = 0, 1, \cdots, N-1)$,则

$$\varphi_k\left(e^{j\frac{2\pi i}{N}}\right) = \begin{cases} 1 & (i = k) \\ 0 & (i \neq k,\ i = 0, 1, \cdots, N-1) \end{cases} \tag{6.4.15}$$

由式(6.4.15)容易看出，式(6.4.13)的频率响应 $H(e^{j\omega})$ 在采样点上就等于 $H(k)$，而采样点之间的值则由各采样值的内插函数延伸叠加形成，因而可以产生一定的逼近误差。误差的大小取决于待设计滤波器的频率响应曲线的形状，若采样点之间的频率特性变化越陡，则内插值与期望值之间的误差越大，因而在频率特性不连续点的附近就会产生肩峰和波纹。反之，待设计滤波器的频率响应特性变化越平缓，则内插值越接近于理想值、逼近误差越小。

为了对逼近误差及其起因建立感性认识，首先采用上述频率采样的基本设计法设计一个低通滤波器，然后观察逼近误差的特点，寻找减小逼近误差的有效措施。

【例 6.4.1】 利用频率采样法设计第一类线性相位低通 FIR 数字滤波器，要求截止频率 $\omega_p = \pi/2$，频域采样点数分别取 $N=15$ 和 $N=75$。绘制 $h(n)$ 及其频率响应，观察逼近误差的特点。

解 用理想低通滤波器作为待设计的滤波器，$\omega_d = \omega_p = \pi/2$。

当 $N=15$ 时，式(6.4.8)中 $k_c \geqslant \omega_d N/(2\pi) = 3.75$，取 $k_c = 4$，则

$$H_g(k) = 1 \quad (k = 0, 1, 2, 3, 4)$$
$$H_g(15-k) = 1 \quad (k = 1, 2, 3, 4)$$
$$H_g(k) = 0 \quad (k = 5, 6, \cdots, 10)$$
$$\theta(k) = -14\pi k/15 \quad (k = 0, 1, 2, \cdots, 14)$$

于是，$H(k)$ 的取值为

$$H(k) = H_g(k)e^{j\theta(k)} = \begin{cases} e^{-j14\pi k/15} & (k = 0, 1, 2, 3, 4, 11, 12, 13, 14) \\ 0 & (k = 5, 6, \cdots, 10) \end{cases}$$

对 $H(k)$ 做 N 点 IDFT 得到第一类线性相位低通 FIR 数字滤波器的单位脉冲响应 $h(n)$。由于设置的频域采样 $H(k)$ 满足表 6.2.1 中的情况 1，因此 $H(e^{j\omega})$ 必然具有线性相位特性。$h(n)$ 如图 6.4.1(b)所示，$|H(e^{j\omega})|$ 如图 6.4.1(c)所示，$\theta(\omega)$ 如图 6.4.1(d)所示。

参考 MATLAB 程序如下：

```
clc; clear all;
N=15;                              % 确定频域采样点数
wd=0.5 * pi;                        % 确定理想低通滤波器的截止频率
kc=ceil(wd * N/(2 * pi));           % 计算 kc
Hg(1:kc+1)=1; Hg(N-kc+1:N)=1; Hg(kc+2:N-kc)=0;
                                   % 设置理想低通滤波器幅频函数
thetak=-(N-1)/N * pi * (0:N-1);     % 计算低通滤波器的相频函数
Hd=Hg. * exp(j * thetak);           % 计算滤波器的频率响应
hn=ifft(Hd);                       % 得到滤波器的单位脉冲响应
M=256;                             % 设置 FFT 的点数
hf=fft(hn, M);
H=abs(hf);                         % 计算 FIR 滤波器的幅频特性
H1=20 * log10(H/max(abs(H)));
thet=unwrap(angle(hf));
```

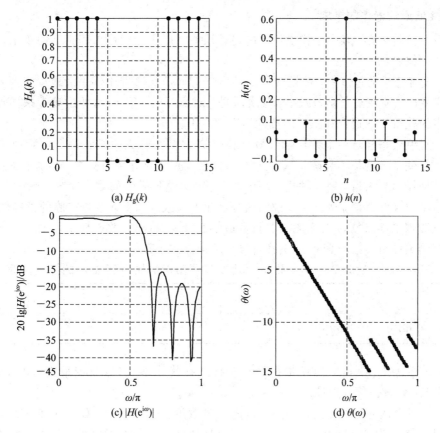

图 6.4.1　频率采样法设计过程中的波形($N=15$)

$N=15$ 和 $N=75$ 两种情况下的幅频响应如图 6.4.2 所示。由图 6.4.2 可以看出，在采样频率点上的逼近误差为零；逼近误差与期望的幅频响应形状有关，平坦区域逼近误差小，陡峭区域逼近误差大；N 越大，通带和阻带波纹变化越快，形成的过渡带也越窄，通带最大衰减和阻带最小衰减随着 N 的增大并无明显改善，滤波器远离过渡带的阻带衰减越大。

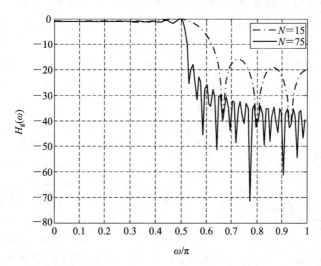

图 6.4.2　采样点数 N 不同时的逼近误差比较

2. 降低逼近误差的措施

从以上分析可知,频率采样设计法的逼近误差一般不能满足工程指标的要求,通常采用以下改进措施:

(1) 设置适当的过渡带,使期望的幅频响应 $H_g(\omega)$ 从通带比较平滑地过渡到阻带,消除阶跃突变,从而使逼近误差减小。其实质是:对采样值 $H_g(k)$ 增加过渡带采样点,以加宽过渡带为代价换取通带和阻带内波纹幅度的减小。

那么过渡带采样点的个数与阻带最小衰减 α_s 之间是什么关系?每个过渡带采样值取多大时才会使阻带的最小衰减 α_s 最大?这些问题要用优化算法去解决。其基本思想是:将过渡带采样设为自由量,用一种优化算法改变它,最终使阻带的最小衰减 α_s 最大。这部分内容本节不再详细讨论,例 6.4.2 说明这种优化的有效性和上述改进措施的正确性。

将过渡带采样点数 m 对应滤波器阻带最小衰减 α_s 的经验数据列于表 6.4.1 中,我们可以根据给定的阻带最小衰减 α_s 选择过渡带采样点的个数 m。

表 6.4.1 过渡带采样点数 m 对应滤波器阻带的最小衰减 α_s 的经验数据

m	1	2	3
α_s/dB	44~54	65~75	85~95

(2) 采用优化设计法,以便根据设计指标选择优化参数(过渡带采样点的个数 m 和 $h(n)$ 的长度 N)进行优化设计。

(3) 选择合适的滤波器的长度 N,以满足过渡带宽度的要求。如上所述,增加过渡带采样点可以使通带和阻带内波纹幅度变小,但是如果增加 m 个过渡带采样点,则过渡带宽度近似成 $(m+1)2\pi/N$。当 N 确定时,m 越大,过渡带越宽。如果给定过渡带宽度 B_t,则滤波器的长度 N 必须满足如下估计公式:

$$N \geqslant \frac{2\pi(m+1)}{B_t} \tag{6.4.16}$$

【例 6.4.2】 利用频率采样法设计一个线性相位低通 FIR 数字滤波器,设计指标如下:通带截止频率 $\omega_p=\pi/3$,阻带最小衰减 $\alpha_s=40$ dB,过渡带 $B_t \leqslant \pi/16$。

解 查表 6.4.1,当 $\alpha_s=40$ dB 时,过渡带采样点数 $m=1$,$B_t \leqslant \pi/16$,根据式 (6.4.16)估算出滤波器的长度 $N \geqslant 2\pi(m+1)/B_t=64$,取 $N=65$。与例 6.4.1 相同,构造理想低通滤波器频率响应函数 $H(k)$,其幅频响应曲线分别如图 6.4.3($H_1=0.38$)和图 6.4.4 所示($H_1=0.5$)。参考 MATALB 程序如下:

```
clc; clear all;
H1 = input('H1=')                              % 输入过渡带采样值 H1
wp = pi/3; alphas = 40;                         % 设置滤波器指标
Bt = pi/16;                                     % 设置过渡带
m = 1; N = 2 * pi * (m+1)/Bt+1;                 % 设置过渡带点数 m 和滤波器长度 N
kc = ceil(wp * N/(2 * pi));                     % k_c+1 为通带[0, wp]上的采样点数
ks = N-1-2 * kc;                                % k_s 为阻带上的采样点数
Hg = [ones(1, kc+1), zeros(1, ks), ones(1, kc)]; % 设置理想低通滤波器的幅度
Hg(kc+2) = H1; Hg(N-kc) = H1;                   % 增加一个过渡采样
```

```
thetak=-pi*(0：N-1)*(N-1)/N;        % 确认相位采样向量
Hk=Hg.*exp(j*thetak);               % 构造频域采样向量 H(k)
hn=real(ifft(Hk));                  % h(n)=IDFT[H(k)]
M=1024;                             % 确认 FFT 的点数
Hw=abs(fft(hn,M))/max(abs(fft(hn,M)));  % 计算归一化幅频响应
Hw1=20*log10(Hw);                   % 计算归一化幅频响应的分贝值
```

绘图程序略。

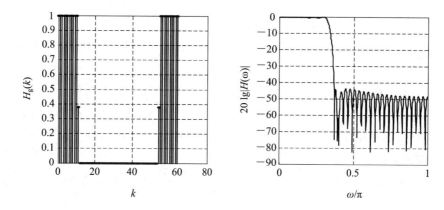

图 6.4.3　一个过渡带的设计结果($H_1=0.38$)

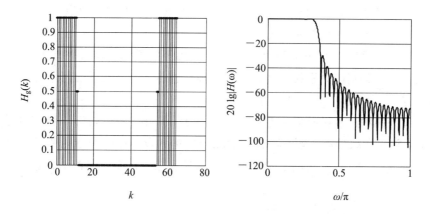

图 6.4.4　一个过渡带的设计结果($H_1=0.5$)

运行程序，当输入 $H_1=0.38$ 时，得到的设计结果如图 6.4.3 所示。改变 $H_1=0.5$，得到的设计结果如图 6.4.4 所示。从图上可以看出，当 $H_1=0.38$ 时，阻带最小衰减大于 40 dB，当 $H_1=0.5$ 时，阻带最小衰减约为 30 dB。当过渡带采样点数给定时，过渡带采样值不同，则逼近误差不同。所以，对过渡带采样值进行优化设计才是有效的方法。

3. 频率采样法设计步骤

综上所述，可以归纳出频率采样法的设计步骤如下：

(1) 根据阻带最小衰减 α_s 选择过渡带采样点的个数 m。

(2) 确定过渡带宽度 B_t，按照式(6.4.16)估计滤波器的长度 N。

(3) 构造待设计的滤波器频率响应的采样值 $H(k)=H_g(k)e^{j\theta(k)}$，其中，$H_g(k)$ 和 $\theta(k)$

按 6.4.2 小节的要求设置，并加入过渡带采样值。过渡带采样值可以设置为经验值，或用累试法确定，也可以用优化算法估算。

(4) 对 $H(k)$ 进行 N 点 IDFT，得到线性相位 FIR 数字滤波器的单位脉冲响应 $h(n)$。

(5) 检验设计结果。如果阻带最小衰减未达到指标要求，则要求改变过渡带采样值，直到满足指标要求为止。

可以按以上步骤自行编程设计 FIR 滤波器，也可以用 MATLAB 工具箱函数 fir2 实现频率采样法：

hn＝fir2(N−1, f, m, npt, lap, window)

其中，hn 是滤波器的系数，N−1 是滤波器的阶数，npt、lap 和 window 具有缺省值，如果没有特别需求可以忽略。

具体地，f 是对 π 归一的数字频率向量，在[0, 1]范围内递增取值，允许出现重复频率，即 $0 \leqslant f \leqslant 1$ 且 $f(k) \leqslant f(k+1)$；m 是与 f 对应的幅度向量，$m(k)$ 表示频点 $f(k)$ 的幅频响应值，其长度与 f 相等；npt 是网格的点数，fir2 将 f 处的值 m 线性插值在这些网格点上，npt 的取值必须大于阶数的一半，取值默认为 512；lap 是重复频率值周围区域的宽度，默认值为 25；window 是对 IFFT(点数由 npt 决定)结果所乘的窗，默认使用汉明窗，长度是 N。

4. 频率采样法和窗函数设计法的不足

窗函数法和频率采样法简单方便，易于实现，但它们存在以下缺点：

(1) 滤波器的边界频率不易精确控制。

(2) 因为窗函数法总使通带和阻带波纹幅度相等，频率采样法只能控制阻带波纹幅度，所以两种方法都不能分别控制通带和阻带波纹幅度。但是实际应用中对通带和阻带波纹幅度的要求是不同的，希望能分别控制。

(3) 所设计的滤波器在阻带边界频率附近的衰减最小，距阻带边界频率越远，则衰减越大。所以，如果在阻带边界频率附近的衰减刚好达到设计指标要求，则阻带中其他频段的衰减就有很大裕度。这就说明这两种设计存在较大资源浪费，或者说所设计滤波器的性价比低。

6.5　利用等波纹最佳逼近法设计 FIR 滤波器

等波纹最佳逼近法是一种优化设计法，使用了最大逼近误差最小化准则。采用该方法设计线性相位 FIR 数字滤波器，滤波器的幅频响应在通带和阻带均具有大小可控的等波纹特性。与窗函数法和频率采样法比较，等波纹最佳逼近法不仅克服了前两者的缺点，所设计的滤波器还具有更高的性价比。在阶数相同时，该方法设计的滤波器通带最大衰减值最小，阻带最小衰减值最大；在指标相同时，该方法设计的滤波器阶数最低。

本节略去等波纹最佳逼近法复杂的数学推导，只介绍该方法的基本思想和 MATLAB 程序实现。由于切比雪夫(Chebyshev)和雷米兹(Remez)对等波纹最佳逼近法做出了贡献，因此又称该方法为切比雪夫逼近法或雷米兹逼近法。

6.5.1　等波纹最佳逼近法的基本思想

设 $H_d(\omega)$ 表示期望滤波器的幅频响应函数，$H(\omega)$ 表示实际滤波器的幅频响应函数，$W(\omega)$ 表示误差加权函数，则逼近误差函数 $E(\omega)$ 可表示为

$$E(\omega) = W(\omega)\left[H_d(\omega) - H(\omega)\right] \tag{6.5.1}$$

式中，$W(\omega)$ 用来控制不同频段(一般指通带和阻带)的逼近精度。此外，因为设计的滤波器具有线性相位，所以其相频响应要满足表 6.2.1 中所列的条件。

等波纹最佳逼近在通带和阻带以 $|E(\omega)|$ 的最大值最小化为准则。用等波纹最佳逼近设计法求滤波器的长度 N 和误差加权函数 $W(\omega)$ 时，要求给出滤波器通带和阻带的振荡波纹幅度 δ_1 和 δ_2，如图 6.5.1 所示。

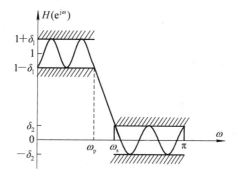

图 6.5.1　等波纹滤波器的幅频响应曲线

在实际应用中常用的设计指标以 α_p 和 α_s 给出。由 α_p 和 α_s 换算出通带和阻带的振荡波纹幅度 δ_1 和 δ_2，根据式(5.3.2)和式(5.3.3)有

$$\alpha_p = 20\lg\frac{1+\delta_1}{1-\delta_1}, \quad \alpha_s = 20\lg\frac{1+\delta_1}{\delta_2} \approx -20\lg\delta_2$$

换算得到

$$\delta_1 = \frac{10^{\alpha_p/20}-1}{10^{\alpha_p/20}+1}, \quad \delta_2 = 10^{-\alpha_s/20} \tag{6.5.2}$$

下面举例说明误差加权函数 $W(\omega)$ 的作用，以及滤波器的长度 N 和波纹幅度 δ_1、δ_2 之间的制约关系。设期望的通带和阻带分别为 $[0, \pi/4]$ 和 $[5\pi/16, \pi]$，对四种不同的控制参数，等波纹最佳逼近的幅频响应曲线分别如图 6.5.2(a)、(b)、(c)和(d)所示。

图 6.5.2 中，$W = [a, b]$ 表示第一个逼近区 $[0, \pi/4]$ 上的误差加权函数 $W(\omega) = a$，第二个逼近区 $[5\pi/16, \pi]$ 上的误差加权函数 $W(\omega) = b$。

比较图 6.5.2(a)、(b)、(c)和(d)可以得出结论：当 N 一定时，误差加权函数 $W(\omega)$ 较大的频带逼近精度较高，$W(\omega)$ 较小的频带逼近精度较低。如果改变 $W(\omega)$ 使通(阻)带逼近精度提高，则必然使阻(通)带逼近精度降低。只有滤波器的长度 N 增大才能使通带和阻带逼近精度同时提高。所以，$W(\omega)$ 和 N 由滤波器设计指标(即 δ_1 和 δ_2，以及过渡带宽度)来确定。

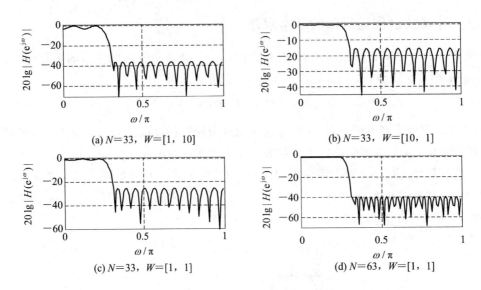

图 6.5.2　误差加权函数 $W(\omega)$ 和滤波器的长度 N 对逼近精度的影响

对于低通等波纹滤波器的设计，一般是给定指标 δ_1、δ_2、ω_p 和 ω_s，这就需要找到能满足这一指标的最佳滤波器的长度 N。目前，有一些估算公式可用于决定最佳滤波器的长度 N

$$N \approx \frac{-20\lg\sqrt{\delta_1\delta_2}-13}{14.6(\omega_s-\omega_p)/2\pi}+1 \qquad (6.5.3)$$

对于窄带低通滤波器而言，δ_2 对滤波器长度 N 起主要作用

$$N \approx \frac{-20\lg\delta_2+0.22}{(\omega_s-\omega_p)/2\pi}+1 \qquad (6.5.4)$$

对于宽带低通滤波器而言，δ_1 对滤波器长度 N 起主要作用

$$N \approx \frac{-20\lg\delta_1+5.94}{27(\omega_s-\omega_p)/2\pi}+1 \qquad (6.5.5)$$

6.5.2　用 MATLAB 实现等波纹最佳逼近法设计选频滤波器

MATLAB 信号处理工具箱提供 firpm(remez) 和 firpmord(remezord) 函数，这两对函数使用等波纹最佳逼近法设计线性相位 FIR 滤波器，采用了数值分析中的 Remez 多重交换迭代算法和 Chebyshev 近似理论求解等波纹最佳逼近问题，求得满足要求的单位脉冲响应 $h(n)$。

remez 和 remezord 在 MATLAB 的早期版本中使用，新版主要用 firpm 和 firpmord，它们的调用格式相同。以 remez 为例，输入参数为 L，f，m，w，输出为滤波器的系数 hn，即

$$hn=remez(L, f, m, w)$$

其中，L 是 FIR 数字滤波器的阶数；hn 的长度 $N=L+1$；f 和 m 给出期望的幅频响应，w 是误差加权向量。

f 是对 π 归一的数字频率向量，$0\leqslant f\leqslant1$ 为递增的边界频率，即 $f(k)<f(k+1)$；m 是与 f 对应的幅度向量，二者长度相等且都是偶数，$m(k)$ 表示频点 $f(k)$ 的幅频响应值。在以奇数 k 开始的频段 $[f(k), f(k+1)]$ 范围内，连接 $(f(k), m(k))$ 和 $(f(k+1), m(k+1))$ 两点，且为该频段的幅频响应曲线，紧邻该频段、以偶数 k 开始的频段是过渡带，幅频响应无定义。

w 表示对每个频段幅度逼近精度的加权值,其长度是 f 和 m 长度之和的一半。默认 w 为全 1,即每个逼近频段的误差加权值相同。

remez 的输入参数一般通过调用 remezord 来计算。remezord 根据逼近指标 f、m 和 rip 估算滤波器所需的阶数 L、误差加权向量 w、归一化边界数字频率向量 f_0 和相应的幅频响应 m_0。其调用格式为

$$[L, f_0, m_0, w] = \text{remezord}(f, m, \text{rip}, F_s)$$

返回参数作为 remez 函数的输入参数,其定义明确。

remezord 的输入参数中,f 与 remez 中的定义类似,不同的是 f 可以设置为模拟频率(单位:Hz),起始频率为 0、终止频率为 $F_s/2$,但不包含 0 和 $F_s/2$,即当 f 是归一化数字频率时不包括 0 和 1。采样频率的缺省值默认为 $F_s=2$ Hz。

m 的定义与 remez 中的不同,它表示 f 所示各频段的幅频响应值;f 的长度比 m 长度的 2 倍少 2;rip 表示 f 和 m 描述的各逼近频段允许的波纹振幅(幅频响应的最大偏差),rip 的长度与 m 的长度相同。

注意:① 当省略 F_s 时,f 必须为对 π 归一化数字频率向量;② 有时估算的阶数 L 略小,设计结果达不到指标要求,则要取 $L+1$ 或 $L+2$(由滤波器长度 $N=L+1$ 的奇偶性要求来决定),由此可知需检验设计结果;③ 当过渡带太窄或截止频率接近 0 和 $F_s/2$ 时,设计结果不正确。

用 MATLAB 实现等波纹最佳逼近法设计线性相位 FIR 滤波器,关键是根据指标要求得出 firpmord 或 remezord 函数的输入参数 f、m 和 rip,以下面四种典型选频滤波器为例进行阐述。

1. 低通滤波器的设计指标

通带为 $[0, \omega_p]$,通带最大衰减值为 α_p,阻带为 $[\omega_s, \pi]$,阻带最小衰减值为 α_s,则

$$f = [\omega_p/\pi, \omega_s/\pi], m = [1, 0], \text{rip} = [\delta_1, \delta_2]$$

其中,f 按约定不含 0 和 1;δ_1 和 δ_2 分别为通带和阻带波纹幅度,由式(6.5.2)计算可得,以下相同。

2. 高通滤波器的设计指标

通带为 $[\omega_p, \pi]$,通带最大衰减值为 α_p,阻带为 $[0, \omega_s]$,阻带最小衰减值为 α_s,则

$$f = [\omega_s/\pi, \omega_p/\pi], m = [0, 1], \text{rip} = [\delta_2, \delta_1]$$

3. 带通滤波器的设计指标

通带为 $[\omega_{pl}, \omega_{pu}]$,通带最大衰减值为 α_p,阻带为 $[0, \omega_{sl}][\omega_{su}, \pi]$,阻带最小衰减值为 α_s,则

$$f = [\omega_{sl}/\pi, \omega_{pl}/\pi, \omega_{pu}/\pi, \omega_{su}/\pi], m = [0, 1, 0], \text{rip} = [\delta_2, \delta_1, \delta_2]$$

4. 带阻滤波器的设计指标

通带为 $[0, \omega_{pl}][\omega_{pu}, \pi]$,通带最大衰减值为 α_p,阻带为 $[\omega_{sl}, \omega_{su}]$,阻带最小衰减值为 α_s,则

$$f = [\omega_{pl}/\pi, \omega_{sl}/\pi, \omega_{su}/\pi, \omega_{pu}/\pi], m = [1, 0, 1], \text{rip} = [\delta_1, \delta_2, \delta_1]$$

【例 6.5.1】　利用 remez 交替算法,设计一个线性相位低通 FIR 数字滤波器,其指标为:通带边界频率 $f_p=800$ Hz,阻带边界频率 $f_s=1000$ Hz。通带最大衰减 $\alpha_p=0.5$ dB,阻

带最小衰减 $\alpha_s = 40$ dB，采样频率 $F_s = 4000$ Hz。

解 在 MATLAB 中可以用 remezord 和 remez 两个函数设计，程序如下：

```
clc; clear all;
fp=800; fs=1000;                                    % 设置滤波器的参数
Fs=4000;                                            % 设置采样频率
alphap=0.5; alphas=40;                              % 设置滤波器的参数
f=[fp, fs]; m=[1, 0];
delta1=(10^(alphap/20)-1)/(10^(alphap/20)+1);       % 求通带波纹幅度 delta1
delta2=10^(-alphas/20);                             % 求阻带波纹幅度 delta2
delta=[delta1, delta2];
[N, fpts, mag, wt]=remezord(f, m, delta, Fs);       % 用 remezord 求参数
hn=remez(N, fpts, mag, wt);                         % 用 remez 求滤波器的脉冲响应 h(n)
[H, w]=freqz(hn, 1, 512);                           % 用 freqz 求频率响应 H
```

运行程序后，结果如图 6.5.3 所示，滤波器阶数为 32，FIR 数字低通滤波器在 $f_p = 800$ Hz 处衰减值约为 0.31 dB，在 $f_s = 1000$ Hz 处衰减值约为 38.3 dB，基本满足设计指标。

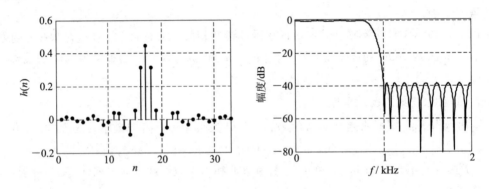

图 6.5.3 利用 remez 交替算法设计低通 FIR 数字滤波器举例

【例 6.5.2】 利用等波纹最佳逼近法设计带通滤波器，其指标为：通带边界频率 $\omega_{pl} = 0.32\pi$，$\omega_{pu} = 0.6\pi$；阻带边界频率 $\omega_{sl} = 0.28\pi$，$\omega_{su} = 0.66\pi$；通带和阻带衰减 $\alpha_p \leqslant 1$ dB，$\alpha_s \geqslant 50$ dB。

解 通带为 $[0.32\pi, 0.6\pi]$，通带最大衰减 $\alpha_p = 1$ dB，阻带为 $[0, 0.28\pi]$、$[0.66\pi, \pi]$，阻带最小衰减 $\alpha_s = 50$ dB。调用 remezord 和 remez 函数求解，MATLAB 参考程序如下：

```
clc; clear all;
f=[0.28, 0.32, 0.6, 0.66];
m=[0, 1, 0];
alphap=1; alphas=50;
delta1=10^(alphap/20-1)/(alphap/20+1);
delta2=10^(-alphas/20); rip=[delta2, delta1, delta2];
[L, fo, mo, w]=remezord(f, m, rip);
hn=remez(L, fo, mo, w);
```

H=abs(fft(hn, 256))/max(abs(fft(hn, 256)));

运行程序，结果如图 6.5.4 所示，在 $\omega_{sl}=0.28\pi$ 和 $\omega_{su}=0.66\pi$ 处衰减约为 44.5 dB，在 $\omega_{pl}=0.32\pi$ 和 $\omega_{pu}=0.6\pi$ 处衰减约为 2 dB，基本满足设计指标。例 6.5.2 设计的滤波器阶数为 75，含 76 个系数，而例 6.3.2 中窗函数法设计的滤波器有 165 个系数，可见等波纹最佳逼近设计法可以使滤波器的阶数大大降低。但是，等波纹最佳逼近设计法在整个阻带内的衰减值都近似于设计指标，而窗函数法在阻带内的衰减情况与所选的窗密切相关，在实际应用中应根据具体需求选择设计方法。

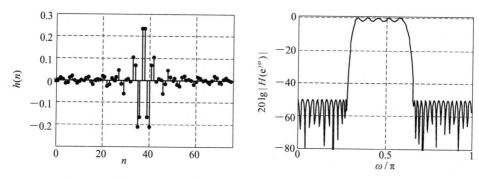

图 6.5.4　实际带通滤波器的 $h(n)$ 及幅频响应曲线

【例 6.5.3】　利用等波纹最佳逼近法设计带阻滤波器。设计指标是将例 6.5.2 中的通带与阻带交换，即通带为 $[0, 0.28\pi]$、$[0.66\pi, \pi]$，通带最大衰减 $\alpha_p=1$ dB，阻带为 $[0.32\pi, 0.6\pi]$，阻带最小衰减 $\alpha_s=50$ dB。

解　调用 remezord 和 remez 函数设计带阻滤波器，MATLAB 参考程序如下：

```
clc; clear all;
f=[0.28, 0.32, 0.6, 0.66];
m=[1, 0, 1];
alphap=1; alphas=50;
delta1=10^(alphap/20-1)/(alphap/20+1);
delta2=10^(-alphas/20); rip=[delta1, delta2, delta1];
[L, fo, mo, w]=remezord(f, m, rip);
hn=remez(L, fo, mo, w);
H=abs(fft(hn, 256))/max(abs(fft(hn, 256)));
```

绘图部分的代码略去。运行程序，滤波器的单位脉冲响应和幅频响应如图 6.5.5 所示。

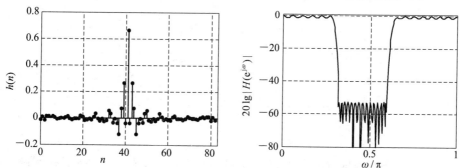

图 6.5.5　实际带通滤波器的 $h(n)$ 及幅频响应曲线

除上述 3 个典型选频滤波器的设计示例，以例 6.5.4 介绍用等波纹最佳逼近法设计具有多个通带的线性相位 FIR 滤波器。

【例 6.5.4】 利用等波纹最佳逼近法设计具有两个通带的 FIR 带通滤波器，技术指标如下：

(1) 通带 1：$f_{sl1} = 15$ kHz，$f_{pl1} = 20$ kHz，$f_{pu1} = 30$ kHz，$f_{su1} = 35$ kHz；

(2) 通带 2：$f_{sl2} = 60$ kHz，$f_{pl2} = 70$ kHz，$f_{pu2} = 85$ kHz，$f_{su2} = 95$ kHz；

(3) $F_s = 200$ kHz。

解 MATLAB 程序如下：

```
clc; clear all;
fsl1=15; fpl1=20; fpu1=30; fsu1=35;
fsl2=60; fpl2=70; fpu2=85; fsu2=95;
Fs=200;
f=[fsl1, fpl1, fpu1, fsu1, fsl2, fpl2, fpu2, fsu2];
m=[0, 0.5, 0, 1, 0];
alphap=1; alphas=50;
delta1=10^(alphap/20-1)/(alphap/20+1);
delta2=10^(-alphas/20);
rip=[delta2, delta1, delta2, delta1, delta2];
[L, fo, mo, w]=remezord(f, m, rip, Fs);
hn=remez(L, fo, mo, w);
hf=fft(hn, 512);
H=20 * log10(abs(hf));
P=unwrap(angle(hf));
P=P/pi;
```

程序运行结果如图 6.5.6 所示。具有不同增益的两个通带，且两个通带内均为线性相位。

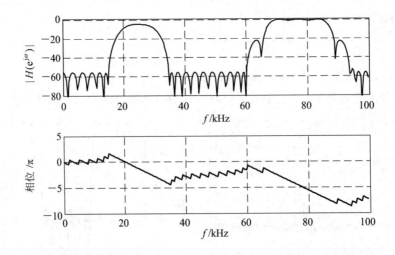

图 6.5.6　利用 remez 算法设计的多通带 FIR 带通滤波器的幅频响应和相频响应曲线

此外，具有特殊用途的 FIR 滤波器也可以用等波纹最佳逼近法设计，如 FIR 微分器和 FIR 希尔伯特变换器。

6.5.3　用 MATLAB 实现等波纹最佳逼近法设计 FIR 微分器

在许多模拟系统和数字系统中，常常利用 FIR 微分器求信号的导数。理想 FIR 数字微分器的频率响应是频率的线性函数，即

$$H_d(e^{j\omega}) = j\omega \quad (-\pi \leqslant \omega \leqslant \pi) \tag{6.5.6}$$

相应的单位脉冲响应为

$$h_d(n) = \begin{cases} \dfrac{\cos\pi n}{n} & (-\infty < n < \infty,\, n \neq 0) \\ 0 & (n = 0) \end{cases} \tag{6.5.7}$$

式(6.5.7)表明理想 FIR 微分器的脉冲响应具有奇对称特征，可以用表 6.2.1 中的情况 3 或情况 4 来实现。

当 N 为奇数时，如表 6.2.1 中情况 3 所示，$\omega=\pi$ 处的幅频响应等于零，与式(6.5.6) 中 $|H_d(e^{j\pi})| = \pi$ 不符，所以只能选择 N 为偶数的 FIR 滤波器。在实际应用中，信号往往是带限的，滤波器的频率响应只需在其频带内满足相应关系，无论 N 为奇数和偶数都可以实现。

下面给出用 remez 设计等波纹 FIR 微分器的方法。设低通型微分器的频率响应为

$$H(e^{j\omega}) = \begin{cases} j\omega & (0 \leqslant |\omega| \leqslant \omega_p) \\ 0 & (\omega_s \leqslant |\omega| \leqslant \pi) \end{cases} \tag{6.5.8}$$

式中，$0 \leqslant \omega \leqslant \omega_p$ 和 $\omega_s \leqslant \omega \leqslant \pi$ 分别表示该微分器的通带和阻带。

用 MATLAB 设计该类微分器时，remez 的调用格式为

hn＝remez(L, f, m, w, 'defferentiator')

选择以下权重函数

$$W(\omega) = \frac{w}{\omega} \quad (0 \leqslant \omega \leqslant \omega_p)$$

通常缺省参数 w，使 $W(\omega)=1/\omega$。

【例 6.5.5】 利用 remez 算法设计 41 阶线性相位 FIR 数字微分器，要求通带截止频率为 0.6π，阻带起始频率为 0.7π，并且希望阻带逼近零。

解　MATLAB 参考程序如下：

```
clc;
clear all;
N=42;
f=[0, 0.6, 0.7, 1];
m=[0, 1, 0, 0];
hn＝remez(N-1, f, m, 'defferetiator');        %调用 remez 函数设计 FIR 微分器
```

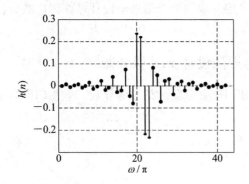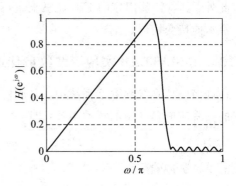

图 6.5.7　41 阶线性相位 FIR 数字微分器的 $h(n)$ 及幅频响应曲线

图 6.5.7 为微分器的单位脉冲响应和幅频响应。本例没有要求全通带的微分特性，N 为奇数或偶数都不影响设计结果。另外值得注意的是，微分器的延迟为 $\tau = (N-1)/2$，当 N 为偶数时，延迟 τ 不是整数。如果要求微分器输出延迟 τ 为整数，长度 N 就必须取奇数。

6.5.4　用 MATLAB 实现等波纹最佳逼近法设计 FIR 希尔伯特变换器

理想希尔伯特变换器(又称 90°移相器)的频率响应和单位脉冲响应为

$$H_d(e^{j\omega}) = \begin{cases} j & (-\pi < \omega < 0) \\ -j & (0 < \omega < \pi) \end{cases} \tag{6.5.9}$$

$$h_d(n) = \text{ISFT}[H_d(e^{j\omega})] = \frac{2\sin^2(n\pi/2)}{n\pi} = \begin{cases} \dfrac{2}{n\pi} & (n \text{ 为奇数}) \\ 0 & (n \text{ 为偶数}) \end{cases} \tag{6.5.10}$$

6.3 节的窗函数法可用于设计 FIR 希尔伯特变换器，用等波纹最佳逼近法设计时，有
$$\text{hn} = \text{remez}(L, f, m, '\text{hilbert}')$$
其中，hn 具有奇对称特性，$\text{hn}(n) = -\text{hn}(L-n)$。由于理想希尔伯特变换器的幅频响除 0 和 π 处外，其余各处取值均为 1，因此由 f 给出实际希尔伯特变换器的通带范围，与之对应的 m 在边界频率处取值为 1。

【例 6.5.6】　利用等波纹最佳逼近法设计 22 阶 FIR 希尔伯特变换器，要求通带为 $[0.3\pi, 0.7\pi]$。

解　程序如下：

```
N=23;
f=[0.3, 0.7];
m=[1, 1];
hn=remez(N-1, f, m, 'hilbert');
hf=fft(hn, 512);
H=abs(hf);
P=unwrap(angle(hf));        % 求线性相位
P=P/pi;                     % 相位以 π 进行归一化
```

运行程序得到的 $h(n)$、幅频响应和相频响应如图 6.5.8 所示。结果满足设计要求。

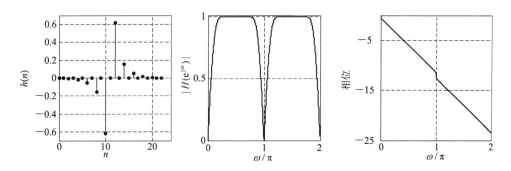

图 6.5.8　FIR 希尔伯特变换器的 $h(n)$ 及幅频响应和相频响应

习题与上机题

6.1　已知 8 阶第一类线性相位 FIR 滤波器的部分零点为 $z_1=2$，$z_2=0.5\mathrm{j}$，$z_3=\mathrm{j}$。

(1) 试确定该滤波器的其他零点；

(2) 设 $h(0)=1$，求出该滤波器的系统函数 $H(z)$。

6.2　已知 9 阶第一类线性相位 FIR 滤波器的部分零点为 $z_1=2$，$z_2=0.5\mathrm{j}$，$z_3=-\mathrm{j}$。

(1) 试确定该滤波器的其他零点；

(2) 设 $h(0)=1$，求出该滤波器的系统函数 $H(z)$。

6.3　已知 8 阶第二类线性相位 FIR 滤波器的部分零点为 $z_1=-0.2$，$z_2=0.8\mathrm{j}$。

(1) 试确定该滤波器的其他零点；

(2) 设 $h(0)=1$，求出该滤波器的系统函数 $H(z)$。

6.4　已知 9 阶第二类线性相位 FIR 滤波器的部分零点为 $z_1=-\mathrm{j}$，$z_2=0.8$，$z_3=0.5\mathrm{j}$。

(1) 试确定该滤波器的其他零点；

(2) 设 $h(0)=1$，求出该滤波器的系统函数 $H(z)$。

6.5　设 FIR 带通滤波器的理想频率响应为

$$H_\mathrm{d}(\mathrm{e}^{\mathrm{j}\omega}) = \begin{cases} 1 & (\omega_0-\omega_\mathrm{d} \leqslant |\omega| \leqslant \omega_0+\omega_\mathrm{d}) \\ 0 & (其他) \end{cases}$$

试计算其理想冲激响应 $h_\mathrm{d}(n)$。

6.6　如果一个具有第一类线性相位的理想带通滤波器，其频率响应为

$$H_\mathrm{BP}(\mathrm{e}^{\mathrm{j}\omega}) = H_\mathrm{BP}(\omega)\mathrm{e}^{\mathrm{j}\beta(\omega)}$$

(1) 证明一个线性相位理想带阻滤波器(阻带、通带参数与带通滤波器通带、阻带相同)可以表示成

$$H_\mathrm{BS}(\mathrm{e}^{\mathrm{j}\omega}) = [1-H_\mathrm{BP}(\omega)]\mathrm{e}^{\mathrm{j}\beta(\omega)} \quad (-\pi < \omega \leqslant \pi)$$

(2) 用带通滤波器的单位脉冲响应 $h_\mathrm{BP}(n)$ 表示带阻滤波器的单位脉冲响应 $h_\mathrm{BS}(n)$。

6.7　设三角窗序列的表达式为

$$w(n) = \begin{cases} 1-|n|/M & (|n| \leqslant M) \\ 0 & (|n| > M) \end{cases}$$

试计算它的频谱密度 $W(\mathrm{e}^{\mathrm{j}\omega})$，并求出其主瓣宽度。

6.8　已知题 6.8 图(a)中的 $h_1(n)$ 是偶对称序列，$N=8$，题 6.8(b)图中的 $h_2(n)$ 是 $h_1(n)$

循环移位(移 $N/2＝4$ 位)后的序列。设 $H_1(k)＝\text{DFT}[h_1(n)]$，$H_2(k)＝\text{DFT}[h_2(n)]$

(1) $|H_1(k)|＝|H_2(k)|$ 是否成立? $\theta_1(k)$ 和 $\theta_2(k)$ 有什么关系?

(2) $h_1(n)$、$h_2(n)$ 分别构成一个低通滤波器，它们是不是线性相位的? 延时是多少?

(3) 这两个滤波器性能是否相同? 为什么? 若不同，谁优谁劣?

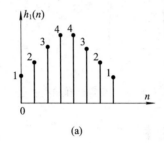 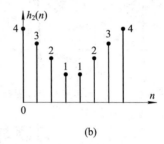

(a)　　　　　　　　(b)

题 6.8 图

6.9　理想希尔伯特变换器(又称 90 度移相器)的频率响应为

$$H(e^{j\omega}) = \begin{cases} j & (-\pi < \omega < 0) \\ -j & (0 < \omega < \pi) \end{cases}$$

(1) 讨论可用哪些类型的线性相位滤波器进行设计?

(2) 试求出线性相位滤波器的 $h(n)$;

(3) 分别画出滤波器的长度 $N＝4$ 和 $N＝5$ 时滤波器的幅频响应 $H_g(\omega)$ 并讨论其结果;

(4) 取滤波器的长度 $N＝15$，用 MATLAB 编程并画出分别选矩形窗和布莱克曼窗进行设计所得 FIR 滤波器的幅频响应 $|H(e^{j\omega})|$。简单评述所得的结果。

6.10　若最小相位的 FIR 系统的单位脉冲响应为 $h_{\min}(n)(n＝0，1，\cdots，N-1)$，另一 FIR 系统的单位脉冲响应 $h(n)＝h_{\min}(N-1-n)(n＝0，1，\cdots，N-1)$，试证明:

(1) 系统 $h(n)$ 和 $h_{\min}(n)$ 具有相同的幅频响应;

(2) 系统 $h(n)$ 是最大相位延时系统。

6.11　用窗函数法设计一个 FIR 线性相位低通数字滤波器。要求:
$$\omega_p = 0.5\pi，\omega_s = 0.6\pi，\alpha_s \geqslant 20 \text{ dB}$$

6.12　用窗函数法设计一个 FIR 线性相位高通数字滤波器。要求:
$$\omega_s = 0.45\pi，\omega_p = 0.5\pi，\alpha_s \geqslant 55 \text{ dB}$$

6.13　用窗函数法设计一个 FIR 线性相位带通数字滤波器。要求:

(1) $f_{pl}＝2 \text{ kHz}$，$f_{pu}＝10 \text{ kHz}$;

(2) $f_{sl}＝1.5 \text{ kHz}$，$f_{su}＝11.5 \text{ kHz}$;

(3) $F_s＝40 \text{ kHz}$，$\alpha_s \geqslant 45 \text{ dB}$。

6.14　用窗函数法设计一个 FIR 线性相位带阻数字滤波器。要求:

(1) $\omega_{pl}＝0.2\pi$，$\omega_{pu}＝0.55\pi$;

(2) $\omega_{sl}＝0.28\pi$，$\omega_{su}＝0.5\pi$;

(3) $\alpha_s \geqslant 70 \text{ dB}$。

6.15　用矩形窗设计一个线性相位高通滤波器，逼近滤波器的传输函数 $H_d(e^{j\omega})$ 为

$$H_d(e^{j\omega}) = \begin{cases} e^{-j\omega\alpha} & (\omega_p \leqslant |\omega| \leqslant \pi) \\ 0 & (\text{其他}) \end{cases}$$

（1）求出该理想高通滤波器的单位脉冲响应 $h_d(n)$；

（2）写出用矩形窗设计的 $h(n)$ 表达式，确定 α 与 N 之间的关系；

（3）N 的取值有什么限制？为什么？

6.16　利用窗函数（选汉明窗）法设计一个数字微分器，逼近题 6.16 图所示的理想特性，并绘出其幅频响应（取窗长为 24）。

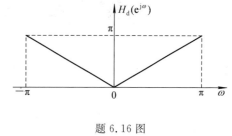

题 6.16 图

6.17　用 MATLAB 语言，通过窗函数设计法分别设计题 6.11～6.14，并画出滤波器的单位脉冲响应、幅频响应和相频响应曲线。

6.18　利用频率采样设计法设计线性相位 FIR 低通滤波器，给定 $N=21$，通带截止频率 $\omega_d=0.15\pi$。求出 $h(n)$，为了改善其频率响应应采取什么措施？

6.19　利用 MATLAB 语言，通过频率采样设计法设计线性相位 FIR 低通滤波器，设 $N=16$，希望滤波器的幅度采样值为

$$H(k)=\begin{cases}1 & (k=0,1,2,3)\\ 0.389 & (k=4)\\ 0 & (k=5,6,7)\end{cases}$$

画出滤波器的 $h(n)$、幅频响应和相频响应。

6.20　用窗函数法（选矩形窗）设计题 6.18 所示低通滤波器，将其结果与题 6.18 的结果进行比较。

6.21　用频率采样法设计一阶数为 23 的线性相位全频带数字微分器，并把其结果与题 6.16 的结果进行比较。

6.22　根据下面给出的低通滤波器设计指标：$\omega_p=0.47\pi$，$\omega_s=0.59\pi$，$\delta_1=0.001$，$\delta_2=0.007$，设计一个 FIR 低通滤波器，使其能满足设计指标，并具有最小的滤波器长度，同时利用 MATLAB 画出其幅频响应。

6.23　利用基于 remez 的方法设计一个具有最小滤波器长度的带阻 FIR 滤波器，同时满足以下设计指标：$\omega_{pl}=0.3\pi$，$\omega_{pu}=0.8\pi$，$\omega_{sl}=0.45\pi$，$\omega_{su}=0.65\pi$，$\delta_{11}=0.05$，$\delta_{12}=0.009$，$\delta_2=0.02$，其中，δ_{11} 和 δ_{12} 分别表示下通带和上通带的波纹值。用 MATLAB 画出其幅频响应。

6.24　利用 MATLAB 语言的 fir1 设计一个具有如下指标的线性相位 FIR 高通滤波器：阻带截止频率为 0.4π，通带起始频率为 0.55π，最大通带衰减为 0.1 dB，最小阻带衰减为 42 dB。分别利用下面的窗函数来设计滤波器：汉明窗、汉宁窗、布莱克曼窗和凯塞窗。对于每种情况，给出其脉冲响应系数并画出设计的滤波器的幅频响应，分析所得结果。

6.25　利用基于 remez 的方法设计一个具有如下指标的线性相位 FIR 高通滤波器：阻带截止频率为 0.3π，通带起始频率为 0.45π，最大通带衰减为 0.1 dB，最小阻带衰减为 55 dB。分析所得结果，并与题 6.24 的结果进行对比。

第7章 IIR 数字滤波器

7.1 引　言

第 5 章已经说明 FIR 和 IIR 两类滤波器的设计方法有很大区别，第 6 章详细介绍了 FIR 数字滤波器的设计方法，本章将阐述 IIR 数字滤波器的设计方法。

IIR 数字滤波器的设计方法有两类：间接设计法和直接设计法。间接设计法需要借助模拟滤波器的设计方法，其思路是：根据数字滤波器指标先设计相对应的模拟滤波器（Analog Filter，AF），得到系统函数 $H_a(s)$，然后将 $H_a(s)$ 按某种方法数字化，转换成数字滤波器的系统函数 $H(z)$。因为模拟滤波器的设计方法已经很成熟，不仅有完整的设计公式，还有完善的图表可供查阅，以及典型的滤波器类型可供使用，因此间接设计法较容易实现。直接设计法在频域或者时域直接设计数字滤波器，解联立方程时需要计算机辅助设计。

本章只介绍间接设计方法，按照其设计思路，将依次介绍模拟滤波器设计方法和模拟滤波器到数字滤波器的转换方法。

7.2　归一化模拟低通滤波器的设计方法

在设计模拟滤波器时以典型的低通滤波器原型为基础，如巴特沃斯（Butterworth）滤波器、切比雪夫（Chebyshev）滤波器、椭圆（Ellipse）滤波器、贝塞尔（Bessel）滤波器等。这些滤波器都有严格的设计公式、曲线和图表可供设计人员使用。

同数字滤波器技术指标相似，模拟低通滤波器的技术指标有 α_p、Ω_p、α_s、Ω_s。其中，Ω_p 和 Ω_s 分别称为通带截止频率和阻带起始频率，α_p 是通带（$0 \leqslant \Omega \leqslant \Omega_p$）内允许的最大衰减，$\alpha_s$ 是阻带（$\Omega \geqslant \Omega_s$）内的最小衰减。$\alpha_p$ 和 α_s 一般用分贝数（dB）来表示，若模拟滤波器的频率响应为 $H_a(j\Omega)$，则 α_p 和 α_s 可分别表示为

$$\alpha_p = 10 \lg \frac{\mid H_a(j\Omega) \mid_{max}^2}{\mid H_a(j\Omega_p) \mid^2} \text{ dB} \tag{7.2.1}$$

$$\alpha_s = 10 \lg \frac{\mid H_a(j\Omega) \mid_{max}^2}{\mid H_a(j\Omega_s) \mid^2} \text{ dB} \tag{7.2.2}$$

各种模拟滤波器的设计方法都基于低通滤波器（Lowpass Filter，LPF），再通过频率变换将低通滤波器转换成希望的模拟滤波器。由于不同类型滤波器的幅频特性不同，因此为使设计统一，归一化模拟低通滤波器应运而生。

7.2.1　归一化模拟低通滤波器

1. 归一化模拟低通滤波器的定义

定义归一化模拟滤波器的通带最大增益为 1，即

$$A_{\max} = \frac{|H_a(j\Omega)|}{|H_a(j\Omega)|_{\max}} = 1 \qquad (7.2.3)$$

归一化模拟低通滤波器的所有频率都是用通带截止频率 Ω_p 归一化的，我们用 λ 表示归一化模拟滤波器的频率，即

$$\lambda = \frac{\Omega}{\Omega_p} \qquad (7.2.4)$$

显然，归一化模拟低通滤波器的通带截止频率 $\lambda_p = 1$。我们用 $p = j\lambda$ 表示归一化复频率。

2. 由幅度平方函数确定系统函数

模拟滤波器的幅频响应常用幅度平方函数 $A^2(\Omega)$ 来表示。设模拟滤波器的频率响应为 $H_a(j\Omega)$，系统函数为 $H_a(s)$，则定义幅度平方函数 $A^2(\Omega)$ 和复幅度平方函数 $Q(s)$ 为

$$A^2(\Omega) = |H_a(j\Omega)|^2 = H_a(j\Omega)H_a^*(j\Omega) \qquad (7.2.5)$$
$$Q(s) = H_a(s)H_a(-s) \qquad (7.2.6)$$

由于滤波器冲激响应 $h_a(t)$ 是实函数，其频率响应 $H_a(j\Omega)$ 满足

$$H_a^*(j\Omega) = H_a(-j\Omega) \qquad (7.2.7)$$

因此有

$$A^2(\Omega) = Q(s)|_{s=j\Omega} \qquad (7.2.8)$$

即频率轴上的复幅度平方函数就是幅度平方函数。

现在的问题是如何由已知的复幅度平方函数 $Q(s)$ 求得滤波器的系统函数 $H_a(s)$。假设系统的系统函数 $H_a(s)$ 有一个极点（或零点）位于 $s=s_0$ 处，因为冲激响应 $h_a(t)$ 为实函数，其极点（或零点）必然以共轭对的形式出现，所以在 $s=s_0^*$ 处也一定有一个极点（或零点）。因此，复幅度平方函数 $Q(s)$ 的极点分布是以 4 个（对应复数极点）或 2 个（对应实数极点）一组出现的，如图 7.2.1 所示。当极点不在横轴上时，复幅度平方函数的极点是以 4 个为一组成对出现的，如图 7.2.1(a) 所示；当极点在横坐标轴上时，复幅度平方函数的极点是以 2 个为一组成对出现的，如图 7.2.1(b) 所示。为保证系统的稳定性，此时将左半平面的极点归于 $H_a(s)$，零点可以任意选一半的零点。对于稳定系统，系统函数在虚轴上不能有极点。

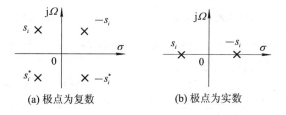

(a) 极点为复数　　　　　(b) 极点为实数

图 7.2.1　复幅度平方函数极点分布图

【例 7.2.1】 根据以下幅度平方函数 $A^2(\Omega)$ 确定系统函数 $H_a(s)$。

$$A^2(\Omega) = \frac{16(25 - \Omega^2)^2}{(49 + \Omega^2)(36 + \Omega^2)}$$

解 根据式(7.2.8)可得

$$Q(s) = A^2(\Omega)\Big|_{\Omega^2 = -s^2} = \frac{16(25 + s^2)^2}{(49 - s^2)(36 - s^2)}$$

其极点为 $s = \pm 7$、± 6，零点为 $s = \pm j5$（二阶）。选左半平面的极点和一对共轭零点为 $H_a(s)$ 的零极点，有

$$H_a(s) = \frac{k(s^2 + 25)}{(s + 7)(s + 6)}$$

由 $H_a(s)\big|_{s=0} = H_a(j\Omega)\big|_{\Omega=0}$ 可得 $k = 4$。最后求得

$$H_a(s) = \frac{4(s^2 + 25)}{(s + 7)(s + 6)}$$

下面介绍几种常用的归一化模拟低通滤波器的特性。

7.2.2 巴特沃思型归一化模拟低通滤波器的设计方法

巴特沃思型归一化模拟低通滤波器的幅度平方函数定义为

$$A^2(\lambda) = |H_a(j\lambda)|^2 = \frac{1}{1 + \lambda^{2N}} \tag{7.2.9}$$

式中，N 为正整数，代表滤波器的阶数。

当 $\lambda = 1$，即 $\Omega = \Omega_p = \Omega_c$ 时，$A^2(1) = 1/2$，$\alpha_p = 3$ dB，所以又称 Ω_c 为巴特沃思低通滤波器的 3 dB 带宽。不同阶数的巴特沃思型归一化模拟低通滤波器的幅频响应如图 7.2.2 所示。

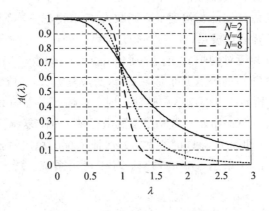

图 7.2.2 不同阶数的巴特沃思型归一化模拟低通滤波器的幅频响应

由图 7.2.2 可以看出，巴特沃思型归一化模拟低通滤波器的幅度平方函数的特点如下：

(1) 当 $\lambda = 0$，$A^2(0) = 1$，$\lambda_p = 1$ 时，$A^2(1) = 1/2$，所以巴特沃思型归一化模拟低通滤波器的通带的最大衰减为 3 dB，即 $\Omega_p = \Omega_c$ 时不可能在通带内得到比 3 dB 更小的 α_p。

(2) 在 $\lambda \leqslant 1$ 的通带内，幅度平方函数有最大平坦的幅频特性，随着 λ 的增加，$|H_a(j\lambda)|^2$ 单调递减。

(3) 通带$[0, 1]$，阻带$[\lambda_s, +\infty)$（$\lambda_s = \Omega_s / \Omega_p$），并且 N 越大，阻带的衰减速度越快。

综上所述，巴特沃思型归一化模拟低通滤波器的特性完全由阶数 N 和 3 dB 截止频率来确定。巴特沃思型归一化模拟低通滤波器在通带、阻带内均是单调变化的，随着 N 的增加，通带中的幅度值在更大范围内接近 1，但 α_p 始终不变，而在阻带内幅度值更快地趋于 0（α_s 增加）。由此可见，阶数越高越逼近理想滤波器，但随之而来的系统处理延时也越大。

根据式(7.2.2)，阻带最小衰减为

$$\alpha_s = 10\lg \frac{\mid H_a(\mathrm{j}0) \mid^2}{\mid H_a(\mathrm{j}\lambda_s) \mid^2} = 10\lg(1 + \lambda_s^{2N}) \text{ dB} \tag{7.2.10}$$

由 α_s 计算巴特沃思型归一化模拟低通滤波器的阶数为

$$N = \frac{\lg(10^{0.1\alpha_s} - 1)}{2\lg\lambda_s} \tag{7.2.11a}$$

如果设计要求 $\alpha_p < 3$ dB，则 $\Omega_p < \Omega_c$。设 $\eta = \Omega / \Omega_p$，则 $\lambda = \eta\Omega_p / \Omega_c$，将其代入式(7.2.9)并根据 α_p 和 α_s 的定义可知

$$\alpha_p = 10\lg \frac{\mid H_a(\mathrm{j}0) \mid^2}{\mid H_a(\mathrm{j}\eta_p) \mid^2} = 10\lg\left[1 + \left(\frac{\Omega_p}{\Omega_c}\right)^{2N}\right]$$

$$\alpha_s = 10\lg \frac{\mid H_a(\mathrm{j}0) \mid^2}{\mid H_a(\mathrm{j}\eta_s) \mid^2} = 10\lg\left[1 + \left(\frac{\Omega_s}{\Omega_c}\right)^{2N}\right]$$

由上述两式联立，可计算出巴特沃思型归一化模拟低通滤波器的阶数为

$$N = \frac{\lg\left[(10^{0.1\alpha_s} - 1)/(10^{0.1\alpha_p} - 1)\right]}{2\lg\lambda_s} \tag{7.2.11b}$$

N 是大于式(7.2.11)计算结果的最小整数，并且将 $\alpha_p = 3$ dB 代入式(7.2.11b)即得式(7.2.11a)。

(4) 巴特沃思型归一化模拟低通滤波器的复幅度平方函数的零极点分布。根据式(7.2.6)，得到

$$Q(p) = H_a(p)H_a(-p) = A^2(\lambda)\Big|_{\lambda = \frac{p}{\mathrm{j}}} = \frac{1}{1 + (-p^2)^N} \tag{7.2.12}$$

由式(7.2.12)可以看出，复幅度平方函数的零点全部在 $p = \infty$ 处，所以 ∞ 可以认为是该函数的 $2N$ 次零点，平面只有极点，因而该滤波器属于全极点型滤波器。复幅度平方函数的极点的特点分以下两种情况讨论。

① N 为偶数，极点为

$$p^{2N} = -1 = \mathrm{e}^{\mathrm{j}(2m+1)\pi} \quad (m = 0, 1, 2, \cdots)$$

$$p = \mathrm{e}^{\mathrm{j}\frac{2m+1}{2N}\pi} \quad (m = 0, 1, 2, \cdots, 2N-1) \tag{7.2.13}$$

② N 为奇数，极点为

$$p^{2N} = 1 = \mathrm{e}^{\mathrm{j}2m\pi} \quad (m = 0, 1, 2, \cdots)$$

$$p = \mathrm{e}^{\mathrm{j}\frac{m}{N}\pi} \quad (m = 0, 1, 2, \cdots, 2N-1) \tag{7.2.14}$$

综合起来，极点分布如下：

$$p = \begin{cases} \mathrm{e}^{\mathrm{j}\frac{2m+1}{2N}\pi} & (N = \text{偶数}) \\ \mathrm{e}^{\mathrm{j}\frac{m}{N}\pi} & (N = \text{奇数}) \end{cases} \tag{7.2.15}$$

因此，$Q(p)$ 的极点在 p 平面是象限对称的，且均匀分布在 p 平面的单位圆上，共有

$2N$ 个角度间隔为 π/N 的极点，极点关于 $j\lambda$ 轴对称，不会落在虚轴上。当 N 为奇数时，实轴上有极点；当 N 为偶数时，实轴上没有极点。由左半平面的极点即可构成巴特沃思型归一化模拟低通滤波器的系统函数 $H_a(p)$。

【例 7.2.2】 设归一化模拟低通滤波器的设计指标如下：

$$\alpha_p = 3 \text{ dB}, \quad \alpha_s = 30 \text{ dB}, \quad \lambda_s = 2$$

试求巴特沃思型归一化模拟低通滤波器的系统函数。

解 （1）确定滤波器的阶数。根据式(7.2.11b)可得

$$N = \frac{\lg[(10^{0.1\alpha_s} - 1)/(10^{0.1\alpha_p} - 1)]}{2\lg\lambda_s} = 4.98$$

取 $N = 5$。

（2）求极点。由于 N 为奇数，所以极点为

$$p_k = e^{j\frac{k}{N}\pi} \quad (k = 0, 1, 2, \cdots, 9)$$

因此 10 个极点分别为

$$p_0 = e^{j0}, \ p_1 = e^{j\frac{\pi}{5}}, \ p_2 = e^{j\frac{2\pi}{5}}, \ p_3 = e^{j\frac{3\pi}{5}}, \ p_4 = e^{j\frac{4\pi}{5}}$$

$$p_5 = e^{j\pi}, \ p_6 = e^{j\frac{6\pi}{5}}, \ p_7 = e^{j\frac{7\pi}{5}}, \ p_8 = e^{j\frac{8\pi}{5}}, \ p_9 = e^{j\frac{9\pi}{5}}$$

选择位于 p 平面左半平面的极点构成设计滤波器的系统函数，这样才能保证设计出来的滤波器是稳定系统。因此，有

$$H_a(p) = \frac{1}{(p - e^{j\frac{3\pi}{5}})(p - e^{j\frac{4\pi}{5}})(p - e^{j\pi})(p - e^{j\frac{6\pi}{5}})(p - e^{j\frac{7\pi}{5}})}$$

为设计方便，人们已将巴特沃思型归一化模拟低通滤波器的极点分布、系统函数的系数及级联形式子系统的系统函数以表格形式给出，如表 7.2.1 所示。

表 7.2.1 巴特沃思型归一化模拟低通滤波器的参数

阶数 N	极 点				
	p_1、p_2	p_3、p_4	p_5、p_6	p_7、p_8	p_9
1	-1.0000				
2	$-0.7071 \pm j0.7071$				
3	$-0.5000 \pm j0.8660$	-1.0000			
4	$-0.3827 \pm j0.9239$	$-0.9239 \pm j0.3827$			
5	$-0.3090 \pm j0.9511$	$-0.8090 \pm j0.5878$	-1.0000		
6	$-0.2588 \pm j0.9659$	$-0.7071 \pm j0.7071$	$-0.9659 \pm j0.2588$		
7	$-0.2225 \pm j0.9749$	$-0.6235 \pm j0.7818$	$-0.9010 \pm j0.4339$	-1.0000	
8	$-0.1951 \pm j0.9808$	$-0.5556 \pm j0.8315$	$-0.8315 \pm j0.5556$	$-0.9808 \pm j0.1951$	
9	$-0.1736 \pm j0.9848$	$-0.5000 \pm j0.8660$	$-0.7660 \pm j0.6428$	$-0.9397 \pm j0.3420$	-1.0000

阶数 N	分母多项式 $a(p)=a_0+a_1p+a_2p^2+a_3p^3+\cdots+a_{N-1}p^{N-1}+p^N$								
	a_0	a_1	a_2	a_3	a_4	a_5	a_6	a_7	a_8
1	1.0000								
2	1.0000	1.4142							
3	1.0000	2.0000	2.0000						
4	1.0000	2.6131	3.4142	2.6131					
5	1.0000	3.2361	5.2361	5.2361	3.2361				
6	1.0000	3.8637	7.4641	9.1416	7.4641	3.8637			
7	1.0000	4.4940	10.0978	14.5918	14.5918	10.0978	4.4940		
8	1.0000	5.1258	13.1371	21.8642	25.6884	21.8642	13.1371	5.1258	
9	1.0000	5.7588	16.5817	31.1634	41.9864	41.9864	31.1634	16.5817	5.7588

阶数 N	分母因式 $A(p)=A_1(p)A_2(p)A_3(p)A_4(p)A_5(p)$
1	$(p+1)$
2	$(p^2+1.4142p+1)$
3	$(p^2+p+1)(p+1)$
4	$(p^2+0.7645p+1)(p^2+1.8478p+1)$
5	$(p^2+0.6180p+1)(p^2+1.6180p+1)(p+1)$
6	$(p^2+0.5176p+1)(p^2+1.4142p+1)(p^2+1.9319p+1)$
7	$(p^2+0.4450p+1)(p^2+1.2470p+1)(p^2+1.8019p+1)(p+1)$
8	$(p^2+0.3902p+1)(p^2+1.1111p+1)(p^2+1.6629p+1)(p^2+1.9616p+1)$
9	$(p^2+0.3473p+1)(p^2+p+1)(p^2+1.5321p+1)(p^2+1.8794p+1)(p+1)$

【例 7.2.3】 设归一化模拟低通滤波器的设计指标如下：
$$\alpha_p = 3 \text{ dB}, \quad \alpha_s = 40 \text{ dB}, \quad \lambda_s = 4$$
求滤波器的系统函数 $H_a(p)$。

解　计算阶数
$$N = \frac{\lg[(10^{0.1\alpha_s}-1)/(10^{0.1\alpha_p}-1)]}{2\lg\lambda_s} = 3.32$$

取 $N=4$，查表 7.2.1 得
$$H_a(p) = \frac{1}{1+2.61p+3.41p^2+2.61p^3+p^4}$$
$$= \frac{1}{(1+0.765p+p^2)(1+1.848p+p^2)}$$

系统频率响应如图 7.2.3 所示。在 $\lambda=1$ 处，通带衰减为 3 dB，在 $\lambda=4$ 处阻带衰减大于 40 dB，满足设计要求。

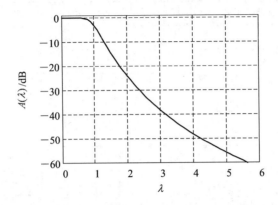

图 7.2.3　例 7.2.3 巴特沃思归一化低通滤波器的幅频响应

巴特沃思型归一化模拟低通滤波器的幅频响应在通带和阻带都是随频率单调变化的，因而如果在通带边缘满足指标，则在通带内肯定有富余量，即会超出指标要求。如果将指标均匀分布在通带或阻带内，则在相同的指标要求下可以设计出阶数较低的滤波器。

7.2.3　切比雪夫型归一化模拟低通滤波器的设计方法

切比雪夫型归一化模拟低通滤波器分为Ⅰ型滤波器和Ⅱ型滤波器。切比雪夫Ⅰ型滤波器的幅频响应在通带内为等波纹，在阻带内是单调下降的。切比雪夫Ⅱ型滤波器的幅频响应在通带内是单调下降的，在阻带内为等波纹。本节我们重点介绍切比雪夫Ⅰ型滤波器。

切比雪夫Ⅰ型归一化模拟低通滤波器的幅度平方函数定义为

$$A^2(\lambda) = \frac{1}{1 + \varepsilon^2 C_N^2(\lambda)} \tag{7.2.16}$$

式中，ε 为小于 1 的正数，表示通带波纹幅度参数；$C_N(\lambda)$ 是 N 阶切比雪夫多项式，定义为

$$C_N(x) = \begin{cases} \cos(N \arccos x) & (|x| \leqslant 1) \\ \mathrm{ch}(N \, \mathrm{arcch}x) & (|x| > 1) \end{cases} \tag{7.2.17}$$

式中：

$$\mathrm{ch}x = (\mathrm{e}^x + \mathrm{e}^{-x})/2$$

式(7.2.17)可以展成关于 x 的多项式，得到高阶切比雪夫多项式的迭代公式为

$$C_N(x) = 2xC_{N-1}(x) - C_{N-2}(x) \quad (N > 1) \tag{7.2.18}$$

因此有

$$C_0(x) = 1, \; C_1(x) = x, \; C_2(x) = 2x^2 - 1, \; \cdots$$

所以，当 N 为偶数时，切比雪夫多项式 $C_N(x)$ 为偶函数；当 N 为奇数时，$C_N(x)$ 为奇函数。

根据切比雪夫Ⅰ型归一化模拟低通滤波器的幅度平方函数表示式，取相同的波纹幅度参数 ε，在 3 个不同阶数 N 的情况下，幅频响应曲线如图 7.2.4 所示。

由图 7.2.4 可以得到，切比雪夫Ⅰ型归一化模拟低通滤波器的幅频响应特性如下：

(1) 在通带 $0 \leqslant \lambda \leqslant 1$ 内：

$$1/\sqrt{1 + \varepsilon^2} \leqslant |H_a(\mathrm{j}\lambda)| \leqslant 1 \tag{7.2.19}$$

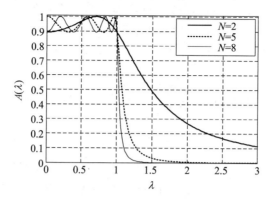

图 7.2.4　不同阶数切比雪夫 I 型归一化模拟低通滤波器的幅频响应

当 $\lambda=0$，N 为偶数时，有

$$|H_a(j0)|=|H_a(j\lambda)|_{\min}=1/\sqrt{1+\varepsilon^2}$$

当 N 为奇数时，有

$$|H_a(j0)|=|H_a(j\lambda)|_{\max}=1$$

（2）当 $\lambda=1$ 时，$|H_a(j1)|=1/\sqrt{1+\varepsilon^2}$，即所有阶数的曲线都通过 $1/\sqrt{1+\varepsilon^2}$ 点，因此切比雪夫 I 型归一化模拟低通滤波器在通带内的最大衰减不一定是 3 dB，而是与 ε 有关，可以小于 3 dB。

（3）滤波器的阶数 N 影响过渡带的宽度，同时也影响通带内幅度波动的频度，N 等于通带内幅度波动的最大值和最小值的总个数。N 增加，波动次数随之增加，过渡带随之变窄。

（4）当 $\lambda \geqslant 1$ 时，$|H_a(j\lambda)|$ 单调下降，N 越大，单调下降速度越快。所以切比雪夫 I 型归一化模拟低通滤波器的阻带衰减主要由阶数 N 确定。

（5）指标。通带最大衰减为

$$\alpha_p=10\lg\frac{|H_a(j\lambda)|^2_{\max}}{|H_a(j\lambda)|^2_{\min}}=10\lg(1+\varepsilon^2) \qquad (7.2.20)$$

由式（7.2.20）可得

$$\varepsilon=\sqrt{10^{0.1\alpha_p}-1} \qquad (7.2.21)$$

阻带最小衰减为

$$\alpha_s=10\lg[1+\varepsilon^2 C_N^2(\lambda_s)] \qquad (7.2.22)$$

由式（7.2.21）、式（7.2.22）及式（7.2.17）可得

$$\varepsilon^2\,\text{ch}^2[N\text{arcch}(\lambda_s)]=10^{0.1\alpha_s}-1$$

从而解得

$$N=\frac{\text{arcsh}\left(\dfrac{10^{0.1\alpha_s}-1}{10^{0.1\alpha_p}-1}\right)^2}{\text{arcch}(\lambda_s)} \qquad (7.2.23)$$

取 N 大于计算结果的最小整数。

由式（7.2.20）～式（7.2.23）可以看出，切比雪夫 I 型归一化模拟低通滤波器的 α_p 与 ε 有关，可以小于 3 dB；当 N 增加时，α_p 不变，α_s 增加。

为了得到一个稳定因果的滤波器系统函数 $H_a(p)$，必须求出复幅度平方函数的极点。可以证明，切比雪夫 I 型归一化模拟低通滤波器的极点为

$$p_k = \sigma_k + j\lambda_k \quad (k = 1, 2, 3, \cdots, N) \tag{7.2.24}$$

式中：

$$\sigma_k = -\operatorname{sh}(\beta)\sin\frac{(2k-1)\pi}{2N} \quad \left(\lambda_k = -\operatorname{ch}\beta\cos\frac{(2k-1)\pi}{2N}\right)$$

$$\beta = \operatorname{arcsh}\left(\frac{1}{\varepsilon}\right)/N$$

根据切比雪夫 I 型归一化模拟低通滤波器的极点公式可以看出，其极点是均匀分布在 p 平面的椭圆圆周上的。切比雪夫 I 型归一化模拟低通滤波器的系统函数为

$$H_a(p) = \frac{1}{\varepsilon \times 2^{N-1}\prod\limits_{k=1}^{N}(p - p_k)} \tag{7.2.25}$$

综上所述，切比雪夫 I 型归一化模拟低通滤波器的设计步骤如下：

(1) 确定滤波器的技术指标 α_p、α_s、λ_s。

(2) 由式(7.2.21)，求出滤波器参数 ε。

(3) 由式(7.2.23)，求出滤波器的阶数 N。

(4) 由式(7.2.24)，求出极点 p_k。

(5) 由式(7.2.25)求得系统函数 $H_a(p)$。

7.2.4 椭圆型归一化模拟低通滤波器的设计方法

椭圆型归一化模拟低通滤波器在通带和阻带内都具有等波纹的幅频特性，因而对于给定的技术指标，用椭圆滤波器实现时，所需阶数一般是最低的。

椭圆型归一化模拟低通滤波器的幅度平方函数定义为

$$A^2(\lambda) = \frac{1}{1 + \varepsilon^2 U_N^2(\lambda)} \tag{7.2.26}$$

式中，ε 是与通带允许的最大衰减 α_p 有关的滤波器参数；$U_N(x)$ 是 N 阶雅可比椭圆函数。取相同的波纹幅度参数 ε 和阻带衰减 α_s，在 3 个不同阶数 N 的情况下，幅频响应曲线如图 7.2.5 所示。可见，当通带、阻带波纹固定时，阶数越高，过渡带越窄，所以椭圆滤波器的阶数由阻带起始频率 λ_s、通带最大衰减 α_p 和阻带最小衰减 α_s 共同决定。

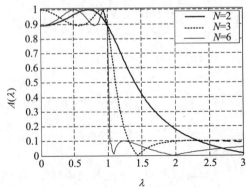

图 7.2.5 不同阶数椭圆型归一化模拟低通滤波器的幅频响应

椭圆滤波器的复幅度平方函数的极点求解较为复杂，这里不再介绍，读者设计椭圆滤波器时，可用 MATLAB 来完成设计。

7.2.5　贝塞尔型归一化模拟低通滤波器的设计方法

前面的三种归一化模拟低通滤波器只考虑了幅频响应指标，未对相频响应做要求。在许多应用场合，希望所设计的模拟滤波器具有逼近的线性相位特性，同时也逼近幅度指标。实现这一目标的一种方法是：在满足幅度指标的滤波器后面级联一个全通滤波器来校正相位特性，使级联后的总系统在通带内逼近线性相位特性。但是这种方法增加了模拟滤波器硬件的复杂度。

贝塞尔型归一化模拟低通滤波器在通带内逼近线性相位特性，其系统函数为

$$H_a(p) = \frac{d_0}{A_N(p)} = \frac{d_0}{a_0 + a_1 p + a_2 p^2 + \cdots + a_{N-1} p^{N-1} + p^N} \tag{7.2.27}$$

式中，$H_a(p)$ 为全极点型滤波器的系统函数，该滤波器在 $\lambda=0$ 处提供对线性相位特性最好的逼近；$A_N(p)$ 称为贝塞尔多项式。在 3 个不同阶数 N 的情况下，贝塞尔型归一化模拟低通滤波器的幅频响应曲线和相频响应曲线如图 7.2.6 所示。由于贝塞尔型归一化模拟低通滤波器在通带、阻带均是单调变化的，因此当阶数相同时，贝塞尔型归一化模拟低通滤波器在频率选择性上比前几种滤波器要差。

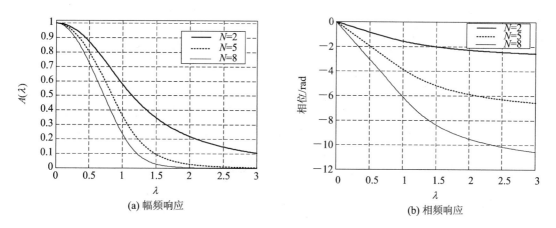

图 7.2.6　不同阶数贝塞尔型归一化模拟低通滤波器的幅频响应和相频响应

7.2.6　几种归一化模拟低通滤波器比较

前面小节讨论了四种归一化模拟低通滤波器的设计方法，其中，巴特沃思型、切比雪夫型、椭圆型主要考虑幅频响应指标，贝塞尔型主要考虑逼近线性相位特性。为了正确选择滤波器类型以满足给定的幅频响应指标，比较前三种滤波器的幅频特性是必要的。

图 7.2.7 所示是相同阶数下三种滤波器的幅频响应。由图 7.2.7 可以看出，在相同阶数条件下，椭圆型滤波器的性能最好，过渡带最窄，其次是切比雪夫型滤波器，而巴特沃思型滤波器的过渡带最宽。

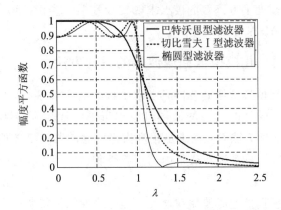

图 7.2.7　不同模型归一化模拟低通滤波器的幅频响应

　　另一方面，在满足相同的滤波器幅频响应指标条件下，椭圆型滤波器的阶数最低，巴特沃思型滤波器的阶数最高，并且阶数差别较大。所以，就满足滤波器幅频响应指标而言，椭圆型滤波器的性价比最高，应用比较广泛。

　　在第 6 章中我们介绍过，当滤波器具备线性相位特性时，其群时延为一个常数。为了比较几种归一化模拟低通滤波器的线性相位特性，图 7.2.8 展示了阶数相同的几种归一化模拟低通滤波器的群时延。由图 7.2.8 可以看出，椭圆型滤波器的线性相位特性最差，在通带内只有一半与线性相位特性较为逼近，巴特沃思型滤波器在通带内约 3/4 的通带与线性相位较为逼近。

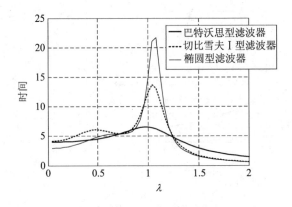

图 7.2.8　不同模型归一化模拟低通滤波器的群时延

7.3　实际模拟滤波器的设计

　　7.2 节主要讨论了归一化模拟低通滤波器的设计方法，在实际应用中，需要设计更通用的一般低通、高通、带通和带阻模拟滤波器。由于各种归一化模拟低通滤波器都有自己的一套准确的计算公式，同时也已制备了大量的设计表格和曲线，为滤波器的设计和计算提供了许多便利，因此在一般模拟滤波器的设计中就可以通过归一化低通滤波器（LPF）的参数去设计各种实际的低通、高通、带通或带阻滤波器。设计过程如图 7.3.1 所示。

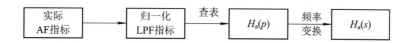

图 7.3.1 一般模拟滤波器的设计过程

由于一般模拟滤波器的系统函数可以通过频率变换分别由低通滤波器的系统函数求得，因此不论设计哪一种滤波器，都可以先将该滤波器的技术指标转换为归一化低通滤波器的指标，按照该技术指标先设计归一化低通滤波器得到 $H_a(p)$，再通过频率变换，将其系统函数转换为所需类型滤波器的系统函数 $H_a(s)$。频率变换的条件是变换前后滤波器的稳定性不变，幅度衰减特性不变，即变换前后的通带最大衰减 α_p 和阻带最小衰减 α_s 不变。

7.3.1 实际模拟滤波器的设计方法

1. 实际模拟低通滤波器的设计方法

设实际低通滤波器的技术指标为通带截止频率 Ω_p、阻带起始频率 Ω_s、通带最大衰减 α_p 和阻带最小衰减 α_s。首先将该模拟 LPF 技术指标转化为归一化模拟 LPF 指标 λ_s、α_p、α_s。根据变换规则，变换前后的幅度衰减特性不变，因此归一化低通滤波器的 α_p、α_s 指标与实际模拟 LPF 的 α_p、α_s 相同。

根据 7.2 小节的定义，归一化模拟低通滤波器与实际模拟低通滤波器的频率转换关系为

$$\lambda = \frac{\Omega}{\Omega_p} = f(\Omega) \tag{7.3.1}$$

式中，Ω 为实际模拟 LPF 的角频率，Ω_p 为实际模拟 LPF 的通带截止频率。

将 $p = j\lambda$，$s = j\Omega$ 代入式(7.3.1)，可得归一化模拟低通滤波器的复频率 p 与实际模拟低通滤波器的复频率 s 的转换关系为

$$p = \frac{s}{\Omega_p} = g(s) \tag{7.3.2}$$

根据归一化模拟低通滤波器的技术指标和所选择的滤波器的种类，确定滤波器阶数 N，并通过查表求得归一化低通滤波器的系统函数 $H_a(p)$，再通过式(7.3.2)即可求得实际模拟低通滤波器的系统函数 $H_a(s)$ 为

$$H_a(s) = H_a(p) \mid_{p=s/\Omega_p} \tag{7.3.3}$$

【例 7.3.1】 设模拟低通滤波器的技术指标为

$$\begin{cases} f_p = 5 \text{ kHz}, \ f_s = 10 \text{ kHz} \\ \alpha_p = 3 \text{ dB}, \ \alpha_s = 30 \text{ dB} \end{cases}$$

试求其系统函数 $H_a(s)$。

解 (1) 指标转换。归一化模拟低通滤波器的技术指标为

$$\begin{cases} \lambda_s = \dfrac{\Omega_s}{\Omega_p} = \dfrac{f_s}{f_p} = 2 \\ \alpha_p = 3 \text{ dB}, \ \alpha_s = 30 \text{ dB} \end{cases}$$

(2) 确定滤波器阶数 N。选择巴特沃思型滤波器，根据式(7.2.11)可得

$$N = \frac{\lg\left[(10^{0.1\alpha_s} - 1)/(10^{0.1\alpha_p} - 1)\right]}{2\lg\lambda_s} = 4.98$$

取 $N=5$。

(3) 查表 7.2.1，可得

$$H_a(p) = \frac{1}{1 + 3.24p + 5.24p^2 + 5.24p^3 + 3.24p^4 + p^5}$$

(4) 求 $H_a(s)$：

$$H_a(s) = H_a(p)\big|_{p=s/\Omega_p}$$

模拟低通滤波器的幅频响应如图 7.3.2 所示，当 $f_p = 5$ kHz 时，幅度衰减 3 dB，当 $f_s = 10$ kHz 时，幅度衰减 30 dB，满足设计指标。

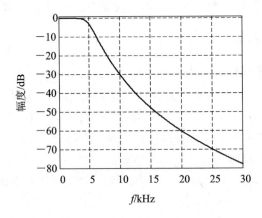

图 7.3.2　例 7.3.1 低通滤波器的幅频响应

2. 实际模拟高通滤波器的设计方法

高通滤波器的频率响应与低通滤波器的频率响应是相反的，如图 7.3.3 所示。

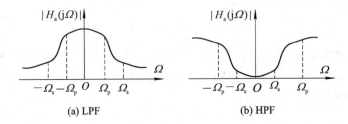

图 7.3.3　低通、高通滤波器的频率响应

频率变换关系是要将通带从低频区变换到高频区，阻带从高频区变换到低频区，不难想象，由归一化模拟低通滤波器到实际模拟高通滤波器的频率变换是一种倒置关系，即

$$p = g(s) = \frac{\Omega_p}{s} \tag{7.3.4}$$

因此归一化模拟低通滤波器与实际模拟高通滤波器的频率转换关系为

$$\lambda = f(\Omega) = -\frac{\Omega_p}{\Omega} \tag{7.3.5}$$

式(7.3.5)表示的归一化模拟低通滤波器到实际模拟高通滤波器的频率变换关系如图 7.3.4 所示。

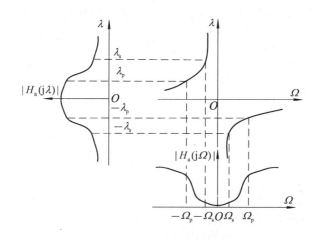

图 7.3.4　低通到高通滤波器的频率变换示意图

图 7.3.4 中，当归一化模拟低通滤波器的 λ 由 $-\lambda_p$ 到 0 变化时，对应的高通滤波器频率 Ω 由 Ω_p 变化到 ∞，即模拟低通滤波器的低频通带变换到了模拟高通滤波器的高频通带。当归一化模拟低通滤波器的 λ 由 $-\infty$ 到 $-\lambda_s$ 变化时，对应的模拟高通滤波器的频率 Ω 由 0 变化到 Ω_s，即模拟低通滤波器的高频阻带变换到了模拟高通滤波器的低频阻带。所以由实际模拟高通滤波器的技术指标计算归一化模拟低通滤波器的技术指标时，有

$$\lambda_s = f(-\Omega_s) = -\frac{\Omega_p}{-\Omega_s} \tag{7.3.6}$$

以上给出了由实际模拟高通滤波器的技术指标求归一化模拟低通滤波器的技术指标的公式以及频率变换的示意图，下面证明，通过式(7.3.4)将归一化模拟低通滤波器因果稳定的系统函数 $H_a(p)$ 变换为模拟高通滤波器系统函数 $H_a(s)$ 也是因果稳定的。

证明　设 $p_i = \sigma_i' + j\lambda_i$ 为归一化模拟低通滤波器的一个极点，若归一化模拟低通滤波器因果稳定，则必有其极点在 p 平面的左半平面，即 $\sigma_i' < 0$。由于模拟高通滤波器的极点为

$$s_i = \sigma_i + j\Omega_i = \frac{\Omega_p}{p_i} = \frac{\Omega_p}{\sigma_i' + j\lambda_i} = \frac{\Omega_p\sigma_i' - j\Omega_p\lambda_i}{\sigma_i'^2 + \lambda_i^2}$$

因此

$$\sigma_i = \frac{\Omega_p\sigma_i'}{\sigma_i'^2 + \lambda_i^2}$$

如果归一化模拟低通滤波器因果稳定，则有 $\sigma_i' < 0$，此时必有 $\sigma_i < 0$，即将归一化模拟低通滤波器左半平面的极点转换到模拟高通滤波器的左半平面，这样就保证了变换后的高通滤波器仍然是因果稳定的。

【**例 7.3.2**】　设模拟高通滤波器的技术指标为

$$\begin{cases} f_p = 5 \text{ kHz}, f_s = 1 \text{ kHz} \\ \alpha_p = 3 \text{ dB}, \alpha_s = 30 \text{ dB} \end{cases}$$

试求其系统函数 $H_a(s)$。

解　(1)指标转换。归一化低通滤波器技术指标为

$$\begin{cases} \lambda_s = -\dfrac{\Omega_p}{-\Omega_s} = \dfrac{f_p}{f_s} = 5 \\ \alpha_p = 3 \text{ dB}, \alpha_s = 30 \text{ dB} \end{cases}$$

(2) 确定滤波器阶数 N。选择巴特沃思型滤波器,根据式(7.2.11)可得

$$N = \frac{\lg\left[(10^{0.1\alpha_s} - 1)/(10^{0.1\alpha_p} - 1)\right]}{2\lg\lambda_s} = 2.15$$

取 $N=3$。

(3) 查表 7.2.1,得

$$H_a(p) = \frac{1}{1 + 2p + 2p^2 + p^3}$$

(4) 求 $H_a(s)$:

$$H_a(s) = H_a(p) \big|_{p=\Omega_p/s}$$

3. 实际模拟带通滤波器的设计方法

模拟带通滤波器的频率响应如图 7.3.5 所示。图 7.3.5 中 Ω_{pl} 和 Ω_{pu} 分别为模拟带通滤波器的通带下限和上限截止频率,Ω_{sl} 和 Ω_{su} 分别为阻带下、上截止频率。模拟带通滤波器的中心频率 Ω_0 定义为

$$\Omega_0^2 = \Omega_{pl}\Omega_{pu} \qquad (7.3.7)$$

即通带中心频率是通带截止频率的几何平均。

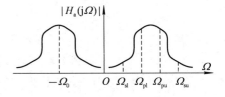

图 7.3.5 模拟带通滤波器的频率响应

频率变换关系是要将归一化模拟低通滤波器频率轴上 $\lambda=0$ 的点变换到模拟带通滤波器的两个中心频率 $\pm\Omega_0$。可以证明归一化模拟低通滤波器与实际模拟带通滤波器的频率转换关系为

$$\lambda = f(\Omega) = \frac{\Omega^2 - \Omega_0^2}{\Omega(\Omega_{pu} - \Omega_{pl})} \qquad (7.3.8)$$

因此,归一化模拟低通滤波器与实际模拟带通滤波器的复频率转换关系为

$$p = g(s) = \frac{s^2 + \Omega_0^2}{s(\Omega_{pu} - \Omega_{pl})} \qquad (7.3.9)$$

式(7.3.9)表示的归一化模拟低通滤波器到实际模拟带通滤波器的频率变换关系如图 7.3.6 所示。

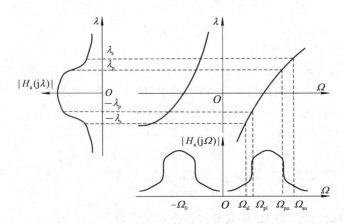

图 7.3.6 模拟低通到带通滤波器的频率变换示意图

图 7.3.6 中,因为归一化模拟低通滤波器的低通频带 $-\lambda_p \sim \lambda_p$ 映射到模拟带通滤波器正负轴上的各一个通带,所以由实际模拟带通滤波器的技术指标计算归一化模拟低通滤波

器的技术指标时，有

$$\lambda_{\mathrm{s}} = f(\Omega_{\mathrm{su}}), \quad -\lambda_{\mathrm{s}} = f(\Omega_{\mathrm{sl}}) \tag{7.3.10}$$

【例 7.3.3】　设计一个模拟带通滤波器，其技术指标为

(a) $\alpha_{\mathrm{p}} = 3$ dB，$\alpha_{\mathrm{p}} = 30$ dB；

(b) $f_{\mathrm{pl}} = 10$ kHz，$f_{\mathrm{pu}} = 15$ kHz；

(c) $f_{\mathrm{sl}} = 8$ kHz，$f_{\mathrm{su}} = 18.5$ kHz。

　　解　(1) 求归一化模拟低通滤波器的技术指标。根据式(7.3.8)，可得

$$\lambda_{\mathrm{s}} = f(\Omega_{\mathrm{su}}) = \frac{\Omega_{\mathrm{su}}^2 - \Omega_0^2}{\Omega_{\mathrm{su}}(\Omega_{\mathrm{pu}} - \Omega_{\mathrm{pl}})} = 2.078$$

$$-\lambda_{\mathrm{s}} = f(\Omega_{\mathrm{sl}}) = -2.15$$

归一化模拟低通滤波器指标为

$$\begin{cases} \alpha_{\mathrm{p}} = 3 \text{ dB}, \ \alpha_{\mathrm{s}} = 30 \text{ dB} \\ \lambda_{\mathrm{s}} = 2.078 \end{cases}$$

　　(2) 选巴特沃思型滤波器，根据式(7.2.11)可得

$$N = \frac{\lg[(10^{0.1\alpha_{\mathrm{s}}} - 1)/(10^{0.1\alpha_{\mathrm{p}}} - 1)]}{2\lg\lambda_{\mathrm{s}}} = 4.72$$

取 $N = 5$。

　　(3) 查表 7.2.1，可得

$$H_{\mathrm{a}}(p) = \frac{1}{1 + 3.236p + 5.236p^2 + 5.236p^3 + 3.236p^4 + p^5}$$

　　(4) 求 $H_{\mathrm{a}}(s)$：

$$H_{\mathrm{a}}(s) = H_{\mathrm{a}}(p) \Big|_{p = \frac{s^2 + \Omega_0^2}{s(\Omega_{\mathrm{pu}} - \Omega_{\mathrm{pl}})}}$$

4. 实际模拟带阻滤波器的设计方法

　　模拟带阻滤波器的频率响应如图 7.3.7 所示，图 7.3.7 中 Ω_{pl} 和 Ω_{pu} 分别为模拟带阻滤波器的通带下限和上限截止频率，Ω_{sl} 和 Ω_{su} 分别为阻带下、上截止频率。阻带滤波器的中心频率 Ω_0 定义为

$$\Omega_0^2 = \Omega_{\mathrm{sl}}\Omega_{\mathrm{su}} \tag{7.3.11}$$

即阻带中心频率是阻带截止频率的几何平均。

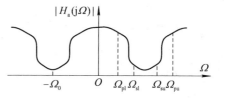

图 7.3.7　模拟带阻滤波器的频率响应

　　模拟带阻滤波器可以看作是模拟带通滤波器的"倒置"滤波器，所以由式(7.3.9)可得

$$p = g(s) = \frac{s(\Omega_{\mathrm{pu}} - \Omega_{\mathrm{pl}})}{s^2 + \Omega_0^2} \tag{7.3.12}$$

归一化模拟低通滤波器与实际模拟带阻滤波器的频率转换关系为

$$\lambda = f(\Omega) = \frac{\Omega(\Omega_{\mathrm{pu}} - \Omega_{\mathrm{pl}})}{\Omega_0^2 - \Omega^2} \tag{7.3.13}$$

模拟带阻滤波器的设计步骤与模拟带通滤波器的相同，在设计中要注意

$$\lambda_{\mathrm{s}} = f(\Omega_{\mathrm{sl}}), \quad -\lambda_{\mathrm{s}} = f(\Omega_{\mathrm{su}}) \tag{7.3.14}$$

另外，在设计模拟带通、带阻滤波器时，根据实际模拟滤波器技术指标计算出归一化模拟低通滤波器的 λ_{s}、$-\lambda_{\mathrm{s}}$，要选绝对值最小的解为最终设计归一化模拟低通滤波器的 λ_{s}。

7.3.2　用 MATLAB 设计模拟滤波器

以上介绍的是如何从归一化模拟低通滤波器设计所需的模拟低通、高通、带通和带阻滤波器。MATLAB 信号处理工具箱提供了设计模拟滤波器的函数，分别介绍如下。

设模拟滤波器的技术指标如下：

Wp：通带截止频率 Ω_p，当滤波器为带通或带阻时，Wp=$[\Omega_{pl}, \Omega_{pu}]$。

Ws：阻带截止频率 Ω_s，当滤波器为带通或带阻时，Ws=$[\Omega_{sl}, \Omega_{su}]$。

Rp：通带最大衰减 α_p。

Rs：阻带最小衰减 α_s。

1. 根据模拟滤波器的技术指标计算模拟滤波器的阶数

根据模拟滤波器的技术指标计算滤波器的阶数，可以用下列函数：

[N, Wc]=buttord(Wp, Ws, Rp, Rs, 's')；求巴特沃思型模拟滤波器的阶数 N 和 3 dB 通带截止频率 Wc。

[N, Wpo]=cheb1ord(Wp, Ws, Rp, Rs, 's')；求切比雪夫 I 型模拟滤波器的阶数 N 和通带截止频率 Wpo，Rp、Rs 分别为通带最大衰减和阻带最小衰减。

[N, Wso]=cheb2ord(Wp, Ws, Rp, Rs, 's')；求切比雪夫 II 型模拟滤波器的阶数 N 和阻带边界频率 Wso。

[N, Wpo]=ellipord(Wp, Ws, Rp, Rs, 's')；求椭圆型模拟滤波器的阶数 N 和通带截止频率 Wpo。

如果将上述函数中的参数 Wp 和 Ws 分别设为 Wp=1、Ws=λ_s，就可以设计相应类型归一化模拟低通滤波器的阶数和通(阻)带截止频率，此时 Rp、Rs 仍然是通带最大衰减和阻带最小衰减。

2. 根据滤波器阶数和通(阻)带截止频率求模拟滤波器的系统函数

[B, A]=butter(N, Wc, 'ftype', 's')；求巴特沃思型滤波器系统函数分子、分母多项式的系数向量 $\boldsymbol{B}$ 和 $\boldsymbol{A}$。向量中的元素 b_i 和 a_k 为下式中的分子和分母的系数：

$$H_a(s) = \frac{b_0 s^N + b_1 s^{N-1} + \cdots + b_{N-1}s + b_N}{a_0 s^N + a_1 s^{N-1} + \cdots + a_{N-1}s + a_N}$$

Wc 为单项，当滤波器类型 ftype 缺省时，设计为低通滤波器；当 ftype 为 high 时，设计为高通滤波器。

Wc=[Wcl, Wcu]，当 ftype 缺省时，设计带通滤波器，通带为[Wcl, Wcu]；当 ftype 为 stop 时，设计带阻滤波器，Wcl、Wcu 分别是通带下、上截止频率。当 s 缺省时，设计为数字滤波器。

[b, a]=cheby1(N, Rp, Wpo, 'ftype', 's')；求切比雪夫 I 型滤波器系统函数分子、分母多项式的系数。

[b, a]=cheby2(N, Rs, Wso, 'ftype', 's')；求切比雪夫 II 型滤波器系统函数分子、分母多项式的系数。

[b, a]=ellip(N, Rp, Rs, Wpo, 'ftype', 's')；求椭圆型滤波器系统函数分子、分母多项式的系数。

将 Wp＝1、Ws＝λ。时计算出的滤波器阶数和通（阻）带截止频率代入上述函数中，即可求出归一化模拟低通滤波器的系统函数。此外，MATLAB 还提供以下函数求归一化模拟低通滤波器的零、极点和增益系数：

［z，p，k］＝buttap(N)；巴特沃思型归一化模拟低通滤波器。

［z，p，k］＝cheb1ap(N，Rp)；切比雪夫 I 型归一化模拟低通滤波器。

［z，p，k］＝cheb2ap(N，Rs)；切比雪夫 II 型归一化模拟低通滤波器。

［z，p，k］＝ellipap(N，Rp，Rs)；椭圆型归一化模拟低通滤波器。

这些函数按照 7.2 节所述的各类归一化模拟低通滤波器的幅度平方函数来求解零、极点和增益系数。

3. 设计举例

【例 7.3.4】 利用 MATLAB 设计巴特沃思型模拟低通滤波器，设计技术指标为

$$\begin{cases} f_p = 5 \text{ kHz}, f_s = 10 \text{ kHz} \\ \alpha_p = 3 \text{ dB}, \alpha_s = 30 \text{ dB} \end{cases}$$

画出滤波器的幅频响应和相频响应。

解　MATLAB 程序如下：

```
Wp＝2 * pi * 5000；Ws＝2 * pi * 10000；
Rp＝3；Rs＝30；                          % 设置滤波器的技术指标
［N，Wc］＝buttord(Wp，Ws，Rp，Rs，'s')；   % 计算滤波器阶数和 3 dB 截止频率
［b，a］＝butter(N，Wc，'s')；             % 求滤波器系统函数分子、分母多项式的系数
w＝0：100 * 2 * pi：15000 * 2 * pi；       % 在 0~30π 范围内取 151 频点
［h，w］＝freqs(b，a，w)；                 % 计算频率向量 w 上的频率响应
w＝w/2/pi/1000；                         % 坐标改为 kHz
```

程序运行结果如下：

　　阶数 N＝5，Wc＝31493.7 rad/s，fp＝5.01 kHz

　　B＝[0, 0, 0, 0, 0, 3.0983] * 10^7，A＝[0, 0, 0.0005, 0.0164, 0.3184, 3.0983] * 10^7

巴特沃思型滤波器的幅频响应和相频响应如图 7.3.8 所示。

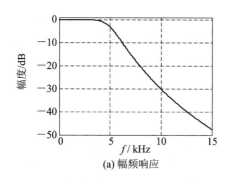
(a) 幅频响应

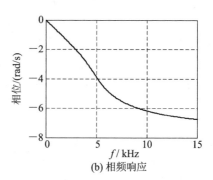
(b) 相频响应

图 7.3.8　例 7.3.4 巴特沃思型模拟低通滤波器的幅频响应和相频响应

【例 7.3.5】 利用 MATLAB 设计切比雪夫 I 型模拟高通滤波器，设计技术指标为

$$\begin{cases} f_s = 5 \text{ kHz}, f_p = 10 \text{ kHz} \\ \alpha_p = 1 \text{ dB}, \alpha_s = 30 \text{ dB} \end{cases}$$

画出滤波器的幅频响应和相频响应。

解 MATLAB 程序如下：

Wp＝2＊pi＊10000；Ws＝2＊pi＊5000；Rp＝1；Rs＝30；

[N，Wpo]＝cheb1ord(Wp，Ws，Rp，Rs，′s′)；

[b，a]＝cheby1(N，Rp，Wpo，′high′，′s′)；

w＝0：100＊2＊pi：15000＊2＊pi；[h，w]＝freqs(b，a，w)；

画图部分略。程序运行结果如下：

阶数 N＝4，Wpo＝62831.9rad/s，fp＝10 kHz

切比雪夫Ⅰ型滤波器的幅频响应和相频响应如图 7.3.9 所示。

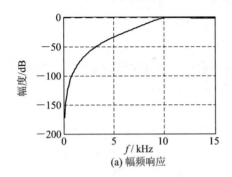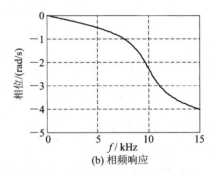

图 7.3.9　例 7.3.5 切比雪夫Ⅰ型模拟高通滤波器的幅频响应和相频响应

【例 7.3.6】　利用 MATLAB 设计切比雪夫Ⅱ模拟带通滤波器，设计技术指标为

$$\begin{cases} f_{pl} = 5 \text{ kHz}, f_{pu} = 10 \text{ kHz} \\ f_{sl} = 4 \text{ kHz}, f_{su} = 13 \text{ kHz} \\ \alpha_p = 1 \text{ dB}, \alpha_s = 30 \text{ dB} \end{cases}$$

画出滤波器的幅频响应和相频响应。

解 MATLAB 程序如下：

Wp＝[2＊pi＊5000 , 2＊pi＊10000]；Ws＝[2＊pi＊4000 , 2＊pi＊13000]；Rp＝1；Rs＝30；

[N，Wso]＝cheb2ord(Wp，Ws，Rp，Rs，′s′)；

[b，a]＝cheby2(N，Rs，Wso，′s′)；

w＝0：100＊2＊pi：20000＊2＊pi；[h，w]＝freqs(b，a，w)；

画图部分略。程序运行的结果中 N＝5，由于设计的是带通滤波器，因此滤波器的阶数实际上是 10 阶。切比雪夫Ⅱ型模拟带通滤波器的幅频响应和相频响应如图 7.3.10 所示。

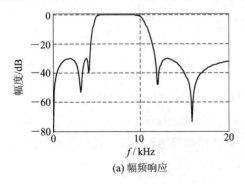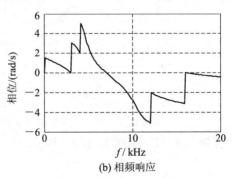

图 7.3.10　例 7.3.6 切比雪夫Ⅱ型模拟带通滤波器的幅频响应和相频响应

【**例 7.3.7**】 利用 MATLAB 设计椭圆型模拟带阻滤波器，设计技术指标为

$$\begin{cases} f_{pl} = 4 \text{ kHz}, f_{pu} = 13 \text{ kHz} \\ f_{sl} = 5 \text{ kHz}, f_{su} = 10 \text{ kHz} \\ \alpha_p = 1 \text{ dB}, \alpha_s = 30 \text{ dB} \end{cases}$$

画出滤波器的幅频响应和相频响应。

解　MATLAB 程序如下：

```
Ws=[2*pi*5000,2*pi*10000];Wp=[2*pi*4000,2*pi*13000];Rp=1;Rs=30;
[N,Wpo]=ellipord(Wp,Ws,Rp,Rs,'s');
[b,a]=ellip(N,Rp,Rs,Wpo,'stop','s');
w=0:100*2*pi:20000*2*pi;[h,w]=freqs(b,a,w);
```

画图部分略。程序运行的结果中 $N=4$，由于设计的是带阻滤波器，因此滤波器的阶数为 8 阶。椭圆型模拟带阻滤波器的幅频响应和相频响应如图 7.3.11 所示。

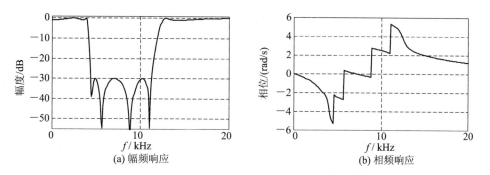

图 7.3.11　例 7.3.7 椭圆型模拟带阻滤波器的幅频响应和相频响应

7.4　IIR 数字滤波器设计

如前所述，IIR 数字滤波器的单位脉冲响应 $h(n)$ 是无限长序列，模拟滤波器的单位冲激响应也是无限长响应。因此，可以借用模拟滤波器成熟的理论和设计方法来设计 IIR 数字滤波器。设计过程是：将数字滤波器的技术指标转换成模拟滤波器的技术指标；设计满足指标要求的模拟滤波器 $H_a(s)$；采用映射的方法将模拟滤波器变换为数字滤波器 $H(z)$。设计过程如图 7.4.1 所示。

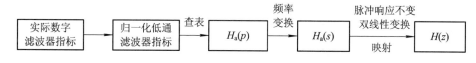

图 7.4.1　IIR 数字滤波器设计过程

所谓映射，就是将 s 平面映射到 z 平面，使模拟滤波器的系统函数 $H_a(s)$ 变换成特性相同的数字滤波器的系统函数 $H(z)$。映射过程必须要满足下面的原则。

(1) 因果稳定的模拟滤波器变换成数字滤波器后仍然是因果稳定的。在"信号与系统"课程中介绍过，因果稳定的模拟滤波器，其系统函数 $H_a(s)$ 的极点全部位于 s 平面的左半平面。在第 2 章介绍过，因果稳定的数字滤波器，其系统函数 $H(z)$ 的极点全部位于 z 平面

的单位圆内。因此,映射关系应是将 s 平面的左半平面映射到 z 平面的单位圆内。

(2) 数字滤波器的频率响应 $H(e^{j\omega})$ 必须模仿模拟滤波器的频率响应 $H_a(j\Omega)$,即 s 平面的虚轴 $j\Omega$ 必须映射到 z 平面的单位圆 $e^{j\omega}$ 上。

将模拟滤波器的系统函数 $H_a(s)$ 映射到数字滤波器的系统函数 $H(z)$ 有多种方法,但工程上常用的是脉冲响应不变法和双线性变换法。下面首先介绍脉冲响应不变法。

7.4.1 用脉冲响应不变法设计 IIR 数字滤波器

利用模拟滤波器理论设计数字滤波器,也就是使数字滤波器能模仿模拟滤波器的特性,这种模仿可以从不同的角度出发。脉冲响应不变法是从滤波器的脉冲响应出发,使数字滤波器的单位脉冲响应序列 $h(n)$ 模仿模拟滤波器的冲激响应 $h_a(t)$,使 $h(n)$ 正好等于 $h_a(t)$ 的采样值,即

$$h(n) = h_a(nT) \tag{7.4.1}$$

设模拟滤波器的系统函数为 $H_a(s)$,其单位冲激响应为

$$h_a(t) = \text{ILT}[H_a(s)] \tag{7.4.2}$$

式中,ILT[•]为拉普拉斯逆变换。以 T 为周期对模拟滤波器的单位冲激响应 $h_a(t)$ 采样得到序列 $h(n)$,将 $h(n)$ 作为所设计的数字滤波器的单位脉冲响应,数字滤波器的系统函数为

$$H(z) = \text{ZT}[h(n)] = \text{ZT}[h_a(nT)] \tag{7.4.3}$$

通过对模拟滤波器的冲激响应直接数字化得到数字滤波器的单位脉冲响应,也是从 s 平面到 z 平面的映射过程。是否满足映射的两个基本原则,是下面要求证的问题。

1. 单位脉冲响应 Z 变换与单位冲激响应拉氏变换的关系

首先观察单位脉冲响应的 Z 变换与单位冲激响应的采样信号 $\hat{h}_a(t)$ 的拉普拉斯变换的关系。设单位冲激响应的采样信号为

$$\hat{h}_a(t) = h_a(t)\widetilde{\delta}(t) = \sum_{n=-\infty}^{+\infty} h_a(nT)\delta_a(t-nT) \tag{7.4.4}$$

其拉普拉斯变换为

$$\begin{aligned}
\hat{H}_a(s) &= \int_{-\infty}^{\infty} \hat{h}_a(t)e^{-st}\,dt = \int_{-\infty}^{\infty} \sum_{n=-\infty}^{+\infty} h_a(nT)\delta_a(t-nT)e^{-st}\,dt \\
&= \sum_{n=-\infty}^{+\infty} h_a(nT)e^{-snT} \\
&= \sum_{n=-\infty}^{+\infty} h(n)e^{-snT}
\end{aligned}$$

由于

$$H(z) = \sum_{n=-\infty}^{+\infty} h(n)z^{-n}$$

因此

$$\hat{H}_a(s) = H(z)\big|_{z=e^{sT}} \tag{7.4.5}$$

又因为

$$\hat{H}_a(s) = \int_{-\infty}^{\infty} \hat{h}_a(t) e^{-st} \, dt = \int_{-\infty}^{\infty} h_a(t) \sum_{m=-\infty}^{\infty} \delta_a(t - mT) e^{-st} \, dt$$

$$= \frac{1}{T} \sum_{m=-\infty}^{\infty} \int_{-\infty}^{\infty} h_a(t) e^{-(s - jm\frac{2\pi}{T})t} \, dt = \frac{1}{T} \sum_{m=-\infty}^{\infty} H_a(s - jm\frac{2\pi}{T})$$

所以，单位脉冲响应 Z 变换与单位冲激响应拉氏变换的关系为

$$H(z)\big|_{z=e^{sT}} = \frac{1}{T} \sum_{m=-\infty}^{+\infty} H_a(s - jm2\pi F_s) \tag{7.4.6}$$

即模拟滤波器的单位冲激响应 $h_a(t)$ 的拉普拉斯变换 $H_a(s)$ 在 s 平面上沿虚轴周期延拓得到 $\hat{H}_a(s)$，然后再经过 $z=e^{sT}$ 的映射关系，将 $H_a(s)$ 映射到 z 平面上，得到数字滤波器的系统函数 $H(z)$。映射关系为

$$z = e^{sT} \tag{7.4.7}$$

下面分析映射关系。设

$$s = \sigma + j\Omega, \ z = r e^{j\omega}$$

由式(7.4.7)可得

$$z = r e^{j\omega} = e^{\sigma T} e^{j\Omega T} \tag{7.4.8}$$

所以，有

$$r = e^{\sigma T}, \quad \omega = \Omega T$$

当 $\sigma=0$ 时，$r=1$；$\sigma<0$ 时，$r<1$；$\sigma>0$ 时，$r>1$。

因此，s 平面的虚轴($\sigma=0$)映射到 z 平面的单位圆($r=1$)上，s 平面的左半平面($\sigma<0$)映射到 z 平面的单位圆内($r<1$)，s 平面的右半平面($\sigma>0$)映射到 z 平面的单位圆外($r>1$)。这说明如果模拟滤波器是因果稳定的，则变换成的数字滤波器也是因果稳定的。

同时，由于映射关系 $z=e^{sT}$ 是一个周期函数，即

$$z = e^{sT} = e^{\sigma T} e^{j\Omega T} = e^{\sigma T} e^{j(\Omega+2\pi M/T)T} \quad (M \text{ 为任意整数})$$

这说明，当 σ 不变，模拟角频率 Ω 的变化为 $2\pi/T$ 的任意整数倍时，映射值相同。也就是将 s 平面沿着 $j\Omega$ 轴划分为一条条宽为 $2\pi/T$ 的水平带，每条水平带重复映射到整个 z 平面。因此，脉冲响应不变法首先对 $H_a(s)$ 作周期延拓，然后再经过 $z=e^{sT}$ 的映射关系映射到 z 平面上，如图 7.4.2 所示。

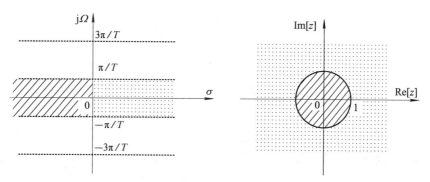

图 7.4.2　s 平面与 z 平面之间的映射关系

2. 数字滤波器的频率响应 $H(e^{j\omega})$ 与模拟滤波器的频率响应 $H_a(j\Omega)$ 的关系

由于数字滤波器的单位脉冲响应是对模拟滤波器单位冲激响应的采样，根据第 2 章中

介绍的离散时间信号频谱与连续时间信号频谱的关系，可得

$$H(e^{j\omega})\big|_{\omega=\Omega T} = \frac{1}{T}\sum_{m=-\infty}^{+\infty} H_a[j(\Omega - m2\pi F_s)] \qquad (7.4.9)$$

即数字滤波器的频率响应 $H(e^{j\omega})$ 等于将模拟滤波器的频率响应 $H_a(j\Omega)$ 以 $2\pi F_s$ 为周期进行周期延拓，再做坐标变换 $\omega=\Omega T$。因此，脉冲响应不变法的频率变换关系为

$$\omega = \Omega T \qquad (7.4.10)$$

即脉冲响应不变法从模拟滤波器到数字滤波器的频率变换关系是线性的。

3. 脉冲响应不变法的设计方法

由于脉冲响应不变法是由模拟系统的 $H_a(s)$ 求拉普拉斯反变换，得到模拟滤波器的单位冲激响应 $h_a(t)$，然后采样得到 $h(n)$，再做 Z 变换得到 $H(z)$。从这一变换过程中看，如果系统函数 $H_a(s)$ 用部分分式来表示，将简化变换过程。

设模拟滤波器的系统函数 $H_a(s)$ 只有单阶极点，且假定分母的阶数大于分子的阶数，则有

$$H_a(s) = \sum_{i=1}^{N} \frac{A_i}{s - s_i} \qquad (7.4.11)$$

其相应的冲激响应 $h_a(t)$ 是 $H_a(s)$ 的拉普拉斯反变换，即

$$h_a(t) = \text{ILT}[H_a(s)] = \sum_{i=1}^{N} A_i e^{s_i t} u(t) \qquad (7.4.12)$$

式中，$u(t)$ 是连续时间单位阶跃函数。根据脉冲响应不变法，有

$$h(n) = h_a(nT) = \sum_{i=1}^{N} A_i e^{s_i nT} u(n) \qquad (7.4.13)$$

求 $h(n)$ 的 Z 变换，即得数字滤波器的系统函数为

$$H(z) = \sum_{i=1}^{N} \frac{A_i}{1 - e^{s_i T} z^{-1}} \qquad (7.4.14)$$

根据式(7.4.9)，数字滤波器的频率响应还与采样间隔 T 成反比，当采样频率很高，T 很小时，数字滤波器增益会很高。为避免这一现象，一般令

$$h(n) = T h_a(nT) \qquad (7.4.15)$$

则

$$H(z) = \sum_{i=1}^{N} \frac{TA_i}{1 - e^{s_i T} z^{-1}} \qquad (7.4.16)$$

此时

$$H(e^{j\omega}) = \sum_{m=-\infty}^{+\infty} H_a\left[j\left(\frac{\omega}{T} - m\frac{2\pi}{T}\right)\right] \approx H_a\left(\frac{j\omega}{T}\right) \quad (|\omega| < \pi)$$

虽然脉冲响应不变法能保证 s 平面的极点与 z 平面的极点位置有一一对应的代数关系，但这并不是说整个 s 平面与 z 平面就存在这种一一对应的关系，特别是数字滤波器的零点位置与 s 平面上的零点就没有一一对应关系，而是随着 $H_a(s)$ 的极点 s_i 与系数 A_i 的不同而不同。

【例 7.4.1】 试设计满足如下指标的 IIR 数字低通滤波器。

(a) 通带截止频率 $\omega_p = 0.1\pi$ rad，阻带起始频率 $\omega_s = 0.25\pi$ rad；

(b) 通带最大衰减 $\alpha_p = 3$ dB，阻带最小衰减 $\alpha_s = 15$ dB；

(c) $T=0.1\ \mathrm{s}$。

解　(1) 根据数字滤波器指标，将数字滤波器指标转换为归一化 LPF 指标，则

$$\begin{cases} \lambda_s = \dfrac{\Omega_s}{\Omega_p} = \dfrac{\omega_s/T}{\omega_p/T} = \dfrac{\omega_s}{\omega_p} = 2.5 \\[2mm] \alpha_p = 3\ \mathrm{dB},\ \alpha_s = 15\ \mathrm{dB} \end{cases}$$

(2) 根据归一化 LPF 指标，查表 7.2.1 求 $H_a(p)$。$N=2$，选巴特沃思型滤波器，则

$$H_a(p) = \frac{1}{1 + \sqrt{2}\,p + p^2}$$

(3) 将 $H_a(p)$ 化成部分分式之和：

$$H_a(p) = \left(\frac{\mathrm{j}\Omega_1}{p - s_1} + \frac{-\mathrm{j}\Omega_1}{p - s_1^*} \right) \frac{-1}{2\Omega_1^2}$$

$$s_1 = -\sigma_1 + \mathrm{j}\Omega_1,\ \sigma_1 = 0.707,\ \Omega_1 = 0.707$$

$$H_a(s) = H_a(p)\big|_{p=\frac{s}{\Omega_p}} = H_a(p)\big|_{p=\frac{sT}{\omega_p}}$$

(4) 求 $H(z)$：

$$H(z) = -\frac{\omega_p}{2\Omega_1^2 T} \left[\frac{\mathrm{j}\Omega_1}{1 - \mathrm{e}^{\omega_p s_1} z^{-1}} - \frac{\mathrm{j}\Omega_1}{1 - \mathrm{e}^{\omega_p s_1^*} z^{-1}} \right]$$

如果取 $h(n) = T h_a(nT)$，根据式 (7.4.16) 可得

$$H(z) = -\frac{\omega_p}{2\Omega_1^2} \left[\frac{\mathrm{j}\Omega_1}{1 - \mathrm{e}^{\omega_p s_1} z^{-1}} - \frac{\mathrm{j}\Omega_1}{1 - \mathrm{e}^{\omega_p s_1^*} z^{-1}} \right]$$

由上式可见，当用脉冲响应不变法设计 IIR 数字滤波器时，如果设计指标以数字滤波器的指标给定时，那么最终结果与采样间隔 T 无关。

4. 脉冲响应不变法的频谱混叠

脉冲响应不变法将模拟滤波器的频率响应 $H_a(\mathrm{j}\Omega)$ 在区间 $[-\pi/T, \pi/T]$ 内的值，映射到数字滤波器频率响应 $H(\mathrm{e}^{\mathrm{j}\omega})$ 的 $[-\pi, \pi]$ 区间内，T 为采样周期。由于实际模拟滤波器的频率响应不可能是带限的，因此数字滤波器的频率响应 $H(\mathrm{e}^{\mathrm{j}\omega})$ 必然存在着频率混叠失真。所以，脉冲响应不变法不适合设计高通滤波器和带阻滤波器。

【例 7.4.2】　利用脉冲响应不变法将模拟滤波器转换为 IIR 数字滤波器。模拟滤波器的系统函数为

$$H(s) = \frac{s + 0.1}{(s + 0.1)^2 + 9}$$

解　模拟滤波器的零点为 $s = -0.1$，极点为 $s = -0.1 \pm \mathrm{j}3$，系统函数可以写为

$$H(s) = \frac{0.5}{s + 0.1 - \mathrm{j}3} + \frac{0.5}{s + 0.1 + \mathrm{j}3}$$

利用式 (7.4.14) 得

$$\begin{aligned} H(z) &= \frac{0.5}{1 - \mathrm{e}^{-0.1T}\mathrm{e}^{\mathrm{j}3T} z^{-1}} + \frac{0.5}{1 - \mathrm{e}^{-0.1T}\mathrm{e}^{-\mathrm{j}3T} z^{-1}} \\[2mm] &= \frac{1 - (\mathrm{e}^{-0.1T}\cos 3T) z^{-1}}{1 - (2\mathrm{e}^{-0.1T}\cos 3T) z^{-1} + \mathrm{e}^{-0.2T} z^{-2}} \end{aligned}$$

图 7.4.3(a) 为模拟滤波器的幅频响应。取 $T=0.1\ \mathrm{s}$ 和 $T=0.5\ \mathrm{s}$，该数字滤波器的幅

频响应如图 7.4.3(b)所示。由图可见，当 $T=0.5$ s 时，数字滤波器的频率响应混叠要比 $T=0.1$ s 严重许多。

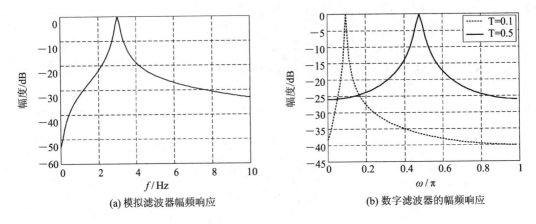

(a) 模拟滤波器幅频响应　　　　(b) 数字滤波器的幅频响应

图 7.4.3　例 7.4.2 图

MATLAB 提供了脉冲响应不变法的库函数，其格式为

[bz, az]＝impinvar(b, a, Fs);

该函数将分子向量为 **b**、分母向量为 **a** 的模拟滤波器通过脉冲响应不变法转换为分子向量为 **b**$_z$、分母向量为 **a**$_z$ 的数字滤波器，F_s 为采样频率，单位为 Hz。

【例 7.4.3】　利用 MATLAB 的脉冲响应不变法库函数设计 IIR 数字低通滤波器。技术指标如下：

(1) 通带截止频率 $\omega_p=0.1\pi$ rad，阻带起始频率 $\omega_s=0.2\pi$ rad；

(2) 通带最大衰减 $\alpha_p=3$ dB，阻带最小衰减 $\alpha_s=30$ dB；

(3) $T=0.01$ s，$T=0.5$ s。

解　MATLAB 程序如下：

```
T=0.01;
Wp=0.1 * pi/T; Ws=0.2 * pi/T; Rp=3; Rs=30;    %求模拟滤波器的技术指标
[N, Wc]=buttord(Wp, Ws, Rp, Rs, 's');
[b, a]=butter(N, Wc, 's');
[bz, az]=impinvar(b, a, 1/T);    %用脉冲响应不变法求数字滤波器的系统函数
```

程序运行结果如下：

$T=0.01$s 时，数字滤波器系统函数的系数为

bz＝[0, 0.0016, 0.0052, 0.0010, 0];

az＝[1.0, −3.1409, 3.7727, −2.0447, 0.4208];

$T=0.5$s 时，数字滤波器系统函数的系数为

bz＝[0, 0.0016, 0.0052, 0.0010, 0];

az＝[1.0, −3.1409, 3.7727, −2.0447, 0.4208];

因此，用脉冲响应不变法设计 IIR 数字滤波器时，当设计指标以数字滤波器的指标给定时，最终结果与采样间隔 T 无关。

设计的数字滤波器的幅频响应如图 7.4.4 所示。当 $\omega=0.1\pi$ rad 时，幅度为 −3 dB，当 $\omega=0.2\pi$ rad 时，幅度为 −30 dB，满足设计指标。

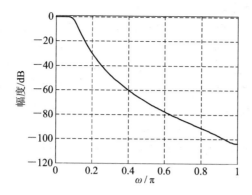

图 7.4.4 例 7.4.3 IIR 数字滤波器的幅频响应

【例 7.4.4】 利用 MATLAB 的脉冲响应不变法库函数设计 IIR 数字低通滤波器。技术指标如下：

（1）通带截止频率 $\Omega_p = 4000\pi$ rad/s，阻带起始频率 $\Omega_s = 8000\pi$ rad/s；

（2）通带最大衰减 $\alpha_p = 3$ dB，阻带最小衰减 $\alpha_s = 30$ dB；

（3）$T = 0.1$ ms，$T = 0.05$ ms。

解 MATLAB 程序如下：

```
f1=10000; f2=20000;
Wp=4000 * pi; Ws=8000 * pi; Rp=3; Rs=30;     %求模拟滤波器的设计指标
[N, Wc]=buttord(Wp, Ws, Rp, Rs, 's');
[b, a]=butter(N, Wc, 's');
[bz, az]=impinvar(b, a, f1);                  %用脉冲响应不变法求数字滤波器的系统函数
[bz1, az1]=impinvar(b, a, f2);
w=0: 0.01 * pi: pi;
[h, w]=freqz(bz, az, w);                       %求数字滤波器的幅频响应
[h1, w]=freqz(bz1, az1, w);
```

MATLAB 程序画图部分略，程序运行结果如图 7.4.5 所示。当数字滤波器设计指标以模拟滤波器的指标给定时，采样频率直接影响数字滤波器的频率混叠性能。采样频率越高，频率混叠越小。

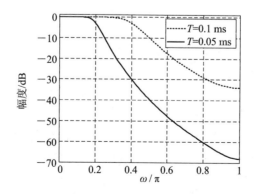

图 7.4.5 例 7.4.4 IIR 数字滤波器的幅频响应

解决脉冲响应不变法频率混叠的方法如下：

（1）当数字滤波器的技术指标以模拟滤波器的形式给出时，如例 7.4.4，此时模拟滤波器的频率响应 $H_a(j\Omega)$、系统函数 $H_a(s)$、脉冲响应 $h_a(t)$ 已确定，采样频率增加，频率混叠减小。另外，增加滤波器的阶数 N，增加了阻带衰减，也减小了频谱混叠。

（2）数字滤波器指标以数字滤波器的形式给出时，如例 7.4.3，此时模拟滤波器的频率响应 $H_a(j\Omega)$、系统函数 $H_a(s)$、冲激响应 $h_a(t)$ 均未确定，但数字滤波器的通带截止频率 ω_p、阻带起始频率 ω_s 已定，采样频率增加，为保证 ω_s 不变，必有 Ω_s 增加（因为 $\omega=\Omega T$），所以采样频率增加并不能减小频率混叠。此时应该增加滤波器的阶数 N，即可减小数字滤波器的频率混叠。

7.4.2 用双线性变换法设计 IIR 数字滤波器

脉冲响应不变法是使数字滤波器在时域上模仿模拟滤波器的单位脉冲响应，其缺点是产生频谱混叠，因而不能用来设计高通、带阻滤波器。脉冲响应不变法造成频谱混叠的原因是从 s 平面到 z 平面的多值映射关系。双线性变换法（Bilinear Transform）是一种能克服脉冲响应不变法频谱混叠的滤波器设计方法，是工程中通常采用的 IIR 数字滤波器设计方法。

1. 线性变换法的原理

双线性变换法是使数字滤波器的频率响应模仿模拟滤波器频率响应的一种变换方法。它将整个 s 平面映射到整个 z 平面上，克服了多值映射的缺点，消除了频谱混叠的现象。

双线性变换法的基本思想是用有限差分近似模拟滤波器微分方程中的各阶导数，即用

$$\nabla[y(n)] = \frac{y(n)-y(n-1)}{T} \tag{7.4.17}$$

来代替模拟滤波器微分方程中的 $\frac{dy_a(t)}{dt}\big|_{t=nT}$，式中，$y(n)=y_a(nT)$。

设模拟滤波器的系统函数 $H_a(s)$ 只有单阶极点，则有

$$H_a(s) = \sum_{k=1}^{N} \frac{A_k}{s+s_k} \tag{7.4.18}$$

下面求模拟滤波器的每一个单极点 s_k 对应的数字滤波器的系统函数 $H_k(z)$。模拟滤波器单阶极点对应的系统函数 $H_{ak}(s)$ 为

$$H_{ak}(s) = \frac{A_k}{s+s_k} \tag{7.4.19}$$

其微分方程为

$$\frac{dy_a(t)}{dt} + s_k y_a(t) = A_k x_a(t) \tag{7.4.20}$$

根据式(7.4.17)，用 $[y(n)-y(n-1)]/T$ 来近似 $dy_a(t)/dt$，用 $[y(n)+y(n-1)]/2$ 来代替 $y_a(t)$，用 $[x(n)+x(n-1)]/2$ 来代替 $x_a(t)$，得到

$$\frac{1}{T}[y(n)-y(n-1)] + \frac{s_k}{2}[y(n)+y(n-1)] = \frac{A_k}{2}[x(n)+x(n-1)]$$

两边取 Z 变换，得

$$H_k(z) = \frac{A_k}{\frac{2}{T}\frac{1-z^{-1}}{1+z^{-1}}+s_k} \tag{7.4.21}$$

与式(7.4.19)中的 $H_{ak}(s)$ 相比,得到 s 平面到 z 平面的映射关系为

$$s = \frac{2}{T}\frac{1-z^{-1}}{1+z^{-1}} \tag{7.4.22}$$

式(7.4.22)称为双线性变换关系式。根据式(7.4.18),可得模拟滤波器系统函数 $H_a(s)$ 与数字滤波器系统函数 $H(z)$ 的关系为

$$H(z) = H_a(s)\Big|_{s=\frac{2}{T}\frac{1-z^{-1}}{1+z^{-1}}} \tag{7.4.23}$$

2. 双线性变换的映射关系

根据双线性变换关系式(7.4.22),令 $z = e^{s_1 T}$,则有

$$s = \frac{2}{T}\frac{1-e^{-s_1 T}}{1+e^{-s_1 T}} \tag{7.4.24}$$

令 $s = j\Omega$ 和 $s_1 = j\Omega_1$,带入式(7.4.24)

$$j\Omega = \frac{2}{T}j\frac{\sin\frac{\Omega_1 T}{2}}{\cos\frac{\Omega_1 T}{2}} = j\frac{2}{T}\tan\left(\frac{\Omega_1}{2}T\right) \tag{7.4.25}$$

即

$$\Omega = \frac{2}{T}\tan\left(\frac{\Omega_1}{2}T\right) \tag{7.4.26}$$

根据式(7.4.26)可以看出,映射关系是将整个 s 平面(Ω:$-\infty \sim +\infty$),映射至 s_1 平面的一条带(Ω_1:$-\pi/T \sim \pi/T$)上,如图 7.4.6(a)和(b)所示。

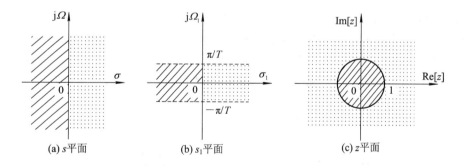

图 7.4.6　双线性变换法的映射关系

下面考虑将 s_1 平面映射到 z 平面。令 $z = e^{s_1 T}$,该映射关系如图 7.4.6(b)和(c)所示。映射原理在 7.4.1 小节介绍过,在此不再赘述。

综上所述,双线性变换法的映射过程如下:

$$\text{整个 } s \text{ 平面} \xrightarrow{\text{映射}} s_1 \text{ 平面的一个带域} \xrightarrow{z = e^{s_1 T}} \text{整个 } z \text{ 平面}$$

从以上的映射过程我们得知,正是因为双线性变换法比脉冲响应不变法多了将 s 平面的压缩过程,所以消除了周期延拓所带来的频谱混叠的问题。

另外,由式(7.4.22)可得

$$z = \frac{1+Ts/2}{1-Ts/2} \tag{7.4.27}$$

将 $s=\sigma+\mathrm{j}\Omega$ 代入式(7.4.27),可得

$$z = \frac{1 + T(\sigma + \mathrm{j}\Omega)/2}{1 - T(\sigma + \mathrm{j}\Omega)/2} \qquad (7.4.28)$$

$$|z|^2 = \frac{(1 + \sigma T/2)^2 + (\Omega T/2)^2}{(1 - \sigma T/2)^2 + (\Omega T/2)^2} \qquad (7.4.29)$$

由式(7.4.29)可以看出:$\sigma=0$ 时,$|z|=1$,即 s 平面的虚轴映射成 z 平面的单位圆上;$\sigma<0$ 时,$|z|<1$,即 s 平面的左半平面映射成 z 平面的单位圆内;$\sigma>0$ 时,$|z|>1$,即 s 平面的右半平面映射成 z 平面的单位圆外。因此,双线性变换法可将因果稳定的模拟滤波器 $H_a(s)$ 转换为因果稳定的数字滤波器 $H(z)$。

3. 模拟角频率 Ω 和数字角频率 ω 的映射关系

由式(7.4.22),令 $s=\mathrm{j}\Omega$,$z=\mathrm{e}^{\mathrm{j}\omega}$,可得

$$\mathrm{j}\Omega = \frac{2}{T} \frac{1 - \mathrm{e}^{-\mathrm{j}\omega}}{1 + \mathrm{e}^{-\mathrm{j}\omega}} = \mathrm{j}\frac{2}{T}\frac{\sin(\omega/2)}{\cos(\omega/2)} \qquad (7.4.30)$$

由式(7.4.22),令 $s=\mathrm{j}\Omega$,$z=\mathrm{e}^{\mathrm{j}\omega}$,可得

$$\mathrm{j}\Omega = \frac{2}{T} \frac{1 - \mathrm{e}^{-\mathrm{j}\omega}}{1 + \mathrm{e}^{-\mathrm{j}\omega}} = \frac{2}{T}\mathrm{j}\frac{\sin\dfrac{\omega}{2}}{\cos\dfrac{\omega}{2}}$$

因此,有

$$\Omega = \frac{2}{T}\tan\frac{\omega}{2} \qquad (7.4.31)$$

数字角频率 ω 与模拟角频率 Ω 之间的映射关系如图7.4.7所示。由图7.4.7可以看出,s 平面的正虚轴($\Omega=0\sim\infty$)映射成 z 平面单位圆的上半圆($\omega=0\sim\pi$),s 平面的负虚轴映射成 z 平面单位圆的下半圆。由于当 $\Omega\to\pm\infty$ 时,则 $\omega\to\pm\pi$,即 ω 趋于折叠频率,因而双线性变换法没有频谱混叠的现象。在零频率附近,式(7.4.31)所示的频率变换关系比较接近线性关系,但当 Ω 增大时,频率 ω 与 Ω 之间出现了严重的非线性关系,如图7.4.8所示。

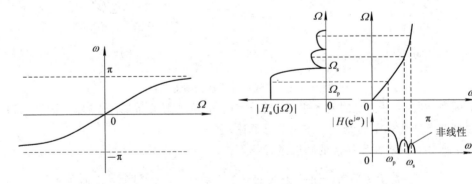

图 7.4.7　数字角频率 ω 与模拟角　　　图 7.4.8　双线性变换法频率非线性关系示意图
频率 Ω 的映射关系

由于双线性变换法频率之间的非线性变换关系,导致数字滤波器的幅频响应相对于模拟滤波器的幅频响应有畸变。另外,一个线性相位的模拟滤波器经双线性变换后,滤波器不再有线性相位特性。

　　虽然双线性变换有这样的缺点，但它目前仍是普遍使用且最有成效的一种设计工具。这是因为大多数滤波器都具有分段常数的频响特性，如低通、高通、带通和带阻等，它们在通带内要求逼近一个衰减为零的常数特性，在阻带部分要求逼近一个衰减为∞的常数特性，这种特性的滤波器通过双线性变换后，虽然频率发生了非线性变化，但其幅频特性仍保持分段常数的特性。如图 7.4.8 所示，模拟滤波器 $H_a(j\Omega)$ 双线性变换后得到的 $H(e^{j\omega})$ 在通带与阻带内仍保持与原模拟滤波器相同的起伏特性，只是通带截止频率、过渡带的边缘频率，以及起伏的峰点频率、谷点频率等临界频率点发生了非线性变化，即畸变。这种频率点的畸变可以通过预畸变来加以校正，即将模拟滤波器的临界频率事先加以畸变，通过双线性变换后正好映射到所需要的数字频率上。预畸变关系式为

$$\Omega_i = \frac{2}{T}\tan\frac{\omega_i}{2} \tag{7.4.32}$$

通过上述关系式将数字滤波器的频率指标 ω_p 和 ω_s 转换成模拟滤波器的指标。

　　另外，根据式(7.4.31)，双线性变换法频率变换关系的周期性，总是将连续非周期的模拟滤波器的频率响应 $H_a(j\Omega)$ 变换为连续周期的数字滤波器的频率响应 $H(e^{j\omega})$，周期为 2π，如图 7.4.9 所示。

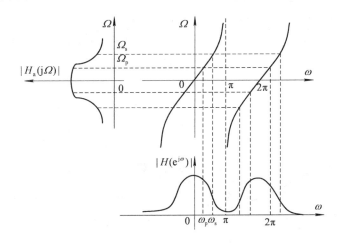

图 7.4.9　双线性变换法关系示意图

　　【例 7.4.5】　利用双线性变换法将系统函数为

$$H_a(s) = \frac{2s+1}{s^2+3s+4}$$

的模拟滤波器转换为数字滤波器。取 $T=0.05$ s 和 $T=0.02$ s。

　　解　根据双线性变换关系式，取 $T=0.05$ s，得到

$$H(z) = H_a(s)\Big|_{s=\frac{2}{T}\frac{1-z^{-1}}{1+z^{-1}}}$$

整理得

$$H(z) = \frac{0.047 + 0.0012z^{-1} - 0.0458z^{-2}}{1 - 1.8515z^{-1} + 0.8608z^{-2}}$$

　　MATLAB 提供了双线性变换法库函数，其格式为

　　　　[bz, az]＝bilinear(b, a, Fs);

该函数将分子向量为 **b**、分母向量为 **a** 的模拟滤波器通过双线性变换法转换为分子向

量为 b_z、分母向量为 a_z 的数字滤波器，F_s 为采样频率，单位为 Hz。

例 7.4.5 如果用 MATLAB 来求解，程序如下：

```
b=[2, 1]; a=[1, 3, 4];
w=0: 0.1: 10; [h, w]=freqs(b, a, w);
[bz, az]=bilinear(b, a, 20);    %利用双线性变换法，采样频率为 20 Hz
[bz1, az1]=bilinear(b, a, 50); %利用双线性变换法，采样频率为 50 Hz
wz=0: 0.01 * pi: 0.999 * pi;
[hz, wz]=freqz(bz, az, wz);
[hz1, wz]=freqz(bz1, az1, wz);
```

程序运行结果如下：

$T=0.05$ s 时，数字滤波器系统函数的系数为

bz=[0.047, 0.0012, −0.0458]

az=[1.0, −1.8515, 0.8608];

$T=0.02$ s 时，数字滤波器系统函数的系数为

bz=[0.0195, 0.0002, −0.0193]

az=[1.0, −1.9402, 0.9418];

例 7.4.5 的模拟滤波器和数字滤波器的频率响应如图 7.4.10 所示。由图可见，不同的采样频率造成数字滤波器的数字中心频率不同，过渡带不同，但是没有频率混叠。

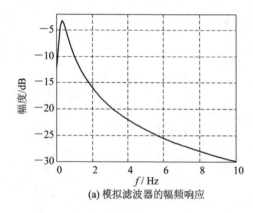

(a) 模拟滤波器的幅频响应

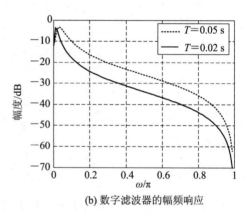

(b) 数字滤波器的幅频响应

图 7.4.10　例 7.4.5 双线性变换前后幅频响应图

4. 数字低通滤波器的设计

【例 7.4.6】　用巴特沃思型滤波器设计 IIR 数字低通滤波器，代替如下性能的模拟低通滤波器。

(a) $f_p=50$ Hz, $f_s=125$ Hz；

(b) $\alpha_p \leqslant 3$ dB, $\alpha_s \geqslant 15$ dB；

(c) 采样频率 $F_s=1$ kHz。

解　分别用脉冲响应不变法和双线性变换法求解。

(1) 确定数字滤波器的技术指标。

脉冲响应不变法：

$$\omega_p = \Omega_p T = 0.1\pi, \quad \omega_s = \Omega_s T = 0.25\pi$$

双线性变换法：

$$\omega_p = 0.1\pi, \qquad \omega_s = 0.25\pi$$

此时，不管是脉冲响应不变法还是双线性变换法，求数字滤波器的边界频率时都要采用 $\omega = \Omega T$ 这个映射关系。

（2）将数字滤波器的指标转换为归一化低通滤波器的指标。

脉冲响应不变法：

$$\begin{cases} \lambda_s = \dfrac{\Omega_s}{\Omega_p} = \dfrac{\omega_s/T}{\omega_p/T} = 2.5 \\[2mm] \alpha_p = 3 \text{ dB}, \ \alpha_s = 15 \text{ dB} \end{cases}$$

双线性变换法：

$$\begin{cases} \lambda_s = \dfrac{\Omega_s}{\Omega_p} = \dfrac{\dfrac{2}{T}\tan\dfrac{\omega_s}{2}}{\dfrac{2}{T}\tan\dfrac{\omega_p}{2}} = \cot\dfrac{\omega_p}{2}\tan\dfrac{\omega_s}{2} = 2.615 \\[4mm] \alpha_p = 3 \text{ dB}, \ \alpha_s = 15 \text{ dB} \end{cases}$$

在将数字滤波器指标转换成归一化低通滤波器指标时，脉冲响应不变法模拟角频率同数字角频率的映射关系为 $\omega = \Omega T$，而双线性变换法则是 $\Omega = \dfrac{2}{T}\tan\dfrac{\omega}{2}$。

（3）根据归一化低通滤波器指标，查表 7.2.1 求 $H_a(p)$。

脉冲响应不变法：

$$N = 2, \ H_a(p) = \frac{1}{1 + \sqrt{2}\,p + p^2}$$

双线性变换法：

$$N = 2, \ H_a(p) = \frac{1}{1 + \sqrt{2}\,p + p^2}$$

（4）将 $H_a(p)$ 转换为 $H(z)$。

脉冲响应不变法：

$$H_a(s) = H_a(p)\big|_{p = \frac{s}{\Omega_p}}$$

其余求解过程为

$$H_a(s) \xrightarrow{\text{ILT}} h_a(t) \rightarrow h(n) = h_a(nT) \xrightarrow{\text{ZT}} H(z)$$

详细过程见例 7.4.1。

双线性变换法：根据双线性变换法的变换关系式，有

$$p = \frac{s}{\Omega_p} = \frac{1}{\Omega_p}\frac{2}{T}\frac{1 - z^{-1}}{1 + z^{-1}} = \cot\frac{\omega_p}{2}\frac{1 - z^{-1}}{1 + z^{-1}}$$

因此

$$H(z) = H_a(p)\big|_{p = \cot\frac{\omega_p}{2}\frac{1 - z^{-1}}{1 + z^{-1}}}$$

用 MATLAB 求两种变换方法结果的幅频响应曲线如图 7.4.11 所示，脉冲响应不变法设计的 IIR 数字低通滤波器系统函数的系数为 $b_z = [0, 0.0872, 0]$，$a_z = [1.0000, -1.5356, 0.6237]$；用双线性变换法设计的 IIR 数字低通滤波器系统函数的系数为 $b_z = [0.0220, 0.0441, 0.0220]$，$a_z = [1.0000, -1.5382, 0.6264]$。

对于双线性变换法，由于频率的非线性变换，使截止区的衰减越来越快，最后在折叠频率处($z=-1$，$\omega=\pi$)形成一个二阶零点，这个零点正是模拟滤波器在 $\Omega=\infty$ 处的二阶零点通过映射形成的。因此，双线性变换法使滤波器过渡带变窄，对频率的选择性改善，而脉冲响应不变法使滤波器存在频率混淆，且没有零点。

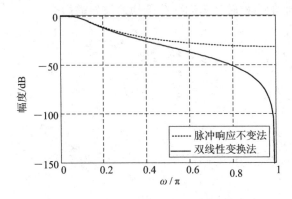

图 7.4.11 例 7.4.6 两种变换方法结果的幅频响应图

7.4.3 数字滤波器的频率变换

前面小节介绍了 IIR 数字低通滤波器的设计方法，实际应用中的数字滤波器有低通、高通、带通、带阻等类型。

设计各类数字滤波器有以下两种方法。

（1）z 平面变换法。如图 7.4.12 所示，首先利用脉冲响应不变法或双线性变换法，将归一化低通滤波器转换成数字低通滤波器，然后利用数字频带变换法，将数字低通滤波器转换成所需要的各种类型的数字滤波器。

图 7.4.12 z 平面变换方法

（2）由归一化低通滤波器到数字滤波器的直接转换。如图 7.4.13 所示，将一个归一化低通滤波器经过模拟频率变换成所需要的各种类型的模拟滤波器，然后再通过脉冲响应不变法或双线性变换法将模拟滤波器数字化为所需要类型的数字滤波器。由于脉冲响应不变法不能设计高通和带阻滤波器，因此一般均是用双线性变换法将模拟滤波器数字化为数字滤波器。此时可以直接从归一化低通滤波器通过一定的频率变换关系，一步完成各类型数字滤波器的设计，下面我们重点介绍该方法。

图 7.4.13 由归一化低通滤波器到数字滤波器的直接转换

1. 归一化低通滤波器到数字低通滤波器的变换方法

该方法的设计思想是：首先将数字滤波器的技术指标通过一定的关系转换为归一化低

通滤波器的技术指标 λ_s、α_p、α_s，再根据此指标设计出归一化低通滤波器系统函数 $H_a(p)$，最后根据双线性变换法的频率变换关系得到数字滤波器系统函数 $H(z)$。

（1）求归一化低通滤波器指标。

由于归一化低通滤波器与实际模拟低通滤波器的频率转换关系为

$$\lambda = \frac{\Omega}{\Omega_p} \tag{7.4.33}$$

模拟滤波器与数字滤波器的双线性变换法频率变换关系为

$$\Omega = \frac{2}{T}\tan\frac{\omega}{2} \tag{7.4.34}$$

因此数字低通滤波器与归一化低通滤波器的频率变换关系为

$$\lambda = \frac{\Omega}{\Omega_p} = \cot\frac{\omega_p}{2}\tan\frac{\omega}{2} \tag{7.4.35}$$

（2）归一化低通滤波器系统函数与数字滤波器系统函数的关系

归一化低通滤波器系统函数与一般模拟低通滤波器系统函数的关系为

$$H_a(s) = H_a(p)\big|_{p=s/\Omega_p} \tag{7.4.36}$$

模拟滤波器与数字滤波器的双线性变换法复频域变换关系为

$$s = \frac{2}{T}\frac{1-z^{-1}}{1+z^{-1}} \tag{7.4.37}$$

因此数字低通滤波器与归一化低通滤波器的复频域变换关系为

$$p = \cot\frac{\omega_p}{2}\frac{1-z^{-1}}{1+z^{-1}} \tag{7.4.38}$$

2. 归一化低通滤波器到数字高通滤波器的变换方法

由于归一化低通滤波器与实际模拟高通滤波器的指标转换关系为

$$\lambda = -\frac{\Omega_p}{\Omega}$$

因此数字高通滤波器与归一化低通滤波器的频率变换关系为

$$\lambda = -\tan\frac{\omega_p}{2}\cot\frac{\omega}{2} \tag{7.4.39}$$

数字高通滤波器与归一化低通滤波器的复频域变换关系为

$$p = \frac{\Omega_p}{s} = \tan\frac{\omega_p}{2}\frac{1+z^{-1}}{1-z^{-1}} \tag{7.4.40}$$

【例 7.4.7】　已知 IIR 数字高通滤波器的指标如下：

$$\omega_p = 0.8\pi,\ \omega_s = 0.3\pi,\ \alpha_p = 3\ \text{dB},\ \alpha_s = 40\ \text{dB}$$

试用双线性变换法设计该滤波器。

解　（1）指标转换：

$$-\lambda_s = -\tan\frac{\omega_p}{2}\cot\frac{\omega_s}{2} = -6.04029$$

归一化低通滤波器指标为

$$\begin{cases} \alpha_p = 3\ \text{dB},\ \alpha_s = 40\ \text{dB} \\ \lambda_s = 6.04 \end{cases}$$

（2）查表 7.2.1 求 $H_a(p)$，选择巴特沃思型滤波器：

$$N = 3, \quad H_a(p) = \frac{1}{1 + 2p + 2p^2 + p^3}$$

(3) 求 $H(z)$：

$$H(z) = H_a(p) \Big|_{p = \tan\frac{\omega_p}{2} \frac{1 + z^{-1}}{1 - z^{-1}}}$$

3. 归一化低通滤波器到数字带通滤波器的变换方法

归一化低通滤波器与实际模拟带通滤波器的频率转换关系为

$$\lambda = f(\Omega) = \frac{\Omega^2 - \Omega_{pl}\Omega_{pu}}{\Omega(\Omega_{pu} - \Omega_{pl})}$$

归一化低通滤波器与实际模拟带通滤波器的复频域转换关系为

$$p = g(s) = \frac{s^2 + \Omega_{pl}\Omega_{pu}}{s(\Omega_{pu} - \Omega_{pl})}$$

将 $s = \frac{2}{T}\frac{1 - z^{-1}}{1 + z^{-1}}$，$\Omega_{pl} = \frac{2}{T}\tan\frac{\omega_{pl}}{2}$，$\Omega_{pu} = \frac{2}{T}\tan\frac{\omega_{pu}}{2}$ 代入上式，可得

$$\lambda = D\frac{E - 2\cos\omega}{2\sin\omega} \tag{7.4.41}$$

$$p = D\frac{1 - Ez^{-1} + z^{-2}}{1 - z^{-2}} \tag{7.4.42}$$

式中：

$$D = \cot\frac{\omega_{pu} - \omega_{pl}}{2}$$

$$E = 2\frac{\cos\dfrac{\omega_{pl} + \omega_{pu}}{2}}{\cos\dfrac{\omega_{pu} - \omega_{pl}}{2}}$$

求归一化低通滤波器指标时，有

$$-\lambda_s = f(\omega_{sl}), \quad \lambda_s = f(\omega_{su})$$

【例 7.4.8】 某系统的采样频率 $F_s = 2$ kHz，设计一个为此系统使用的数字带通滤波器，要求如下：

$$f_{pu} = 400 \text{ Hz}, \ f_{pl} = 300 \text{ Hz}, \ \alpha_p = 3 \text{ dB}$$

$$f_{su} = 500 \text{ Hz}, \ f_{sl} = 200 \text{ Hz}, \ \alpha_s = 18 \text{ dB}$$

解 (1) 求出数字带通滤波器的指标：

$$\omega_{pu} = 0.4\pi \text{ rad}, \ \omega_{pl} = 0.3\pi \text{ rad}$$

$$\omega_{su} = 0.5\pi \text{ rad}, \ \omega_{sl} = 0.2\pi \text{ rad}$$

(2) 求归一化低通滤波器的指标：

$$D = \cot\frac{\omega_{pu} - \omega_{pl}}{2} = 6.31375$$

$$E = 2\frac{\cos\dfrac{\omega_{pu} + \omega_{pl}}{2}}{\cos\dfrac{\omega_{pu} - \omega_{pl}}{2}} = 0.9193$$

$$-\lambda_s = D\frac{E - 2\cos\omega_{sl}}{2\sin\omega_{sl}} = -3.7528$$

$$\lambda_s = D\frac{E - 2\cos\omega_{su}}{2\sin\omega_{su}} = 2.9021$$

归一化低通滤波器指标为

$$\begin{cases} \alpha_p = 3 \text{ dB}, \ \alpha_s = 18 \text{ dB} \\ \lambda_s = 2.9021 \end{cases}$$

（3）求 $H_a(p)$，选巴特沃思型滤波器，$N=2$：

$$H_a(p) = \frac{1}{p^2 + \sqrt{2}\,p + 1}$$

（4）求数字带通滤波器的 $H(z)$：

$$H(z) = H_a(p)\Big|_{p = D\frac{1 - Ez^{-1} + z^{-2}}{1 - z^{-2}}}$$

4. 归一化低通滤波器到数字带阻滤波器的变换方法

求解过程与上相同，在此直接给出结果。

$$\lambda = D_1 \frac{2\sin\omega}{2\cos\omega - E} \tag{7.4.43}$$

$$p = \frac{D_1(1 - z^{-2})}{1 - Ez^{-1} + z^{-2}} \tag{7.4.44}$$

式中：

$$D_1 = \tan\frac{\omega_{pu} - \omega_{pl}}{2}$$

$$E = 2\frac{\cos\dfrac{\omega_{pu} + \omega_{pl}}{2}}{\cos\dfrac{\omega_{pu} - \omega_{pl}}{2}}$$

求归一化低通滤波器指标时，有

$$\lambda_s = f(\omega_{sl}), \qquad -\lambda_s = f(\omega_{su})$$

7.4.4　用 MATLAB 设计 IIR 数字滤波器

MATLAB 信号处理工具箱提供了直接设计数字滤波器的函数，函数类型与格式参考 7.3.2 节。将 7.3.2 节中所介绍模拟滤波器设计函数的参数设置为数字滤波器的相关参数，即可设计数字滤波器。

数字滤波器的技术指标如下：

wp：通带截止频率 ω_p/π，当滤波器为带通或带阻时，wp=$[\omega_{pl}/\pi, \ \omega_{pu}/\pi]$。

ws：阻带截止频率 ω_s/π，当滤波器为带通或带阻时，ws=$[\omega_{sl}/\pi, \ \omega_{su}/\pi]$。

Rp：通带最大衰减 α_p。

Rs：阻带最小衰减 α_s。

【例 7.4.9】　用 MATLAB 设计 IIR 数字高通滤波器，采用切比雪夫 I 型低通滤波器为原型。设计指标如下：

$$f_s = 200 \text{ Hz}, \ f_p = 300 \text{ Hz}, \ \alpha_p = 1 \text{ dB}, \ \alpha_s = 40 \text{ dB}, \ F_s = 1 \text{ kHz}$$

解　（1）按照首先设计模拟滤波器再用双线性变换法转换为数字滤波器的思路。

MATLAB 程序如下：

```
Fs=1000；fp=300；fs=200；Rp=1；Rs=40；
wp=2 * Fs * tan(pi * fp/Fs)；
ws=2 * Fs * tan(pi * fs/Fs)；                  %求模拟高通滤波器的技术指标
[N，Wpo]=cheb1ord(wp, ws, Rp, Rs, ′s′)；      %求模拟高通滤波器的阶数和通带截止频率
[b，a]=cheby1(N, Rp, wp, ′high′, ′s′)；       %求模拟高通滤波器的系统函数
[bz，az]=bilinear(b, a, Fs)；                  %利用双线性变换法求数字滤波器的系统函数
w=0：0.01 * pi：pi；[h, w]=freqz(bz, az, w)；  %求数字滤波器的幅频响应
```

程序运行结果如下：

N=5, bz=[0.0079，−0.0397，0.0794，−0.0794，0.0397，−0.0079]；

az=[1.0000，2.2188，3.0019，2.4511，1.2330，0.3109]；

(2) 直接用 MATLAB 库函数设计数字滤波器(双线性变换法)。

```
Fs=1000；fp=300；fs=200；
wpz=2 * fp/Fs；wsz=2 * fs/Fs；Rp=1；Rs=40；   %求数字高通滤波器的技术指标
[N，Wpo]=cheb1ord(wpz, wsz, Rp, Rs)；          %求数字高通滤波器的阶数和通带截止频率
[bz，az]=cheby1(N, Rp, Wpo, ′high′)；          %利用双线性变换法求数字高通滤波器的系统函数
w=0：0.01 * pi：pi；[h1, w]=freqz(bz, az, w)； %求数字高通滤波器的幅频响应
```

程序运行结果与(1)相同。

所求 IIR 数字高通滤波器的幅频响应如图 7.4.14 所示。通带截止频率为 $\omega_p/\pi=0.6$，在阻带起始频率位于 $\omega_s/\pi=0.4$ 处，衰减值为 −42.5 dB，满足设计指标。

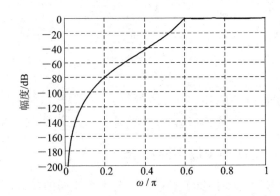

图 7.4.14　例 7.4.9 数字高通滤波器的幅频响应

【例 7.4.10】　用 MATLAB 设计 IIR 数字带通滤波器，采用切比雪夫 Ⅱ 型低通滤波器为原型。设计指标如下：

$$f_{pl} = 2 \text{ kHz}, \quad f_{pu} = 5 \text{ kHz}$$

$$f_{sl} = 1.5 \text{ kHz}, \quad f_{su} = 5.6 \text{ kHz}$$

$$\alpha_p = 1 \text{ dB}, \quad \alpha_s = 40 \text{ dB}, \quad F_s = 20 \text{ kHz}$$

解　直接用 MATLAB 库函数设计数字滤波器，程序如下：

```
wpz=[2 * fpl/Fs, 2 * fpu/Fs]；wsz=[2 * fsl/Fs, 2 * fsu/Fs]；
[N1，Wso]=cheb2ord(wpz, wsz, Rp, Rs)；
[bz1，az1]=cheby2(N1, Rs, Wso)；
w=0：0.01 * pi：pi；[h1, w]=freqz(bz1, az1, w)；
```

所求 IIR 数字带通滤波器的幅频响应如图 7.4.15 所示。通带截止频率为

$\left[\dfrac{\omega_{\text{pl}}}{\pi}=0.2,\dfrac{\omega_{\text{pu}}}{\pi}=0.5\right]$，在阻带起始频率位于 $\left[\dfrac{\omega_{\text{sl}}}{\pi}=0.15,\dfrac{\omega_{\text{su}}}{\pi}=0.56\right]$ 处，阻带衰减为 -40 dB，满足设计指标。

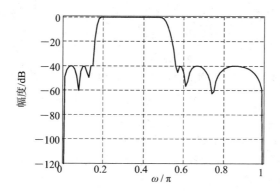

图 7.4.15　例 7.4.10 IIR 数字带通滤波器的幅频响应

【例 7.4.11】　用 MATLAB 设计 IIR 数字带阻滤波器，采用椭圆型低通滤波器为原型。设计指标如下：

$$f_{\text{pl}} = 2 \text{ kHz}, f_{\text{pu}} = 5 \text{ kHz}$$
$$f_{\text{sl}} = 2.5 \text{ kHz}, f_{\text{su}} = 4 \text{ kHz}$$
$$\alpha_{\text{p}} = 1 \text{ dB}, \alpha_{\text{s}} = 40 \text{ dB}, F_{\text{s}} = 20 \text{ kHz}$$

解　直接用 MATLAB 库函数设计 IIR 数字带阻滤波器，MATLAB 程序如下：

```
Fs=20000; fpl=2000; fpu=5000; fsl=2500; fsu=4000; Rp=1; Rs=40;
wpz=[2 * fpl/Fs, 2 * fpu/Fs]; wsz=[2 * fsl/Fs, 2 * fsu/Fs];
[N1, Wpo]=ellipord(wpz, wsz, Rp, Rs);
[bz1, az1]=ellip(N1, Rp, Rs, Wpo, 'stop');
w=0: 0.01 * pi: pi; [h1, w]=freqz(bz1, az1, w);
```

所求 IIR 数字带阻滤波器的幅频响应如图 7.4.16 所示。通带截止频率为 $\left[\dfrac{\omega_{\text{pl}}}{\pi}=0.2,\dfrac{\omega_{\text{pu}}}{\pi}=0.5\right]$，在阻带起始频率位于 $\left[\dfrac{\omega_{\text{sl}}}{\pi}=0.25,\dfrac{\omega_{\text{su}}}{\pi}=0.4\right]$ 处，阻带衰减为 -40 dB，满足设计指标。

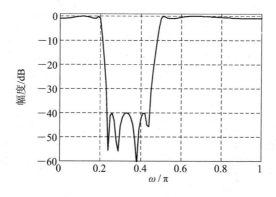

图 7.4.16　例 7.4.11 IIR 数字带阻滤波器的幅频响应

7.5 FIR 数字滤波器与 IIR 数字滤波器的比较

有限脉冲响应(FIR)数字滤波器和无限脉冲响应(IIR)数字滤波器对信号滤波时，因两类滤波器的特性不同，故滤波处理过程和输出效果均存在区别。下面通过例子来加以说明。

【例 7.5.1】 用 MATLAB 分别设计一个 IIR 和 FIR 数字带通滤波器，设计指标如下：
$$f_{pl} = 11 \text{ kHz}, \ f_{pu} = 20 \text{ kHz}$$
$$f_{sl} = 10 \text{ kHz}, \ f_{su} = 21 \text{ kHz}$$
$$\alpha_p = 1 \text{ dB}, \ \alpha_s = 50 \text{ dB}, \ F_s = 50 \text{ kHz}$$

设滤波器的输入信号 $x(n) = \sin(2\pi n f_0/F_s)$ $(0 \leqslant n \leqslant 255)$，$f_0 = 12$ kHz。分别求 IIR 和 FIR 数字滤波器的输出。

解 MATLAB 程序如下：

```
fsl=10000; fpl=11000; fpu=20000; fsu=21000; Fs=50000; Rp=1; Rs=50;
wsl=2 * pi * fsl/Fs; wpl=2 * pi * fpl/Fs; wpu=2 * pi * fpu/Fs; wsu=2 * pi * fsu/Fs;
wp=[wpl/pi, wpu/pi]; ws=[wsl/pi, wsu/pi];
[N, Wpo]=ellipord(wp, ws, Rp, Rs);        %求模拟带通滤波器的阶数和通带截止频率
[b, a]=ellip(N, Rp, Rs, Wpo);             %用双线性变换求椭圆型带通数字滤波器
w=0: 0.005 * pi: pi; [h, w]=freqz(b, a, w); %求 IIR 数字带通滤波器的幅频响应
B1=wsu-wpu; B2=wpl-wsl;
B=min(B1, B2);                            %选取最窄的过渡带
NF=ceil(6.6 * pi/B);                      %采用窗函数法设计(汉明窗)FIR 所需的阶数
wp1=[(fpl+fsl)/Fs, (fpu+fsu)/Fs];        %求 FIR 数字滤波器的通带起始和截止频率
h1=fir1(NF-1, wp1);                       %采用窗函数法设计 FIR 数字带通滤波器
[hf, w]=freqz(h1, 1, w);                  %求 FIR 数字带通滤波器的幅频响应
x=sin(2 * pi * (1: 256) * 12000/Fs);      %输入信号
yi=filter(b, a, x); yf=filter(h1, 1, x);  %求系统输出
```

程序运行结果为：IIR 数字滤波器的阶数 $N=12$，*FIR* 数字滤波器的阶数 $N=166$，FIR 滤波器的阶数要远大于 IIR 滤波器的阶数。数字带通滤波器的幅频响应如图 7.5.1 所示。无论是 FIR 数字滤波器还是 IIR 数字滤波器，在通带截止频率处，$\omega_{pl}/\pi=0.44$，$\omega_{pu}/\pi=0.8$，幅度衰减为 1 dB 左右，在阻带起始频率处，$\omega_{sl}/\pi=0.4$，$\omega_{su}/\pi=0.84$，幅度衰减为 50 dB 左右，满足设计指标。数字带通滤波器的相频响应如图 7.5.2 所示。由图 7.5.2 可见，IIR 数字滤波器存在着严重的非线性相位，FIR 数字滤波器则在通带内具有严格的线性相位。

由例 7.5.1 可以看出，IIR 数字滤波器与 FIR 数字滤波器相比，有以下几个特点：

(1) 在相同的滤波器设计指标下，FIR 数字滤波器所需的阶数要远大于 IIR 数字滤波器。如例 7.5.1 中，IIR 数字滤波器只需要 12 阶，而 FIR 数字滤波器则需要 166 阶。因此 IIR 数字滤波器在实际应用中，所需存储单元少，运算次数少，信号输出时延小。如图 7.5.3(a)所示，IIR 数字滤波器的输出在 30 点左右即有稳定的输出，而 FIR 数字滤波器的输出在 90 点左右之后才有稳定的输出。

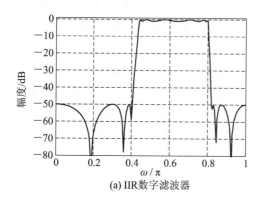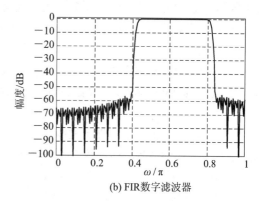

(a) IIR数字滤波器　　　　　　　　　　　(b) FIR数字滤波器

图 7.5.1　数字带通滤波器的幅频响应

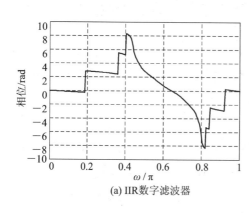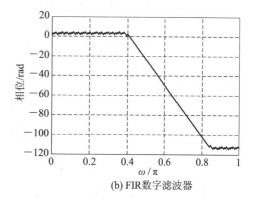

(a) IIR数字滤波器　　　　　　　　　　　(b) FIR数字滤波器

图 7.5.2　数字带通滤波器的相频响应

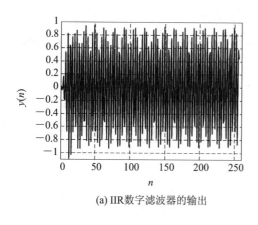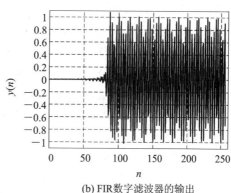

(a) IIR数字滤波器的输出　　　　　　　　(b) FIR数字滤波器的输出

图 7.5.3　单频信号分别通过 IIR 和 FIR 数字带通滤波器

（2）FIR 数字滤波器可以得到严格的线性相位。由图 7.5.2(b)所示，IIR 数字滤波器的相频特性只在通带中心位置近似为线性，而在通带两端出现非线性，并且 IIR 数字滤波器的频率选择性越好，其相位的非线性越严重。而 FIR 数字滤波器在整个通带内相频特性都有严格的线性相位。

（3）FIR 数字滤波器采用非递归结构，无论是从理论上还是从实际的有限精度运算中，

FIR 数字滤波器都是稳定的，有限精度运算误差也小。IIR 数字滤波器采用递归结构，其极点必须在 z 平面的单位圆内系统才稳定。在实际的有限精度运算中，有限字长效应可能会引起寄生振荡。

（4）FIR 数字滤波器的单位脉冲响应为有限长序列，求系统输出时，可以采用快速傅里叶变换，通过重叠相加或重叠保留算法来提高运算速度。IIR 数字滤波器则不能使用这些算法。

（5）IIR 数字滤波器的设计是规格化的，频率特性为分段常数的标准低通、高通、带通、带阻、全通滤波器。FIR 数字滤波器的设计要灵活得多，如频率采样设计法，可用于设计各种幅度特性及相位特性要求的 FIR 数字滤波器。因此，FIR 数字可以设计理想正交移相滤波器、理想微分滤波器等各种滤波器，适应性较广。

7.6　数字滤波器采样频率与滤波器阶数的关系

当设计的数字滤波器需要处理模拟信号，或用数字滤波器来代替同等功能的模拟滤波器时，存在一个采样频率的问题。如果模拟滤波器指标固定，根据不同的采样频率设计的相应数字滤波器必然不同。

设数字滤波器的通带截止频率为 f_p，阻带起始频率为 f_s，数字滤波器的过渡带为

$$B = \frac{2\pi \mid f_s - f_p \mid}{F_s} \qquad (7.6.1)$$

因此当 f_p、f_s 不变时，F_s 越高，数字滤波器的过渡带越窄，所需滤波器的阶数就越高。由于 IIR 数字滤波器的设计采用双线性变换法，有非线性的特性，因此随着采样频率的提高，滤波器的阶数提高不明显。FIR 数字滤波器的阶数与采样频率是线性关系：

$$B_m = \frac{6.6\pi}{N} = B \qquad (7.6.2)$$

式中，B_m 为汉明窗过渡带，B 为设计要求的数字滤波器过渡带。因此 FIR 数字滤波器采样频率越高，阶数也随之越高。

无论是设计 IIR 数字滤波器还是 FIR 数字滤波器，如果模拟滤波器的指标不变，则采样频率越高，数字滤波器所需的阶数越高。

【例 7.6.1】　用 MATLAB 分别设计一个 IIR 数字带通滤波器和 FIR 数字带通滤波器，设计指标为

$$f_{pl} = 1 \text{ kHz}, f_{pu} = 2 \text{ kHz}$$
$$f_{sl} = 0.6 \text{ kHz}, f_{su} = 2.3 \text{ kHz}$$
$$\alpha_p = 1 \text{ dB}, \alpha_s = 50 \text{ dB}, F_s = 5 \text{ kHz}$$

将采样频率改为 $F_s = 30$ kHz，重新设计相应的数字滤波器，并进行比较。

解　当 $F_s = 5$ kHz 时，椭圆型滤波器通过双线性变换为 IIR 数字滤波器的阶数为 8，采用窗函数法（汉明窗）的 FIR 数字滤波器的阶数为 56。

当 $F_s = 30$ kHz 时，IIR 数字滤波器的阶数为 10，FIR 数字滤波器的阶数为 331。

【例 7.6.2】　求 IIR 数字滤波器代替如下性能的模拟低通滤波器：

$$f_p = 10 \text{ kHz}, \alpha_p = 3 \text{ dB}$$

$$f_s = 12 \text{ kHz}, \ \alpha_s = 40 \text{ dB}$$

解　不同采样频率和不同滤波器类型所需的阶数见表 7.6.1。

表 7.6.1　不同采样频率和不同滤波器类型所需的阶数

采样频率	巴特沃思型的阶数	切比雪夫 I 型的阶数	椭圆型的阶数
40 kHz	15	7	4
200 kHz	25	9	5
2 MHz	26	9	5

习题与上机题

7.1　设某连续时间系统的频率响应为

$$H_a(j\Omega) = \frac{3\Omega^2 - j2.2\Omega + 1}{j0.6\Omega^3 + j2\Omega - 4.5}$$

若以 $\Omega_p = 2.5$ rad/s 作基准，将 Ω 归一化成 λ，试计算其归一化频率响应 $H_a(j\lambda)$。

7.2　对题 7.2 图所示的 RC 滤波器，试求出它的频率响应 $H_a(j\Omega)$。若通带截止角频率 $\Omega_c = \dfrac{1}{RC}$，试写出以 Ω_c 为基准的归一化频率响应 $H_a(j\lambda)$。

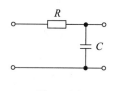

题 7.2 图

7.3　试计算如题 7.2 图所示 RC 滤波器的幅度平方函数 $A^2(\Omega)$ 和复幅度平方函数 $Q(s)$。

7.4　设某归一化模拟低通滤波器的幅度平方函数为 $A^2(\lambda) = \dfrac{1}{1+\lambda^8}$，试计算复幅度平方函数 $Q(p)$，求出 $Q(p)$ 的极点，并作图。

7.5　设计一个满足设计指标 $\alpha_p = 3$ dB，$\alpha_s = 30$ dB，$\lambda_s = 3$ 的巴特沃思归一化模拟低通滤波器，并求出其系统函数的极点。

7.6　查表设计一个巴特沃思型低通滤波器，要求通带截止频率 $f_p = 6$ kHz，通带最大衰减 $\alpha_p = 3$ dB，阻带起始频率 $f_s = 12$ kHz，阻带最小衰减 $\alpha_s = 25$ dB。求归一化低通滤波器系统函数 $H_a(p)$ 以及实际低通滤波器的系统函数 $H_a(s)$。

7.7　用 MATLAB 设计一个切比雪夫 I 型低通滤波器，要求通带截止频率 $f_p = 10$ kHz，通带最大衰减 $\alpha_p = 0.2$ dB，阻带起始频率 $f_s = 12$ kHz，阻带最小衰减 $\alpha_s = 50$ dB。求归一化低通滤波器的系统函数 $H_a(p)$ 以及实际低通滤波器的系统函数 $H_a(s)$，并画出实际低通滤波器的幅频响应。

7.8　设计一个满足设计指标 $\alpha_p = 3$ dB，$\alpha_s = 25$ dB，$f_p = 600$ Hz，$f_s = 200$ Hz 的模拟高通巴特沃思型滤波器，求其系统函数 $H_a(s)$。

7.9　用 MATLAB 设计一个满足题 7.8 指标的切比雪夫 II 型高通滤波器，求归一化低通滤波器的系统函数 $H_a(p)$ 以及实际高通滤波器的系统函数 $H_a(s)$，并画出实际高通滤波器的幅频响应。

7.10　设计一个满足以下设计指标的模拟带通巴特沃思型滤波器，求其系统函数

$H_a(s)$。

$$\alpha_p = 3 \text{ dB}, \alpha_s = 25 \text{ dB}$$
$$f_{pl} = 7 \text{ kHz}, f_{pu} = 12 \text{ kHz}$$
$$f_{sl} = 4 \text{ kHz}, f_{su} = 16 \text{ kHz}$$

7.11 用 MATLAB 设计一个满足题 7.10 指标的椭圆型带通滤波器，求归一化低通滤波器的系统函数 $H_a(p)$ 以及实际带通滤波器的系统函数 $H_a(s)$，画出实际带通滤波器的幅频响应。

7.12 用 MATLAB 设计一个满足以下指标的椭圆型带阻滤波器，求归一化低通滤波器的系统函数 $H_a(p)$ 以及实际带阻滤波器的系统函数 $H_a(s)$，画出实际带阻滤波器的幅频响应。

$$\alpha_p = 1 \text{ dB}, \alpha_s = 50 \text{ dB}$$
$$f_{pl} = 6 \text{ kHz}, f_{pu} = 10 \text{ kHz}$$
$$f_{sl} = 7 \text{ kHz}, f_{su} = 9.5 \text{ kHz}$$

7.13 用 MATLAB 直接调用各种类型滤波器设计的库函数，重新设计题 7.7、7.9、7.11 和 7.12 的低通、高通、带通和带阻模拟滤波器，给出滤波器的系统函数 $H_a(s)$ 和幅频响应。

7.14 已知模拟滤波器的单位冲激响应 $h_a(t)$ 如下：
$$h_a(t) = \begin{cases} e^{-0.9t} & (t \geq 0) \\ 0 & (t < 0) \end{cases}$$
用脉冲响应不变法将此模拟滤波器转换成数字滤波器。确定系统函数 $H(z)$ 后，判断该数字滤波器是否稳定，并说明该数字滤波器近似为低通滤波器还是高通滤波器。

7.15 已知模拟滤波器的系统函数为
$$H_a(s) = \frac{3}{s^2 + 4s + 3}$$
用脉冲响应不变法将 $H_a(s)$ 转换为数字滤波器的系统函数 $H(z)$。设采样间隔 $T = 0.5$ s。

7.16 用 MATLAB 将题 7.15 的模拟滤波器 $H_a(s)$ 转换为数字滤波器 $H(z)$。取不同的采样间隔 $T=0.5$ s 和 $T=0.05$ s，给出相应数字滤波器的幅频响应，并进行比较。

7.17 已知模拟滤波器的系统函数如下：

(1) $H_a(s) = \dfrac{1}{s^2 + s + 1}$；

(2) $H_a(s) = \dfrac{1}{2s^2 + 3s + 1}$。

试采用脉冲响应不变法和双线性变换法分别将其转换为数字滤波器。设 $T=2$ s。

7.18 题 7.18 图表示一个数字滤波器的频率响应。

(1) 用脉冲响应不变法，求变换前模拟滤波器的频率响应；

(2) 用双线性变换法，求变换前模拟滤波器的

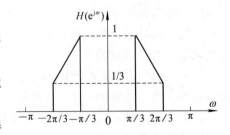

题 7.18 图

频率响应。

7.19　假设某模拟滤波器 $H_a(s)$ 是一个低通滤波器，又知 $H(z) = H_a(s)\big|_{s=\frac{z+1}{z-1}}$，分析数字滤波器 $H(z)$ 的通带中心位于下面那种情况，并说明原因。

（1）$\omega = 0$（低通）；

（2）$\omega = \pi$（高通）；

（3）除 0 和 π 以外的某一频率（带通）。

7.20　用双线性变换法设计满足以下设计指标的数字低通滤波器，并给出系统函数 $H(z)$。

$$\alpha_p = 3 \text{ dB}, \quad \alpha_s = 30 \text{ dB}$$
$$f_p = 6 \text{ kHz}, \quad f_s = 7 \text{ kHz}, \quad F_s = 15 \text{ kHz}$$

7.21　用双线性变换法设计满足以下设计指标的数字高通滤波器，并给出系统函数 $H(z)$。

$$\alpha_p = 3 \text{ dB}, \quad \alpha_s = 30 \text{ dB}$$
$$f_p = 700 \text{ Hz}, \quad f_s = 400 \text{ Hz}, \quad F_s = 2 \text{ kHz}$$

7.22　用双线性变换法设计满足以下设计指标的数字带通滤波器，并给出系统函数 $H(z)$。

$$\alpha_p = 3 \text{ dB}, \quad f_{pl} = 3 \text{ kHz}, \quad f_{pu} = 7 \text{ kHz}$$
$$\alpha_s = 30 \text{ dB}, \quad f_{sl} = 2 \text{ kHz}, \quad f_{su} = 8.5 \text{ kHz}$$
$$F_s = 20 \text{ kHz}$$

7.23　用双线性变换法设计满足以下设计指标的数字带阻滤波器，并给出系统函数 $H(z)$。

$$\alpha_p = 3 \text{ dB}, \quad f_{pl} = 300 \text{ Hz}, \quad f_{pu} = 900 \text{ Hz}$$
$$\alpha_s = 30 \text{ dB}, \quad f_{sl} = 400 \text{ Hz}, \quad f_{su} = 800 \text{ Hz}$$
$$F_s = 2.5 \text{ kHz}$$

7.24　理想模拟积分器的系统函数 $H_a(s) = 1/s$，用双线性变换法将其转换为数字积分器，设采样间隔 $T = 1$。

（1）求数字积分器的系统函数 $H(z)$；

（2）写出数字积分器的差分方程；

（3）求出模拟积分器和数字积分器的频率响应 $H_a(j\Omega)$ 和 $H(e^{j\omega})$，并分别画出幅频响应曲线和相频响应曲线。

7.25　用 MATLAB 设计满足以下指标的切比雪夫 I 型数字带通滤波器。

$$\alpha_p = 1 \text{ dB}, \quad f_{pl} = 3 \text{ kHz}, \quad f_{pu} = 7 \text{ kHz}$$
$$\alpha_s = 40 \text{ dB}, \quad f_{sl} = 2 \text{ kHz}, \quad f_{su} = 8.5 \text{ kHz}$$
$$F_s = 20 \text{ kHz}$$

分别用脉冲响应不变法和双线性变换法求系统函数 $H(z)$，并分别画出幅频响应曲线。

7.26　用 MATLAB 设计满足以下指标的切比雪夫 I 型数字低通滤波器。

$$\alpha_p = 3 \text{ dB}, \quad \alpha_s = 30 \text{ dB}$$
$$f_p = 6 \text{ kHz}, \quad f_s = 7 \text{ kHz}, \quad F_s = 15 \text{ kHz}$$

分别用脉冲响应不变法和双线性变换法求系统函数 $H(z)$，并分别画出幅频响应曲线。

7.27　用 MATLAB 设计满足以下指标的椭圆型数字带阻滤波器。

$$\alpha_p = 1 \text{ dB}, \quad f_{pl} = 400 \text{ Hz}, \quad f_{pu} = 850 \text{ Hz}$$

$$\alpha_s = 50 \text{ dB}, \quad f_{sl} = 550 \text{ Hz}, \quad f_{su} = 750 \text{ Hz}$$

$$F_s = 2 \text{ kHz}$$

用双线性变换法求系统函数 $H(z)$，并画出幅频响应曲线。

7.28　用 MATLAB 设计满足题 7.27 指标的巴特沃思型数字带阻滤波器。用双线性变换法求系统函数 $H(z)$，画出幅频响应曲线，并与题 7.27 进行比较。

7.29　数字滤波器的设计指标为

$$\alpha_p = 1 \text{ dB}, \quad \alpha_s = 50 \text{ dB}, \quad f_p = 2 \text{ kHz}, \quad f_s = 2.5 \text{ kHz}, \quad F_s = 15 \text{ kHz}$$

用 MATLAB 分别用窗函数法设计 FIR 数字低通滤波器和椭圆型 IIR 数字低通滤波器，分别画出幅频响应和相频响应，并比较其不同点。

7.30　将题 7.29 中采样频率改为 $F_s = 50 \text{ kHz}$，其余指标不变，重新设计数字滤波器，并与题 7.29 比较不同点。

7.31　设数字滤波器的输入信号为

$$x(n) = \sin(2\pi n f_1 / F_s) + \sin(2\pi n f_2 / F_s) \quad (0 \leqslant n \leqslant 500)$$

其中，$f_1 = 500 \text{ Hz}$，$f_2 = 2 \text{ kHz}$，$F_s = 15 \text{ kHz}$，试画出该信号分别通过题 7.29 设计的 FIR 数字低通滤波器和 IIR 数字低通滤波器的输出波形，并比较其不同点。

第8章　数字滤波网络

8.1　引　　言

由于离散 LTI 系统的系统函数是单位脉冲响应的 Z 变换，而输入和输出满足的线性常系数差分方程又可以由系统函数直接得到，因此差分方程、单位脉冲响应和系统函数都是线性时不变系统输入、输出的等效表征。如果系统的输入是 $x(n)$，输出是 $y(n)$，则二者满足的差分方程为

$$y(n) = \sum_{i=0}^{M} b_i x(n-i) + \sum_{k=1}^{N} a_k y(n-k) \qquad (8.1.1)$$

其中，$N \geqslant M$；对于离散 LTI 系统，b_i、a_k 为常数。

对上述差分方程的两边同时做 Z 变换，那么系统函数 $H(z)$ 可表示为

$$H(z) = \frac{Y(z)}{X(z)} = \frac{\displaystyle\sum_{i=0}^{M} b_i z^{-i}}{1 - \displaystyle\sum_{k=1}^{N} a_k z^{-k}} \qquad (8.1.2)$$

若阶数 N 和 M 以及系数 b_i、a_k 确定，则可依据以上两式计算出输入 $x(n)$ 经过系统后的输出 $y(n)$。可见，不论是依据差分方程还是依据系统函数表达式，都是遵循某种算法进行相应的运算，求得最终的结果。

滤波器的实现主要依据的是式(8.1.1)或式(8.1.2)。从理论上讲，求解该式有多种方法，不同的计算方法，得到的结果是相同的。但是，不同算法的运算速度、运算误差以及复杂程度和成本都不相同，因此滤波器的实现方式是信号处理中一个很重要的问题。

在数字滤波器的工程实现中，需要考虑如下问题：

（1）**减少计算的复杂性**。公式中最复杂的运算为乘法运算，乘法器的多少直接影响到算法的运算时效，而延迟器的多少则影响到算法对存储的需求。因此，在工程实现中首先应选取尽量少的乘法器(如 FIR 线性相位结构可减少近一半乘法器)；其次应选取尽量少的延时器(如 IIR 滤波器的直接型Ⅱ比直接型Ⅰ可节省一半延时器)，这是减少计算复杂性的方法。

（2）**减少有限寄存器长度和有限精度运算的影响**。数字滤波器是用有限精度算法实现的离散 LTI 系统，字长越长，运算的精度越高，但是大多数系统都不可能做到无限精度，有限字长效应总是存在的，如 A/D 变换的量化效应，滤波器系数的量化效应，运算中的舍入、截断误差、饱和及溢出等。因此，需要选择对字长不敏感的结构以减少有限字长效应(如通过 IIR 低阶直接型Ⅱ结构级联来实现高阶 IIR 滤波器)。

实现滤波功能的离散 LTI 系统需要用网络结构来表示它的运算过程，因此本章将主要

讨论数字滤波器的算法结构，并在此基础上对数字滤波器的量化误差、运算误差等进行分析。

8.2 信 号 流 图

观察式(8.1.1)给出的差分方程可知，有三种基本运算是数字信号处理中不可或缺的，即单位延时、乘法和加法。这三种基本运算可以用信号流图表示，如图 8.2.1 所示。

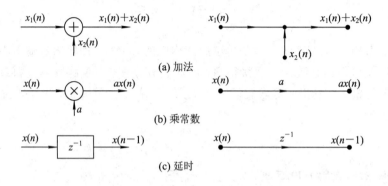

图 8.2.1　三种基本运算的信号流图

图 8.2.1 中左边是框图表示，右边是流图表示。信号流图由节点和有向支路组成，每个节点表示一个信号，该信号称为节点变量；带有箭头的支路表示信号的流动方向，即有向支路，与每个节点连接的有输入支路和输出支路。节点变量等于所有支路的末端信号之和。写在支路箭头旁边的系数 a 称为支路增益，z^{-1} 代表单位延时。如果箭头旁边没有标明增益符号，则认为该支路增益是 1。没有输入支路的节点称为输入节点，没有输出支路或输出支路箭头不指向其他节点的节点称为输出节点。两个变量相加，由指向一个节点的两条有向支路来表示。因此滤波器的整个运算结构完全可用这样一些基本运算支路组成。

【例 8.2.1】　某系统的信号流图如图 8.2.2 所示。求系统的系统函数 $H(z)$。

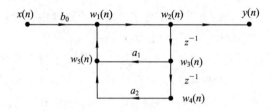

图 8.2.2　某系统的信号流图

解　由图 8.2.2 可得

$$w_2(n) = y(n)$$
$$w_3(n) = w_2(n-1) = y(n-1)$$
$$w_4(n) = w_3(n-1) = y(n-2)$$
$$w_5(n) = a_1 w_3(n) + a_2 w_4(n)$$
$$w_1(n) = b_0 x(n) + w_5(n)$$
$$w_1(n) = w_2(n)$$

联立以上方程，求解可得

$$y(n) = b_0 x(n) + a_1 y(n-1) + a_2 y(n-2)$$

上式即为系统的差分方程。对上式两边求 Z 变换可得系统的系统函数为

$$H(z) = \frac{b_0}{1 - a_1 z^{-1} - a_2 z^{-2}}$$

【例 8.2.2】 某一系统的信号流图如图 8.2.3 所示。求该系统的差分方程。

图 8.2.3 某系统的信号流图

解 根据以上定义可知，该流图表示的系统为

$$y(n) = x(n) + ay(n-1)$$

由 1.3.4 节可知，该系统的单位脉冲响应 $h(n) = a^n u(n)$，该系统是一个一阶 IIR 系统。

【例 8.2.3】 某一系统的信号流图如图 8.2.4 所示。求该系统的差分方程。

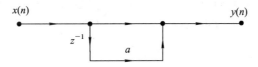

图 8.2.4 某系统的信号流图

解 该流图表示的系统为

$$y(n) = x(n) + ax(n-1)$$

该系统的单位脉冲响应 $h(n) = \delta(n) + a\delta(n-1)$，该系统是一个一阶 FIR 系统。

8.3 IIR 滤波器系统的基本网络结构

由第 7 章可知，IIR 滤波器的单位脉冲响应 $h(n)$ 是无限长的；系统函数 $H(z)$ 在有限 z 平面($0 < |z| < \infty$)上有极点存在；结构上存在着输出到输入的反馈，也就是结构上是递归型的。

本节将给出最常用的实现一个线性时不变 IIR 滤波器的几种网络结构形式。

8.3.1 IIR 滤波器直接型网络结构

IIR 滤波器的系统函数为式(8.1.2)，即

$$H(z) = \frac{Y(z)}{X(z)} = \frac{\sum\limits_{i=0}^{M} b_i z^{-i}}{1 - \sum\limits_{k=1}^{N} a_k z^{-k}}$$

其中，b_i、a_k 为滤波器系数。这里 $a_0 = 1$，假设当 $N \geqslant M$，$a_k \neq 0$ 时，IIR 滤波器的阶数为 N。

IIR 数字滤波器的差分方程为式(8.1.1)，即

$$y(n) = \sum_{i=0}^{M} b_i x(n-i) + \sum_{k=1}^{N} a_k y(n-k)$$

根据式(8.1.1)可以直接画出系统的信号流图，如图 8.3.1 所示。图 8.3.1 称为 IIR 数字滤波器的直接型 I 结构图。

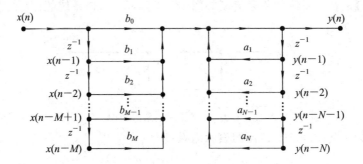

图 8.3.1　IIR 数字滤波器的直接型 I 结构图

显然，IIR 数字滤波器的直接型 I 需要 $N+M$ 个延时单元、$N+M+1$ 个乘法器和 $N+M$ 个加法器。

为了减少结构图中使用的延时单元数，观察式(8.1.2)，IIR 数字滤波器的系统函数 $H(z)$ 可以看成系统函数分别为 $H_1(z)$ 和 $H_2(z)$ 的两个子系统的系统函数相乘，即

$$H(z) = H_1(z) H_2(z) \tag{8.3.1}$$

其中：

$$H_1(z) = \sum_{i=0}^{M} b_i z^{-i} \tag{8.3.2}$$

$$H_2(z) = \frac{1}{1 - \sum_{k=1}^{N} a_k z^{-k}} \tag{8.3.3}$$

图 8.3.1 左半部分的系统函数正是 $H_1(z)$，右半部分的系统函数是 $H_2(z)$，整个 IIR 数字滤波器的直接型 I 是两个子系统的级联，根据乘法交换率

$$H(z) = H_2(z) H_1(z)$$

可得到交换运算次序后 IIR 数字滤波器的直接型 I 结构图，如图 8.3.2 所示(设 $N=M$)。

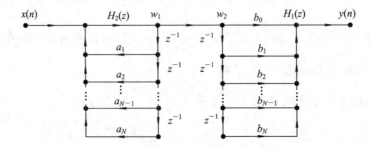

图 8.3.2　交换运算次序后 IIR 数字滤波器的直接型 I 结构图

观察图 8.3.2，节点变量 w_1 和 w_2 相等，因此，可以将前后两部分的延时支路合并，

以节省延时单元，形成如图 8.3.3 所示的滤波器结构图。图 8.3.3 也是直接由系统的系统函数或差分方程得到的，因此称为 IIR 数字滤波器的直接型 II 结构图。

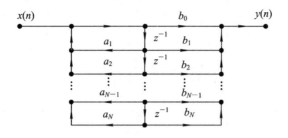

图 8.3.3　IIR 数字滤波器的直接型 II 结构图

可见，当 $N = M$ 时，IIR 数字滤波器的直接型 II 可比直接型 I 节省一半的延时单元。

【例 8.3.1】　设 IIR 数字滤波器的系统函数为

$$H(z) = \frac{1 + 2z^{-1} + z^{-2}}{1 - 0.75z^{-1} + 0.125z^{-2}}$$

画出该滤波器的直接型 II 结构图。

解　参照图 8.3.3，根据系统的 $H(z)$ 可以直接画出该系统的直接型 II 结构图，如图 8.3.4 所示。

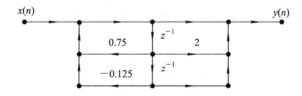

图 8.3.4　例 8.3.1 滤波器的直接型 II 结构图

IIR 数字滤波器直接型的优点是简单、直观，所使用的延时单元少。其缺点是：系数 b_i、a_k 对滤波器性能的控制关系不直接，不易调整系统的零、极点，即改变某一个系数 a_k 将会影响系统的所有极点；这种结构对极点位置的灵敏度大，对字长效应敏感，易出现不稳定情况（参见 8.6.4 节和 8.6.5 节）。因此，一般通过低阶级联或并联来实现高阶 IIR 数字滤波器。

8.3.2　IIR 滤波器级联型网络结构

由于系统函数 $H(z)$ 的分子、分母均为多项式，因此可以将分子、分母多项式分别进行因式分解，得

$$H(z) = A \frac{\prod\limits_{i=1}^{M}(1 - c_i z^{-1})}{\prod\limits_{k=1}^{N}(1 - d_k z^{-1})} \tag{8.3.4}$$

式中，A 是常数，c_i 和 d_k 分别表示系统的零点和极点。由于多项式的系数一般是实数，所以 c_i 和 d_k 是实数或者共轭成对的复数。我们将共轭成对的零点放在一起，将共轭成对的极点放在一起，形成具有实系数的二阶因式。这样系统函数 $H(z)$ 的分子、分母均形成一阶

因式和二阶因式的连乘形式，系数均为实数。此时 $H(z)$ 可以表示成

$$H(z) = A\frac{\displaystyle\prod_{i=1}^{M_1}(1-c_iz^{-1})\prod_{i=1}^{M_2}(1-g_iz^{-1})(1-g_i^*z^{-1})}{\displaystyle\prod_{k=1}^{N_1}(1-d_kz^{-1})\prod_{k=1}^{N_2}(1-e_kz^{-1})(1-e_k^*z^{-1})} \tag{8.3.5}$$

$$= A\frac{\displaystyle\prod_{i=1}^{M_1}(1-c_iz^{-1})\prod_{i=1}^{M_2}(1+b_{1i}z^{-1}+b_{2i}z^{-2})}{\displaystyle\prod_{k=1}^{N_1}(1-d_kz^{-1})\prod_{k=1}^{N_2}(1-a_{1k}z^{-1}-a_{2k}z^{-2})} \tag{8.3.6}$$

其中，$M=M_1+2M_2$，$N=N_1+2N_2$。式(8.3.5)中，c_i 和 d_k 分别表示实零、极点，g_i 和 g_i^* 表示复数共轭零点，e_k 和 e_k^* 表示复数共轭极点。根据式(8.3.5)，在系统级联的子系统选择上有很大的自由度，但在实际应用中，为了利用最少的存储和级联数量来实现系统，将分子的一个一阶因式与分母的一个一阶因式组成一个一阶子系统，将分子的一个二阶因式与分母的一个二阶因式组成一个二阶子系统，如式(8.3.6)所示。如果将一阶因式看成二阶因式的特例，即 b_{2i} 和 a_{2k} 等于零的二阶因式，则系统函数 $H(z)$ 可写成如下形式：

$$H(z) = A\prod_{i=1}^{L}\frac{1+b_{1i}z^{-1}+b_{2i}z^{-2}}{1-a_{1i}z^{-1}-a_{2i}z^{-2}} = A\prod_{i=1}^{L}H_i(z) \tag{8.3.7}$$

式中，$H_i(z)$ 是滤波器的二阶子系统，一般采用 IIR 数字滤波器的直接型 Ⅱ 结构来实现。因此整个数字滤波器由 L 个二阶子系统级联构成，如图 8.3.5 所示。

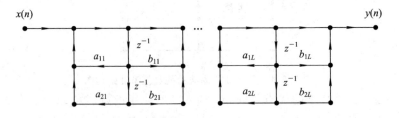

图 8.3.5　IIR 数字滤波器的级联结构图

IIR 数字滤波器级联型的优点是可以单独调整系统的零、极点，如一阶子系统只决定一个零、极点之值，二阶子系统只决定一对共轭零、极点之值。此外，级联结构便于改变各个子系统的运算次序，可以使滤波器的性能得到优化，减小运算误差。但在级联型结构中，一般需要调整级联各级之间电平的放大或缩小，以使变量不能太大或太小。在定点运算中，变量太大容易产生溢出现象，变量太小又会使信号与噪声的比值太小。

【例 8.3.2】　设 IIR 数字滤波器的系统函数为

$$H(z) = \frac{8-4z^{-1}+11z^{-2}-2z^{-3}}{1-1.25z^{-1}+0.75z^{-2}-0.125z^{-3}}$$

试画出该滤波器的级联型结构。

解　将系统函数因式分解，得到

$$H(z) = \frac{(2-0.379z^{-1})(4-1.24z^{-1}+5.264z^{-2})}{(1-0.25z^{-1})(1-z^{-1}+0.5z^{-2})}$$

为节省延时单元，将系统函数写成

$$H(z) = \frac{(2 - 0.379z^{-1})}{(1 - 0.25z^{-1})} \frac{(4 - 1.24z^{-1} + 5.264z^{-2})}{(1 - z^{-1} + 0.5z^{-2})} = H_1(z)H_2(z)$$

$H_1(z)$ 是一阶子系统，$H_2(z)$ 是二阶子系统。$H_1(z)$ 和 $H_2(z)$ 均用 IIR 数字滤波器的直接型 Ⅱ 结构来实现，则滤波器的级联型结构如图 8.3.6 所示。

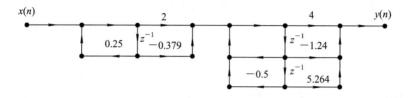

图 8.3.6　例 8.3.2 滤波器的级联结构图

如果将系统函数写成

$$H(z) = \frac{(4 - 1.24z^{-1} + 5.264z^{-2})}{(1 - 0.25z^{-1})} \frac{(2 - 0.379z^{-1})}{(1 - z^{-1} + 0.5z^{-2})}$$

请读者画出其级联型结构图，并与图 8.3.6 比较，可以发现它比图 8.3.6 多用了一个延时单元。

8.3.3　IIR 滤波器并联型网络结构

如果将滤波器的系统函数 $H(z)$ 展成部分分式形式，设 $M = N$，且一阶子系统仍看成二阶子系统的特例，则 $H(z)$ 可以表示成

$$H(z) = C + \sum_{i=1}^{L} \frac{b_{0i} + b_{1i}z^{-1}}{1 - a_{1i}z^{-1} - a_{2i}z^{-2}} = C + \sum_{i=1}^{L} H_i(z) \qquad (8.3.8)$$

式中，$H_i(z)$ 是二阶子系统，L 是 $(N+1)/2$ 的整数部分。当 N 为奇数时，$H_i(z)$ 的极点中一定有一个是实数极点。根据式 (8.3.8)，整个数字滤波器可以由一个常数增益支路与 L 个二阶子系统并联构成，每个二阶子系统均采用 IIR 数字滤波器的直接型 Ⅱ 结构，则滤波器的并联结构如图 8.3.7 所示。

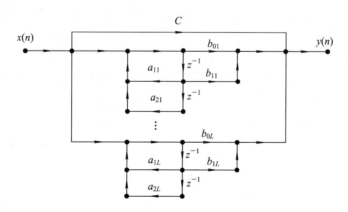

图 8.3.7　IIR 数字滤波器的并联结构图

并联型结构的优点是可以单独调整数字滤波器的极点，运算速度快（可并行进行），各二阶子系统的误差互不影响，总的误差小，对字长要求低。其缺点是不能直接调整零点，因为多个二阶子系统的零点并不是整个系统函数的零点。当需要准确地传输零点时，级联型最合适。

【例 8.3.3】 设 IIR 数字滤波器的系统函数为

$$H(z) = \frac{8 - 4z^{-1} + 11z^{-2} - 2z^{-3}}{1 - 1.25z^{-1} + 0.75z^{-2} - 0.125z^{-3}}$$

试画出该滤波器的并联型结构。

解 将系统函数 $H(z)$ 展成部分分式形式，得到

$$H(z) = \frac{8 - 4z^{-1} + 11z^{-2} - 2z^{-3}}{(1 - 1.25z^{-1})(1 - z^{-1} + 0.5z^{-2})}$$

$$= 16 + \frac{8}{1 - 0.25z^{-1}} + \frac{-16 + 20z^{-1}}{1 - z^{-1} + 0.5z^{-2}}$$

根据上式，该系统的并联型结构如图 8.3.8 所示。

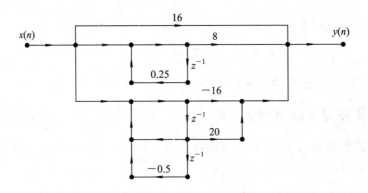

图 8.3.8　例 8.3.3 滤波器的并联结构图

8.4　FIR 滤波器系统的基本网络结构

由第 6 章可知，FIR 数字滤波器的单位脉冲响应 $h(n)$ 的长度是有限的；系统函数 $H(z)$ 在 $|z| > 0$ 处收敛，在 $|z| > 0$ 处只有零点，全部极点都在 $z=0$ 处(因果系统)；实现结构主要是非递归结构，没有输出到输入的反馈，但在频率采样滤波器结构中包含反馈的递归部分。

由于 FIR 数字滤波器系统的单位脉冲响应是有限长的，因此可以用重叠相加法或重叠保留法来计算信号经过 FIR 滤波器系统后的输出。如果按照差分方程或系统函数来实现，则应考虑节省计算量的结构。对于频率采样型，还应考虑稳定性的问题。

设 FIR 数字滤波器的单位脉冲响应 $h(n)$ 的长度为 N，则 FIR 数字滤波器的系统函数和差分方程分别为

$$H(z) = \sum_{n=0}^{N-1} h(n)z^{-n} \tag{8.4.1}$$

$$y(n) = \sum_{i=0}^{N-1} h(i)x(n-i) \tag{8.4.2}$$

令

$$h(n) = \begin{cases} b_n & (0 \leqslant n \leqslant N-1) \\ 0 & (其他) \end{cases} \tag{8.4.3}$$

则式(8.4.1)还可以表示成

$$H(z) = \sum_{n=0}^{N-1} b_n z^{-n} \qquad (8.4.4)$$

一般称 N 为 FIR 数字滤波器的长度，$N-1$ 为其阶数。本节给出 FIR 数字滤波器的各种常用实现网络结构。

8.4.1　FIR 滤波器直接型网络结构

按照式(8.4.1)或式(8.4.2)可以直接画出 FIR 数字滤波器的直接型网络结构，如图 8.4.1 所示。

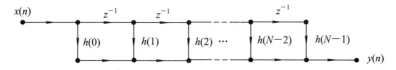

图 8.4.1　FIR 数字滤波器的直接型结构图

图 8.4.1 表明，长度为 N 的 FIR 数字滤波器的直接型结构有 $N-1$ 个延时单元、N 个乘法器和 $N-1$ 个加法器。因为式(8.4.2)实际上是系统输入 $x(n)$ 与单位脉冲响应 $h(n)$ 的卷积运算，因此直接型也称卷积型结构或横截型结构。直接型结构的延时单元是串联的并且每个都有抽头，称为抽头延时线。

8.4.2　FIR 滤波器级联型网络结构

将系统函数 $H(z)$ 进行因式分解，并将共轭成对的零点放在一起，形成一个系数为实数的二阶形式，这样将系数为实数的一阶子系统和二阶子系统级联起来，就构成了 FIR 数字滤波器的级联型网络结构。其中每一个子系统都用 FIR 数字滤波器的直接型结构实现。如果将一阶子系统看成二阶子系统的特例，则系统函数 $H(z)$ 可写成

$$H(z) = h(0) \prod_{i=1}^{L} (1 + b_{1i} z^{-1} + b_{2i} z^{-2}) \qquad (8.4.5)$$

式中，L 是 $N/2$ 的整数部分，当 N 为偶数时，$N-1$ 为奇数，故系数 b_{2i} 中有一个为零。由于此时系统函数 $H(z)$ 有奇数个零点，因此必有奇数个实零点。根据式(8.4.5)可画出 FIR 数字滤波器的级联型结构，如图 8.4.2 所示。

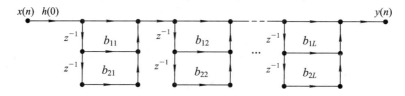

图 8.4.2　FIR 数字滤波器的级联型结构图

FIR 数字滤波器的级联型结构的每一个子系统有一个(实数)或一对零点(复数)，它们也是整个系统的零点。因此 FIR 数字滤波器级联型的最大优点是可以独立调整系统的零点，当需要精确控制滤波器的零点位置时，一般采用级联型结构。

8.4.3　FIR 滤波器线性相位型网络结构

线性相位型结构是 FIR 系统特有的一种结构形式，该形式需要的乘法器比 FIR 数字滤波

器直接型要少得多。我们在第 6 章中已经证明 FIR 数字滤波器具有线性相位的充要条件是

$$h(n) = \pm h(N-1-n) \tag{8.4.6}$$

当 $h(n)$ 偶对称时对应着第一类线性相位滤波器，即

$$\theta(\omega) = -\tau\omega \tag{8.4.7}$$

式中，τ 为常数。

当 $h(n)$ 奇对称时对应着第二类线性相位滤波器，即

$$\theta(\omega) = -\frac{\pi}{2} - \tau\omega \tag{8.4.8}$$

利用 FIR 数字滤波器的对称特性，可以推导出线性相位型结构。

当 N 为偶数时，有

$$
\begin{aligned}
H(z) &= \sum_{n=0}^{N-1} h(n)z^{-n} = \sum_{n=0}^{N/2-1} h(n)z^{-n} + \sum_{n=N/2}^{N-1} h(n)z^{-n} \\
&= \sum_{n=0}^{N/2-1} h(n)z^{-n} + \sum_{m=N/2-1}^{0} h(N-1-m)z^{-(N-1-m)} \\
&= \sum_{n=0}^{N/2-1} h(n)(z^{-n} \pm z^{-(N-1-n)})
\end{aligned}
$$

当 N 为奇数时，有

$$
\begin{aligned}
H(z) &= \sum_{n=0}^{N-1} h(n)z^{-n} = \sum_{n=0}^{(N-3)/2} h(n)z^{-n} + h\left(\frac{N-1}{2}\right)z^{-(N-1)/2} + \sum_{n=(N+1)/2}^{N-1} h(n)z^{-n} \\
&= \sum_{n=0}^{(N-3)/2} h(n)z^{-n} + h\left(\frac{N-1}{2}\right)z^{-(N-1)/2} + \sum_{m=(N-3)/2}^{0} h(N-1-m)z^{-(N-1-m)} \\
&= \sum_{n=0}^{(N-3)/2} h(n)(z^{-n} \pm z^{-(N-1-n)}) + h\left(\frac{N-1}{2}\right)z^{-(N-1)/2}
\end{aligned}
$$

根据以上推导系统函数的表示式，可以画出 FIR 数字滤波器的第一类线性相位型结构如图 8.4.3 所示，第二类线性相位型结构如图 8.4.4 所示。

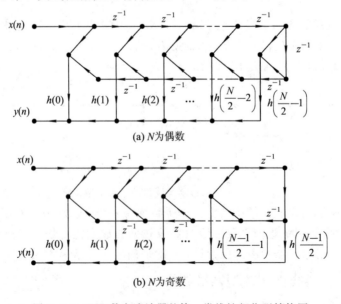

(a) N为偶数

(b) N为奇数

图 8.4.3　FIR 数字滤波器的第一类线性相位型结构图

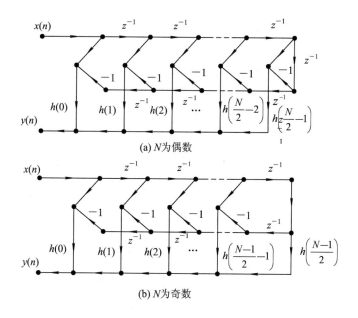

(a) N 为偶数

(b) N 为奇数

图 8.4.4　FIR 数字滤波器的第二类线性相位型结构图

　　由 FIR 数字滤波器的线性相位结构图可以看出，当 N 为偶数时，只需要 $N/2$ 个乘法器，当 N 为奇数时，需要 $(N+1)/2$ 个乘法器，与 FIR 数字滤波器直接型结构相比，乘法器减少了近一半，延时单元没有减少。

8.4.4　FIR 滤波器频率采样型网络结构

　　在 6.4 节中，我们讨论了 FIR 数字滤波器的频率采样设计方法，描述 FIR 数字滤波器的参数改为所求频率响应的参数，而不是系统单位脉冲响应 $h(n)$。我们知道，一个有限长序列 $h(n)$ 可以由相同长度频域采样值唯一确定。

　　设 $h(n)$ 是长度为 N 的有限序列，因此也可对系统函数 $H(z)$ 在单位圆上作 N 等分采样，这个采样值也就是 $h(n)$ 的离散傅里叶变换值 $H(k)$。

$$H(k) = H(z)\big|_{z=e^{j\frac{2\pi}{N}k}} = \mathrm{DFT}[h(n)] \tag{8.4.9}$$

根据式 (6.4.3)，系统函数和采样值之间服从以下内插公式

$$H(z) = \frac{1-z^{-N}}{N} \sum_{k=0}^{N-1} \frac{H(k)}{1-W_N^{-k}z^{-1}} \tag{8.4.10}$$

式 (8.4.10) 提供了一种实现结构，将 $H(z)$ 重写为

$$H(z) = \frac{1}{N} H_c(z) \sum_{k=0}^{N-1} H_k(z) \tag{8.4.11}$$

由式 (8.4.11) 可以看出 $H(z)$ 由 FIR 数字滤波器和 IIR 数字滤波器两部分级联而成。

　　第一部分 (FIR 数字滤波器部分) 为

$$H_c(z) = 1 - z^{-N} \tag{8.4.12}$$

这是一个由 N 节延时器组成的梳状滤波器，它在单位圆上有 N 个等分的零点 $z_k = W_N^{-k}$ ($k=0$，1，2，$\cdots$，$N-1$)。

　　第二部分 (IIR 数字滤波器部分) 是一组并联的一阶网络：

$$H_k(z) = \frac{H(k)}{1 - W_N^{-k} z^{-1}} \qquad (8.4.13)$$

此一阶网络在单位圆上有一个极点 $z_k = W_N^{-k}$。该网络在 $\omega = 2\pi k/N$ 处的频响为 ∞，是一个谐振频率为 $2\pi k/N$ 的谐振器。这些并联谐振器的极点正好各自抵消一个梳状滤波器的零点，从而使这个频率点的响应等于 $H(k)$。

两部分级联后，得到 FIR 数字滤波器的频率采样型结构，如图 8.4.5 所示。

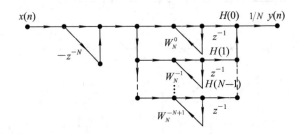

图 8.4.5　FIR 数字滤波器的频率采样型结构图

这一结构的最大特点是它的系数 $H(k)$ 直接就是滤波器在 $\omega = 2\pi k/N$ 处的响应，因此，控制滤波器的响应很直接。但它也有两个缺点：① 所有的系数 W_N^{-k} 和 $H(k)$ 都是复数，计算复杂；② 系统的稳定性差，因为所有谐振器的极点都在单位圆上，考虑到系数量化误差的影响，有些极点实际上不能与梳状滤波器的零点完全抵消，导致系统出现不稳定现象。

为了克服频率采样型结构的缺点，一般作两点改进：① 将极点、零点移到半径为 r（$r<1$）的圆上，频率采样点也修正到半径为 r 的圆上，以解决系统的稳定性问题；② 将一阶子网络的复共轭对合并成实系数的二阶子网络。

此时，系统函数 $H(z)$ 可以写成

$$H(z) = \frac{1 - r^N z^{-N}}{N} \sum_{k=0}^{N-1} \frac{H(k)}{1 - r W_N^{-k} z^{-1}} \qquad (8.4.14)$$

为了使系数为实数，将共轭复根合并，利用共轭复根的对称性，有

$$W_N^{-(N-k)} = W^k = (W^{-k})^*$$

同样，因 $h(n)$ 是实数，其 DFT 也是有限长共轭对称的，即

$$H(N-k) = H^*(k)$$

因此可将第 k 个及第 $N-k$ 个谐振器合并为一个二阶网络

$$\begin{aligned}
H_k(z) &= \frac{H(k)}{1 - r W_N^{-k} z^{-1}} + \frac{H(N-k)}{1 - r W_N^{-(N-k)} z^{-1}} \\
&= \frac{H(k)}{1 - r W_N^{-k} z^{-1}} + \frac{H^*(k)}{1 - r W_N^{-(N-k)} z^{-1}} \\
&= \frac{\alpha_{0k} + \alpha_{1k} z^{-1}}{1 - 2r\cos\left(\dfrac{2\pi}{N} k\right) z^{-1} + r^2 z^{-2}}
\end{aligned} \qquad (8.4.15)$$

式中：

$$\alpha_{0k} = 2\mathrm{Re}[H(k)], \quad \alpha_{1k} = -2r\mathrm{Re}[H(k) W_N^k]$$

除了共轭极点外，还有实数极点，分为以下两种情况。

当 N 为偶数时，有一对实数极点 $z = \pm r$，对应于两个一阶网络：

$$H_0(z) = \frac{H(0)}{1-rz^{-1}} \ , \ H_{N/2}(z) = \frac{H\left(\dfrac{N}{2}\right)}{1+rz^{-1}}$$

此时

$$H(z) = (1-r^N z^{-N}) \frac{1}{N}\Big[H_0(z) + H_{N/2}(z) + \sum_{k=1}^{N/2-1} H_k(z) \Big] \qquad (8.4.16)$$

当 N 为奇数时，只有一个实数极点 $z=r$，对应一个一阶网络 $H_0(z)$。此时

$$H(z) = (1-r^N z^{-N}) \frac{1}{N}\Big[H_0(z) + \sum_{k=1}^{(N-1)/2} H_k(z) \Big] \qquad (8.4.17)$$

式(8.4.16)和式(8.4.17)中的 $H_k(z)$ 为式(8.4.15)所示的 $H_k(z)$。

改进的频率采样型结构如图 8.4.6(b)所示，其二阶子网络结构如图 8.4.6(a)所示。

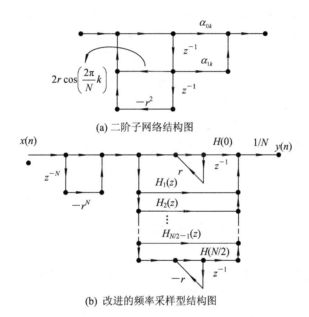

(a) 二阶子网络结构图

(b) 改进的频率采样型结构图

图 8.4.6　FIR 数字滤波器改进的频率采样型结构图（N 为偶数）及其二阶子网络结构图

频率采样型结构的优点是：① 频率选择性好，适于窄带滤波，这时大部分 $H(k)$ 为零，只有较少的二阶子网络；② 不同的 FIR 数字滤波器，若长度相同，可通过改变系数用同一个网络来实现；③ 由于在频率采样点 ω_k 处，$H(\mathrm{e}^{\mathrm{j}\omega_k})=H(k)$，这正是乘法器系数，因此调整该系数即可直接调整系统的频率特性。

频率采样型结构的缺点是结构复杂，采用的存储器较多。

8.4.5　FIR 滤波器快速卷积方法

FIR 数字滤波器除了直接型、级联型、线性相位型和频率采样型的实现结构外，还可以用快速卷积方法实现（详细内容见 4.8.2 节）。

FIR 数字滤波器的单位脉冲响应 $h(n)$ 是一个有限长序列，设其长度为 N，如果输入信号 $x(n)$ 也是有限长序列，长度为 M，则系统输出 $y(n)$ 可通过下式求得

$$y(n) = x(n) * h(n) = \mathrm{IDFT}\big[X(k)H(k) \big]$$

式中，DFT 用离散傅里叶变换的快速算法 FFT 来计算。如果输入信号无限长，则需要用 4.8.3 节中介绍的重叠保留法或重叠相加法，计算每小段序列的卷积时仍用 FFT。

对于 IIR 数字滤波器，由于单位脉冲响应 $h(n)$ 为无限长，无法使用快速卷积方法。

8.5　利用 MATLAB 依据算法结构实现数字滤波器

MATLAB 信号处理工具箱提供了数字滤波器部分结构转换的函数，利用这些函数可以很方便地获得数字滤波器的各种结构。

1. 将数字滤波器的直接型转换为级联型

$$[\text{sos, g}] = \text{tf2sos}(b, a);$$

其中，b 和 a 分别为数字滤波器系统函数 $H(z)$ 的分子和分母多项式的系数向量；返回参数 g 和 sos 是级联型结构的增益和二阶子系统的参数，sos 是一个 $L \times 6$ 阶的矩阵：

$$\text{sos} = \begin{bmatrix} b_{01} & b_{11} & b_{21} & 1 & -a_{11} & -a_{21} \\ b_{02} & b_{12} & b_{22} & 1 & -a_{12} & -a_{22} \\ \vdots & \vdots & \vdots & \vdots & \vdots & \vdots \\ b_{0L} & b_{1L} & b_{2L} & 1 & -a_{1L} & -a_{2L} \end{bmatrix} \tag{8.5.1}$$

sos 中的每一行元素 b_{ik} 和 a_{ik} 分别是二阶子系统分子和分母多项式的系数，共有 L 个二阶子系统级联。系统函数 $H(z)$ 为

$$H(z) = g \prod_{i=1}^{L} \frac{b_{0i} + b_{1i}z^{-1} + b_{2i}z^{-2}}{1 - a_{1i}z^{-1} - a_{2i}z^{-2}} \tag{8.5.2}$$

2. 根据系统零极点求数字滤波器的级联结构

$$[z, p, k] = \text{tf2zp}(b, a);$$

其中，b 和 a 分别为数字滤波器系统函数 $H(z)$ 的分子和分母多项式的系数向量；z 为系统零点向量；p 为系统极点向量；k 为系统增益。

$$\text{sos} = \text{zp2sos}(z, p, k);$$

其中，sos 含义等同于式(8.5.1)。

3. 用级联结构求数字滤波器的输出响应

$$y = \text{sosfilt}(\text{sos}, x);$$

其中，x 为数字滤波器的输入向量，sos 为数字滤波器的级联结构系数矩阵，如式(8.5.1)所示。

【例 8.5.1】　某 IIR 数字滤波器系统函数为

$$H(z) = \frac{0.094 + 0.3759z^{-1} + 0.5639z^{-2} + 0.3759z^{-3} + 0.094z^{-4}}{1 + 0.486z^{-2} + 0.177z^{-4}}$$

系统输入为 $x(n) = \sin(4\pi n/20) + \cos(14\pi n/20)(0 \leqslant n \leqslant 199)$。用 MATLAB 求该系统级联结构，并求系统输出。

解　MATLAB 程序为

```
clear;
x＝sin(2 * pi * (0：199) * 2/20)＋cos(2 * pi * (0：199) * 7/20);    % 系统输入
```

```
b=[0.0940 0.3759 0.5639 0.3759 0.0940];
a=[1 0 0.4860 0 0.0177];
[sos, g]=tf2sos(b, a);            % 求系统的级联结构系数矩阵
y=sosfilt(sos, x);                % 求系统输出
```

运行程序，得到系统级联结构系数矩阵 sos 为

1.0000	2.2517	1.2887	1.0000	0	0.0397
1.0000	1.7472	0.7759	1.0000	0	0.4463

系统输入信号和输出信号如图 8.5.1 所示。该系统实际上是一个低通滤波器，其截止频率为 $\omega_p = 0.5\pi$。

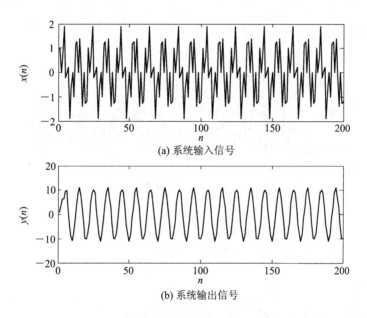

(a) 系统输入信号

(b) 系统输出信号

图 8.5.1　例 8.5.1 系统输入和输出图

【例 8.5.2】　已知某系统的零、极点如下：

零点：1.0002，1.0000 + 0.0002i，1.0000 − 0.0002i，0.9998。

极点：0.2266 + 0.6442i，0.2266 − 0.6442i，0.1645 + 0.1937i，0.1645 − 0.1937i。

系统增益：0.1672。

系统输入为 $x(n) = \sin(2\pi n/20) + \cos(10\pi n/20)(0 \leqslant n \leqslant 199)$。用 MATLAB 求系统级联结构，并求系统输出。

解　MATLAB 程序为

```
clear;
x=sin(2 * pi * (0: 199) * 1/20)+cos(2 * pi * (0: 199) * 5/20);        %系统输入
z=[1.0002 1.0000 + 0.0002i 1.0000 − 0.0002i 0.9998];                  %系统零点
p=[0.2266 + 0.6442i 0.2266 − 0.6442i 0.1645 + 0.1937i 0.1645 − 0.1937i];%系统极点
k=0.1672;                         %系统增益
sos=zp2sos(z, p, k);              %求系统的级联结构系数矩阵
y=sosfilt(sos, x);                %求系统输出
```

运行程序，得到系统级联结构系数矩阵 sos 为

| 0.1672 | −0.3344 | 0.1672 | 1.0000 | −0.3290 | 0.0646 |
| 1.0000 | −2.0000 | 1.0000 | 1.0000 | −0.4532 | 0.4663 |

系统输入信号和输出信号如图 8.5.2 所示。该系统实际上是一个高通滤波器，截止频率为 $\omega_p = 0.4\pi$。

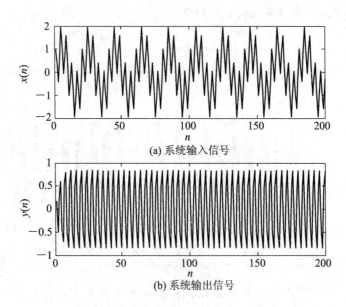

图 8.5.2　例 8.5.2 系统输入和输出图

【例 8.5.3】　某 FIR 数字滤波器的系统函数为

$$H(z) = 0.8 + 2z^{-1} + 3.2z^{-2} + 1.2z^{-3}$$

求系统级联结构。

　　解　利用 tf2sos 函数很容易求得级联结构，程序为

　　　b＝[0.8 2 3.2 1.2]；a＝1；

　　　[sos, g]＝tf2sos(b, a)；

运行程序，得到系统级联结构系数矩阵 sos 为

| 1.0000 | 0.5000 | 0.0 | 1.0000 | 0 | 0 |
| 1.0000 | 2.0000 | 3.0000 | 1.0000 | 0 | 0 |

系统增益为 0.8。滤波器级联结构为

$$H(z) = 0.8(1 + 0.5z^{-1})(1 + 2z^{-1} + 3z^{-2})$$

8.6　数字信号处理的误差分析

　　到目前为止，我们所讨论的数字信号处理理论及实现均是无限精度的，即考虑的主要是离散时间信号，没有考虑系统中的参数字长效应。实际中，无论是用专用硬件还是计算机软件来实现，信号的样值、系统中的参数以及运算过程中的结果均存储在有限位数的存储器中，因而处理结果相对于原理论设计有了误差。在数字信号处理中有三种因有限字长的影响而引起误差的因素。

（1）对输入模拟信号的量化误差（受 A/D 的精度或位数的影响）。

（2）对系统中各系数的量化误差（受计算机中存储器的字长影响）。

（3）运算过程误差，如溢出、舍入及误差累积等（受计算机精度的影响）。

8.6.1　数的表示方式及量化误差

1. 数的表示方法

数字信号处理中的数据一般用二进制编码表示，有定点和浮点两种表示方法。

1）定点表示

整个运算中，二进制小数点在数码中的位置固定不变，称为定点制。

一般定点制总是把数限制在 ±1 之间。最高位为符号位，0 为正，1 为负；小数点紧跟在符号位后；数的本身只有小数部分，称为"尾数"。例如，0.375 表示成二进制数为 0.011。定点制在整个运算中，所有结果的绝对值不能超过 1。当数较大时，一般乘一个比例因子，使整个运算过程中结果的绝对值不超过 1，运算结束后，再除以同一个比例因子，还原成真值。如果运算过程中，数字超出 ±1，称为"溢出"。定点制的加法运算不会增加字长，但有可能出现溢出。当定点制做乘法时，由于两个绝对值小于 1 的数相乘后，其绝对值仍小于 1，因此定点制乘法运算不会溢出，但字长要增加一倍。为保证字长不变，相乘后，一般要对增加的尾数作截尾或舍入处理，故带来误差。另一种定点表示数的方法是把数看成整数。

设有一个 $b+1$ 位码的定点数 $\alpha_0\alpha_1\alpha_2\cdots\alpha_b$，则定点数的表示分为三种：

（1）原码表示。原码的尾数部分代表数的绝对值，符号位代表数的正负号。$\alpha_0=0$ 时代表正数，$\alpha_0=1$ 时代表负数。因此 $b+1$ 位定点数的原码表示为

$$x = (-1)^{\alpha_0} \sum_{i=1}^{b} \alpha_i 2^{-i} \tag{8.6.1}$$

例如，二进制 1.111 表示的十进制数为 -0.875，二进制 0.010 表示的十进制数为 0.25。

（2）补码表示。补码中正数与原码正数的表示一样，负数则将原码中的尾数按位取反并在最低位加 1。因此 $b+1$ 位定点数的补码表示为

$$x = -\alpha_0 + \sum_{i=1}^{b} \alpha_i 2^{-i} \tag{8.6.2}$$

例如，-0.875 的原码表示为 1.111，补码为 1.001，0.25 的原码为 0.010，由于是正数，因此其补码仍为 0.010。

（3）反码表示。反码又称"1 的补码"，和补码一样，反码的正数与原码正数相同。反码的负数则将原码中的尾数按位取反。因此 $b+1$ 位定点数的反码表示为

$$x = -\alpha_0(1-2^{-b}) + \sum_{i=1}^{b} \alpha_i 2^{-i} \tag{8.6.3}$$

例如，-0.875 的原码表示为 1.111，反码为 1.000；0.25 的原码为 0.010，由于是正数，因此其反码仍为 0.010。

原码的优点是直观，但做加减运算时要判别符号位的异同，增加了运算时间。补码可以将加法和减法运算统一为加法运算。因此，在实际应用中一般使用二进制补码形式。

2) 浮点表示

定点制的缺点是动态范围小，有溢出现象。浮点制则可避免这一缺点。浮点制将一个数表示成尾数和指数两部分，即

$$x = \pm M \cdot 2^c \tag{8.6.4}$$

式中，M 是数 x 的尾数部分；2^c 是 x 的指数部分，c 是阶数，也称为阶码。例如 $x = 0.11 \times 2^{010}$ 表示的十进制数为

$$x = 0.75 \times 2^2 = 3$$

浮点制将尾数用带符号位的定点数来表示，因而尾数的第一位就表示浮点数的符号。一般为了充分利用尾数的有效位数，总使尾数字长的最高位（符号位除外）为 1，称之为规格化形式，这时尾数 M 是小数，且满足 $1/2 \leqslant M < 1$。例如，$x = 0.0101 \times 2^{011}$ 改为规格化形式为 $x = 0.101 \times 2^{010}$。

阶码 c 也是带符号的定点数，这是因为要用负的阶码表示数值小于 0.5 的数。

浮点表示数的小数点是浮动的，在浮点制中，位数必须分为两部分。尾数为 $b_m + 1$ 位，其中 1 位是符号位；阶码为 $b_c + 1$ 位，其中 1 位也是符号位。浮点数的尾数字长决定了浮点制的运算精度，阶码字长决定了浮点制的动态范围。

当浮点数相加、相乘时，尾数相乘，阶码相加。尾数相乘的过程与定点制相同，要作截尾或舍入处理。当浮点数相加时，首先将阶码对齐，通过移动阶码小的尾数的小数点，使得两数的阶码相同，再将尾数相加，最后规格化结果。一般来说，浮点数都用较长的字长，比如目前浮点 DSP 芯片一般位数为 32 位，精度较高，所以我们讨论误差影响主要针对定点制。

2. 定点制的量化及量化误差

根据以上讨论，定点制中的乘法运算会使字长增加，例如，原来是 b 位字长，运算后增长到 b_1 位，这时就需要对尾数作量化处理，使字长由 b_1 位降低到 b 位。量化处理方式有两种：一种是截尾保留 b 位，抛弃余下的尾数；另一种是舍入，即按最接近的值取 b 位码。两种处理方式产生的误差不同。编码不同，误差也不同。下面我们分别讨论。

1) 截尾处理

（1）对于正数 x，其三种码的表示形式相同，因而量化影响也是相同的。一个 b_1 位的正数 x 的十进制数值为

$$x = \sum_{i=1}^{b_1} \alpha_i 2^{-i} \tag{8.6.5}$$

截尾处理后为 b 位字长，显然 $b < b_1$。用 $Q[\cdot]$ 表示量化处理，用 $Q_T[\cdot]$ 表示截尾处理，则有

$$Q_T[x] = \sum_{i=1}^{b} \alpha_i 2^{-i} \tag{8.6.6}$$

若用 e_T 表示截尾误差，则有

$$e_T = Q_T[x] - x = -\sum_{i=b+1}^{b_1} \alpha_i 2^{-i} \tag{8.6.7}$$

可见，$e_T \leqslant 0$，当被弃位 $\alpha_i (b+1 \leqslant i \leqslant b_1)$ 全为 1 时，e_T 有最大误差：

$$e_{\text{Tmax}} = -\sum_{i=b+1}^{b_1} 2^{-i} = -(2^{-b} - 2^{-b_1}) \tag{8.6.8}$$

一般 $2^{-b} \gg 2^{-b_1}$，令 $q = 2^{-b}$，则正数的截尾误差为

$$-q < e_{\text{T}} \leqslant 0 \tag{8.6.9}$$

其中，q 称为量化宽度或量化阶，代表 b 位字长可表示的最小数。

（2）对于负数 x，其三种码表示方式不同，所以误差也不同。

① 对于原码负数（$\alpha_0 = 1$），则有

$$x = -\sum_{i=1}^{b_1} \alpha_i 2^{-i}$$

$$Q_{\text{T}}[x] = -\sum_{i=1}^{b} \alpha_i 2^{-i}$$

$$e_{\text{T}} = Q_{\text{T}}[x] - x = \sum_{i=b+1}^{b_1} \alpha_i 2^{-i}$$

此时截尾误差为正数，且满足 $0 \leqslant e_{\text{T}} \leqslant (2^{-b} - 2^{-b_1})$。因此定点制原码负数的截尾误差是正数，并且

$$0 \leqslant e_{\text{T}} < q \tag{8.6.10}$$

② 对于补码负数（$\alpha_0 = 1$），则有

$$x = -1 + \sum_{i=1}^{b_1} \alpha_i 2^{-i}$$

$$Q_{\text{T}}[x] = -1 + \sum_{i=1}^{b} \alpha_i 2^{-i}$$

$$e_{\text{T}} = Q_{\text{T}}[x] - x = -\sum_{i=b+1}^{b_1} \alpha_i 2^{-i}$$

此时补码负数的截尾误差与正数截尾误差一样满足 $-q < e_{\text{T}} \leqslant 0$。

【例 8.6.1】　某一负数为 -0.375，其二进制补码为 $x = 1.1010$，截尾后 $Q_{\text{T}}[x] = 1.10$，求截尾误差。

解　因为截尾后的十进制数为 -0.5，所以

$$e_{\text{T}} = Q_{\text{T}}[x] - x = -0.5 - (-0.375) = -0.125$$

③ 对于反码负数（$\alpha_0 = 1$），则有

$$x = -1 + \sum_{i=1}^{b_1} \alpha_i 2^{-i} + 2^{-b_1}$$

$$Q_{\text{T}}[x] = -1 + \sum_{i=1}^{b} \alpha_i 2^{-i} + 2^{-b}$$

$$e_{\text{T}} = Q_{\text{T}}[x] - x = -\sum_{i=b+1}^{b_1} \alpha_i 2^{-i} + (2^{-b} - 2^{-b_1})$$

由上式可以看出，当被弃位 $\alpha_i (b+1 \leqslant i \leqslant b_1)$ 全为 0 时，e_{T} 有最大误差；当被弃位 α_i 全为 1 时，误差最小，因此 $0 \leqslant e_{\text{T}} \leqslant 2^{-b} - 2^{-b_1}$，即反码负数的截尾误差与原码负数截尾误差相同，有

$$0 \leqslant e_{\text{T}} < q$$

【例 8.6.2】 某一负数为 -0.1875，其二进制反码为 $x=1.1100$，截尾后 $Q_T[x]=1.11$，求截尾误差。

解 因为截尾后的十进制数为 0，所以

$$e_T = Q_T[x] - x = 0.1875$$

总的来讲，补码的截尾误差均是负数，原码和反码的截尾误差取决于数的正负，正数时误差为负，负数时误差为正。用式子表示为

正数及补码负数：$-q < e_T \leqslant 0$；

原码负数及反码负数：$0 \leqslant e_T < q$。

2) 舍入处理

舍入处理是按最接近的值取 b 位码，通过 $b+1$ 位上加 1 后作截尾处理来实现，就是通常所说的四舍五入法。按最接近的数值取量化，所以不论正数、负数，还是原码、补码、反码，误差总是在 $\pm q/2$ 之间，以 $Q_R[\cdot]$ 表示对 x 作舍入处理，e_R 表示舍入误差，则有

$$e_R = Q_R[x] - x \tag{8.6.11}$$

$$-\frac{q}{2} < e_R \leqslant \frac{q}{2} \tag{8.6.12}$$

例如，取 $b=2$，则 $x=0.1001$，$Q_R[x]=0.10$，舍去 0.0001，误差 $e_R=-2^{-4}$；$x=0.1011$，$Q_R[x]=0.11$，将 0.0011 上入为 0.01，误差 $e_R=2^{-4}$；$x=0.1010$，$Q_R[x]=0.11$，将 0.0010 上入为 0.01，误差 $e_R=2^{-3}$。

舍入处理的误差比截尾处理的误差小，所以对信号进行量化时多用舍入处理。

8.6.2 A/D 转换中的量化效应

一个 A/D 转换器从功能上讲，一般分为采样与量化两部分，如图 8.6.1 所示。模拟信号 $x_a(t)$ 经采样后，转变为离散时间信号 $x_a(nT)$，在第 1 章我们讨论过，离散时间信号 $x_a(nT)$ 在时间上是离散的，但在幅度上是连续的，一般用 $x(n)$ 表示。量化器，即二进制数字编码器，它对 $x(n)$ 进行截尾或舍入处理，得到 $b+1$ 位(含 1 位符号位)有限字长的数字信号 $\hat{x}(n)$。本节讨论这一过程中的量化效应。

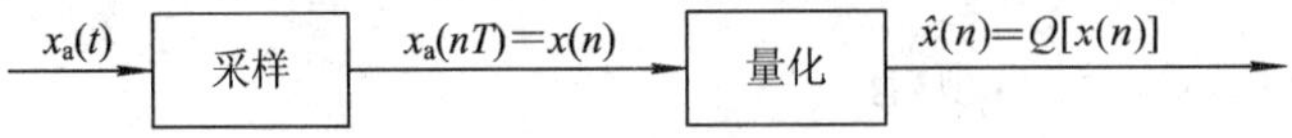

图 8.6.1 A/D 转换器框图

在满足采样定理的前提下，采样过程是可逆的，而量化过程是不可逆的，经量化得到的数字信号不可能不失真地恢复原信号，它必定要引入量化误差或量化噪声。量化误差的大小决定了 A/D 转换器的动态范围，这是衡量 A/D 转换器性能的一个最重要指标。

1. 量化误差的统计分析

定义量化误差为

$$e(n) = Q[x(n)] - x(n) \tag{8.6.13}$$

在数字信号处理中，待处理的信号 $x(n)$ 一般是随机信号，因此 $e(n)$ 也是随机的。要精确知道误差的大小很困难。一般我们总是通过分析量化误差的统计特性来分析量化误差。

我们对其统计特性作如下假定：

（1）$e(n)$ 是平稳随机序列。

（2）$e(n)$ 与信号 $x(n)$ 是互不相关的。

（3）$e(n)$ 在误差范围内是均匀分布的加性白噪声序列。

由上述假定可知，量化误差 $e(n)$ 是一个与信号序列完全不相关的白噪声序列，称其为量化噪声。定点补码表示的量化误差概率密度函数为

$$p(e_{\mathrm{T}}) = \begin{cases} q^{-1} & (-q < e_{\mathrm{T}} \leqslant 0) \\ 0 & （其他） \end{cases} \tag{8.6.14}$$

$$p(e_{\mathrm{R}}) = \begin{cases} q^{-1} & (-q/2 < e_{\mathrm{R}} \leqslant q/2) \\ 0 & （其他） \end{cases} \tag{8.6.15}$$

量化误差的概率密度函数曲线分别如图 8.6.2(a)、(b)所示。

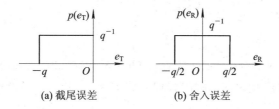

(a) 截尾误差　　　　(b) 舍入误差

图 8.6.2　量化误差的概率密度函数曲线

若定点补码截尾量化，则误差 e_{T} 的统计平均值和方差分别为

$$m_{e_{\mathrm{T}}} = \int_{-q}^{0} e_{\mathrm{T}} p(e_{\mathrm{T}}) \mathrm{d}e_{\mathrm{T}} = -\frac{q}{2} \tag{8.6.16a}$$

$$\sigma_{e_{\mathrm{T}}}^{2} = \int_{-q}^{0} (e_{\mathrm{T}} - m_{e_{\mathrm{T}}})^{2} p(e_{\mathrm{T}}) \mathrm{d}e_{\mathrm{T}} = \frac{q^{2}}{12} \tag{8.6.16b}$$

若定点补码舍入量化，则误差 e_{R} 的统计平均值和方差分别为

$$m_{e_{\mathrm{R}}} = \int_{-q/2}^{q/2} e_{\mathrm{R}} p(e_{\mathrm{R}}) \mathrm{d}e_{\mathrm{R}} = 0 \tag{8.6.17a}$$

$$\sigma_{e_{\mathrm{R}}}^{2} = \int_{-q/2}^{q/2} (e_{\mathrm{R}} - m_{e_{\mathrm{R}}})^{2} p(e_{\mathrm{R}}) \mathrm{d}e_{\mathrm{R}} = \frac{q^{2}}{12} \tag{8.6.17b}$$

统计分析结果表明，量化误差 $e(n)$ 是由量化引起的量化噪声。定点补码截尾处理量化噪声的统计平均值 $m_{e_{\mathrm{T}}} = -q/2$，相当于给信号增加了一个直流分量，从而改变了信号的频谱特性，而方差 $\sigma_{e_{\mathrm{T}}}^{2}$（即量化噪声功率）相当于增加了噪声强度，降低了信噪比，这就是量化效应。

定点舍入处理量化噪声的统计平均值 $m_{e_{\mathrm{R}}} = 0$，这一点比定点补码截尾方法好。另外，因为 $q = 2^{-b}$，因此量化噪声的方差与量化位数 b 有关，b 越大，方差越小，即为了减小量化噪声，必须增加量化位数。

2. 量化信噪比与所需字长的关系

对信号的 A/D 转换而言，量化过程可等效为无限精度信号叠加上量化噪声，补码截尾和舍入的量化噪声除均值不同外，两者的方差均为 $q^{2}/12$。显然，量化噪声的方差与 A/D 转换的字长有关，字长越长，量化噪声越小。

定义信号功率与量化噪声之比为量化信噪比，即

$$\frac{\sigma_x^2}{\sigma_e^2} = \frac{\sigma_x^2}{q^2/12} = (12 \times 2^{2b})\sigma_x^2 \tag{8.6.18}$$

式中，σ_x^2 和 σ_e^2 分别是信号和量化噪声的功率。用对数表示量化信噪比 SNR，即

$$\text{SNR} = 10\log\left(\frac{\sigma_x^2}{\sigma_e^2}\right) = 6.02b + 10.79 + 10\log(\sigma_x^2) \text{ dB} \tag{8.6.19}$$

式(8.6.19)说明，字长每增加一位，信号的信噪比提高约 6 dB；σ_x^2 越大，信噪比越高。但是字长过长也没有必要，因为输入信号 $x(n)$ 本身有一定的信噪比，字长长到 A/D 转换器的量化噪声比 $x(n)$ 的噪声电平低得多，就没有意义了。

【例 8.6.3】 已知 A/D 转换器的输入信号 $x(n)$ 在 -1 至 1 之间均匀分布，求 A/D 转换器分别为 8、12 位时的 SNR。

解 因 $x(n)$ 均匀分布，故有

均值： $$E[x(n)] = \int_{-1}^{1} \frac{1}{2} x \mathrm{d}x = 0$$

方差： $$\sigma_x^2 = \int_{-1}^{1} \frac{1}{2} x^2 \mathrm{d}x = \frac{1}{3}$$

$$\text{SNR} = 6.02b + 10.79 + 10\log(\sigma_x^2) \approx 6.02(b+1)\text{dB}$$

当 A/D 转换器的位数为 $8(b=7)$ 位时，SNR$\approx$48 dB；当 A/D 转换器的位数为 12 $(b=11)$ 位时，SNR$\approx$72 dB。

【例 8.6.4】 对 $x_a(t) = \sin(2\pi f_1 t)$ 进行采样，$f_1 = 0.042$ kHz，采样频率 $F_s = 10$ kHz。分别用不同的 A/D 采样位数 6、16，用 MATLAB 画出采样后的时域和频域图。

解 MATLAB 程序如下

```
clear;
x＝sin(2 * pi * 0.042 * (0：500)/10);
x6＝intbR(x, 6);         ％ 将信号按 6 位舍入量化，量化后转为浮点数
x16＝intbR(x, 16);        ％ 将信号按 16 位舍入量化，量化后转为浮点数
x6f＝fft(x6, 4096);       ％ 计算 6 位量化后的信号频谱
x16f＝fft(x16, 4096);     ％ 计算 16 位量化后的信号频谱
```

绘图程序略。

```
％br＝intbR(d, b)将十进制数 d 利用舍入法得到 b(不包括符号位)位的二进制数，然
后将该二进制数再转换为十进制数 br
functionbr＝intbR(d, b)
m＝1; dr1＝abs(d);
  while fix(dr1)＞0
     dr1＝abs(d)/(2^m);
     m＝m+1;
  end
  br＝fix(dr1 * 2^b+.5); br＝sign(d). * br. * 2^(m-b-1);
```

运行程序，得到结果如图 8.6.3 所示。图 8.6.3(a)为 6 位和 16 位采样的时域波形图，由图中可以看出，由于采样位数少，6 位采样的时域波形有较为明显的阶梯现象，此时带来量化噪声的增加。图 8.6.3(b)、(c)分别为 6 位采样和 16 位采样的频谱图，由图可以明显看出 6 位采样量化的噪声比 16 位大。

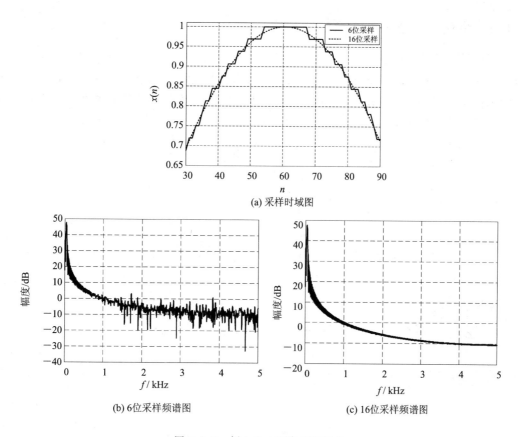

(a) 采样时域图

(b) 6位采样频谱图

(c) 16位采样频谱图

图 8.6.3 例 8.6.4 程序运行结果

【例 8.6.5】 对 $x_a(t) = \sin(2\pi f_1 t) + 0.0055\cos(2\pi f_2 t)$ 进行采样，$f_1 = 0.042$ kHz，$f_2 = 2.3$ kHz，采样频率 $F_s = 10$ kHz。

解 用不同的采样位数，运行上例程序，得到结果如图 8.6.4 所示。图 8.6.4(a)、(b) 分别为 6、16 位采样量化后的信号频谱图，由图中可以看出，采样位数少，表示信号的动态范围就小。对于相差 45 dB 的两个单载波信号，16 位采样的频谱图，可以明显地观察到两个信号，而 6 位采样的频谱图，弱信号已淹没在噪声中。

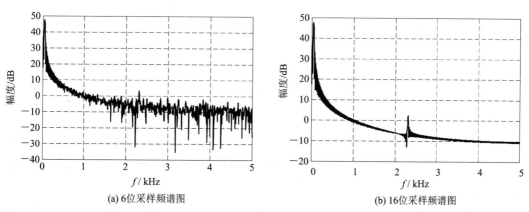

(a) 6位采样频谱图

(b) 16位采样频谱图

图 8.6.4 例 8.6.5 采样频谱图

8.6.3 量化噪声通过线性系统的响应

当已量化的信号通过离散线性时不变(LTI)系统时,量化噪声也随之通过该系统,并以输出噪声的形式出现在系统响应中。为了单独分析量化噪声通过 LTI 系统后的影响,将系统近似看作完全理想的(即具有无限精度的线性系统)。在输入端线性相加的噪声,在系统的输出端也是线性相加的。量化噪声通过 LTI 系统的响应如图 8.6.5 所示。

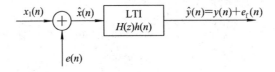

图 8.6.5　量化噪声通过 LTI 系统的响应

设离散 LTI 系统的系统函数为 $H(z)$,单位脉冲响应为 $h(n)$,当系统输入信号为

$$\hat{x}(n) = x(n) + e(n)$$

时,系统的输出为

$$\begin{aligned}\hat{y}(n) &= \hat{x}(n) * h(n) = [x(n) + e(n)] * h(n) \\ &= x(n) * h(n) + e(n) * h(n) = y(n) + e_f(n)\end{aligned} \tag{8.6.20}$$

系统输出噪声为

$$e_f(n) = e(n) * h(n) = \sum_{m=0}^{\infty} h(m)e(n-m) \tag{8.6.21}$$

输出噪声 $e_f(n)$ 的统计平均值(即直流分量)为

$$\begin{aligned}m_f &= E[e_f(n)] = E\Big[\sum_{m=0}^{\infty} h(m)e(n-m)\Big] = \sum_{m=0}^{\infty} h(m)E[e(n-m)] \\ &= m_e \sum_{m=0}^{\infty} h(m) = m_e H(e^{j0})\end{aligned} \tag{8.6.22}$$

式中,$H(e^{j0}) = H(e^{j\omega})|_{\omega=0}$ 为系统的直流增益。当 $e(n)$ 为舍入量化噪声时,$m_e = 0$,此时,输出噪声的均值 $m_f = 0$,输出噪声的方差为

$$\begin{aligned}\sigma_f^2 &= E[e_f^2(n)] = E\Big[\sum_{m=0}^{\infty} h(m)e(n-m)\sum_{l=0}^{\infty} h(l)e(n-l)\Big] \\ &= \sum_{m=0}^{\infty} \sum_{l=0}^{\infty} h(m)h(l)E[e(n-m)e(n-l)]\end{aligned}$$

由于 $e(n)$ 是方差为 σ_e^2 的白噪声序列,各变量之间互不相关,即

$$E[e(n-m)e(n-l)] = \delta(m-l)\sigma_e^2$$

可得

$$\sigma_f^2 = \sum_{m=0}^{\infty} \sum_{l=0}^{\infty} h(m)h(l)\delta(m-l)\sigma_e^2 = \sigma_e^2 \sum_{m=0}^{\infty} h^2(m) \tag{8.6.23}$$

由 Z 变换中的帕斯瓦尔(Parseval)定理,有

$$\sigma_e^2 \sum_{m=0}^{\infty} h^2(m) = \frac{\sigma_e^2}{2\pi j} \oint_c H(z)H(z^{-1})\frac{\mathrm{d}z}{z} \tag{8.6.24}$$

式中，$H(z)$ 的全部极点在单位圆内（系统是因果、稳定的），$\oint_c$ 表示沿单位圆逆时针方向的圆周积分。若根据傅里叶变换中的帕斯瓦尔定理，则可得

$$\sigma_f^2 = \frac{\sigma_e^2}{2\pi} \int_{-\pi}^{\pi} |H(e^{j\omega})|^2 d\omega \tag{8.6.25}$$

【例 8.6.6】 一个 8 位 A/D 变换器，其输出 $\hat{x}(n)$ 作为 IIR 数字滤波器的输入，求滤波器输出端的量化噪声功率，已知 IIR 滤波器的系统函数为

$$H(z) = \frac{z}{z - 0.999}$$

解　由于 A/D 的量化效应，滤波器输入端的噪声功率为

$$\sigma_e^2 = \frac{q^2}{12} = \frac{2^{-2b}}{12} = \frac{2^{-16}}{3}$$

滤波器的输出噪声功率为

$$\sigma_f^2 = \frac{\sigma_e^2}{2\pi j} \oint_c \frac{1}{(z - 0.999)(z^{-1} - 0.999)} \frac{dz}{z}$$

其积分值等于单位圆内所有极点留数的和。单位圆内有一个极点 $z = 0.999$，所以

$$\sigma_f^2 = \sigma_e^2 \frac{1}{\frac{1}{0.999} - 0.999} \times \frac{1}{0.999} = 2.5444 \times 10^{-3}$$

也可以直接由时域形式计算，由 $H(z)$ 知 $h(n) = 0.999^n u(n)$，所以

$$\sigma_f^2 = \sigma_e^2 \sum_{m=0}^{\infty} h^2(m) = \frac{2^{-16}}{3} \sum_{n=0}^{\infty} 0.999^{2n} = 2.544 \times 10^{-3}$$

由此例可以看出字长 b 越大，系统输出噪声越小。

8.6.4　数字系统中的系数量化效应

对输入信号进行处理时，需要若干参数或系数，由于系统所有系数必须以有限长度的二进制码存放在存储器中，因此必须对理想系数值量化，造成实际系数存在误差，使零、极点位置发生偏离，影响系统性能。一个设计正确的数字滤波器，在实现时，由于系数量化，可能会导致实际滤波器特性不符合要求，严重时甚至使单位圆内的极点偏离到单位圆上或者单位圆外，从而使系统失去稳定性。

系数量化引起的量化效应对滤波器的影响与寄存器的字长有关，也与滤波器的结构有关，选择合适的结构可减小系数量化的影响。

1. 系数量化对系统频率特性的影响

设 N 阶数字滤波器的系统函数 $H(z)$ 为

$$H(z) = \frac{\sum_{i=0}^{M} b_i z^{-i}}{1 - \sum_{k=1}^{N} a_k z^{-k}} = \frac{B(z)}{A(z)} \tag{8.6.26}$$

由于系数 a_k 和 b_i 量化而产生的量化误差为 Δa_k 和 Δb_i，量化后的系数用 $\hat{a}_k$ 和 $\hat{b}_i$ 表示，则

$$\hat{a}_k = a_k + \Delta a_k \tag{8.6.27}$$

$$\hat{b}_i = b_i + \Delta b_i \tag{8.6.28}$$

量化后的系统函数用 $\hat{H}(z)$ 表示，即

$$\hat{H}(z) = \frac{\sum\limits_{i=0}^{M} \hat{b}_i z^{-i}}{1 - \sum\limits_{k=1}^{N} \hat{a}_k z^{-k}} \tag{8.6.29}$$

显然，系数量化后的系统其频率响应不同于原来设计的频率响应。

2. 极点位置灵敏度

由于系统函数系数的量化将引起系统零、极点位置的改变，而极点位置的变化将直接影响系统的稳定性，因此引入极点位置灵敏度的概念。极点位置灵敏度是指每个极点位置对各系数偏差的敏感程度，它可以反映系数量化对滤波器稳定性的影响。不同形式的系统结构，在相同的系数量化位数情况下，其量化灵敏度是不同的，这是比较各种系统结构形式的重要标准。

设 N 阶数字滤波器系统函数的分母多项式 $A(z)$ 有 N 个根，即 $H(z)$ 有 N 个极点，$p_k(k=1, 2, \cdots, N)$，系数量化后的极点为 $\hat{p}_k(k=1, 2, \cdots, N)$，则有

$$\hat{p}_k = p_k + \Delta p_k \tag{8.6.30}$$

式中，Δp_k 表示第 k 个极点的位置偏差，它与各个系数的量化误差有关，即

$$\Delta p_k = \sum_{i=1}^{N} \frac{\partial p_k}{\partial a_i} \Delta a_i \tag{8.6.31}$$

式中，$\dfrac{\partial p_k}{\partial a_i}$ 称为极点 p_k 对系数 a_i 变化的灵敏度，它表示第 i 个系数量化误差 Δa_i 对第 k 个极点位置偏差 Δp_k 的影响程度。显然，$\dfrac{\partial p_k}{\partial a_i}$ 越大，则 Δa_i 对 Δp_k 的影响越大，灵敏度越高；反之，$\dfrac{\partial p_k}{\partial a_i}$ 越小，则 Δa_i 对 Δp_k 的影响越小，灵敏度越低。

系统函数的分母多项式为

$$A(z) = 1 - \sum_{k=1}^{N} a_k z^{-k} = \prod_{k=1}^{N} (1 - p_k z^{-1}) \tag{8.6.32}$$

由于

$$\left[\frac{\partial A(z)}{\partial a_i} \right]_{z=p_k} = \left[\frac{\partial A(z)}{\partial p_k} \right]_{z=p_k} \frac{\partial p_k}{\partial a_i}$$

从而

$$\frac{\partial p_k}{\partial a_i} = \left[\frac{\partial A(z)/\partial a_i}{\partial A(z)/\partial p_k} \right]_{z=p_k} \tag{8.6.33}$$

由式(8.6.32)可得

$$\frac{\partial A(z)}{\partial a_i} = - z^{-i} \tag{8.6.34}$$

和

$$\frac{\partial A(z)}{\partial p_k} = - z^{-1} \prod_{\substack{i=1 \\ i \neq k}}^{N} (1 - p_i z^{-1}) = - z^{-N} \prod_{\substack{i=1 \\ i \neq k}}^{N} (z - p_i) \tag{8.6.35}$$

将式(8.6.34)和式(8.6.35)代入式(8.6.33),得到第 k 个极点对系数 a_i 的极点位置灵敏度为

$$\frac{\partial p_k}{\partial a_i} = \frac{p_k^{N-i}}{\prod\limits_{\substack{i=1\\i \neq k}}^{N} (p_k - p_i)} \quad (k = 1, 2, \cdots, N) \qquad (8.6.36)$$

上式只对单阶极点有效,多阶极点可以进行类似的推导。

将式(8.6.36)代入式(8.6.31),可得 a_i 的量化误差 Δa_i 引起的第 k 个极点的位置偏差为

$$\Delta p_k = \sum_{i=1}^{N} \frac{p_k^{N-i}}{\prod\limits_{\substack{i=1\\i \neq k}}^{N} (p_k - p_i)} \Delta a_i \quad (k = 1, 2, \cdots, N) \qquad (8.6.37)$$

分析极点位置灵敏度公式和极点位置偏差公式,可以得出以下结论:

(1) 式(8.6.36)中,分母中的每一个因子 $(p_k - p_i)$ 是极点 p_k 指向极点 p_i 的矢量,整个分母是所有极点(不包括极点 p_k)指向极点 p_k 的矢量之积。矢量越长,极点位置灵敏度越低,**即当极点彼此间距离越远时,极点位置灵敏度就越低;当极点彼此越密集时,极点位置灵敏度就越高。**

(2) 式(8.6.37)表明,极点位置 Δp_k 不仅与极点位置灵敏度 $\frac{\partial p_k}{\partial a_i}$ 和滤波器系数量化误差 Δa_i 有关,还与滤波器阶数 N 有关,**阶数越高,极点位置偏差越大。** 高阶直接型结构滤波器的极点数目多且密集,而低阶直接型结构滤波器的极点数目少且稀疏,因而前者对系数量化误差要敏感得多。

(3) 并联型系统结构及级联型系统结构的每一对共轭极点是单独用一个二阶子系统实现的,每对极点只受与之有关的两个系数的影响,级联或并联后,每个子系统的极点密集度就比直接型系统高阶网络的要稀疏得多,因而极点位置受系数量化的影响比直接型系统结构要小得多。

【例 8.6.7】　分析椭圆型带通滤波器结构的量化效应,其通带截止频率为[0.3π, 0.55π],通带最大衰减为 0.4 dB,阻带最小衰减为 50 dB。对滤波器系数分别进行舍入、截尾处理。

解　MATLAB 程序如下:

```
clear; qq=5;                                %量化位数 qq
[b, a]=ellip(4, 0.4, 50, [0.3 0.55]);       %设计椭圆带通滤波器
[h, w]=freqz(b, a, 512);
h=20 * log10(abs(h)/max(abs(h)));           %求频率响应,幅度归一
bqr=intbR(b, qq); aqr=intbR(a, qq);         %滤波器系数舍入量化为 qq 位
[hr, wr]=freqz(bqr, aqr, 512);
hr=20 * log10(abs(hr)/max(abs(hr)));        %求量化后滤波器的频率响应,幅度归一
[sos, g]=tf2sos(b, a);                      %求滤波器级联子系统的系统函数
b1=sos(1, 1:3); a1=sos(1, 4:6); b2=sos(2, 1:3); a2=sos(2, 4:6);
b3=sos(3, 1:3); a3=sos(3, 4:6); b4=sos(4, 1:3); a4=sos(4, 4:6);
bqr1=intbR(b1, qq); aqr1=intbR(a1, qq);     %量化子系统系数
[h1, w1]=freqz(bqr1, aqr1, 512);            %求量化后子系统的频率响应
```

bqr2＝intbR(b2，qq)；aqr2＝intbR(a2，qq)；

［h2，w1］＝freqz(bqr2，aqr2，512)；

bqr3＝intbR(b3，qq)；aqr3＝intbR(a3，qq)；

［h3，w1］＝freqz(bqr3，aqr3，512)；

bqr4＝intbR(b4，qq)；aqr4＝intbR(a4，qq)；

［h4，w1］＝freqz(bqr4，aqr4，512)；

hhh＝h1. * h2. * h3. * h4；

hhh＝20 * log10(abs(hhh)/max(abs(hhh)))；　　%级联子系统系数量化后的频率响应

［z，p，k］＝tf2zp(b，a)；　　　　　　　　　%求直接型系统的零极点

［zr，pr，kr］＝tf2zp(bqr，aqr)；　　　　　　%求直接型系统系数量化后的零极点

functionbt＝ intbT(d，b)　% bt＝ intbT(d，b) 将十进制数 d 利用截尾法得到 b(不包括符号位)位的二进制数，然后将该二进制数再转换为十进制数 bt

m＝1；dt1＝abs(d)；

while fix(dt1)＞0

　　　dt1＝abs(d)/(2^m)；

　　　m＝m＋1；

end

bt＝fix(dt1 * 2^b)；

bt＝sign(d). * bt. * 2^(m−b−1)；

舍入量化程序运行结果如图 8.6.6 所示。

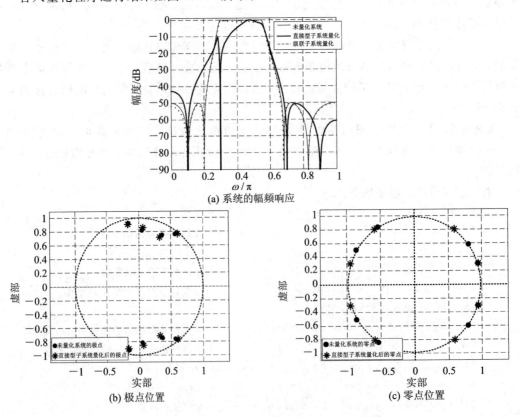

(a) 系统的幅频响应

(b) 极点位置

(c) 零点位置

图 8.6.6　例 8.6.7 舍入量化前后比较图

由于量化位数少(只有 5 位)，IIR 高阶直接型对量化非常敏感，由图 8.6.6(b)(量化前后极点位置变化图)和图 8.6.6(c)(量化前后零点位置变化图)可以看出，直接型子系统量化前后的零、极点位置均发生了变化，造成系统特性的改变，如图 8.6.6(a)所示，通带内的频率响应已发生了较大的改变(图中粗线所示)。而在级联型子系统中，直接型阶数较低(2 阶)，对系数量化不敏感，因此系统特性量化前后没有太大改变，如图 8.6.6(a)中虚线曲线所示。

截尾量化程序运行结果如图 8.6.7 所示。由图中可以明显看出分子系数由于截尾量化误差过大，使得零点位置发生了较大的变化，如图 8.6.7(c)所示。因此造成直接型子系统结构的频率响应与量化前的频率响应差别很多，如图 8.6.7(a)所示。而在级联型子系统中，直接型阶数较低(2 阶)，对系数量化不敏感，因此量化前后的系统特性没有太大改变，如图 8.6.7(a)中虚线曲线所示。

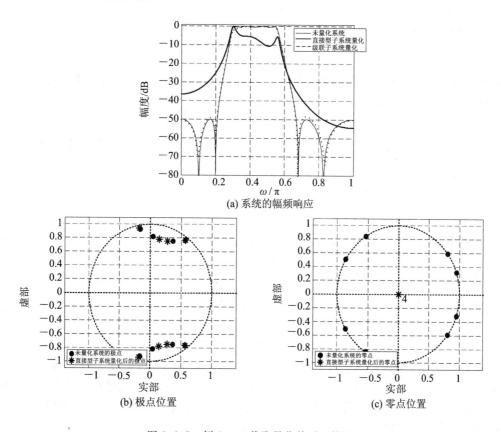

图 8.6.7　例 8.6.7 截取量化前后比较图

因此，对于一个数字滤波器，当用一个有限字长系统实现时，在一定字长条件下，系统的实现结构直接决定系统特性的改变。高阶直接型对量化效应最为敏感，为减小量化效应，应通过低阶级联或并联结构来实现。

8.6.5　数字系统运算中的量化效应

实现数字滤波器所包含的基本运算有延时、相乘和相加，由于延时不会造成字长的变化，因此只讨论系数相乘和相加运算造成的字长效应。在定点制运算中，每一次加法运算之后，尾数不会增加，但有可能产生溢出；每一次乘法运算之后尾数增加，要作一次舍入（或截尾）处理，因此引入了非线性误差，称为运算量化误差，它也是一种随机的量化噪声。分析数字滤波器运算误差的目的，就是为满足信噪比的要求来选择适当的运算位数。

研究定点运算的信号流图和统计模型如图 8.6.8 所示。图 8.6.8(a) 表示无限精度乘积，图 8.6.8(b) 表示尾数处理后的有限精度乘积。采用统计分析的方法，将量化误差作为独立噪声 $e(n)$ 叠加在信号上，因而仍可用线性流图表示定点相乘，如图 8.6.8(c) 所示。

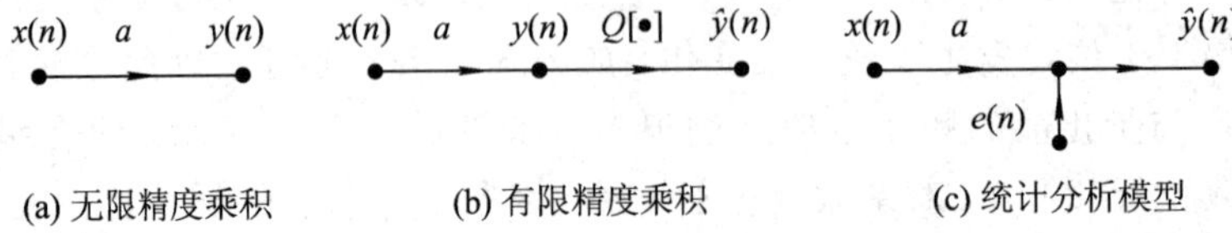

(a) 无限精度乘积　　　　(b) 有限精度乘积　　　　(c) 统计分析模型

图 8.6.8　定点相乘运算的流图表示

采用统计分析方法，实际的输出可以表示为

$$\hat{y}(n) = y(n) + e(n) \tag{8.6.38}$$

当量化信号 $\hat{x}(n)$ 通过单位脉冲响应为 $h(n)$，系统函数为 $H(z)$ 的离散时间 LTI 系统后，输出为

$$\hat{y}(n) = \hat{x}(n) * h(n) = y(n) + e_f(n) \tag{8.6.39}$$

其中，输出噪声 $e_f(n)$ 的方差为 σ_f^2，由式(8.6.23)或式(8.6.24)，可得系统输出噪声功率为

$$\sigma_f^2 = \sigma_e^2 \sum_{m=0}^{\infty} h^2(m) \tag{8.6.40}$$

或

$$\sigma_f^2 = \frac{\sigma_e^2}{2\pi j} \oint_c H(z) H(z^{-1}) \frac{dz}{z} \tag{8.6.41}$$

1. IIR 数字滤波器的有限字长运算量化效应

设 N 阶 IIR 数字滤波器的系统函数为

$$H(z) = \frac{\sum_{i=0}^{M} b_i z^{-i}}{1 - \sum_{k=1}^{N} a_k z^{-k}} \tag{8.6.42}$$

滤波器的系数 $b_i (i = 0, 1, 2, \cdots, M)$、$a_k (k = 1, 2, \cdots, N)$ 与对应的序列 $x(n-i)$、$y(n-k)$ 相乘，有 $N+M+1$ 次乘法运算，将引入 $N+M+1$ 个量化噪声。当然，采用不同的滤波器实现结构，乘法器的数目也不同，会得到不同的输出噪声 $e_f(n)$，不同噪声的方差 σ_f^2。下面举例讨论滤波器运算中的有限字长量化效应。

【例 8.6.8】　一个二阶 IIR 数字低通滤波器，其系统函数为

$$H(z) = \frac{0.04}{(1 - 0.9z^{-1})(1 - 0.8z^{-1})}$$

采用定点制算法，尾数作舍入处理，分别计算其直接型、级联型、并联型三种结构的输出噪声方差。

解　(1) 直接型：

$$H(z) = \frac{0.04}{1 - 1.7z^{-1} + 0.72z^{-2}} = \frac{0.04}{B(z)}$$

直接型结构误差统计模型如图 8.6.9(a)所示。

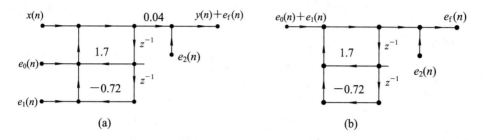

图 8.6.9　例 8.6.8 的直接型结构误差统计模型

图中 $e_0(n)$、$e_1(n)$、$e_2(n)$ 分别为系数 1.7、-0.72、0.04 相乘后引入的舍入噪声。采用线性叠加法，可看出输出噪声 $e_f(n)$ 是这三个舍入噪声组成的。设

$$H_0(z) = \frac{1}{B(z)}$$

如图 8.6.9(b)所示。因此

$$e_f(n) = [e_0(n) + e_1(n)] * h_0(n) + e_2(n)$$

其中，$h_0(n)$ 是 $H_0(z)$ 的单位脉冲响应。输出噪声的方差为

$$\sigma_f^2 = 2\sigma_e^2 \cdot \frac{1}{2\pi j} \oint_c \frac{1}{B(z)B(z^{-1})} \frac{dz}{z} + \sigma_e^2$$

将 $\sigma_e^2 = \dfrac{q^2}{12}$、$q = 2^{-b}$ 和 $B(z) = (1 - 0.9z^{-1})(1 - 0.8z^{-1})$ 代入，利用留数定理得

$$\sigma_f^2 = 2\sigma_e^2 \left. \frac{z - 0.9}{(1 - 0.9z^{-1})(1 - 0.8z^{-1})(1 - 0.9z)(1 - 0.8z)z} \right|_{z=0.9} +$$

$$2\sigma_e^2 \left. \frac{z - 0.8}{(1 - 0.9z^{-1})(1 - 0.8z^{-1})(1 - 0.9z)(1 - 0.8z)z} \right|_{z=0.8} + \sigma_e^2$$

$$= 14.968q^2 + \frac{q^2}{12}$$

$$= 15.0513q^2$$

$$= 15.0513 \times 2^{-2b}$$

式中，b 为量化位数。

（2）级联型。将系统函数 $H(z)$ 分解为

$$H(z) = \frac{1}{1 - 0.9z^{-1}} \cdot \frac{0.04}{1 - 0.8z^{-1}} = \frac{1}{B_1(z)} \cdot \frac{1}{B_2(z)} \cdot 0.04$$

该结构下的误差统计模型如图 8.6.10 所示。

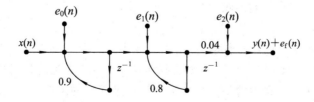

图 8.6.10　例 8.6.8 的级联型结构误差统计模型

图 8.6.10 中可见，量化噪声 $e_0(n)$ 通过 $H_1(z)$ 网络

$$H_1(z) = \frac{1}{B_1(z)B_2(z)}$$

噪声 $e_1(n)$ 通过 $H_2(z)$ 网络：

$$H_2(z) = \frac{1}{B_2(z)}$$

即

$$e_f(n) = e_0(n) * h_1(n) + e_1(n) * h_2(n) + e_2(n)$$

其中，$h_1(n)$、$h_2(n)$ 分别是 $H_1(z)$、$H_2(z)$ 的单位脉冲响应。因此

$$\sigma_f^2 = \frac{\sigma_e^2}{2\pi j} \oint_c \frac{1}{B_1(z)B_2(z)B_1(z^{-1})B_2(z^{-1})} \frac{dz}{z} + \frac{\sigma_e^2}{2\pi j} \oint_c \frac{1}{B_2(z)B_2(z^{-1})} \frac{dz}{z} + \sigma_e^2$$

将 $B_1(z) = 1 - 0.9z^{-1}$，$B_2(z) = 1 - 0.8z^{-1}$，$\sigma_e^2 = \frac{q^2}{12}$，$q = 2^{-b}$ 代入，得

$$\sigma_f^2 = 7.7988q^2 = 7.7988 \times 2^{-2b}$$

(3) 并联型。将系统函数 $H(z)$ 分解为部分分式

$$H(z) = \frac{0.36}{1 - 0.9z^{-1}} + \frac{-0.32}{1 - 0.8z^{-1}} = \frac{0.36}{B_1(z)} + \frac{-0.32}{B_2(z)}$$

该结构下的误差统计模型如图 8.6.11 所示。

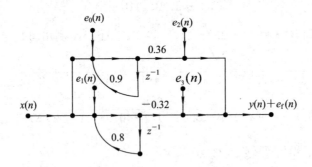

图 8.6.11　例 8.6.8 的并联型结构误差统计模型

并联型结构有 4 个系数，有 4 个舍入噪声，其中，$e_0(n)$ 只通过 $1/B_1(z)$ 网络，$e_1(n)$ 只通过 $1/B_2(z)$ 网络。输出噪声方差为

$$\sigma_f^2 = \frac{\sigma_e^2}{2\pi j} \oint_c \frac{1}{B_1(z)B_1(z^{-1})} \frac{dz}{z} + \frac{\sigma_e^2}{2\pi j} \oint_c \frac{1}{B_2(z)B_2(z^{-1})} \frac{dz}{z} + 2\sigma_e^2$$

代入 $B_1(z)$ 和 $B_2(z)$ 及 σ_e^2 的值，得

$$\sigma_f^2 = 0.837q^2 = 0.837 \times 2^{-2b}$$

比较本例中三种运算结构的输出噪声功率大小，可知

$$\sigma_{f直接型}^2 > \sigma_{f级联型}^2 > \sigma_{f并联型}^2$$

该结论对 IIR 数字滤波器有普遍意义。由于直接型中所有舍入噪声都经过全部网络的反馈环节，反馈过程中噪声有积累，故输出噪声功率很大，并且阶数越高，积累作用越大，则输出噪声功率越大。级联型的每个量化噪声只通过其后的反馈环节，而不通过它前面的反馈环节，输出噪声功率小于直接型。另外，在级联型结构中，各个子系统的级联顺序对输出噪声功率的大小也是有影响的。并联型的每个并联网络的量化噪声只通过本身的反馈

环节，与其他并联网络无关，积累作用小，其输出噪声功率最小。

2. FIR 数字滤波器的有限字长运算量化效应

有关 IIR 数字滤波器的有限字长运算量化效应的分析方法同样适用于 FIR 数字滤波器。FIR 数字滤波器无反馈环节(频率采样型结构除外)，分析方法比 IIR 数字滤波器简单，这里只对 FIR 数字滤波器定点运算的直接型有限字长量化效应作分析。

一个 $N-1$ 阶 FIR 数字滤波器的直接型结构可以由下式的线性卷积得到

$$y(n) = \sum_{m=0}^{N-1} h(m) x(n-m) \tag{8.6.43}$$

式中，$h(n)$ 为 FIR 数字滤波器的单位脉冲响应，在有限精度舍入运算时，有

$$\hat{y}(n) = y(n) + e_{\mathrm{f}}(n) = \sum_{m=0}^{N-1} Q_{\mathrm{R}}[h(m) x(n-m)] \tag{8.6.44}$$

每一次相乘运算后产生一个舍入量化噪声，即

$$Q_{\mathrm{R}}[h(m) x(n-m)] = h(m) x(n-m) + e_m(n) \tag{8.6.45}$$

故

$$y(n) + e_{\mathrm{f}}(n) = \sum_{m=0}^{N-1} h(m) x(n-m) + \sum_{m=0}^{N-1} e_m(n) \tag{8.6.46}$$

输出噪声为

$$e_{\mathrm{f}}(n) = \sum_{m=0}^{N-1} e_m(n) \tag{8.6.47}$$

这个结果从图 8.6.12 所示的 $N-1$ 阶 FIR 数字滤波器直接型结构的误差统计模型中可以看出，所有乘法器输出量化噪声都直接加到滤波器的输出端，因此输出噪声是这些量化噪声之和。
于是

$$\sigma_{\mathrm{f}}^2 = N\sigma_{\mathrm{e}}^2 = \frac{Nq^2}{12} = \frac{N2^{-2b}}{12} \tag{8.6.48}$$

式(8.6.48)说明，输出噪声的方差与运算字长 b 有关，与 FIR 数字滤波器的阶数 $N-1$ 有关。显然，滤波器的阶数越高，输出噪声功率越大，或者说，在相同运算量化效应下，阶数越高的滤波器需要的字长越长。

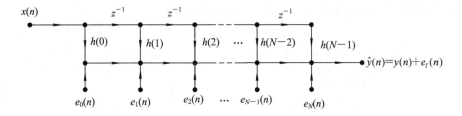

图 8.6.12 FIR 数字滤波器直接型结构误差统计模型

3. 滤波器运算中的溢出问题

对信号进行滤波时的定点加法运算，虽不会产生舍入量化误差，但由于表示数据的位数有限经常导致 FIR 数字滤波器的输出结果发生溢出。

按照线性卷积的关系式

$$y(n) = \sum_{m=0}^{N-1} h(m)x(n-m)$$

若 $x(n)$ 的最大绝对值用 $x_{\max}$ 表示，则输出 $y(n)$ 应满足

$$\left| y(n) \right|_{\max} \leqslant x_{\max} \cdot \sum_{m=0}^{N-1} \left| h(m) \right| \tag{8.6.49}$$

定点数不产生溢出的条件为

$$\left| y(n) \right|_{\max} < 1 \tag{8.6.50}$$

为使结果不溢出，一是适当增加运算字长，扩大滤波器的动态范围；二是对输入信号 $x(n)$ 乘以一个比例因子 A，使下式成立

$$A x_{\max} \cdot \sum_{m=0}^{N-1} \left| h(m) \right| < 1 \tag{8.6.51}$$

即

$$A < \frac{1}{x_{\max} \sum\limits_{m=0}^{N-1} \left| h(m) \right|} \tag{8.6.52}$$

对于类似白噪声一类的宽带信号来说，式(8.6.52)求得的比例因子是比较合适的。但是，对于正弦一类的窄带信号而言，可以用滤波器频率响应的幅频响应的峰值 $\max[\,|H(e^{j\omega})|\,]$ 来表示，即

$$A < \frac{1}{x_{\max} \max[\,|H(e^{j\omega})|\,]} \tag{8.6.53}$$

以上讨论了数字滤波器设计中的有限字长效应。其中，输入信号 $x(n)$ 经过 A/D 转换器所产生的量化误差一般比有限字长运算的量化误差小。所以当运算误差较大时，追求信号的量化误差最小(必然带来 A/D 位数的增加，从而提高系统成本)的意义不大。在数字滤波器的设计中，必须综合考虑 A/D 转换的量化误差、系统的系数量化误差、运算量化误差以及信号的动态范围、滤波器增益等指标，才能最终确定合理的设计参数。

习题与上机题

8.1 试求题 8.1 图中各结构的差分方程及系统函数。

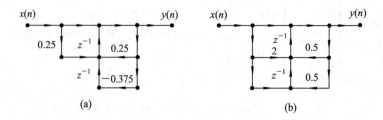

题 8.1 图

8.2 证明题 8.2 图所示的两个系统的极点相同。

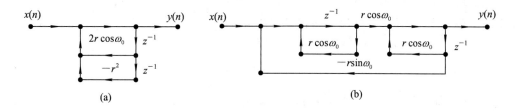

题 8.2 图

8.3　设某系统的系统函数为

$$H(z) = \frac{3 + 4.2z^{-1} + 0.8z^{-2}}{2 + 0.6z^{-1} - 0.4z^{-2}}$$

试分别画出其直接型Ⅰ、直接型Ⅱ结构图。

8.4　已知系统用下面差分方程描述：

$$y(n) - \frac{3}{4}y(n-1) + \frac{1}{8}y(n-2) = x(n) + \frac{1}{3}x(n-1)$$

试分别画出系统的直接型Ⅱ、级联型和并联型结构。

8.5　设数字滤波器的差分方程为

$$y(n) = (a+b)y(n-1) - aby(n-2) + x(n-2) + (a+b)x(n-1) + abx(n)$$

式中，$|a| < 1$，$|b| < 1$。试画出该滤波器的直接型Ⅱ和级联型。

8.6　设线性时不变系统的系统函数为

$$H(z) = \frac{4(1 + z^{-1})(1 - 1.414z^{-1} + z^{-2})}{(1 - 0.5z^{-1})(1 + 0.9z^{-1} + 0.81z^{-2})}$$

试画出所需延时单元最少的一种级联型结构。

8.7　若系统的系统函数为

$$H_1(z) = 1 - 0.6z^{-1} - 1.414z^{-2} + 0.864z^{-3}$$
$$H_2(z) = 1 - 0.98z^{-1} + 0.9z^{-2} - 0.898z^{-3}$$
$$H_3(z) = H_1(z)/H_2(z)$$

试分别画出其直接型Ⅱ算法结构。

8.8　试求题 8.8 图中各个系统的总单位脉冲响应和系统函数。

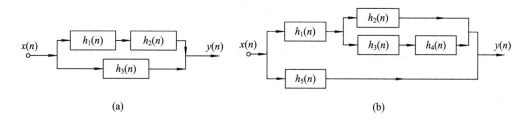

题 8.8 图

8.9　设滤波器的单位脉冲响应为

$$h(n) = a^n u(n) \quad (0 < a < 1)$$

试求滤波器的系统函数，并画出它的直接型Ⅱ结构。

8.10　已知系统的单位脉冲响应为

$$h(n) = \delta(n) + 2\delta(n-1) + 0.3\delta(n-2) + 2.5\delta(n-3) + 0.5\delta(n-5)$$

试求该系统的系统函数,并画出它的直接型结构。

8.11 已知 FIR 数字滤波器的系统函数为

$$H(z) = \frac{1}{10}(1 + 0.9z^{-1} + 2.1z^{-2} + 0.9z^{-3} + z^{-4})$$

试画出该滤波器的直接型结构和线性相位型结构。

8.12 已知 FIR 数字滤波器系统函数为

$$H(z) = \left(1 + \frac{1}{2}z^{-1}\right)(1 + 2z^{-1})\left(1 - \frac{1}{4}z^{-1}\right)(1 - 4z^{-1})$$

试画出该滤波器的直接型、级联型和线性相位型结构。

8.13 已知 FIR 滤波器的单位脉冲响应为

$$h(n) = \delta(n) - \delta(n-1) + \delta(n-4)$$

试用频率采样结构实现该滤波器。设采样点数 $N=5$,要求画出频率采样网络结构,写出该滤波器的参数计算公式。

8.14 用频率采样结构实现以下系统函数:

$$H(z) = \frac{5 - 2z^{-3} - 3z^{-6}}{1 - z^{-1}}$$

采样点数 $N=6$,修正半径 $r=0.9$。

8.15 已知 $h(n)$ 为实序列的 FIR 数字滤波器,$N=8$,其频率响应的采样值 $H(k)(0 \leqslant k \leqslant 7)$ 为

$$H(0) = 19, \quad H(1) = 1.5 + j(1.5 + \sqrt{2}), \quad H(2) = 0$$

$$H(3) = 1.5 + j(\sqrt{2} - 1.5), \quad H(4) = 5$$

(1) 求 $k=5, 6, 7$ 的 $H(k)$ 值;

(2) 求其频率采样结构表达式,并画出相应的结构流图;

(3) 求单位脉冲响应 $h(n)$;

8.16 设线性时不变系统的单位脉冲响应为

$$h(n) = a^n R_8(n)$$

(1) 画出该系统的直接型结构;

(2) 证明该系统的系统函数为

$$H(z) = \frac{1 - a^8 z^{-8}}{1 - az^{-1}}$$

根据该系统函数画出由 FIR 系统和 IIR 系统的级联而成的算法结构。

(3) 请比较(1)、(2)两种结构,哪种算法结构所需的延时单元最少?哪种结构所需的运算次数最少?

8.17 已知 3 个因果稳定系统的系统函数分别为

$$H_1(z) = \frac{(1 - 0.5e^{j\pi/3}z^{-1})^2 (1 - 0.5e^{-j\pi/3}z^{-1})^2}{1 - 0.81z^{-2}}$$

$$H_2(z) = \frac{(1 - 0.5e^{j\pi/3}z^{-1})(1 - 0.5e^{-j\pi/3}z^{-1})(0.5e^{-j\pi/3} - z^{-1})(0.5e^{j\pi/3} - z^{-1})}{1 - 0.81z^{-2}}$$

$$H_3(z) = \frac{(0.5e^{j\pi/3} - z^{-1})^2 (0.5e^{-j\pi/3} - z^{-1})^2}{1 - 0.81z^{-2}}$$

试利用 MATLAB 分别画出

(1) 系统的零、极点分布图，是否有最小相位系统？

(2) 系统的幅频、相频响应图。

(3) 单位脉冲响应 $h_1(n)$、$h_2(n)$、$h_3(n)$ 的曲线图。

8.18　设数字滤波器的系统函数为

$$H(z) = \frac{0.017\ 221\ 333z^{-1}}{1 - 1.723\ 568\ 2z^{-1} + 0.740\ 818\ 22z^{-2}}$$

现用 8 bit 字长的寄存器存放其系数，试求此时该滤波器的实际 $\hat{H}(z)$ 表示式。

8.19　设 A/D 变换器的输入信号为随机信号，服从标准正态分布 $N(0, 1)$，概率密度函数为

$$p(x) = \frac{1}{\sqrt{2\pi}} e^{-x^2/2}$$

A/D 变换器的动态范围为 ± 1 V，要求输出信噪比 SNR$\geqslant 60$ dB，试估计所需 A/D 变换器的位数。

8.20　A/D 变换器的字长为 $b+1$，其输出端连接一个系统，系统的单位脉冲响应为

$$h(n) = [a^n + (-a)^n]u(n) \quad (0 < a < 1)$$

试求系统输出的 A/D 量化噪声方差 σ_f^2。

8.21　如果系统的差分方程为

$$y(n) = 0.999y(n-1) + x(n)$$

输入信号按 8 位舍入法量化，试求因量化而产生的输出噪声功率 σ_f^2。

8.22　设系统的系统函数为

$$H(z) = \frac{1}{(1 - 0.25z^{-1})(1 - 0.35z^{-1})(1 - 0.65z^{-1})(1 - 0.75z^{-1})}$$

(1) 试画出该系统的直接型 Ⅱ、级联型和并联型算法结构。

(2) 若系统采用 $b+1$（含 1 位符号位）定点补码运算，针对上面三种结构，分别计算由有限字长乘法运算舍入量化噪声所产生的输出噪声功率，并进行比较。

8.23　若系统由两个子系统级联而成。两个子系统的系统函数分别为

$$H_1(z) = \frac{1}{1 - 0.5z^{-1}}, \qquad H_2(z) = \frac{1}{1 - 0.25z^{-1}}$$

两种级联方式分别为 $H(z) = H_1(z)H_2(z)$ 和 $H(z) = H_2(z)_1H(z)$，试分别计算在两种不同的级联实现时，由有限字长乘法运算舍入量化噪声所产生的输出噪声功率，并进行比较。

8.24　设 FIR 数字滤波器的系统函数为

$$H(z) = 1 + 0.75z^{-1} + 0.125z^{-2} + 0.375z^{-3} + 0.5z^{-4}$$

若采用 7 位（含 1 位符号位）定点运算，用舍入方式进行量化处理，试计算直接型算法结构由有限字长乘法运算舍入量化噪声所产生的输出噪声功率。

8.25　已知 IIR 滤波器的系统函数为

$$H(z) = \frac{0.0125 - 0.0064z^{-1} + 0.0038z^{-2} - 0.0038z^{-4} + 0.0064z^{-5} - 0.0125z^{-6}}{1 - 0.8781z^{-1} + 2.8033z^{-2} - 1.5416z^{-3} + 2.4688z^{-4} - 0.6771z^{-5} + 0.6779z^{-6}}$$

利用 MATLAB 实现该滤波器的级联型结构。

8.26 已知线性相位 FIR 数字滤波器的系统函数为

$$H(z) = -0.0013 + 0.0264z^{-1} + 0.1558z^{-2} + 0.3192z^{-3} + 0.3192z^{-4} +$$
$$0.1558z^{-5} + 0.0264z^{-6} - 0.0013z^{-7}$$

利用 MATLAB 实现该滤波器的级联型结构。

8.27 已知 IIR 滤波器的系统函数为

$$H(z) = \frac{0.1157 + 0.271z^{-1} + 0.2710z^{-2} + 0.1157z^{-3}}{1 - 0.7421z^{-1} + 0.7211z^{-2} - 0.2057z^{-3}}$$

利用 6 位(含 1 位符号位)字长舍入、截尾两种量化方式对其系数量化。利用 MATLAB 画出直接型、级联型结构系数量化后系统的零极点分布图和幅频响应图。

第 9 章　多速率数字信号处理

9.1　引　　言

前 8 章讨论的内容默认一个数字系统的采样频率 F_s 是固定不变的，但在实际应用中，经常遇到一个系统中存在多个采样频率的情况，如移动通信中多个标准的兼容、音频视频信号处理、宽带接收下的窄带信号处理等。在多个采样频率并存的数字系统中，对信号进行采样率转换是必不可少的环节，称之为多速率数字信号处理。目前，多速率数字信号处理已经成为数字信号处理领域的一个重要分支。

要理解并实现多速率数字信号处理，首先要理解采样率转换对序列频谱的影响。本章深入分析了整数倍抽取、整数倍内插以及分数倍采样率转换导致的序列频谱变化，然后详细介绍了上述采样率转换过程的一般实现方法，最后讨论了它们的多相滤波器实现。

9.2　采样率转换

第 2 章中对时域采样定理的阐述说明，在数字系统中，为了减少采样时的频谱混叠，应该选择较高的采样频率。然而，采样频率提高意味着相同时间内采样所得的数据增多，导致后续信号处理过程中存储和计算的负担增大。此外，采样频率提高还会导致频谱分辨率下降(参见第 3 章)，数字滤波器阶数增加(参见第 7 章)等。因此，实际的数字信号处理系统中常采用多个采样频率，如使用高速 A/D 变换器对模拟信号采样后再降低采样频率对其进行处理。相应地，在信号发射端则需要将较低采样频率的信号转换成高采样频率的信号。本节分别介绍序列的整数倍抽取、整数倍内插和分数倍采样率转换。

9.2.1　整数倍降低采样率

对连续时间信号 $x_a(t)$ 采样，设采样间隔为 T_1，采样频率 $F_{s1}=1/T_1$，则采样所得序列 $x(n)=x_a(nT_1)$。对 $x(n)$ 每 D 点取 1 点构成新序列 $y(n)=x(Dn)$，如图 9.2.1 所示。

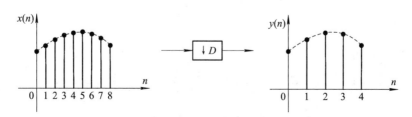

图 9.2.1　$D=2$ 倍抽取示意图

序列 $y(n)$ 相邻两点之间的时间间隔 T_2 是 T_1 的 2 倍，相应地 $F_{s2}=1/T_2$ 是 F_{s1} 的 $1/2$。因为

$$y(n) = x(Dn) = x_a(nDT_1) = x_a(nT_2) \qquad (9.2.1)$$

所以，对序列每 D 点取 1 点实现了采样频率由 F_{s1} 到 F_{s2} 的变换，而 $F_{s2}=F_{s1}/D$，称为降 D 倍采样，常用符号 $\downarrow D$ 表示。其中，D 是 Decimation 的首字母，表示抽取。

类似于连续时间信号的时域采样，设周期脉冲序列 $\tilde{p}(n) = \sum\limits_{i=-\infty}^{\infty} \delta(n-iD)$，其周期为 D，将其与 $x(n)$ 相乘，得

图 9.2.2 $D=2$ 时的采样序列 $x_1(n)$

$$\begin{aligned} x_1(n) &= x(n) \sum_{i=-\infty}^{\infty} \delta(n-iD) \\ &= x(n)\tilde{p}(n) \qquad (9.2.2) \end{aligned}$$

则有 $x_1(n)=\begin{cases} x(n) & (n=0, \pm D, \pm 2D, \cdots) \\ 0 & (\text{其他}) \end{cases}$，如图 9.2.2 所示。因为 $x_1(n)$ 保留了 D 的整数倍处 $x(n)$ 的值，其余各处都是零，所以称 $x_1(n)$ 为 $x(n)$ 的采样序列。

根据式(2.2.21)，$x_1(n)$ 的频谱是 $X(e^{j\omega})$ 与 $P(e^{j\omega})$ 的卷积。因为

$$\tilde{P}(k) = 1 \quad (-\infty \leqslant k \leqslant \infty)$$

利用 DFS 与 SFT 的关系，得

$$P(e^{j\omega}) = \frac{2\pi}{D} \sum_{k=0}^{D-1} \tilde{P}(k) \tilde{\delta}\left(\omega - \frac{2\pi}{D}k\right) = \frac{2\pi}{D} \sum_{k=0}^{D-1} \tilde{\delta}\left(\omega - \frac{2\pi}{D}k\right)$$

所以，$x_1(n)$ 的 SFT 为

$$X_1(e^{j\omega}) = \frac{1}{D} \sum_{k=0}^{D-1} X\left(e^{j\left(\omega - \frac{2\pi}{D}k\right)}\right) \qquad (9.2.3)$$

式(9.2.3)说明，用周期脉冲序列对 $x(n)$ 采样，使得 $X(e^{j\omega})$ 以 $2\pi/D$ 为周期进行周期延拓，同时幅度除以 D。当 $D=2$ 时，序列及频谱示意如图 9.2.3(b)所示。

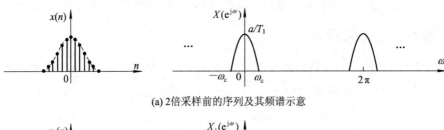

(a) 2倍采样前的序列及其频谱示意

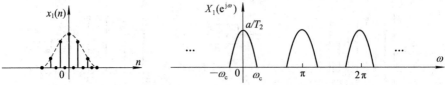

(b) 2倍采样后的序列及其频谱示意

图 9.2.3 2倍采样给序列带来的时域及频域变化

舍弃采样序列 $x_1(n)$ 中 D 的非整数倍处的零，得 D 倍抽取序列 $y(n)$。因为

$$Y(e^{j\omega}) = \sum_{n=-\infty}^{\infty} x(Dn)e^{-j\omega n} \xrightarrow{Dn=m} \sum_{m=D\text{整数倍}}^{\infty} x(m)e^{-j\omega m/D} = \sum_{n=-\infty}^{\infty} x_1(n)e^{-j\omega n/D}$$

所以

$$Y(e^{j\omega}) = X_1(e^{j\frac{\omega}{D}}) \tag{9.2.4}$$

式(9.2.4)说明，采样序列的谱对 ω 进行尺度变换（展宽 D 倍）后就是抽取所得序列的频谱。当 $D=2$ 时，序列及频谱如图 9.2.4 所示。

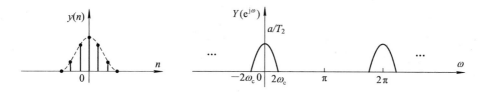

图 9.2.4　2 倍抽取后序列的频谱

图 9.2.3(b)和图 9.2.4 所示是 D 倍抽取时频谱不发生混叠的情况。此时，D 倍抽取前、后的序列 $x(n)$ 和 $y(n)$ 是 $x_a(t)$ 在不同采样频率下的表示，都可以恢复该信号。

将式(9.2.3)代入式(9.2.4)得

$$Y(e^{j\omega}) = \frac{1}{D}\sum_{k=0}^{D-1} X(e^{j\frac{\omega-2\pi k}{D}}) \tag{9.2.5}$$

对比式(2.5.13)的连续时间信号采样可以发现，序列的整数倍抽取对序列频谱造成的变化同样是周期延拓、幅度除以某个值以及自变量的函数变换。类比于奈奎斯特采样定理，D 倍抽取不发生频谱混叠的条件是

$$\omega_c \leqslant \frac{\pi}{D} \tag{9.2.6}$$

式(9.2.6)给出的条件确保序列能够进行 D 倍抽取。实际上，将该条件换一个角度来描述，设 ω_c 对应于模拟频率 f_c，即

$$\frac{2\pi f_c}{F_{s1}} \leqslant \frac{\pi}{D} \tag{9.2.7}$$

整理得

$$F_{s1} \geqslant 2Df_c \tag{9.2.8}$$

式(9.2.8)说明，整数倍抽取的条件仍然是采样频率与信号最高频率之间的约束关系，由于整数倍抽取导致采样频率降低，因此要求更严于奈奎斯特采样条件。但本质上，该条件在新的采样频率下又回归到奈奎斯特采样条件。图 9.2.5 是发生混叠时以 Ω 为横轴的频谱。

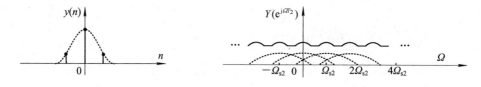

图 9.2.5　4 倍抽取后的序列及其频谱

如图 9.2.5 所示，当 $\Omega_c > \Omega_{s2} - \Omega_c$ 时频谱混叠，此时 $\Omega_{s2} < 2\Omega_c$。与奈奎斯特采样之前连续时间信号必先通过抗混叠滤波的处理过程一样，序列 D 倍抽取前也要先通过一个截止频率为 π/D 的数字滤波器，如图 9.2.6 所示。图 9.2.7 是序列先过抗混叠滤波器再进行 4 倍抽取后的频谱，其中的滤波器具有理想的频率响应，实际中可将过渡带设计得陡峭一些。

抗混叠滤波可以减少抽取带来的频谱混叠，但同时也损失了信号的高频信息，在选择抽取率时需要按照式(9.2.8)进行合理设计，既要尽量保留信号的有用信息，也要留够余量。

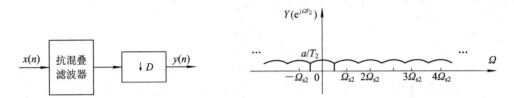

图 9.2.6 整数倍抽取实现框图　　　　　图 9.2.7 抗混叠滤波后 4 倍抽取

【例 9.2.1】　设高斯序列 $x(n)$ 的参数为 $p=0$，$q=100(-24 \leqslant n \leqslant 24)$，对其进行 3 倍抽取，得到序列 $y(n)$，试用 MATLAB 比较抽取前后序列的幅频特性。

解　MATLAB 程序如下：

```
p=0; q=100; n=-24: 24;
x=exp(-(n-p).^2/q);                              % 抽取前的序列
D=3;                                             % 抽取因子
b=1/D * ones(1, D);                              % 低通滤波器(CIC)
y=x(1: D: length(x));                            % 未滤波直接抽取的序列
x1=conv(b, conv(b, conv(b, conv(b, conv(b, x)))));
y1=x1(1: D: length(x1));                         % 滤波后再抽取的序列
fx=fft(x, 256); fy=fft(y, 256); fy1=fft(y1, 256);  % 设定 DFT 点数为 256
```

由图 9.2.8(a)可以看出，$x(n)$ 的频带宽度小于 $\pi/3$，且在 $\pi/3$ 以外的频谱值非常小（与最大值相比低了 70 dB 以上），3 倍抽取的频谱混叠较小，滤波能进一步减少混叠，但二者差别不明显。若将 q 取为 55，则由于高斯序列在时域的变化更快，因此高频分量增多，带宽增大，如图 9.2.9(a)所示。未滤波的频谱混叠明显，抗混叠滤波的效果非常明显。

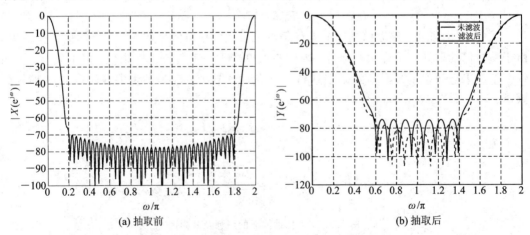

(a) 抽取前　　　　　　　　　　　　(b) 抽取后

图 9.2.8 $q=100$ 时 3 倍抽取前后序列的幅频特性

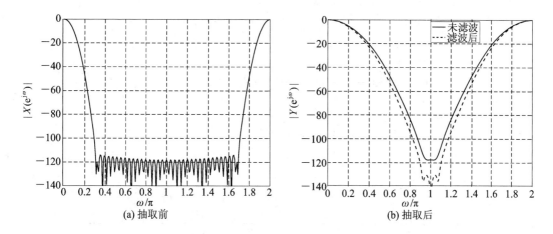

图 9.2.9　$q=55$ 时 3 倍抽取前后序列的幅频特性

例 9.2.1 说明,实际做 D 倍抽取时,式(9.2.8)的条件仅仅是对序列频带宽度的最低要求,为确保不损失信号的有用信息,信号带宽往往远小于该条件给出的值。

9.2.2　整数倍提高采样率

整数倍内插与整数倍抽取的作用恰好相反,其目的是提高采样频率,常用符号↑I 表示。其中,I 为 Interpolation 的首字母,表示内插。I 倍内插最简单的一种方法是在相邻采样点之间插入 $I-1$ 个零之后通过抑制镜像的低通滤波器,实现框图如图 9.2.10 所示。

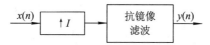

图 9.2.10　整数倍内插实现框图

设 $x(n)=x_{\mathrm{a}}(nT_1)$,在 $x(n)$ 相邻样点间插 $I-1$ 个零后,得到序列为

$$v(n)=\begin{cases} x(n/I) & (n=0,\pm I,\pm 2I,\cdots)\\ 0 & (其他) \end{cases} \tag{9.2.9}$$

其 SFT 为

$$V(\mathrm{e}^{\mathrm{j}\omega})=\sum_{n=-\infty}^{\infty}v(n)\mathrm{e}^{-\mathrm{j}\omega n}=\sum_{n=0,\pm I,\pm 2I,\cdots}x(n/I)\mathrm{e}^{-\mathrm{j}\omega n}$$

$$\xrightarrow{n_1=n/I}\sum_{n_1=-\infty}^{\infty}x(n_1)\mathrm{e}^{-\mathrm{j}\omega n_1 I}=X(\mathrm{e}^{\mathrm{j}\omega I})$$

由此证明,插零后序列的频谱为

$$V(\mathrm{e}^{\mathrm{j}\omega})=X(\mathrm{e}^{\mathrm{j}\omega I}) \tag{9.2.10}$$

以 $I=2$ 为例,设以 F_{s1} 为采样频率对 $x_{\mathrm{a}}(t)$ 采样得到序列 $x(n)$,在其相邻样点间插入 1 个零后得到序列 $v(n)$,$x(n)$ 及 $v(n)$ 的时域波形和 SFT 如图 9.2.11、图 9.2.12 所示。

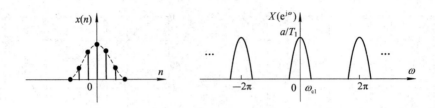

图 9.2.11 2 倍内插前序列的时域波形及其 SFT

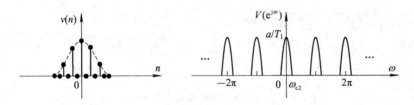

图 9.2.12 2 倍内插后序列的时域波形及其 SFT

由式(9.2.10)可知,在序列相邻采样点之间插零使得数字频谱压缩,即 $\omega_{c2}=\omega_{c1}/I$。由于 $X(e^{j\omega})$ 以 2π 为周期,因此 $X(e^{j\omega I})$ 的周期为 $2\pi/I$,即在 $[0,2\pi]$ 区间存在 I 个周期,将主值区间 $[-\pi/I,\pi/I]$ 以外的频谱称为镜像频谱。将 $v(n)$ 通过一个增益为 I、截止频率为 π/I 的低通滤波器就可以将这些镜像频谱滤除,获得采样频率 $F_{s2}=IF_{s1}$ 的序列 $y(n)$,其时域波形和 SFT 如图 9.2.13 所示。

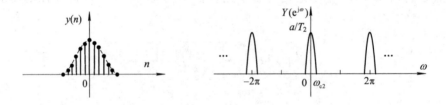

图 9.2.13 抑制镜像滤波后序列的时域波形及其 SFT

【例 9.2.2】 设序列 $x(n)=\{0,1,2,3,4,5,6,7,8,7,6,5,4,3,2,1,0\}_{[0,16]}$,3 倍内插后的序列为 $y(n)$,试用 MATLAB 比较内插前后的序列。

解 MATLAB 程序如下:

```
x=[0: 7 8 7: -1: 0];            % 内插前的序列
I=3;                            % 内插因子
y=zeros(1, I * length(x));
y1(1: I: length(y))=x;          % 插零之后的序列
fx=fft(x, 512);                 % 设定 FFT 点数为 512
fy=fft(y, 512);
b=I * fir1(15, 1/I);            % 设计低通滤波器
y=conv(y1, b);                  % 滤除镜像频谱后的序列
```

插零前后序列的幅频特性如图 9.2.14 所示。将插零后的序列经过抑制镜像滤波器则可获得高采样率的序列,如图 9.2.15(b)所示。

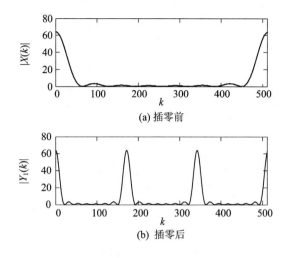

图 9.2.14　插零前后序列的幅频特性

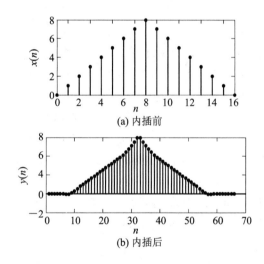

图 9.2.15　3 倍内插并过低通滤波器的效果

9.2.3　分数倍转换采样率

在实际应用中，常常遇到采样率非整数倍转换的情况，利用 D 倍抽取和 I 倍内插（整数 D 与 I 互为素数）可实现 I/D 倍的采样率转换，称为采样率的分数倍转换。具体实现时，先对序列进行 I 倍内插再对内插后的序列进行 D 倍抽取（若先抽取再内插，则易受抽取条件的限制）。将图 9.2.10 所示的 I 倍内插实现框图与图 9.2.6 所示的 D 倍抽取实现框图级联时，抑制镜像滤波器和抗混叠滤波器是截止频率、增益互不相同的低通滤波器，使用一个低通滤波器并合理设置它的截止频率、增益可以同时兼顾抑制镜像滤波器和抗混叠滤波器的滤波需求。由此可得分数倍转换采样率的实现框图，如图 9.2.16 所示。

图 9.2.16 中，若序列 $x(n)$ 的采样频率为 F_{s1}，则序列 $y(n)$ 的采样频率 $F_{s2} = IF_{s1}/D$，并且低通滤波器的增益为 I，截止频率为 $\min(\pi/I, \pi/D)$。下面在 9.2.1 节和 9.2.2 节的基础上分析 $y(n)$ 和 $x(n)$ 的频谱关系。

图 9.2.16   分数倍转换采样率的实现框图

设抗混叠滤波器和抑制镜像滤波器都是理想低通滤波器，它们的频率响应分别是

$$H_D(e^{j\omega}) = \begin{cases} 1 & (0 \leqslant |\omega| \leqslant \pi/D) \\ 0 & (其他) \end{cases}$$

$$H_I(e^{j\omega}) = \begin{cases} I & (0 \leqslant |\omega| \leqslant \pi/I) \\ 0 & (其他) \end{cases}$$

那么，图 9.2.16 中低通滤波器的频率响应为

$$H(e^{j\omega}) = \begin{cases} I & (0 \leqslant |\omega| \leqslant \min(\pi/D,\ \pi/I)) \\ 0 & (其他) \end{cases}$$

根据式(9.2.4)和式(9.2.10)，图 9.2.16 中序列 $y(n)$ 的频谱满足：

$$Y(e^{j\omega}) = \begin{cases} \dfrac{I}{D} X(e^{j\omega\frac{I}{D}}) & (0 \leqslant |\omega| \leqslant \min(\pi,\ D\pi/I)) \\ 0 & (其他) \end{cases} \qquad (9.2.11)$$

如果图 9.2.16 中输入序列 $x(n)$ 含有干扰，那么，低通滤波器除了满足采样率转换的需求以外，还可以进行干扰滤除。此时，要根据干扰的具体情况和抽取、内插的滤波需求共同来设定滤波器的通带截止频率，如例 9.2.3。

【例 9.2.3】 设序列 $x(n)$ 的采样频率 $F_s = 50\ \text{kHz}$，最高频率 $f_{max} \leqslant 7\ \text{kHz}$，且在 8.5 kHz 处有一单频干扰。若该序列经过采样率转换后输出序列 $y(n)$ 的采样频率 $F_s = 20\ \text{kHz}$，试确定采样率转换的参数 I、D 以及能滤除单频干扰、保留原信号的低通滤波器的通带截止频率 ω_p。

解 首先，确定内插和抽取的倍数。因为 $20/50 = 2/5$，所以 $I = 2$，$D = 5$。

然后，计算 2 倍内插后单频干扰的数字角频率：

$$\frac{2\pi \times 8.5}{50 \times 2} = 0.17\pi$$

最后，确定通带截止频率：

$$\omega_p = \min\left(\frac{\pi}{2},\ \frac{\pi}{5},\ 0.17\pi\right) = 0.17\pi$$

例 9.2.3 中的低通滤波器不仅要满足内插和抽取的需求，还要滤除单频干扰。在设计该滤波器的通带截止频率时，由于滤波器位于 I 倍内插之后，因此使用的采样频率是输入序列采样频率的 I 倍。

9.3   采样率转换的多相滤波器实现

在 9.2 节讨论的采样率转换实现框图中，进行抗混叠滤波或抑制镜像滤波时序列的采样频率均较高，按照图 9.2.6、图 9.2.10 和图 9.2.16 所示的处理流程来实现并不高效。本节讨论当抗混叠滤波器和抑制镜像滤波器都是 FIR 滤波器时采样率转换的高效实现方法。下面首先介绍 FIR 滤波器的多相分解。

9.3.1　FIR 滤波器的多相分解

设 $N-1$ 阶 FIR 滤波器的单位脉冲响应是 $h(n)$，对 $h(n)$ 进行多相分解可以得到一种并联结构，适合采样率转换的高效实现。以整数倍抽取为例，设 N 是 D 的 r 倍，r 是整数（若不满足可在 $h(n)$ 末尾补零）。

将 $h(n)$ 多相分解得到 D 个子系统，即

$$h_i(m) = h(mD+i) \quad (m=0,1,\cdots,r-1; \; i=0,1,\cdots,D-1) \quad (9.3.1)$$

设 $H(z)$ 是 FIR 滤波器 $h(n)$ 的传输函数，则

$$H(z) = \sum_{n=0}^{N-1} h(n)z^{-n} \xrightarrow{n=mD+i} \sum_{i=0}^{D-1}\sum_{m=0}^{r-1} h_i(m)z^{-(mD+i)} = \sum_{i=0}^{D-1} z^{-i}E_i(z^D) \quad (9.3.2)$$

其中，$E_i(z)$ 是子系统 $h_i(m)$ 的传输函数，且

$$E_i(z^D) = \sum_{m=0}^{r-1} h_i(m)z^{-mD} \quad (9.3.3)$$

式(9.3.2)是 $H(z)$ 的多相实现形式，$E_i(z)$ 称为 $H(z)$ 的多相分量。

由上述推导可知，$h(n)$ 进行多相分解得到的子系统 $h_i(m)$ 是 $h(n)$ 以 $i(i=0,1,\cdots,D-1)$ 为时间起始点的 D 倍抽取序列。对于在整数倍抽取中应用的 FIR 低通滤波器 $h(n)$，因为它的通带截止频率不大于 π/D，所以 $h_i(m)$ 仍然是低通滤波器。并且，这些低通滤波器具有相同的通带截止频率，数值上等于原系统 $h(n)$ 的通带截止频率的 D 倍。同理，在整数倍内插中对 $h(n)$ 进行以 I 为因子的多相分解，可以得到如下多相实现形式：

$$H(z) = \sum_{n=0}^{N-1} h(n)z^{-n} \xrightarrow{n=mI+i} \sum_{i=0}^{I-1}\sum_{m=0}^{r-1} h_i(m)z^{-(mI+i)} = \sum_{i=0}^{I-1} z^{-i}E_i(z^I) \quad (9.3.4)$$

式中，$N=rI$，r 是整数。

当整数倍抽取前的抗混叠滤波和整数倍内插后的抑制镜像滤波均用 FIR 滤波器实现时，结合第 8 章图 8.4.1 所示的直接型结构，可得到如图 9.3.1 和图 9.3.2 所示的信号流图。

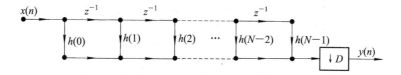

图 9.3.1　利用 FIR 滤波的整数倍降低采样率的实现框图

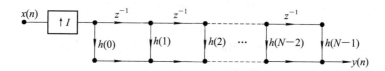

图 9.3.2　利用 FIR 滤波的整数倍提高采样率的实现框图

图 9.3.2 中，$h(0)$，$h(1)$，$\cdots$，$h(N-1)$ 表示 $N-1$ 阶 FIR 滤波器的系数。

分别将图 9.3.1 和图 9.3.2 中 FIR 滤波器的直接型结构用式(9.3.2)和式(9.3.4)所示的多相结构替代，得到如图 9.3.3 和图 9.3.4 所示的信号流图。

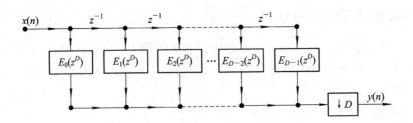

图 9.3.3 FIR 滤波器多相实现形式的整数倍降低采样率的实现框图

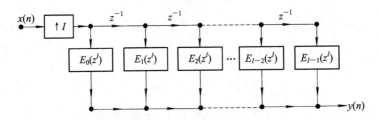

图 9.3.4 FIR 滤波器多相实现形式的整数倍提高采样率的实现框图

因为整数倍抽取时每 D 个 FIR 滤波器的输出结果中需丢弃 $D-1$ 个，而整数倍内插时每 I 个 FIR 滤波器的输入值中就有 $I-1$ 个零，所以图 9.3.3 和图 9.3.4 的计算效率都是非常低的。采样率转换的多相滤波器结构具有较高的计算效率，它不仅在滤波器组理论中具有重要作用，基于该结构还能推导出采样率转换的时变滤波器。

9.3.2 整数倍抽取和内插的多相滤波器实现

为了推导采样率转换的多相滤波器实现形式，需要利用整数倍抽取和内插的相关特性。当整数倍抽取或内插与滤波器级联时，存在如图 9.3.5 所示的等效级联形式。

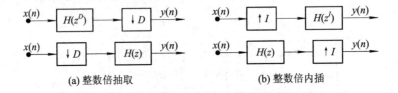

(a) 整数倍抽取　　　　　　　(b) 整数倍内插

图 9.3.5 整数倍抽取和内插与滤波器的等效级联形式

以图 9.3.5(a) 的等效级联形式为例，设 $h(n)$ 是 $N-1$ 阶 FIR 低通滤波器，其系统函数是 $H(z)$。根据图示结构可知，先抽取后滤波所得的输出序列为

$$y(n) = x(Dn) * h(n) \tag{9.3.5}$$

设先滤波后抽取时滤波器的单位脉冲响应是 $p(n)$，由于其系统函数 $P(z)=H(z^D)$，因此 $p(n)$ 是 $h(n)$ 的 D 倍内插序列，即 $p(n)=\begin{cases} h(n/D) & (n=mD) \\ 0 & (其他) \end{cases}$。若该滤波器的输出序列为 $g(n)$，则

$$g(n) = \sum_{i=0}^{DN-1} x(n-i)p(i) = \sum_{\substack{i=0 \\ i=mD}}^{DN-1} x(n-i)h\left(\frac{i}{D}\right)$$

$$\stackrel{i=mD}{=\!=\!=\!=}\sum_{m=0}^{N-1}x(n-mD)h(m)$$

由于 $y(n)=g(Dn)$，因此

$$y(n)=\sum_{m=0}^{N-1}x(Dn-mD)h(m)=\sum_{m=0}^{N-1}x[D(n-m)]h(m)$$

对比式(9.3.5)可知，图 9.3.5(a)的等效级联形式说明两种实现形式的输出序列相同，图 9.3.5(b)留给读者自行证明。虽然两种形式都能实现采样率转换，但是为了有效提高计算效率，往往将滤波放在抽取之后或内插之前，即在采样率较低时进行滤波。

由于交换抽取 $\downarrow D$ 与求和的次序，不改变传输特性，因此将图 9.3.3 中的抽取环节 $\downarrow D$ 放在 D 项求和之前，进一步利用图 9.3.5(a)中抽取与滤波器的等效级联形式，将 $\downarrow D$ 置于 $E_i(z^D)$ 之前，得到整数倍降低采样率时的多相滤波器实现框图，如图 9.3.6 所示。

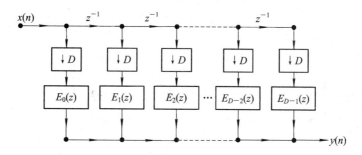

图 9.3.6 整数倍降低采样率的多相滤波器实现框图

按照图 9.3.3 的实现方式，乘法和加法都是在采样率高的时候进行，而按照图 9.3.6 的实现方式，高采样率的输入序列先转换成低采样率的序列再做乘法和加法，同时各个多相分量的阶数降为原滤波器的 $1/D$，有效地提高了计算效率。

对于整数倍提高采样率，注意到内插后序列中零值的分布规律，再利用图 9.3.5(b)的等效级联形式，可以由图 9.3.4 推出如图 9.3.7 所示的高效实现形式。

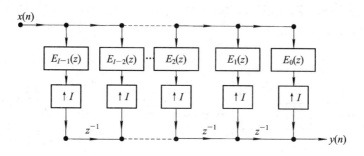

图 9.3.7 整数倍提高采样率的多相滤波器实现框图

习题与上机题

9.1 分析判断下列信号是否能够进行 2 倍抽取。

(1) $x(n)=\cos(\pi n/4)$；

(2) $x(n) = \cos(\pi n/8) + \cos(2\pi n/3)$；

(3) $x(n) = (-1)^n \sin(\pi n/5)/(\pi n/5)$。

9.2 考虑一稳定的实序列 $x(n)$，它是偶对称的，即 $x(n) = x(-n)$，且其序列的傅里叶变换 $X(e^{j\omega})$ 满足 $X(e^{j\omega}) = X(e^{j(\omega-\pi)})$。

(1) 证明 $X(e^{j\omega})$ 是以 π 为周期的连续函数；

(2) 求 $x(3)$ 的值；

(3) 令 $y(n)$ 是 $x(n)$ 的 2 倍抽取，即 $y(n) = x(2n)$。分析判断能否从 $y(n)$ 中对全部的 n 恢复出 $x(n)$。

9.3 考虑题 9.3 图所示系统，输入为 $x(n)$，输出为 $y(n)$。零值插入系统在序列 $x(n)$ 的每相邻两个值之间插入 2 个零值点，抽取系统定义为 $y(n) = w(5n)$，其中，$w(n)$ 是抽取系统的输入序列。若输入 $x(n)$ 为

$$x(n) = \frac{\sin(\omega_1 n)}{\pi n}$$

试确定下列哪个 ω_1 取值范围，使输出 $Y(e^{j\omega}) = \dfrac{3}{5} X(e^{j3\omega/5}) \ (-\pi < \omega \leqslant \pi)$。

(1) $\omega_1 \leqslant \dfrac{3}{5}\pi$；

(2) $\omega_1 > \dfrac{3}{5}\pi$。

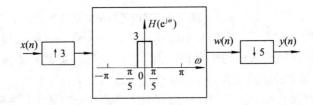

题 9.3 图

9.4 系统如题 9.4 图(a)所示，其中，ω_p 为 $\min(\pi/I, \pi/D)$，输入信号 $x(n)$ 的傅里叶变换 $X(e^{j\omega})$ 如题 9.4 图(b)所示。

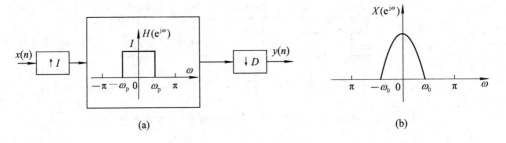

(a)　　　　　　　　　　　(b)

题 9.4 图

对下列选取的每一种 I 和 D 的值，给出最大可能的 ω_0 值，使得 $y(n)$ 的傅里叶变换 $Y(e^{j\omega}) = \dfrac{I}{D} X(e^{jI\omega/D}) \ (-\pi < \omega \leqslant \pi)$。

(1) $I = 2, D = 3$；

(2) $I=3$，$D=5$；

(3) $I=3$，$D=2$。

9.5 设序列 $x(n)=\delta(n)-\sin(0.45\pi n)/(\pi n)$，对其进行 $I=3$、$D=2$ 的采样率转换得到序列 $y(n)$，如题9.5图所示。求图中各序列的傅里叶变换 $X(e^{j\omega})$、$W(e^{j\omega})$ 和 $Y(e^{j\omega})$，并画出相应的频谱图。

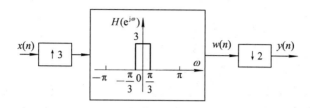

题9.5图

9.6 设某理想低通滤波器 $h(n)$ 的截止频率 $\omega_d=\pi/5$，若

$$h_1(n) = \begin{cases} h(n/2) & (n = 偶数) \\ 0 & (n = 奇数) \end{cases}$$

$$h_2(n) = \delta(n) - h(n)$$

现将 $h_1(n)$ 和 $h_2(n)$ 级联，求序列 $x(n)=\sin(0.95\pi n)-\sin(0.15\pi n)$ 经过该级联系统的输出。

9.7 设理想低通滤波器的截止频率为 $\omega_d=5\pi/12$，$h(n)$ 是系统的单位脉冲响应。若将系统 $h_1(n)=h(2n)$ 和 $h_2(n)=(-1)^n h(n)$ 级联，求序列 $x(n)=\sin(0.25\pi n)-\sin(0.75\pi n)$ 经过该级联系统的输出。

9.8 证明图9.3.5(b)中两种级联形式的输出序列相同。

9.9 设信号 $x_a(t)=m_a(t)+20\sin(2\pi f_1 t)$，其有用分量 $m_a(t)$ 的最高频率 $f_{max}=10\ kHz$，干扰分量的频率 $f_1=12\ kHz$，以采样频率 $F_s=45\ kHz$ 对 $x_a(t)$ 采样得到序列 $x(n)$，若该序列经过采样率转换后输出序列 $y(n)$ 的采样频率为 $F_s=60\ kHz$，确定采样率转换的参数 I、D 并给出以下两种方案中滤波器关键参数的取值。

(1) 若低通滤波器(见题9.4图(a))能同时滤除单频干扰，求通带截止频率 ω_p；

(2) 若先用陷波器抑制干扰，再进行采样率转换，求陷波器的系统函数和低通滤波器的通带截止频率 ω_p。

9.10 已知某音频文件所存数据的采样频率是 14 kHz，其中有用信号的最高频率为 4 kHz，对该数据处理后需要以采样频率 56 kHz 播放，用 MATLAB 设计(窗函数法)采样率升高时使用的抑制镜像滤波器(选用汉宁窗)，对该滤波器多相分解，画出各多相分量的幅频响应和相频响应。

第10章 数字信号处理应用举例

10.1 引　言

　　数字信号处理技术具备精度高、灵活性大、抗干扰性强、便于大规模集成等优点,目前已广泛地应用在语音、雷达、声呐、地震、图像、通信、控制、生物医学、遥感遥测、地质勘探、航空航天、自动化仪表等领域。本章以前九章的知识为基础,主要介绍数字信号处理在通信与信息处理中的几个典型应用,如正交变换、测量系统的频率响应、数字上下变频等。

10.2 正交移相器设计及实现

　　我们知道,无论是连续时间的实信号还是离散时间的实信号,其傅里叶变换都是共轭对称的,即

$$X_a(j\Omega) = X_a^*(-j\Omega)$$

$$X(e^{j\omega}) = X^*(e^{-j\omega})$$

即实信号的幅度分量是偶对称的,相位分量是奇对称的。所以对于实信号而言,正负频率的频谱分量包含的信息是一样的。在第2章中我们讲到,对一个最高频率为 f_{max} 的实信号,当采样频率 $F_s \geqslant 2f_{max}$ 时,不产生频谱混叠,可以由采样信号恢复出模拟信号。如果我们将信息冗余的负频率分量去掉,仅保留正频率分量,则信号带宽减小一半,可以用更低的采样频率来表示同一个信号。用正交移相器(也称 Hilbert 变换)即可构造出仅含单边频率分量的信号。下面主要介绍离散 Hilbert 变换。

10.2.1 离散时间信号的正交移相器

　　设某一信号 $z(n)$,其序列傅里叶变换为 $Z(e^{j\omega})$,如果我们要求 $Z(e^{j\omega})$ 的负频率分量为零(也可以要求其正频率分量为零),即令

$$\begin{cases} Z(e^{j\omega}) \neq 0 & (0 \leqslant \omega < \pi) \\ Z(e^{j\omega}) = 0 & (-\pi \leqslant \omega < 0) \end{cases} \tag{10.2.1}$$

此时与负频率分量为零的 $Z(e^{j\omega})$ 相对应的序列 $z(n)$ 必须是复序列。令

$$z(n) = x(n) + j\hat{x}(n) \tag{10.2.2}$$

式中,$x(n)$ 和 $\hat{x}(n)$ 均为实序列,$z(n)$ 称为 $x(n)$ 的解析信号。

　　设 $x(n)$ 和 $\hat{x}(n)$ 的傅里叶变换分别为 $X(e^{j\omega})$ 和 $\hat{X}(e^{j\omega})$,则 $z(n)$ 的傅里叶变换为

$$Z(e^{j\omega}) = X(e^{j\omega}) + j\hat{X}(e^{j\omega}) \tag{10.2.3}$$

式中，$X(\mathrm{e}^{\mathrm{j}\omega})$ 和 $\hat{X}(\mathrm{e}^{\mathrm{j}\omega})$ 均为共轭对称函数，$\mathrm{j}\,\hat{x}(n)$ 的傅里叶变换 $\mathrm{j}\,\hat{X}(\mathrm{e}^{\mathrm{j}\omega})$ 为共轭反对称函数。根据式(2.2.16)，有

$$X(\mathrm{e}^{\mathrm{j}\omega}) = \frac{1}{2}\big[Z(\mathrm{e}^{\mathrm{j}\omega}) + Z^*(\mathrm{e}^{-\mathrm{j}\omega})\big] \tag{10.2.4}$$

和

$$\mathrm{j}\hat{X}(\mathrm{e}^{\mathrm{j}\omega}) = \frac{1}{2}\big[Z(\mathrm{e}^{\mathrm{j}\omega}) - Z^*(\mathrm{e}^{-\mathrm{j}\omega})\big]$$

如果当 $-\pi < \omega < 0$ 时，$Z(\mathrm{e}^{\mathrm{j}\omega}) = 0$，则有

$$Z(\mathrm{e}^{\mathrm{j}\omega}) = \begin{cases} 2X(\mathrm{e}^{\mathrm{j}\omega}) & (0 < \omega < \pi) \\ 0 & (-\pi < \omega < 0) \end{cases} \tag{10.2.5}$$

及

$$Z(\mathrm{e}^{\mathrm{j}\omega}) = \begin{cases} 2\mathrm{j}\hat{X}(\mathrm{e}^{\mathrm{j}\omega}) & (0 < \omega < \pi) \\ 0 & (-\pi < \omega < 0) \end{cases} \tag{10.2.6}$$

由式(10.2.5)、式(10.2.6)和式(10.2.3)可得

$$\hat{X}(\mathrm{e}^{\mathrm{j}\omega}) = \begin{cases} -\mathrm{j}X(\mathrm{e}^{\mathrm{j}\omega}) & (0 < \omega < \pi) \\ \mathrm{j}X(\mathrm{e}^{\mathrm{j}\omega}) & (-\pi < \omega < 0) \end{cases} \tag{10.2.7}$$

式(10.2.7)也可表示为

$$\hat{X}(\mathrm{e}^{\mathrm{j}\omega}) = H(\mathrm{e}^{\mathrm{j}\omega})X(\mathrm{e}^{\mathrm{j}\omega}) \tag{10.2.8}$$

式中：

$$H(\mathrm{e}^{\mathrm{j}\omega}) = \begin{cases} -\mathrm{j} & (0 < \omega < \pi) \\ \mathrm{j} & (-\pi < \omega < 0) \end{cases} \tag{10.2.9}$$

　　设 $x(n)$ 和 $\hat{x}(n)$ 的广义傅里叶变换 $X(\omega)$ 和 $\hat{X}(\omega)$ 如图 10.2.1(a)所示，$z(n)$ 的广义傅里叶变换 $Z(\omega)$ 如图 10.2.1(b)所示。由图 10.2.1 可以看出，复序列的实部和虚部的广义傅里叶变换均为双边谱，而复序列本身为单边谱，幅度为实部或虚部傅里叶变换单边谱的两倍。

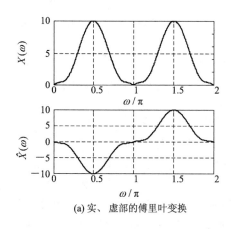
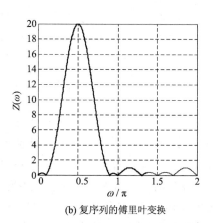

(a) 实、虚部的傅里叶变换　　　　　　　　　(b) 复序列的傅里叶变换

图 10.2.1　实、虚部及复序列的傅里叶变换

　　式(10.2.9)与式(6.3.10)相同，其幅频响应和相频响应如图 10.2.2 所示。由图 10.2.2 可见，正交移相器要求幅度全通，所有频率(0 和 π 除外)的相移都为 π/2。

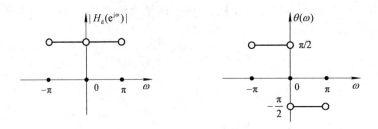

图 10.2.2　正交移相器的频率响应

通过对式(10.2.9)做序列傅里叶反变换，可得理想正交移相器的单位脉冲响应 $h_d(n)$：

$$h_d(n) = \begin{cases} \dfrac{2}{n\pi} & (n = 奇数) \\ 0 & (n = 偶数) \end{cases} \tag{10.2.10}$$

10.2.2　离散时间信号的正交移相器的实现

观察式(10.2.10)，$h_d(n)$ 是关于 $n=0$ 奇对称的无限长非因果序列，且随着 $|n|$ 增大，$|h_d(n)|$ 的取值减小，可以用窗化法设计出符合一定指标要求的 $h(n)$，即为实际正交移相器的单位脉冲响应。$h(n)$ 的长度 N 一般为奇数，若设 $N=2M+1$，则 $h(n)$ 关于 $n=M$ 奇对称，根据 6.2 节的结论可知实际正交移相器具有第二类线性相位。图 10.2.3 和图 10.2.4 分别画出了 $N=31$ 和 $N=91$ 时选择矩形窗设计出的实际正交移相器的幅频响应和相频响应。

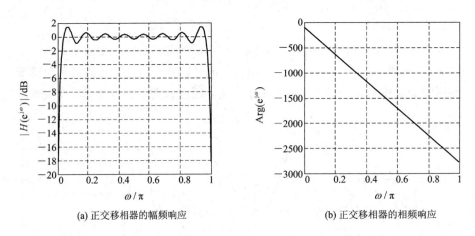

(a) 正交移相器的幅频响应　　　　　　　　(b) 正交移相器的相频响应

图 10.2.3　30 阶正交移相器的频率响应

结合 6.3 节窗函数法设计 FIR 滤波器的结论，从图 10.2.3(a)和图 10.2.4(a)中可以看到加窗截短对滤波器幅频响应带来的吉布斯效应，并且随着滤波器阶数增加，过渡带变窄，带内波动的频率增加，但波动的幅度却没有改变。若要改变波动幅度，则需要选择其他类型的窗对 $h_d(n)$ 进行截短。图 10.2.3(b)和图 10.2.4(b)则表明正交移相器除了给信号带来 90° 的相移以外，由于移位 M 的影响还附加了一个线性相位。因此，利用正交移相器产生正交信号时要依照图 10.2.5 所示的模型。从图 10.2.5 中可以看出，只有当正交移相器的长度 N 为奇数时，输入信号 $x(n)$ 经过的延迟 M 才是整数，从而得到正交的两路信号 $x(n-M)$ 和 $\hat{x}(n-M)$。

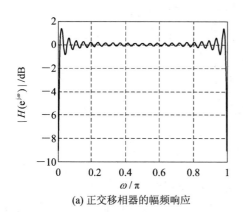

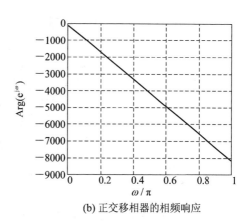

(a) 正交移相器的幅频响应   (b) 正交移相器的相频响应

图 10.2.4 90 阶正交移相器

此外，由于正交移相器的幅频响应（一个周期内）在 $\omega=0$ 处取值等于零，也就是说正交移相器具有隔直的作用，所以正交移相器的输入信号中不能含有直流分量。下面给出一个单频正弦信号 $\sin(0.0625\pi n)$ 经过图 10.2.5 所示系统的 MATLAB 实例。

图 10.2.5 用移相器产生正交信号

【例 10.2.1】 设输入信号 $x(n)=\sin(0.0625\pi n)$，30 阶正交移相器的单位脉冲响应为

$$h_d(n)=\begin{cases} \dfrac{2}{(n-15)\pi} & (n=0,2,\cdots,30) \\ 0 & (n=1,3,\cdots,29) \end{cases}$$

求正交移相器的输出 $y(n)$，并验证 $y(n)$ 与 $x(n)$ 是正交的。

解 MATLAB 程序如下：

```
N1=200；                                    % 信号长度
N=31；                                      % 正交移相器阶数
M=(N-1)/2；                                 % 延迟单元长度
h(1：N)=0；
h(1：2：31)=2./(((0：2：30)-15)*pi)；
x=sin(0.0625*pi*(0：N1-1))；                 % 输入信号
y=conv(h,x)；                               % 求正交移相器输出
x1(1：N1+M)=0；x1(M+1：N1+M)=x；             % 将输入信号延迟
a=0：N1-101；
figure；plot(a,x1(1：N1-100),'b',a,y(1：N1-100),'g')；grid on；
xlabel('n')；ylabel('时域波形')；
```

运行程序，结果如图 10.2.6 所示。由图 10.2.6 可以看出，虚线表示的输入信号与实线表示的输出信号相位相差 90°。同时也可看出，输出信号的幅度稍大于输入信号，参照图 10.2.3(a) 不难发现，当数字角频率为 0.0625π 时，该正交移相器的幅频响应曲线恰好在波

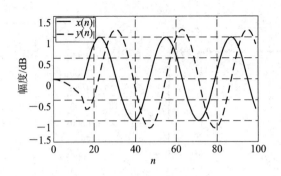

图 10.2.6　正交移相器实现的正交变换

动大于 0 dB 的位置，所以输出信号的幅度增大。为了保证任意频率的信号经过正交移相器后幅度不发生较大变化，应该选择带内波动幅度小的窗函数设计正交移相器。

MATLAB 信号处理工具箱函数提供了正交移相器的库函数，调用格式如下：

　　　　x＝HILBERT(xr)；

其中，xr 为输入实信号，输出为复信号，即 x＝xr＋jxi，xi 为 xr 的 Hilbert 变换。如果输入 xr 为复信号，该函数仅用其实部，即 xr＝real(xr)。如果 xr 是矩阵，则 xi 是 xr 按列做的 Hilbert 变换。

10.3　以单频正弦信号为激励测量系统的频率响应

随着数字信号处理应用领域的拓展，我们在处理信号时越来越多地遇到需要对信道进行幅相均衡的需求，如在阵列信号处理中为了保证信道的幅度、相位一致，需要对信道进行幅相测量后进行校正。由于该信道具有非快变的特点，因此若采用闭环的自适应均衡算法反而不容易收敛，此时利用直接测量信道的频率响应并结合均衡的思想，可以获得很好的校正效果。

10.3.1　实 LTI 系统频率响应的测量

通过 2.4 节的学习我们知道，设线性时不变(LTI)系统的单位脉冲响应为 $h(n)$，其频率响应 $H(e^{j\omega})$ 是系统对单位复指数输入 $e^{j\omega n}$ 的增益，即若 LTI 系统的输入为 $x(n)=e^{j\omega_0 n}$，则其输出 $y(n)$ 也是同频率的复指数序列，且

$$y(n) = H(e^{j\omega_0}) e^{j\omega_0 n} \tag{10.3.1}$$

若 LTI 为实系统，则当输入 $x(n)=A\cos(\omega_0 n+\varphi_0)$ 时，输出 $y(n)$ 为

$$y(n) = |H(e^{j\omega_0})| A\cos[\omega_0 n + \varphi_0 + \theta(\omega_0)] \tag{10.3.2}$$

其中，$H(e^{j\omega}) = |H(e^{j\omega})| e^{j\theta(\omega)}$。

利用以上结论可以测量出系统的频率响应 $H(e^{j\omega})$，测量系统如图 10.3.1 所示。

$$x(n) \longrightarrow \boxed{h(n)} \longrightarrow y(n)$$

图 10.3.1　测量系统的频率响应框图

设 $h(n)$ 为 LTI 实系统，为了测量 $H(e^{j\omega})$ 在 ω_0 处的取值 $H(e^{j\omega_0})$，构造输入信号 $x(n)=A\cos(\omega_0 n+\varphi_0)$，则 $x(n)$ 经过系统后的输出如式(10.3.2)所示。对 $y(n)$ 做序列傅里叶变换可得

$$Y(e^{j\omega}) = \pi A e^{-j\varphi_0} H(e^{-j\omega_0})\tilde{\delta}(\omega+\omega_0) + \pi A e^{j\varphi_0} H(e^{j\omega_0})\tilde{\delta}(\omega-\omega_0) \tag{10.3.3}$$

若 $x(n)$ 的幅度 A、数字角频率 ω_0 以及初始相位 φ_0 准确已知，就可以从式(10.3.3)中求出 $H(e^{j\omega_0})$。由于实系统 $h(n)$ 满足 $H(e^{j\omega_0})=H^*(e^{-j\omega_0})$，因而只需测量 $0\leqslant\omega\leqslant\pi$ 内的 $H(e^{j\omega})$ 就可以得到系统的频率响应。

然而，实际测量时对 $y(n)$ 进行的是 DFT 运算，按照式(3.4.4)，选择恰当的 DFT 点数 N，使得 $\omega_0=2\pi k/N$(k 为整数)，同时将 $y(n)$ 的采样点数也选择为 N，由式(3.5.7)可知，$y(n)$ 的 DFT $Y(k)$ 只在 k 及 $N-k$ 处有非零值，并且

$$Y(k) = \frac{N}{2}\cdot A e^{j\varphi_0} H(k) \tag{10.3.4}$$

$$Y(N-k) = \frac{N}{2}\cdot A e^{-j\varphi_0} H^*(k) \tag{10.3.5}$$

因此，$H(e^{j\omega_0})$ 的计算式为

$$H(e^{j\omega_0})\Big|_{\omega_0=\frac{2\pi k}{N}} = \frac{2Y(k)}{NA e^{j\varphi_0}} \tag{10.3.6}$$

当 N 为偶数时，需要测量的频率有

$$\omega = \frac{2\pi k}{N} \quad \left(k=0,1,\cdots,\frac{N}{2}\right) \tag{10.3.7a}$$

当 N 为奇数时，需要测量的频率有

$$\omega = \frac{2\pi k}{N} \quad \left(k=0,1,\cdots,\frac{N-1}{2}\right) \tag{10.3.7b}$$

【例 10.3.1】　设某 LTI 实数字系统具有带通特性，通带为 $[21\text{ kHz}, 29\text{ kHz}]$，采样频率为 100 kHz，为了仿真实际信号环境，在测量信号中加入白噪声，使得信噪比为 25 dB，为保证通带内的测量效果，将测量频率的范围拓宽至 $[11\text{ kHz}, 39\text{ kHz}]$，以下为 MATLAB 程序。

```
snr=25                          % 在测量信号中引入噪声，定义信噪比
amp=sqrt(2) * 10^(snr/20);      % 信号幅度
w=11000: 100: 39000;            % 测量信号的一组频率，单位为 Hz
Fs=100000;                      % 采样频率，单位为 Hz
N=Fs/100;                       % 保证测量信号进行 DFT 时频率对应整数 k
k0=w(1)/Fs * N                  % 起始频率对应 DFT 中的 k
%channel
[b1, a1]=ellip(2, 1, 50, [21900/(Fs/2) 27900/(Fs/2)]);
[b2, a2]=ellip(2, 1, 50, [22000/(Fs/2) 28000/(Fs/2)]);
bb1=conv(b1, b2); ba1=conv(a1, a2);    %两个不同通带的滤波器级联后构造成的信道
for i=1: length(w)
    x=amp * cos(2 * pi * w(i)/Fs * (0: 1999)')+randn(2000, 1);   %产生测量信号
    y=filter(bb1, ba1, x);                                        %获得系统的输出信号
    fy=fft(y(150: N+149));                                        %去除暂态
```

```
hf2(i) = 2 * fy(k0+i)/(amp * N) * exp(-j * 149 * (k0+i-1)/N * 2 * pi);
                                %计算系统的频率响应

end
                                %构造实的 h(n)
hf(1:k0) = 0; hf(k0+1:k0+length(w)) = hf2; hf(k0+length(w)+1:N/2+1) = 0;
hf(N/2+2:N) = conj(hf(N/2:-1:2)); %频率响应具有共轭对称性
hc = real(ifft(hf));            %所得系统为实系统
%比较测量所得系统与已知系统的频率响应误差
N1 = 2000;                      %频谱分辨率为 50Hz
hff = fft(hc, N1);
w1 = 21000:Fs/N1:29000;         %通带内的一组频率
hf11 = freqz(bb1, ba1, w1/Fs * 2 * pi); hf22 = hff(w1/Fs * N1+1);
hf33 = freqz(bb1, ba1, w/Fs * 2 * pi); hf44 = hff(w/Fs * N1+1);
```

运行程序结果如图 10.3.2 和图 10.3.3 所示。图 10.3.2 为待测量系统的频率响应,由两个 4 阶椭圆带通滤波器级联组成。

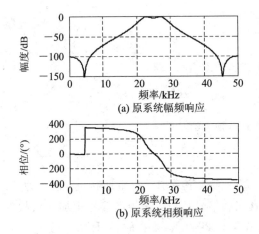

(a) 原系统幅频响应

(b) 原系统相频响应

图 10.3.2　待测量系统的频率响应

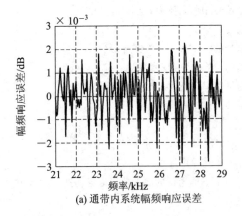

(a) 通带内系统幅频响应

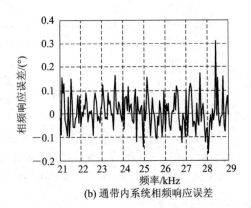

(b) 通带内系统相频响应

图 10.3.3　通带内系统响应误差

由于系统的采样频率为 100 kHz,频率分辨率为 100 Hz,所以选择 DFT 点数 $N =$

1000，输出变量 y 作 DFT 时去除了前 150 点以保证输出稳定。为了衡量测量的效果，将所得系统的频率响应 h_{f} 作反变换得到系统的单位脉冲响应 h_{c}，比较测量所得系统与原系统的误差，取频率分辨率为 50 Hz。图 10.3.2(a) 和图 10.3.2(b) 所示通带内测量得到的系统与原系统的幅频响应误差为 10^{-3} 数量级，相频响应误差在 $0.5°$ 以内。

10.3.2　阵列信号处理中的多通道幅相一致性校正

在阵列信号处理中，一般是多路传感器的信号经过一个多通道接收系统($h_1(n)$，$h_2(n)$，$\cdots$，$h_M(n)$)之后再进行阵列信号处理，系统模型如图 10.3.4 所示。为了保留在信号处理端多路传感器信号的原始信息，多通道接收系统的幅度和相位必须一致。然而在实际应用中，由于器件的不一致性等多种原因，多通道接收系统的幅度和相位必然存在着较大的差异，因此需要进行多通道幅相一致性校正。

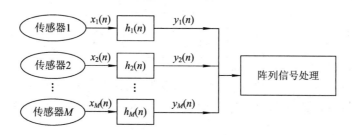

图 10.3.4　阵列信号处理系统模型

下面以两个通道为例详细讲解信道的校正过程。在信道校正时，设需要测量的两个信道的频率响应分别为 $H_1(\mathrm{e}^{\mathrm{j}\omega})$ 和 $H_2(\mathrm{e}^{\mathrm{j}\omega})$，测量信号 $x(n)$ 一分二，输入信道 1、信道 2 后的输出分别为 $y_1(n)$ 和 $y_2(n)$，如图 10.3.5 所示。

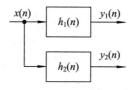

图 10.3.5　测量系统频率响应时的输入、输出关系

由于进入信道 1 和信道 2 的测量信号完全一致，由式(10.3.6)可得

$$H_1(k) = \frac{2Y_1(k)}{NA\,\mathrm{e}^{\mathrm{j}\varphi_0}} \tag{10.3.8}$$

$$H_2(k) = \frac{2Y_2(k)}{NA\,\mathrm{e}^{\mathrm{j}\varphi_0}} \tag{10.3.9}$$

实际测量时，每个频点测量信号的初始相位 φ_0 是随机的，所以无法获得信道频率响应的准确值 $H_1(k)$ 和 $H_2(k)$。此时，以其中一个信道(如信道 1)为基准，计算：

$$H_{\mathrm{c}1}(k) = |H_1(k)| \tag{10.3.10}$$

$$H_{\mathrm{c}2}(k) = \frac{H_2(k)}{H_1(k)}|H_1(k)| \tag{10.3.11}$$

则 $H_{\mathrm{c}1}(k)$ 的相频响应为零，$H_{\mathrm{c}2}(k)$ 的相频响应就是信道 2 相对于信道 1 的相位差，即 $\theta_2(\omega) - \theta_1(\omega)|_{\omega=2\pi k/N}$，测量信号的初始相位 φ_0 抵消掉了，而幅频响应仍为各信道幅频响应

的准确值。利用 $H_{c1}(k)$ 和 $H_{c2}(k)$ 中的幅度和相位信息，通过校正算法可使两信道的幅相一致。

如图 10.3.6 所示，设实际信号 $x_{s1}(n)$ 和 $x_{s2}(n)$ 经过校正后的信道输出为 $y_{s1}(n)$ 和 $y_{s2}(n)$，按照校正后两信道幅相一致的要求，校正系统 $z_1(n)$ 和 $z_2(n)$ 的频率响应应该满足条件：

$$Z_1(e^{j\omega}) = \frac{H(e^{j\omega})}{H_1(e^{j\omega})} \tag{10.3.12}$$

$$Z_2(e^{j\omega}) = \frac{H(e^{j\omega})}{H_2(e^{j\omega})} \tag{10.3.13}$$

其中，$H(e^{j\omega})$ 为预设系统 $h(n)$ 的频率响应。

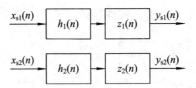

图 10.3.6　带校正的信道输入/输出关系

由于测量时得到式(10.3.10)和式(10.3.11)所示的结果，所以校正系统的频率响应取值为

$$Z_1(k) = \frac{H(k)}{H_{c1}(k)} = \frac{H(k)}{|H_1(k)|} \tag{10.3.14}$$

$$Z_2(k) = \frac{H(k)}{H_{c2}(k)} = \frac{H(k)H_1(k)}{H_2(k)|H_1(k)|} \tag{10.3.15}$$

其中，$H(k)$ 为 $h(n)$ 的 SFT 在频率 $\omega = 2\pi k/N$ 处的取值。因此，校正后的信道输出为

$$Y_{s1}(k) = X_{s1}(k) \cdot H_1(k) \cdot \frac{H(k)}{|H_1(k)|} \tag{10.3.16}$$

$$Y_{s2}(k) = X_{s2}(k) \cdot H_2(k) \cdot \frac{H(k)H_1(k)}{H_2(k)|H_1(k)|} \tag{10.3.17}$$

可以看出，校正后两个信道的幅相是一致的。

按照以上方法，将式(10.3.7)列出的频率都测量一遍，并利用共轭对称关系构造未测量部分的值，由频域采样法可得校正系统的单位脉冲响应：

$$z_1(n) = \text{IDFT}[Z_1(k)] \tag{10.3.18}$$

$$z_2(n) = \text{IDFT}[Z_2(k)] \tag{10.3.19}$$

结合上述分析过程，信道校正的具体步骤如下：

(1) 确定信号的采样点数及 DFT 点数 N。

(2) 根据 N 的奇偶按照式(10.3.7a)或式(10.3.7b)计算所需的频率 ω_i。

(3) 构造该频率下的单频正弦信号 $x(n)$。

(4) 将 $x(n)$ 输入图 10.3.5 所示的系统，采集信道的输出分别做 N 点 DFT。

(5) 按照式(10.3.14)和式(10.3.15)计算 $Z_1(m)$、$Z_2(m)$。

(6) 重复步骤(2)、(3)、(4)、(5)直至所有频率都计算完成。

(7) 根据实系统频率响应的共轭对称性求出完整的 $Z_1(k)$、$Z_2(k)$，并由式(10.3.18)

和式(10.3.19)计算校正系统的单位脉冲响应。

　　需要说明的是，在上述测量过程中，第一步确定 N 是非常关键的，它需要结合实际应用场合根据频率分辨率的要求选择适合的点数。另外，N 点输出 $y_1(n)$ 和 $y_2(n)$ 必须是系统稳定以后的输出，否则测量结果不正确。例 10.3.2 是一个信道校正的 MATLAB 实例。

　　【例 10.3.2】　设两个具有带通特性(通带位于[21 kHz，29 kHz])的信道是线性时不变、稳定的实系统，它们的幅频响应和相频响应如图 10.3.7(a)和图 10.3.7(b)所示。为了仿真实际信号环境，在测量信号中加入白噪声，使得信噪比为 25 dB，系统采样频率为100 kHz。

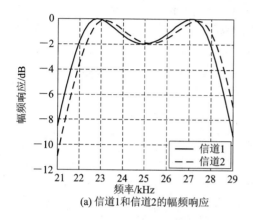
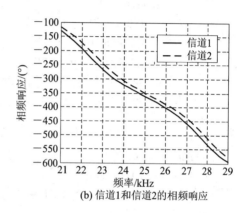

(a) 信道1和信道2的幅频响应　　　　　　　　　(b) 信道1和信道2的相频响应

图 10.3.7　幅频响应和相频响应

以下为 MATLAB 程序。

```
clear; snr=25;                      % 在测量信号中引入噪声，定义信噪比
amp=sqrt(2) * 10^(snr/20);          % 信号幅度
w=21000:200:29000;                  % 测量信号的一组频率，单位为 Hz
Fs=100000;                          % 采样频率，单位为 Hz
N=Fs/200;                           % 保证测量信号进行 DFT 时频率对应整数 k
k0=w(1)/Fs * N;                     % 起始频率对应 DFT 中的 k
%ideal channel
[bi1, ai1]=ellip(2, 1, 50, [22000/(Fs/2) 28000/(Fs/2)]);
[bi2, ai2]=ellip(2, 1, 50, [22000/(Fs/2) 28000/(Fs/2)]);
bbi=conv(bi1, bi2);
bai=conv(ai1, ai2);
h=freqz(bbi, bai, w/Fs * 2 * pi);
%channel 1
[b1, a1]=ellip(2, 1, 50, [21900/(Fs/2) 27900/(Fs/2)]);
[b2, a2]=ellip(2, 1, 50, [22000/(Fs/2) 28000/(Fs/2)]);
bb1=conv(b1, b2);
ba1=conv(a1, a2);                   % 构造的信道 1
h1=freqz(bb1, ba1, w/Fs * 2 * pi);
%channel 2
[b1, a1]=ellip(2, 1, 50, [22500/(Fs/2) 28500/(Fs/2)]);
```

```
[b2, a2]=ellip(2, 1, 50, [22000/(Fs/2) 28000/(Fs/2)]);
bb2=conv(b1, b2);
ba2=conv(a1, a2);                    % 构造的信道2
h2=freqz(bb2, ba2, w/Fs * 2 * pi);
for i=1: length(w)
    x=amp * cos(2 * pi * w(i)/Fs * (0: 1299)'+2 * randn)+randn(1300, 1);
                                     %产生测量信号(附加随机初始相位)
    y1=filter(bb1, ba1, x);          % 获得系统的输出信号
    fy1=fft(y1(150: N+149));         % 去除暂态
    y2=filter(bb2, ba2, x);          % 获得系统的输出信号
    fy2=fft(y2(150: N+149));         % 去除暂态
    f1=2 * fy1(k0+i)/(amp * N);
    f2=2 * fy2(k0+i)/(amp * N);
    fc1(i)=h(i)/abs(f1);
    fc2(i)=h(i)/(abs(f1) * f2/f1);
end
                                     %构造实的 h(n)
hfc1(1: k0)=0;
hfc1(k0+1: k0+length(w))=fc1;
hfc1(k0+length(w)+1: N/2+1)=0;
hfc1(N/2+2: N)=conj(hfc1(N/2: -1: 2));   % 频率响应具有共轭对称性
hc1=real(ifft(hfc1));                % 所得系统为实系统
hfc2(1: k0)=0;
hfc2(k0+1: k0+length(w))=fc2;
hfc2(k0+length(w)+1: N/2+1)=0;
hfc2(N/2+2: N)=conj(hfc2(N/2: -1: 2));   % 频率响应具有共轭对称性
hc2=real(ifft(hfc2));                % 所得系统为实系统
                                     % 信号过系统的校正效果
snr=15;                              % 实际信号的信噪比
amp=2 * 10^(snr/20);                 % 信号的幅度
w1=21047: 47: 28800;                 % 实际信号的频率
% w1=w;
for i=1: length(w1)
    xs=amp * cos(2 * pi * w1(i)/Fs * (0: 1299)'+5 * randn)+randn(1300, 1);
    xs1=filter(bb1, ba1, xs);
    xs2=filter(bb2, ba2, xs);
    ys1=filter(hc1, 1, xs1(150: 1100));
    ys2=filter(hc2, 1, xs2(150: 1100));
    ss1=hilbert(ys1(200: 600));
    ss2=hilbert(ys2(200: 600));
    ea(i)=mean(20 * log10(abs(ss2(150: 250)))-20 * log10(abs(ss1(150: 250))));
    ej(i)=mean(unwrap(angle(ss2(150: 250)))-unwrap(angle(ss1(150: 250))))/pi * 180;
    if abs(abs(ej(i))-360)<10
```

$$ej(i) = ej(i) - sign(ej(i)) * 360;$$

    end

  end

    运行程序,结果如图 10.3.8 和图 10.3.9 所示。图 10.3.8 为两个原信道的幅度差和相位差,图 10.3.9 为通过校正后的两个信道的幅度差和相位差,由图可见校正后,幅度误差在 ±0.15 dB 之内,相位在 ±1° 之内。

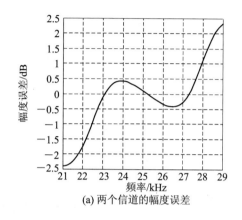

(a) 两个信道的幅度误差

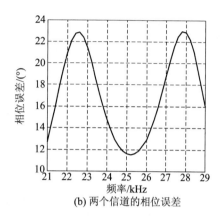

(b) 两个信道的相位误差

图 10.3.8　两个原信道的幅相差

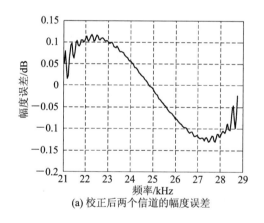

(a) 校正后两个信道的幅度误差

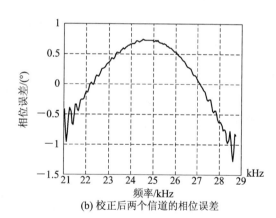

(b) 校正后两个信道的相位误差

图 10.3.9　校正后两个信道的幅相差

10.4　数字上、下变频器

    数字上、下变频指的是使用数字信号处理的方法将数字信号搬移到更高或更低的频率上,同时将数字信号的采样速率提高或降低。数字变频与模拟变频的最大区别在于,数字变频需要在频率搬移的同时改变采样速率,否则将不满足采样定理。但是,数字变频和模拟变频在频率搬移时的处理却是相同的,都需要混频器和频率可调的振荡器。因此,在系统组成上,数字变频器由乘法器、数字控制振荡器 NCO(Numerically Controlled Osillator)、内插单元或抽取单元组成,图 10.4.1 和图 10.4.2 分别为数字上变频器和数字下变频器的基本组成原理框图。典型的数字上变频器 DUC(Digital Up Converter)有 Analog Devices 公司的 AD9857、Intersil 公司的 ISL5215 等，典型的数字下变频器 DDC (Digital Down Converter)有 Analog Devices 公司的 AD6620、Intersil 公司的 ISL5216 等。

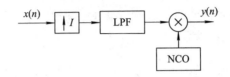

图 10.4.1　数字上变频器的基本组成原理框图

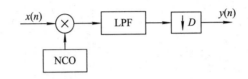

图 10.4.2　数字下变频器的基本组成原理框图

图 10.4.1 和图 10.4.2 中，NCO 的频率 ω_0 必须是可随信号载频的改变而改变的，并且，图 10.4.1 和图 10.4.2 仅从原理上描述了信号在数字上、下变频器中的处理过程，实际的数字上、下变频器在滤波器的使用和实现结构上都有变化。

10.4.1　数字上、下变频原理的 MATLAB 仿真

本节的例 10.4.1 和例 10.4.2 分别对数字上、下变频的原理进行了仿真。

【例 10.4.1】　数字上变频的原理框图如图 10.4.1 所示。设输入信号 $x(n)=\mathrm{e}^{\mathrm{j}2\pi f_1/(F_s n)}$ (其中，$f_1=5$ kHz、$F_s=50$ kHz)，$I=4$，$\omega_0=2\pi f_0/F_s$，$f_0=30$ kHz，用 MATLAB 画出框图中各功能模块输出信号的幅频特性。

解　MATLAB 程序如下：

```
close all; clear;
Fs=50;                      % 采样频率(kHz)
f1=5;                       % 信号频率(kHz)
f0=30;                      % NCO 的频率(kHz)
n=1024;                     % 采样点数
x=exp(j * 2 * pi * f1/Fs * (0: n−1));
I=4;                        % 内插因子
y1=zeros(1, I * length(x));
y1(1: I: length(y1))=x;     % 内插后的序列
b=I * fir1(62, 12/(Fs * I));% 设计通带截止频率为 π/I，增益为 I 的低通滤波器
y3=conv(b, y1); y2=y3(64: length(y3)−64); fy2=fft(y2);
y=y2. * exp(j * 2 * pi * f0/(I * Fs) * (0: length(y2)−1)); fy=fft(y);
```

程序中绘图部分略。本例选择了有限脉冲响应滤波器，滤波后需要将暂态除去。

由图 10.4.3(b)可以看出，在原序列两个样点之间插入 3 个零之后，其频谱压缩了 4 倍。将插零后的序列通过增益为 I，通带截止频率为 π/I 的低通滤波器，滤除了 $[-\pi/I, \pi/I]$ 之外

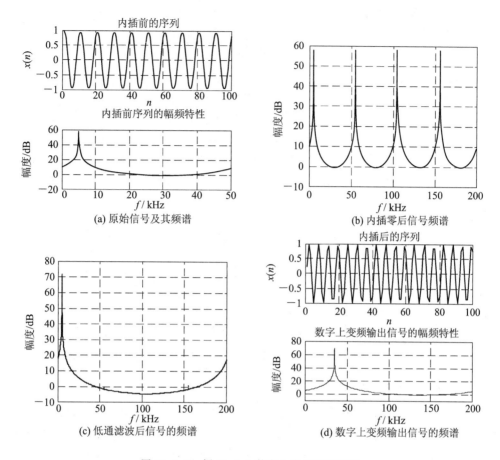

图 10.4.3　例 10.4.1 数字上变频过程图例

的镜像频谱,如图 10.4.3(c)所示。再进行频谱上搬移,得到了 35 kHz 的复输出信号,如图 10.4.3(d)所示。

　　由于本例是对复信号进行数字上变频,因此图 10.4.3(a)画出了输入信号的实部,图 10.4.3(d)画出了输出信号的实部。此外,如果本例中 NCO 的频率 ω_0 恰好等于 π/I 的整数倍(不含零频),即 $f_0 = kF_s (k=1,2,3)$,将插零后的序列直接通过相应的带通滤波器,也可以实现数字上变频。

　　【例 10.4.2】 采用图 10.4.4 所示系统实现数字下变频并滤除指定频率处的信号,设输入信号 $x(n) = (1 + 0.5\sin(2\pi f_m/F_s n))\sin(2\pi f_1/F_s n) + 0.4\sin(2\pi f_2/F_s n)$,其中,载波 $f_1 = 200$ kHz、调制频率 $f_m = 10$ kHz 的调幅信号需要保留并搬至零中频,$f_2 = 500$ kHz 的单频信号需要滤除,且 $F_s = 4$ MHz,$D = 20$,$\omega_0 = 2\pi f_1/F_s$。用 MATLAB 画出框图中各功能模块输出信号的幅频特性。

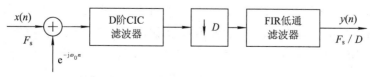

图 10.4.4　数字下变频及滤波

解 MATLAB 程序如下：

```
close all；clear；
Fs＝4000；                              % 采样频率(kHz)
fm＝10；f1＝200；f2＝500；               % 信号的调制频率及载波频率(kHz)
f0＝f1；                               % NCO 的频率
n＝4096                               % 采样点数
D＝20；                               % 抽取因子
x＝((1＋0.5 * sin(2 * pi * fm/Fs * (0：n－1))). * sin(2 * pi * f1/Fs * (0：n－1))＋
0.4 * sin(2 * pi * f2/Fs * (0：n－1)));
fx＝abs(fft(x));
nf＝exp(－j * 2 * pi * f0/Fs * (0：n－1));
x1＝x. * nf；                          % 数字下变频
fx1＝abs(fft(x1));
cicb＝1/D * ones(1, D)；x2＝conv(cicb, x1)；      % 通过 CIC 滤波器
fx2＝fft(x2(D：length(x2)－D), n)；
x3＝x2(D：D：length(x2)－D)；            % 去暂态并抽取
fx3＝fft(x3);
b＝fir1(31, 20/50)；x5＝conv(b, x3)；x4＝x5(32：length(x5)－32)；fx4＝fft(x4);
```

程序中绘图部分略。

例 10.4.2 中序列 $x(n)$ 的采样速率由 4 MHz 降低到 200 kHz，载波搬移到零中频，这样其中频率为 500 kHz 的单频信号就落在带外需要滤除。由于使用的 CIC 滤波器带外衰减不大，未能有效滤除该信号(如图 10.4.5(d)所示)，故增加一个 31 阶的线性相位滤波器最终将该信号滤除(如图 10.4.5(e)所示)。此外，由于数字下变频的输出序列是复序列，因此图 10.4.5(e)只画出了输出序列的虚部。

由于本例中干扰频率的特殊性，即其引起的频谱混叠对有用信号影响不大，因此并没有提高对抽取所用低通滤波器的指标要求，而是对数字下变频后的序列进行滤波。实际应用时，应根据输入信号的频谱，细致地设计抽取前的低通滤波器，避免不必要的频谱混叠。

以上两例中，数字上变频在序列插零后使用滤波器滤出所需频带内的信号分量然后再将载频上移，而数字下变频则在载波频率下移之后、整数倍抽取前使用滤波器滤除引起频谱混叠的信号分量，实现这些频率选择功能的数字滤波器称为采样率转换滤波器。采样率转换滤波器可以利用第 6 章和第 7 章学习的滤波器设计知识设计出来。由于上述滤波过程均在采样频率较高时实现，采用一般的低通滤波器不仅需要加法还需要大量的乘法，必然带来处理速度的压力。因此，实际应用中常常使用以下两种滤波器：级联积分梳状滤波器(Cascaded Integrator Comb, CIC)和半带滤波器(Half Band, HB)，以便取消乘法运算(如 CIC 滤波器)或减少乘法运算(如半带滤波器)。例如，AD6620 中采用了 CIC 滤波器和一般的 FIR 滤波器，ISL5216 采用了 CIC 滤波器、HB 滤波器和一般的 FIR 滤波器。下面我们将讨论这两种滤波器的实现方法和性能指标，然后再介绍几种常用数字上、下变频器的工作原理和参数设置。

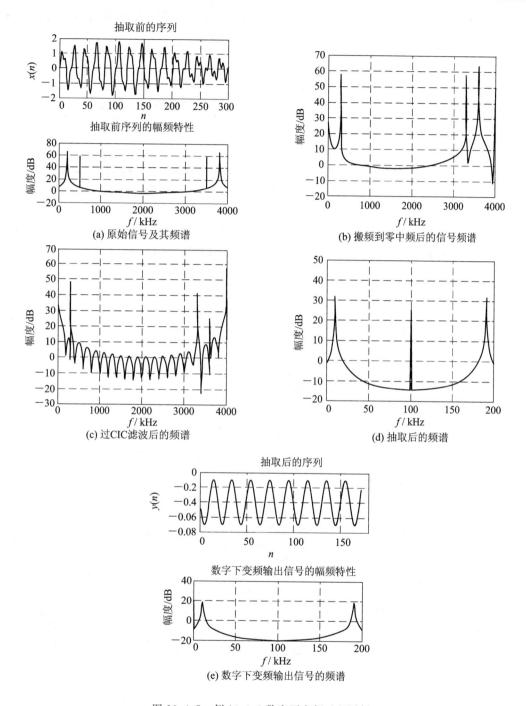

图 10.4.5　例 10.4.2 数字下变频过程图例

10.4.2　CIC 滤波器

CIC 滤波器就是系数全为 1 的 FIR 数字滤波器，长度为 D 时，其单位脉冲响应为

$$h(n) = 1 \quad (0 \leqslant n \leqslant D-1) \tag{10.4.1}$$

因此，根据 FIR 滤波器的横向滤波器结构，CIC 滤波器对信号滤波时仅仅需要延时器和加

法器，其直接实现方法如图 10.4.6 所示。CIC 滤波器尤其适合采用 FPGA 和专用集成电路来实现。

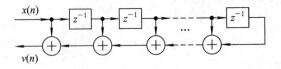

图 10.4.6　CIC 滤波器的直接实现方法

对 CIC 滤波器的单位脉冲响应 $h(n)$ 进行 Z 变换可以得到该系统的系统函数 $H(z)$：

$$H(z) = \frac{1 - z^{-D}}{1 - z^{-1}} \tag{10.4.2}$$

若将式(10.4.2)的分子看成某一子系统的系统函数 $H_2(z)$，剩余部分作为另一子系统的系统函数 $H_1(z)$，则 CIC 滤波器可看成由 $H_1(z)$ 与 $H_2(z)$ 级联得到，即

$$H(z) = H_1(z)H_2(z)$$

其中，$H_1(z) = \dfrac{1}{1 - z^{-1}}$ 称为积分器，$H_2(z) = 1 - z^{-D}$ 称为梳状滤波器。因此，得出 CIC 滤波器的级联实现方法，如图 10.4.7 所示。

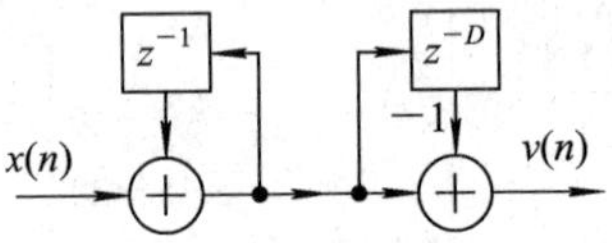

图 10.4.7　CIC 滤波器的级联实现方法

根据 CIC 滤波器的级联实现方法，如果将 CIC 滤波器用作整数倍抽取中的抗混叠滤波器，则图 9.2.6 可重画为图 10.4.8。

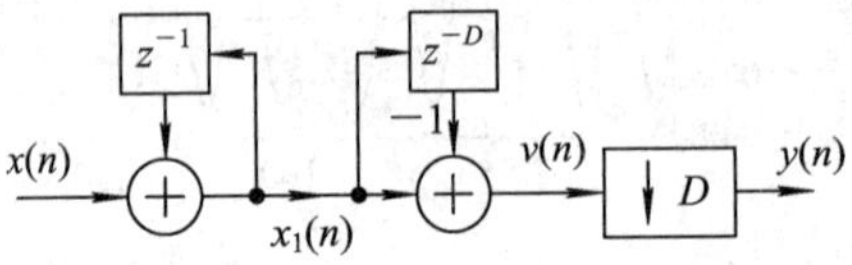

图 10.4.8　使用 CIC 滤波器的整数倍抽取实现框图

设图 10.4.8 中系统的输入为 $x(n)$，输出为 $y(n)$，$x(n)$ 经过积分器以后的输出为 $x_1(n)$，且 $\text{SFT}[x(n)] = X(e^{j\omega})$，$\text{SFT}[x_1(n)] = X_1(e^{j\omega})$，$\text{SFT}[y(n)] = Y(e^{j\omega})$，$\text{SFT}[v(n)] = V(e^{j\omega})$，则当 CIC 滤波器的长度等于抽取因子 D 时，有

$$V(e^{j\omega}) = X_1(e^{j\omega}) - X_1(e^{j\omega})e^{-j\omega D}$$

因此

$$Y(e^{j\omega}) = \frac{1}{D}\sum_{k=0}^{D-1} X_1(e^{j\frac{\omega - 2\pi k}{D}})(1 - e^{-j\frac{\omega - 2\pi k}{D}D}) \tag{10.4.3}$$

由于 $e^{-j\frac{\omega - 2\pi k}{D}D} = e^{-j\omega}$，式(10.4.3)可写成：

$$Y(e^{j\omega}) = \frac{1}{D}\sum_{k=0}^{D-1} X_1(e^{j\frac{\omega - 2\pi k}{D}})(1 - e^{-j\omega}) \tag{10.4.4}$$

由式(10.4.4)可知，积分器的输出 $x_1(n)$ 先进行 D 倍抽取，再通过一个一阶的梳状滤

波器同样可以获得输出 $y(n)$，如图 10.4.9 所示。按照图 10.4.9 所示的实现过程，D 倍抽取可分成积分级、抽取级和梳状级，整个流程仅需要两个延时器、两个加法器和一个 D 倍抽取单元，资源耗费少，运算效率高，很多数字下变频芯片都采用了这种结构来实现抽取。

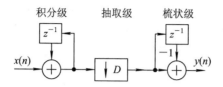

图 10.4.9　使用 CIC 滤波器的整数倍抽取快速实现框图

然而，单级 CIC 滤波器的带外衰减较小，一般难以满足实际滤波要求，如例 10.4.2。对式(10.4.1)所示的 $h(n)$ 进行序列傅里叶变换可得单级 CIC 滤波器的频率响应 $H(e^{j\omega})$，如式(10.4.5)。

$$H(e^{j\omega}) = e^{-j\frac{D-1}{2}\omega}\frac{\sin(D\omega/2)}{\sin(\omega/2)} \tag{10.4.5}$$

由于 $H(e^{j\omega})$ 以 2π 为周期，在一个周期 $-\pi \leqslant \omega \leqslant \pi$ 内，当 $\omega = 0$ 时 $|H(e^{j\omega})|$ 取得最大值 D，将 $-2\pi/D \leqslant \omega \leqslant 2\pi/D$ 内的曲线称为主瓣；当 $\omega = 2k\pi/D(k = \pm 1, \pm 2, \cdots, \pm D/2)$ 时，$|H(e^{j\omega})|$ 取值为零，将主瓣以外相邻零点界定的曲线称为副瓣。由于主瓣电平最大，且随着副瓣离主瓣的距离增加，副瓣电平逐渐减小，所以 $h(n)$ 可作为低通滤波器，并且其广义相频响应 $\theta(\omega)$ 是线性相位的，如图 10.4.10 所示。

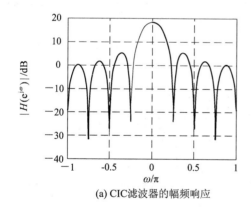

(a) CIC 滤波器的幅频响应

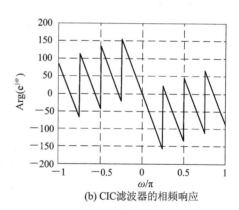

(b) CIC 滤波器的相频响应

图 10.4.10　CIC 滤波器的频率响应($D = 8$ 时)

根据第 5 章滤波器概论中的知识，滤波器的阻带最小衰减 α_s 通过式(5.3.3)计算，若以 $\omega = \pi/D$ 为通带截止频率，$\omega = 3\pi/D$ 为阻带起始频率，且 $A_{\max} = D$，则 A_s 可计算如下：

$$A_s = |H(e^{j\omega})|\Big|_{\omega=\frac{3\pi}{D}} = \left|\frac{\sin(3\pi/2)}{\sin(3\pi/(2D))}\right| = \frac{1}{|\sin(3\pi/(2D))|}$$

当 $D \gg 1$ 时，$A_s \approx \dfrac{2D}{3\pi}$。所以

$$\alpha_s = 20\lg\frac{D}{A_s} = 20\lg\frac{3\pi}{2} = 13.46 \text{ dB} \tag{10.4.6}$$

可见，单级 CIC 滤波器的阻带最小衰减 α_s 与阶数无关，近似为常数 13.46 dB，为了进

一步降低副瓣电平,提高阻带衰减,实际中经常采用多级 CIC 滤波器级联的方法,如图 10.4.11 所示。

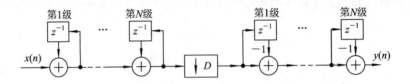

图 10.4.11　级联 CIC 滤波器的整数倍抽取实现框图

设图 10.4.11 中共有 N 级 CIC 滤波器级联,则系统的幅频响应为

$$\left| H(\mathrm{e}^{\mathrm{j}\omega}) \right|^N = \left| \frac{\sin(D\omega/2)}{\sin(\omega/2)} \right|^N \tag{10.4.7}$$

所以,N 级级联 CIC 滤波器的阻带最小衰减 α_{s} 可达到:

$$\alpha_{\mathrm{s}} = 20\lg \left(\frac{D}{A_{\mathrm{s}}} \right)^N = N \times 13.46 \ \mathrm{dB} \tag{10.4.8}$$

是单级 CIC 滤波器的 N 倍。例如,5 级级联 CIC 滤波器的阻带衰减有 67 dB 左右,基本满足实际要求。

　　通过以上的分析有一点需要明确,即 D 倍抽取系统中 CIC 滤波器的长度是 D,因此 N 级级联 CIC 滤波器中每一级的长度也都等于抽取因子 D,只有这样才能使用图 10.4.11 所示的运算结构。并且,N 级级联 CIC 滤波器具有处理增益 D^N,随着级数 N 的增多、抽取因子 D 的增大,处理增益 D^N 也越大。所以,在用软件或硬件实现时,常常会将式 (10.4.1) 中 $h(n)$ 的系数除以 D,使得每一级都保留足够的运算精度以防止溢出。图 10.4.12 画出了 $D=8$ 的 CIC 滤波器 5 级级联后的幅频响应。

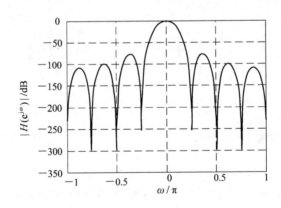

图 10.4.12　5 级级联 CIC 滤波器的幅频响应

　　当 CIC 滤波器作为 D 倍抽取滤波器时,以图 10.4.12 所示滤波器($N=5$、$D=8$)为例,频谱混叠情况如图 10.4.13 所示,图中的横坐标为降采样频率之前的数字角频率。当 $0 \leqslant \omega \leqslant 2\pi/D$($D$ 倍抽取后的主值区间)时,与虚线所示 $H(\mathrm{e}^{\mathrm{j}\omega})$ 混叠的主要有 $H(\mathrm{e}^{\mathrm{j}(\omega-2\pi/D)})$(幅度大的实线)以及 $H(\mathrm{e}^{\mathrm{j}(\omega-4\pi/D)})$(幅度小的实线),其他频移分量由于电平小可以忽略。由图 10.4.13 可以看出,并非所有信号都适合以该滤波器作为 D 倍抽取滤波器。例如,当信号

的数字角频率 $0 \leqslant \omega \leqslant 0.1\pi$ 时，由于 $0.05\pi \leqslant \omega \leqslant 0.1\pi$ 内滤波器对需要的频率成分衰减过大、对混叠的频率成分抑制不够，抽取后信号损失会很大。因此，使用 CIC 滤波器时，对不同带宽的信号常引入带宽比例因子 b，根据频谱混叠情况，并结合信号带宽内的最大衰减、对混叠的最小抑制指标，来选择抽取倍数 D 及级联数 N。

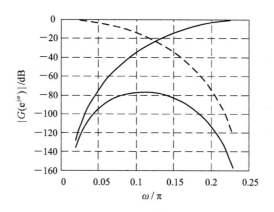

图 10.4.13　5 级级联 CIC 滤波器的频谱混叠

设信号的绝对带宽为 B，降采样频率之前的采样频率为 F_s，则带宽比例因子为

$$b = \frac{B}{F_s/D} \tag{10.4.9}$$

图 10.4.13 中，为了保证抽取后不损失信号信息，要求对信号的最大衰减小于 3 dB，对混叠的最小抑制大于 70 dB，则信号的数字角频率 $0 \leqslant \omega \leqslant 0.05\pi$，此时信号带宽 $B = 0.025F_s$，$D = 8$，按式（10.4.9）计算可得带宽比例因子 $b = 0.2$。

一般地，当以 N 及 D 表示某抽取用 CIC 滤波器（系数对 D 进行归一化）时，设信号的数字角频率（未降采样频率）为 $0 \leqslant \omega \leqslant \omega_1$，则混叠频率为 $2\pi/D - \omega_1 \leqslant \omega \leqslant 2\pi/D$，因此，该滤波器对信号的最大衰减 δ_1 及对混叠的最小抑制 δ_2 分别发生在 ω_1 和 $\omega_2 = 2\pi/D - \omega_1$ 处，若 $\omega_1 = b \cdot 2\pi/D$，则 δ_1 和 δ_2 计算如下：

$$\delta_1 = N \cdot 20\lg \left| \frac{D\sin\left(\dfrac{b\pi}{D}\right)}{\sin(b\pi)} \right| \tag{10.4.10}$$

$$\delta_2 = N \cdot 20\lg \left| \frac{D\sin\left(\dfrac{1-b}{D}\pi\right)}{\sin(b\pi)} \right| \tag{10.4.11}$$

当 $b \ll 1$，$D \gg 1$ 时，$\delta_1 \approx N \cdot 20\lg |b\pi/\sin(b\pi)|$，$\delta_2 \approx -N \cdot 20\lg b$。可见，在使用 CIC 滤波器时，信号的带宽比例因子 b 越小，就能获得更小的信号衰减和更大的混叠抑制。根据式（10.4.9）可知，当信号绝对带宽 B 一定时，采用较小的抽取倍数 D 或者提高采样频率 F_s 都可以减小 b。此外，增大 CIC 滤波器的级联数 N，虽然可以增大对混叠的抑制 δ_2，但同时也增大了对信号的衰减 δ_1，所以，N 一般不大于 5。

另外，CIC 滤波器也可以作为整数倍内插之后的滤波器，与整数倍抽取的实现过程相对应，整数倍内插 CIC 滤波器的结构是 N 个梳状级、内插级和 N 个积分级的级联，如图 10.4.14 所示。

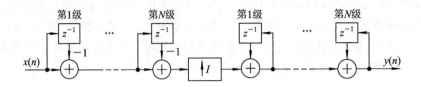

图 10.4.14　级联 CIC 滤波器的整数倍内插实现框图

10.4.3　HB 滤波器

除 CIC 滤波器外，半带(HB)滤波器也是一种运算效率高、实时性强且具有线性相位的 FIR 滤波器，特别适合 2^M 倍(M 为整数)的抽取或内插。

设理想半带滤波器的频率响应 $H_d(e^{j\omega})$ 如图 10.4.15 所示。图 10.4.15 中 ω_p 为通带截止频率，ω_s 为阻带起始频率。$H_d(e^{j\omega})$ 为实偶函数，即

$$H_d(e^{j\omega}) = H_d(e^{-j\omega}) \tag{10.4.12}$$

另外，$H_d(e^{j\omega})$ 还满足：

$$H_d(e^{j\omega}) = 1 - H_d(e^{j(\pi-\omega)}) \tag{10.4.13}$$

$$\omega_p = \pi - \omega_s \tag{10.4.14}$$

$$\delta_p = \delta_s \tag{10.4.15}$$

其中，δ_p 为通带波纹，δ_s 为阻带波纹，由此可得 $H_d(e^{j\frac{\pi}{2}}) = 0.5$，如图 10.4.16 所示。

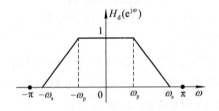

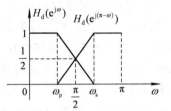

图 10.4.15　理想半带滤波器的频率响应　　图 10.4.16　理想半带滤波器频率响应的性质

对式(10.4.12)和式(10.4.13)进行序列傅里叶反变换，则理想半带滤波器的单位脉冲响应 $h_d(n)$ 满足条件：

$$h_d(n) + (-1)^n h_d(-n) = \delta(n) \tag{10.4.16}$$

$$h_d(n) = h_d(-n) \tag{10.4.17}$$

按照式(10.4.16)，根据 n 的奇偶分情况讨论，可得

$$h_d(n) = \begin{cases} 1/2 & (n = 0) \\ -h_d(-n) & (n = \pm 2, \pm 4, \cdots) \\ h_d(-n) & (n = \pm 1, \pm 3, \cdots) \end{cases}$$

结合式(10.4.17)，则半带滤波器的单位脉冲响应为

$$h_d(n) = \begin{cases} 1/2 & (n = 0) \\ 0 & (n = \pm 2, \pm 4, \cdots) \\ h_d(-n) & (n = \pm 1, \pm 3, \cdots) \end{cases} \tag{10.4.18}$$

所以，理想半带滤波器的单位脉冲响应 $h_d(n)$ 是关于 $n = 0$ 偶对称的无限长非因果序

列，且只在 $n=0$ 和 n 为奇数时有非零值。用 6.3 节介绍的窗函数设计法，根据滤波器指标设计实际的 $h(n)$，若所得实际滤波器的长度为 N，那么该滤波器的系数是关于 $n=(N-1)/2$ 偶对称的，为第一类线性相位 FIR 滤波器。

例如，ISL5216 中提供了一个 $N=7$ 的半带滤波器 HB_1 的系数：$h(0)=-0.031303406$，$h(1)=0.0$，$h(2)=0.281280518$，$h(3)=0.499954224$，$h(4)=0.281280518$，$h(5)=0.0$，$h(6)=-0.031303406$。显然，$h(n)$关于 $n=3$ 偶对称，且当 $n=1$ 和 $n=5$ 时 $h(n)=0$，该滤波器的频率响应如图 10.4.17 所示。

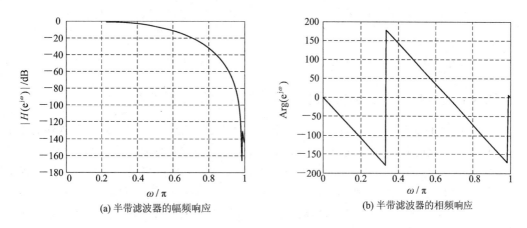

(a) 半带滤波器的幅频响应　　　　　　(b) 半带滤波器的相频响应

图 10.4.17　半带滤波器的频率响应（$N=7$ 时）

若将半带滤波器 $h(n)$ 作为 2 倍抽取的抗混叠滤波器，则抽取系统的实现框图如图 10.4.18 所示。

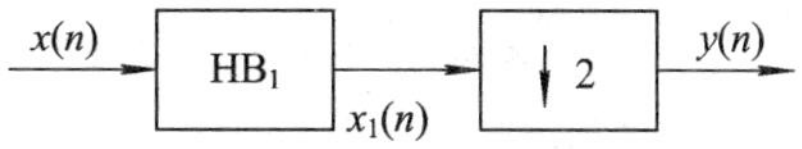

$$x(n) \rightarrow \boxed{HB_1} \xrightarrow{x_1(n)} \boxed{\downarrow 2} \xrightarrow{y(n)}$$

图 10.4.18　使用半带滤波器的整数倍抽取实现框图

设系统的输入为 $x(n)$，输出为 $y(n)$，$x(n)$ 经过半带滤波器后的输出为 $x_1(n)$，且 $\mathrm{SFT}[x(n)]=X(\mathrm{e}^{\mathrm{j}\omega})$，$\mathrm{SFT}[y(n)]=Y(\mathrm{e}^{\mathrm{j}\omega})$，$\mathrm{SFT}[x_1(n)]=X_1(\mathrm{e}^{\mathrm{j}\omega})$，则

$$Y(\mathrm{e}^{\mathrm{j}\omega}) = \frac{1}{2}\sum_{k=0}^{1} X_1(\mathrm{e}^{\mathrm{j}\frac{\omega-2\pi k}{2}}) \tag{10.4.19}$$

$$X_1(\mathrm{e}^{\mathrm{j}\omega}) = X(\mathrm{e}^{\mathrm{j}\omega})H(\mathrm{e}^{\mathrm{j}\omega}) \tag{10.4.20}$$

其中，$H(\mathrm{e}^{\mathrm{j}\omega})$ 是半带滤波器的频率响应。然而，2 倍抽取时，滤波器的频率响应应该逼近如图 10.4.19 所示的理想频率响应，图 10.4.17 所示半带滤波器 HB_1 的幅频响应与之并不相符。

图 10.4.20 画出了当 HB_1 作为 2 倍抽取滤波器时的频谱混叠情况，图中横坐标为降采样频率之前的数字角频率。虽然图中 $0 \leqslant \omega \leqslant \pi/2$ 区间内实线部分 $H(\mathrm{e}^{\mathrm{j}(\omega-\pi)})$ 与虚线部分 $H(\mathrm{e}^{\mathrm{j}\omega})$ 发生了混叠，但是如果信号 $x(n)$ 的频率分量均位于 $[0, \omega_p]$ 内，若 $\omega_p \leqslant 0.1\pi$ 则由图 10.4.20 可知造成混叠的频率成分会被衰减 50 dB 以上，因此将 $x(n)$ 2 倍抽取后还可以正确表示原信号。若 $x(n)$ 的带宽更宽，则用 HB_1 作为 2 倍抽取滤波器的效果就不好，必须选择其他阶数更高的半带滤波器。

H(e^jω)
1
0
π/2
π
3π/2
2π
ω

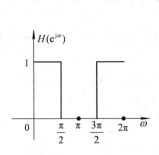

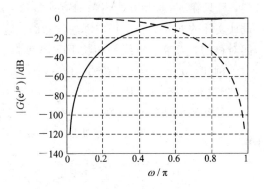

图 10.4.19　2 倍抽取理想滤波器频率响应

0
−20
−40
−60
−80
−100
−120
−140
|G(e^jω)|/dB
0
0.2
0.4
0.6
0.8
1
ω/π

图 10.4.20　半带滤波器 HB_1 的频谱混叠

10.4.4　典型数字上、下变频芯片的功能介绍及参数设置

以上讨论的都是 D 倍抽取或 I 倍内插一次完成的情况，但实际实现时经常遇到 D 或 I 很大的情况，此时若一次完成抽取或内插则低通滤波器的指标要求会很高，滤波器阶数也就会非常高，乃至无法实现。因此，实际的抽取和内插都是按多级来实现的，其实现框图如图 10.4.21、图 10.4.22 所示。其中，$I=I_1I_2\cdots I_M$，$D=D_1D_2\cdots D_M$。特殊地，当 $D=2^M$ 或$I=2^M$ 时，可以用 M 个半带滤波器级联完成高倍数的抽取或内插，图 10.4.23 为多级半带滤波器级联实现抽取的框图。

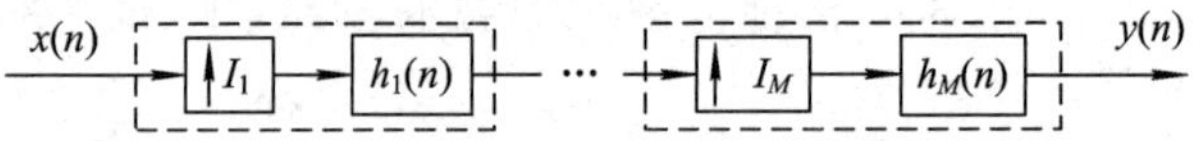

x(n)
I1
h1(n)
···
IM
hM(n)
y(n)

图 10.4.21　整数倍内插的分级实现框图

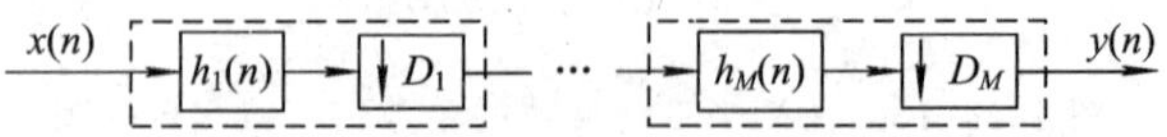

x(n)
h1(n)
D1
···
hM(n)
DM
y(n)

图 10.4.22　整数倍抽取的分级实现框图

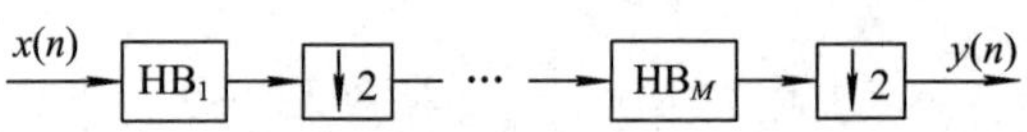

x(n)
HB1
2
···
HBM
2
y(n)

图 10.4.23　多级半带滤波器实现抽取

若在图 10.4.21 和图 10.4.22 中需要使用 CIC 滤波器作为内插或抽取滤波器，则根据式(10.4.9)、式(10.4.10)和式(10.4.11)可知，应该在采样率高的一端使用 CIC 滤波器，以获得较小的带宽比例因子 b，也即抽取时在抽取的第一级，内插时在内插的最后一级。

实际使用中的数字上、下变频器基本上都采用了多级内插或抽取级联的方式。根据单个芯片能够实现数字上、下变频的通道数，数字上、下变频芯片可以分成单通道和多通道两种，下面分别介绍单通道数字下变频芯片 AD6620 和四通道数字下变频芯片 ISL5216 以及单通道数字上变频芯片 AD9857。

单通道可编程数字下变频芯片 AD6620 输入端支持的采样速率在单路实信号输入时为 67MSPS，NCO 的频率调谐精度高于 0.02Hz，内部的滤波及抽取由抽取倍数可独立改变

的 2 级级联 CIC_2、5 级级联 CIC_5 和阶数高达 256 且系数可调的 FIR 级联组成，其中 CIC_2 的抽取因子可以设置为 2～16 之间的整数，CIC_5 和 FIR 两级各可以设置 1～32 之间的抽取倍数。AD6620 的功能框图如图 10.4.24 所示。

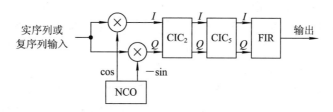

图 10.4.24　AD6620 的功能框图

因此，AD6620 的信号处理流程为：单路实信号或 I/Q 两路复信号输入该芯片后，首先与设置好频率的载波相乘移至零中频，然后逐级通过 CIC_2、CIC_5 和 FIR 的滤波与抽取获得低速率的输出信号。其中，NCO 的频率控制字为 32 位，写入寄存器 0x303，CIC_2、CIC_5 和 FIR 的抽取倍数 $D-1$ 分别写入寄存器 0x306、0x308 和 0x30a，此外，为了防止各级计算结果溢出，每个抽取级都需要设置比例因子 S_{CIC2}、S_{CIC5} 和 S_{OUT}，分别写入寄存器 0x305、0x307 和 0x309。AD6620 的频率控制字、各抽取级的比例因子以及 FIR 滤波器的系数均可动态改写，详细内容请查阅 AD 公司网站的相关资料。

四通道独立编程数字下变频芯片 ISL5216 支持 95MSPS 的输入速率，片内含有四个独立的下变频通道，每个通道都由前端的 NCO、数字混频 MIXER、CIC 和后端的 FIR 等功能部件组成，前端和后端通过总线路由（BUS Routing）连接，如图 10.4.25 所示。

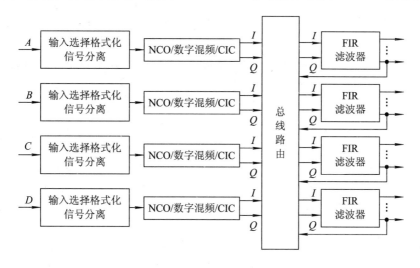

图 10.4.25　ISL5216 的功能框图

图 10.4.25 中 A、B、C、D 四路独立的输入信号经各自的 NCO 及数字混频器后被搬移至零中频，再由 CIC、HB 和 FIR 滤波器进行滤波和抽取得到低速率的输出信号。每个通道的 NCO 可以独立编程，频率控制字为 32 位，无杂散动态范围 SFDR 大于 115 dB。每个通道 CIC 滤波器的级联数可以设置为 1～5 级，抽取因子最低可设为 4，当级联数分别为 5、4、3 时，抽取因子最高分别可到 512、2048 和 32768；当级联数为 1 或 2 时，抽取因子最

高为 65536。每个通道的 FIR 滤波单元可以使用线性相位的 FIR 滤波器(包括半带滤波器)滤波运算,可以设置为单级 FIR 滤波抽取的形式,也可以设为多级各种参数的 FIR 滤波器滤波抽取级联的形式,单级时滤波器参数最多可达 256 个,多级级联时总参数为 384 个。在多级级联实现抽取的处理流程中,CIC 滤波器在第一级,HB 滤波器在第二级,FIR 滤波器在第三级,所以要根据这三种滤波器的优缺点,合理分配各级的抽取率,才能获得最好的效果。ISL5216 提供 5 种不同长度的 HB 滤波器($HB_1 - HB_5$),参数保存在 ROM 中,关于芯片的其他内容请查看相关资料。

单通道可编程数字上变频芯片 AD9857 的内部时钟为 200 MHz,片内集成了直接数字频率合成器 DDS(Direct-digital Synthesizer)、14 位高性能的 DAC、时钟倍频电路、数字滤波器和其他数字信号处理功能。其中,DDS 的频率控制字为 32 位,无杂散动态范围 SFDR 可达 80 dB。AD9857 主要有三种工作模式:正交调制模式、单频模式以及内插数/模转换模式,通过设置控制寄存器相应位可以选择不同的工作模式,图 10.4.26 画出了 AD9857 工作于正交调制模式下的功能框图。

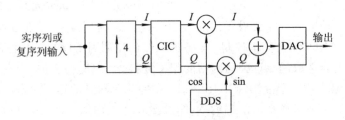

图 10.4.26　AD9857 的功能框图

在正交调制模式下,DDS 内核产生正弦和余弦两路正交数字载波,内插后速率提高的 I、Q 两路基带信号分别与这两路正交数字载波相乘,然后相加求和得到调制后的数字中频信号,数字中频信号经增益放大器和数/模转换后输出射频信号。CIC 级的内插因子可在 2~63 中变化。

参 考 文 献

[1] 吴大正. 信号与线性系统分析[M]. 5 版. 北京：高等教育出版社，2019.

[2] OPPENHEIM A V，SCHAFER R W. Discrete-time Signal Processing[M]. 3rd. 黄建国，刘树棠，张国梅，译. 北京：电子工业出版社，2015.

[3] 陈后金，薛健，胡健，等. 数字信号处理[M]. 3 版，北京：高等教育出版社，2018.

[4] INGLE V K，PROAKIS J G. Digital Signal Processing using MATLAB. 刘树棠，译. 西安：西安交通大学出版社，2008.

[5] 高西全，丁玉美. 数字信号处理[M]. 4 版. 西安：西安电子科技大学出版社，2018.

[6] 王艳芬，王刚，张晓光，等. 数字信号处理原理及实现[M]. 4 版. 北京：清华大学出版社，2013.

[7] 胡广书. 数字信号处理：理论、算法与实现[M]. 3 版. 北京：清华大学出版社，2012.

[8] 姚天任. 数字信号处理[M]. 北京：清华大学出版社，2011.

[9] 程佩青. 数字信号处理教程[M]. 5 版. 北京：清华大学出版社，2017.

[10] 王世一. 数字信号处理[M]. 北京：北京理工大学出版社，2011.

[11] 李力利，刘兴钊. 数字信号处理[M]. 2 版. 北京：电子工业出版社，2016.

试卷 I 及解答

试卷 II 及解答